大学物理简明教程

CONCISE COURSE IN UNIVERSITY PHYSICS

课程思政 + 应用型

◆ 主　编　彭荣荣　王　璠
副主编　王雪梅　罗　田　张雪超
孟睿英　李　敏

大连理工大学出版社

图书在版编目(CIP)数据

大学物理简明教程 / 彭荣荣，王璠主编. -- 大连 ：
大连理工大学出版社，2025. 1.（2025.1 重印）-- ISBN 978-7-5685
-5248-6

Ⅰ. O4

中国国家版本馆 CIP 数据核字第 2024X10H40 号

DAXUE WULI JIANMING JIAOCHENG

大连理工大学出版社出版

地址:大连市软件园路 80 号　邮政编码:116023

营销中心:0411-84707410　84708842　邮购及零售:0411-84706041

E-mail:dutp@dutp. cn　URL:https://www. dutp. cn

辽宁星海彩色印刷有限公司印刷　大连理工大学出版社发行

幅面尺寸:185mm×260mm　印张:16. 25　字数:375 千字

2025 年 1 月第 1 版　2025 年 1 月第 2 次印刷

责任编辑:王晓历　责任校对:孙兴乐

封面设计:张　莹

ISBN 978-7-5685-5248-6　定　价:58. 00 元

前言

党的二十大报告首次提出“加强教材建设和管理”。教材建设是深化教育领域综合改革的重要环节，是教育教学的基本载体，是人才培养的重要支撑。习近平总书记强调要“用心打造培根铸魂、启智增慧的精品教材”，为此，大学物理教材应紧跟时代发展需求，不断将科研、教研成果及思政建设融入教材，以便更好地服务于课程建设和人才培养。

本教材按照教育部、国家发展和改革委员会、财政部《关于引导部分地方普通本科高校向应用型转变的指导意见》、教育部《高等学校课程思政建设指导纲要》及《非物理类理工学科大学物理课程教学基本要求》的文件精神，基于编者多年以来的教学经验、教改成果，同时汲取国内同类教材的精华编写而成。编者旨在打造一本“课程思政+应用型”创新理念教材，主要特点有：(1)注重基础性。教材内容兼顾知识的逻辑性、完整性和可读性，对知识的阐述尽可能简洁明了，弱化烦琐公式推导，降低理论难度，将重心放在基础知识和核心知识上面。(2)注重思政性。通过物理概念、物理实验思想、物理学史、物理学家品质、优质科普著作和时代主旋律等路径挖掘思政元素，将其潜移默化地融入教材，做到思政育人。(3)注重应用性。为解决以往大学物理课程中理论教学与实际应用脱节的问题，本教材将理论知识与生活、生产及工程技术应用有机结合，具有很强的实用性和前沿性。

本教材由南昌工学院彭荣荣、山西工商学院王璠任主编，南昌工学院王雪梅、罗田、张雪超、孟睿英，山西工商学院李敏任副主编。具体编写分工如下：彭荣荣编写第 1 章、第 6 章、附录等，撰写 11.5 万字；王璠编写第 5 章，撰写 8 万字；王雪梅编写第 3 章，撰写 5 万字；罗田编写第 2 章，撰写 4.5 万字；张雪超编写第 4 章，撰写 4.5 万字；孟睿英编写部分基础知识，撰写 3 万字；李敏编写部分阅读材料，撰写 1 万字。全书由彭荣荣统稿并定稿。

本教材在编写过程中，得到南昌工学院教务处、江西赣江图书发行有限公司的大力支持，对此表示感谢！对教材编写团队成员的辛苦付出表示感谢！同时，本教材是 2024 年南昌工学院教材建设培育项目(编号:JC-PY-2024-81)的标志性成果,是南昌工学院非线性动力学及应用研究中心(编号:NGYJZX-2021-04)和教育部产学合作协同育人项目(编号:231004081103731)的阶段性成果。

在编写本教材的过程中,编者参考、引用和改编了国内外出版物中的相关资料以及网络资源,在此表示深深的谢意!相关著作权人看到本教材后,请与出版社联系,出版社将按照相关法律的规定支付稿酬。

限于水平,书中仍有疏漏和不妥之处,敬请专家和读者批评指正,以使教材日臻完善。

编　者

2025 年 1 月

所有意见和建议请发往:dutpbk@163.com

欢迎访问高教数字化服务平台:https://www.dutp.cn/hep/

联系电话:0411-84708462　84708445

目 录

第1章 基础知识

本章介绍物理学的基础知识，包括国际单位制和数学知识。国际单位制在物理学中具有至关重要的作用，它为物理量的测量和表达提供了一个统一的标准，这对于科学研究和技术进步至关重要。同时，它也是物理学研究和实践的基础，它使得科学知识更加精确、可靠和易于交流。

物理学与数学是自然科学中最为基础且紧密相连的两个学科。在探索自然界的过程中，数学不仅是物理学的语言，更是解决物理问题的关键工具。在物理学的世界中，数学扮演着至关重要的角色，无论是描述自然规律的基本方程，还是分析实验数据的方法，数学都是不可或缺的。本章介绍的数学知识有两部分：矢量基础和微积分基础。矢量是物理学中描述物理量的基本工具之一，它不仅在经典物理学中扮演着核心角色，也在现代物理学中有着广泛的应用。代数提供了处理变量和方程的方法，而微积分则是研究变化规律的核心工具。从牛顿力学到电磁场的描述，微积分无处不在。掌握这些数学知识，不仅能够帮助我们在物理学的研究中游刃有余，还能够提高我们解决实际问题的能力。因此，对于物理和数学的学习者来说，深入理解并熟练运用这些数学工具，是通往科学探索之路的重要一步。

1.1 国际单位制

国际单位制(International System of Units，简称 SI)，是由国际计量大会采纳和推荐的一种一贯单位制。1948 年召开的第 9 届国际计量大会做出了决定，要求国际计量委员会创立一种简单而科学的、供所有米制公约组织成员国使用的实用单位制，1954 年，第 10 届国际计量大会决定采用米(m)、千克(kg)、秒(s)、安培(A)、开尔文(K)和坎德拉

(cd)作为基本单位。1960 年第 11 届国际计量大会决定将以这 6 个单位为基本单位的实用计量单位制命名为“国际单位制”，并规定其符号为“SI”，在 1974 年的第 14 届国际计量大会上又决定将物质的量的单位摩尔(mol)作为基本单位。因此，到目前为止，国际单位制共有 7 个基本单位(表 1-1)。

表 1-1　SI 的基本单位

物理量名称	单位名称	单位符号
长度	米	m
质量	千克	kg
时间	秒	s
电流	安培	A
热力学温度	开尔文	K
物质的量	摩尔	mol
发光强度	坎德拉	cd

1.1.1　SI 基本单位

1. 长度单位——米(m)

米(Meter)的定义起源于法国，1 m 的长度最初定义为通过巴黎的子午线上从地球赤道到北极点距离的千万分之一，随后确定了国际米原器。随着人们对计量学认识的加深，米的定义几经修改，1983 年第 17 届国际计量大会对米的定义更新为：1 m 等于光在真空中 1/299 792 458 s 时间间隔内所经路径的长度。

2. 质量单位——千克(kg)

千克(Kilogram)是质量单位，等于国际千克原器的质量(第 1 届国际计量大会，1889 年；第 3 届国际计量大会，1901 年)。国际千克原器由一种铂合金制成，即 90%铂及 10%铱(按质量比)，然后把这种合金用机器造成 39.17 mm 的直立圆柱体，这样做可以把表面积减至最低。2018 年第 26 届国际计量大会重新将 1 kg 定义为“对应普朗克常数为 $6.62\ 607\ 015\times10^{-34}$ J·s 时的质量单位”，其原理是将移动质量 1 kg 物体所需机械力换算成可用普朗克常数表达的电磁力，再通过质能转换公式算出质量。

3. 时间单位——秒(s)

秒(Second)是铯-133 原子基态的两个超精细能级之间跃迁所对应的辐射的 9 192 631 770 个周期的持续时间(第 13 届国际计量大会，1967 年)。这个定义提到的铯-133 原子必须在绝对零度时是静止的，而且所在的环境是零磁场、海平面。在这样的情况下被定义的秒，与天文学上的历书时所定义的秒是等效的。

4. 电流单位——安培(A)

安培(Ampere)是电流的单位。在真空中，截面可忽略的两根相距 1 m 的无限长平行圆直导线内通以等量恒定电流时，若导线间相互作用力在每米长度上为 2×10^{-7} N，则每根导线中的电流为 1 A(国际计量委员会，1946 年；第 9 届国际计量大会，1948 年，批准)。

第 26 届国际计量大会通过决议，将 1 A 定义为“1s 内(1/1.602 176 634)×10^{19} 个电子移动所产生的电流强度”。

5. 热力学温度单位——开尔文(K)

热力学温度单位开尔文(Kelvin)是水三相点热力学温度的 1/273.16(第 13 届国际计量大会，1967 年)。开尔文常用于测量光源的色温，色温基于黑体发出的光的颜色取决于辐射体的温度的原理，温度低于 4 000 K 的黑体为浅红色，温度高于 7 500 K 的黑体为浅蓝色。

6. 物质的量单位——摩尔(mol)

摩尔(Mole)是一个系统的物质的量，该系统中所包含的基本单元数与 0.012 kg 碳 12 的原子数目相等。在使用摩尔时，基本单元应予指明，可以是原子、分子、离子、电子及其他粒子，或是这些粒子的特定组合(第 14 届国际计量大会，1971 年)。

7. 光强度单位——坎德拉(cd)

坎德拉(Candela)是一光源在给定的方向上的发光强度，该光源发出频率为 450×10^{12} Hz 的单色辐射，且在此方向上的辐射强度为(1/683)W/sr(第 16 届国际计量大会，1979 年)。1 坎德拉＝1 流明/球面度，与 1 国际烛光等值。

1.1.2　SI 辅助单位

国际单位制有两个辅助单位：弧度和球面度(表 1-2)。

1 弧度就是在一圆内两条半径间的平面角，这两条半径在圆周上截取的弧长与半径相等。

1 球面度是一个顶点位于球心，在球面上截取的面积等于以球半径为边长的正方形面积的立体角的大小。

表 1-2　　SI 辅助单位

物理量名称	单位名称	单位符号
平面角	弧度	rad
立体角	球面度	sr

1.1.3　SI 的词头

SI 词头表示单位的倍数和分数，词头是 SI 的重要组成部分，词头和 SI 单位组合可以更简洁地表达量值。随着数据科学和数字存储等领域的快速发展，以前的 SI 词头已逐渐不能满足超大、超小科学数据的表达需求。2022 年第 27 届国际计量大会通过决议，引入 4 个新 SI 词头 ronna、ronto、quetta、quecto，分别表示 10^{27}、10^{-27}、10^{30}、10^{-30}。这是自 1991 年以来，国际单位制首次新增词头。SI 词头见表 1-3。

表 1-3　　SI 词头

因数	英文	符号	名称
10^{30}	quetta	Q	昆[它]
10^{27}	ronna	R	容[那]
10^{24}	yotta	Y	尧[它]
10^{21}	zetta	Z	泽[它]
10^{18}	exa	E	艾克萨
10^{15}	peta	P	拍它
10^{12}	tera	T	太[拉]
10^{9}	giga	G	吉[咖]
10^{6}	mega	M	兆
10^{3}	kilo	k	千
10^{2}	hecto	h	百
10^{1}	deca	da	十
10^{-1}	deci	d	分
10^{-2}	centi	c	厘
10^{-3}	milli	m	毫
10^{-6}	micro	μ	微
10^{-9}	nano	n	纳[诺]
10^{-12}	pico	p	皮[可]
10^{-15}	femti	f	飞[母托]
10^{-18}	atto	a	阿[托]
10^{-21}	zepto	z	仄普[托]
10^{-24}	yocto	y	幺[科托]
10^{-27}	ronto	r	柔[托]
10^{-30}	quecto	q	亏[科托]

1.1.4　SI 导出单位

SI 导出单位是由基本单位、辅助单位通过定义、定律或一定的关系式推导出来的关系式。SI 导出单位的种类主要有三种：只用基本单位表示的 SI 导出单位，如速度的单位是 m/s；由专门名称单位和基本单位组合而成的 SI 导出单位，如力矩的单位是 N·m；由辅助单位和基本单位或专门名称的单位组成的 SI 导出单位，如角速度的单位是 rad/s，辐射强度的单位是 W/sr。

常见的专门名称的 SI 导出单位，见表 1-4、表 1-5。

表 1-4 具有专门名称的 SI 导出单位

物理量名称	单位名称	单位符号	用 SI 基本单位和 SI 导出单位表示
频率	赫兹	Hz	$Hz=s^{-1}$
力，重力	牛顿	N	$N=kg\cdot m/s^{2}$
压力，压强，应力	帕斯卡	Pa	$Pa=N/m^{2}=m^{-1}\cdot kg\cdot s^{-2}$
能量，功，热量	焦耳	J	$J=N\cdot m=m^{2}\cdot kg\cdot s^{-2}$
功率，辐射能通量	瓦特	W	$W=J/s=m^{2}\cdot kg\cdot s^{-3}$
电荷量	库仑	C	$C=A\cdot s$
电压，电动势，电位	伏特	V	$V=M/A=m^{2}\cdot kg\cdot s^{-3}\cdot A^{-1}$
电容	法拉	F	$F=C/A=m^{-2}\cdot kg^{-1}\cdot s^{4}\cdot A^{2}$
电阻	欧姆	Ω	$\Omega=V/A=m^{2}\cdot kg\cdot s^{-3}\cdot A^{-2}$
电导	西门子	S	$S=\Omega^{-1}=m^{-2}\cdot kg^{-1}\cdot s^{3}\cdot A^{2}$
磁通量	韦伯	Wb	$Wb=V\cdot s=m^{2}\cdot kg\cdot s^{-2}\cdot A^{-1}$
磁通量密度	特斯拉	T	$T=Wb/m^{2}=kg\cdot s^{-2}\cdot A^{-1}$
电感	亨利	H	$H=Wb/A=m^{2}\cdot kg\cdot s^{-2}\cdot A^{-2}$
摄氏温度	摄氏度	℃	℃$=K-273.15$
光通量	流明	lm	$lm=cd\cdot sr$
光照度	勒克斯	lx	$lx=lm/m^{2}=m^{-2}\cdot cd\cdot sr$

表 1-5 因人类健康安全防护需要而确定的具有专门名称的 SI 导出单位

物理量名称	单位名称	单位符号	用 SI 基本单位和 SI 导出单位表示
放射性活度	贝可勒尔	Bq	$Bq=s^{-1}$
吸收剂量	戈瑞	Gy	$Gy=J/kg=m^{2}\cdot s^{-2}$
比授予能			
比释动能			
剂量当量	希沃特	Sv	$Sv=J/kg=m^{2}\cdot s^{-2}$

1.1.5 部分与 SI 并用的单位

部分与 SI 并用的单位见表 1-6。

表 1-6 部分与 SI 并用的单位

单位名称	单位符号	用 SI 单位表示的值
分	min	1 min=60 s
时①	h	1 h=60 min=3 600 s

（续表）

单位名称	单位符号	用 SI 单位表示的值
日	d	1 d=24 h=86 400 s
度	°	$1°=(\pi/180)$ rad
[角]分	′	$1'=(1/60°)=(\pi/10\ 800)$ rad
[角]秒	″	$1''=(1/60')=(\pi/648\ 000)$ rad
升②	L,l	$1\ L=1\ dm^3=10^{-3}\ m^3$
吨③	t	$1\ t=10^3$ kg

注：①这个单位的符号包括在第 9 届国际计量大会(1948)的决议 7 中。

②这个单位及其符号 l 是国际计量委员会于 1879 年通过的。为了避免升的符号 l 和数字 1 之间发生混淆，第 16 届国际计量大会通过了另一个符号 L。

③这个单位及其符号是国际计量委员会所通过的(1879)。在一些讲英语的国家，这个单位叫作"米制吨"。

除表 1-6 所列单位外，还有两个单位允许与 SI 并用于某些领域，它们分别是"电子伏(eV)"和"原子质量单位(u)"。这两个单位是独立定义的，即它们本身就是物理常量，只是由于国际协议而作为单位使用。

1.2　矢量基础及运算

1.2.1　标　量

在研究物理学以及其他应用学科时，经常见到一类完全由数值决定的量，如质量、路程、速率、时间、温度等。这些量之间遵循一般的代数法则，这一类量称为标量。标量有正负之分，例如温度，+20℃表示冰点以上 20℃，−20℃表示冰点以下 20℃，但它并不表示方向。

1.2.2　矢　量

除了标量，经常见到另一类量，它们不但有大小，还有方向，且遵循一定的运算法则。如位移、力、速度、加速度、动量、电场强度等。这一类物理量称为矢量。

我们可以把任何矢量用具有一定长度和一定方向的线段来表示，线段的长度表示矢量的大小，线段的方向表示矢量的方向。因此，从几何上看，矢量就是在空间有一定方向的线段，如图 1-1 所示。教材中矢量一般用黑体(印刷体)表示，如 $\boldsymbol{A}$，但在手写时，为了方便，一般是在字母上加上矢量符号即可，如 $\vec{A}$。矢量的大小(长度)也称为矢量的模，矢量 $\boldsymbol{A}$ 的模用 A 或 $|\boldsymbol{A}|$ 表示。

在矢量中，有两个特殊矢量，分别为零矢量和单位矢量。长度为零的矢量，叫作零矢量，这个特殊矢量的方向是任意的。单位矢量的模为 1，方向与对应矢量方向相同，例如

可用 $\boldsymbol{A}_0$ 表示矢量 $\boldsymbol{A}$ 的单位矢量，则 $\boldsymbol{A}=A\boldsymbol{A}_0=|\boldsymbol{A}|\boldsymbol{A}_0$。一些特殊的单位矢量的物理意义是约定俗成的，例如：$\boldsymbol{i}$、$\boldsymbol{j}$、$\boldsymbol{k}$ 分别表示三维直角坐标系中 x、y、z 三个坐标轴上正方向的单位矢量，这三个单位矢量叫作基本单位矢量；$\boldsymbol{n}$、$\boldsymbol{\tau}$ 分别表示自然坐标系中法向和切向坐标轴上正方向的单位矢量。单位矢量在描述力、速度、加速度等物理量的方向时非常有用。

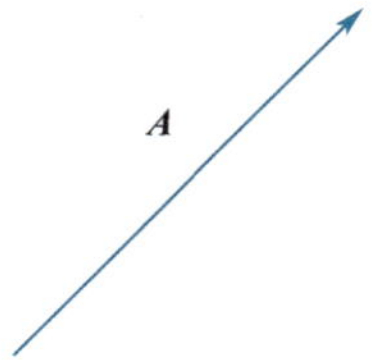

图 1-1　矢量几何表示

如果两矢量满足下面两个条件：①长度相等且平行（在同一直线上或在彼此平行的直线上）；②两矢量的指向相同。就说这两个矢量是相等的，于是一矢量平移后仍与原矢量相等，称为等矢量，如图 1-2 所示。

必须注意矢量的起点和终点，如若对调一个矢量的起点和终点，那么就会得到另外一个矢量，它的大小和原矢量相等，方向与原矢量相反，称为负矢量，如图 1-3 所示。

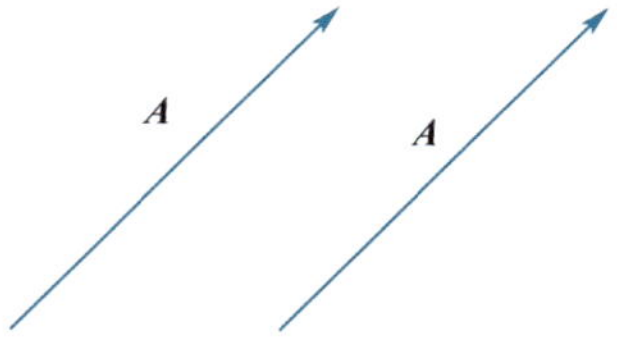

图 1-2　等矢量

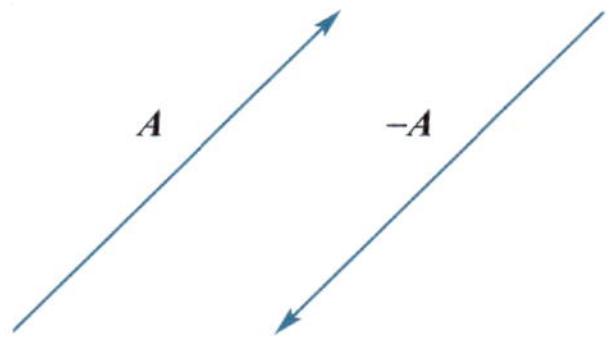

图 1-3　负矢量

在比较几个矢量之间的关系时，或对它们进行运算时，这些矢量要按照相同的比例来绘图，且矢量可以在空间中平移，平移后的大小和方向仍保持不变，如图 1-4 所示。

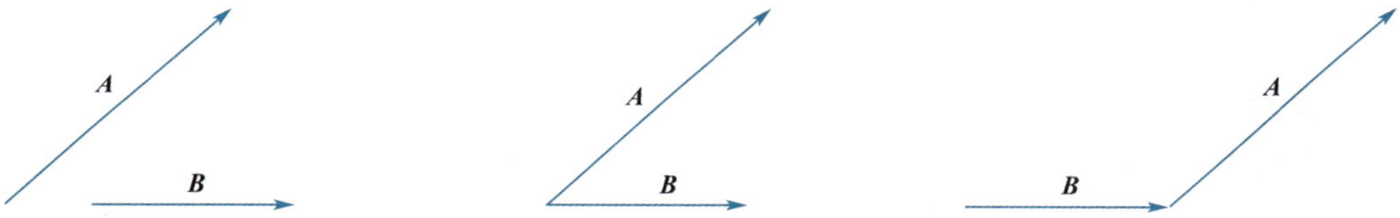

图 1-4　矢量的平移

1.2.3　矢量运算

1. 矢量的加法

根据力学中关于力、速度以及加速度的合成法则，我们定义两矢量的和如下：

如果两个矢量 $\boldsymbol{A}$ 与 $\boldsymbol{B}$ 在同一直线上，定义它们的和是这样的一个矢量：当 $\boldsymbol{A}$ 和 $\boldsymbol{B}$ 的指向相同时，则和矢量 $\boldsymbol{C}$ 的方向与原来两矢量的方向相同，长度等于两矢量长度的和；当 $\boldsymbol{A}$ 与 $\boldsymbol{B}$ 的指向相反时，则和矢量 $\boldsymbol{C}$ 的方向与有较大长度的矢量的方向相同，而长度等于两矢量长度的差。

如果两个矢量 $\boldsymbol{A}$ 与 $\boldsymbol{B}$ 不在同一直线上，则其和矢量是指以这两矢量为两边所作的平行四边形的对角线矢量 $\boldsymbol{C}$，称为平行四边形法则，如图 1-5(a)所示，则有 $\boldsymbol{C}=\boldsymbol{A}+\boldsymbol{B}$，矢量加法也可以用矢量三角形表示，称为三角形法则，如图 1-5(b)所示。矢量 $\boldsymbol{A}$ 的头和矢量 $\boldsymbol{B}$ 的尾相接，得矢量 $\boldsymbol{C}$，同理矢量 $\boldsymbol{B}$ 的头和矢量 $\boldsymbol{A}$ 的尾相接，也得矢量 $\boldsymbol{C}$，由此可见，矢量

加法和矢量排列次序无关，矢量加法交换律显然成立，即

$$\boldsymbol{A}+\boldsymbol{B}=\boldsymbol{B}+\boldsymbol{A} \tag{1-1}$$

图 1-5　矢量加法

如果计算 3 个矢量 $\boldsymbol{A}$、$\boldsymbol{B}$、$\boldsymbol{C}$ 的和，可先求 $\boldsymbol{A}$ 与 $\boldsymbol{B}$ 的和 $\boldsymbol{A}+\boldsymbol{B}$，再与 $\boldsymbol{C}$ 相加即得 $\boldsymbol{A}+\boldsymbol{B}+\boldsymbol{C}$。如图 1-6 所示，若以 $\boldsymbol{A}$ 与 $\boldsymbol{B}+\boldsymbol{C}$ 相加会得同样的结果，因此得出

$$(\boldsymbol{A}+\boldsymbol{B})+\boldsymbol{C}=\boldsymbol{A}+(\boldsymbol{B}+\boldsymbol{C})=\boldsymbol{A}+\boldsymbol{B}+\boldsymbol{C} \tag{1-2}$$

即矢量加法结合律也成立。

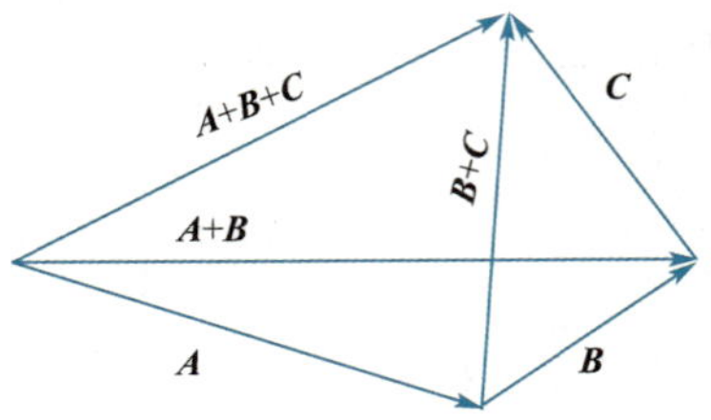

图 1-6　多个矢量的加法

应该指出，以任何次序相继作矢量 $\boldsymbol{A}_1, \boldsymbol{A}_2, \cdots, \boldsymbol{A}_n$，并以前一矢量的终点作为次一矢量的起点，再由第一矢量的起点至最后一矢量的终点所得的折线的封闭矢量即为矢量 $\boldsymbol{A}_1, \boldsymbol{A}_2, \cdots, \boldsymbol{A}_n$ 的和。

2. 矢量的减法

矢量的减法可视为矢量加法的逆运算，即

$$\boldsymbol{A}-\boldsymbol{B}=\boldsymbol{A}+(-\boldsymbol{B}) \tag{1-3}$$

通常 $-\boldsymbol{B}$ 称为矢量 $\boldsymbol{B}$ 的负矢量，它的大小和矢量 $\boldsymbol{B}$ 一样，但方向相反，如图 1-7 所示。由矢量加减法运算规则可知，如果三个矢量 $\boldsymbol{A}$、$\boldsymbol{B}$ 和 $\boldsymbol{C}$ 头尾相连组成封闭三角形，其矢量和为零，如图 1-8 所示。

$$\boldsymbol{A}+\boldsymbol{B}+\boldsymbol{C}=0 \tag{1-4}$$

同理可推断，若多个矢量头尾相连组成封闭的多边形，其矢量和必为零。

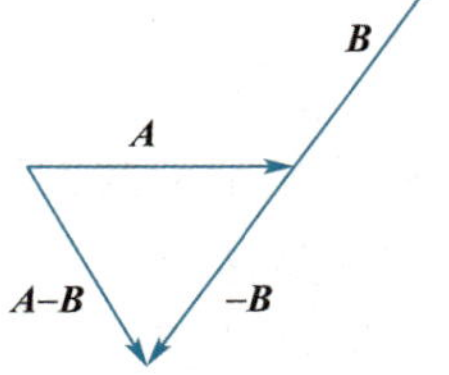

图 1-7　矢量的减法

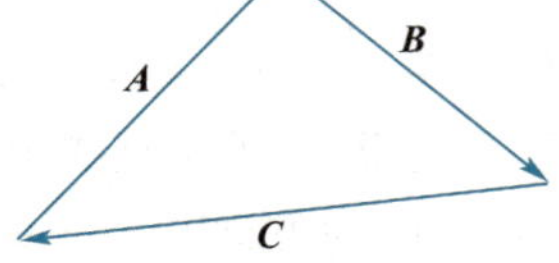

图 1-8　矢量和为零的几何表示

3. 矢量的数乘

一个标量 m 和矢量 $\boldsymbol{A}$ 相乘，则它们的乘积 $m\boldsymbol{A}$ 仍是一个矢量，该矢量的模等于矢量 $\boldsymbol{A}$ 的模与数 $|m|$ 的乘积，并且平行于矢量 $\boldsymbol{A}$。如果 $m>0$，则它的指向与矢量 $\boldsymbol{A}$ 相同，如果 $m<0$，则它的指向与矢量 $\boldsymbol{A}$ 相反，如果 $m=0$，则它为零矢量。

特别地，当 $m=-1$ 时，$m\boldsymbol{A}=(-1)\boldsymbol{A}$，记为 $-\boldsymbol{A}$。矢量与数的乘积有下列性质：设 $\boldsymbol{A}$、$\boldsymbol{B}$ 为任意矢量，m、n 为任意数，则有

① $(m+n)\boldsymbol{A}=m\boldsymbol{A}+n\boldsymbol{A}$

② $m(n\boldsymbol{A})=n(m\boldsymbol{A})=(mn)\boldsymbol{A}$

③ $m(\boldsymbol{A}+\boldsymbol{B})=m\boldsymbol{A}+m\boldsymbol{B}$

4. 矢量分解与矢量的坐标

在坐标轴 Ox、Oy、Oz 上以 O 为起点分别取三个单位矢量，其方向与坐标轴的方向相同，并分别以 $\boldsymbol{i}$、$\boldsymbol{j}$、$\boldsymbol{k}$ 表示。一般地，如果矢量 $\boldsymbol{A}$ 在 x 轴、y 轴、z 轴上的投影依次为 A_x、A_y、A_z，则其在 x 轴、y 轴、z 轴上的分矢量为 $A_x\boldsymbol{i}$、$A_y\boldsymbol{j}$、$A_z\boldsymbol{k}$，如图 1-9 所示。

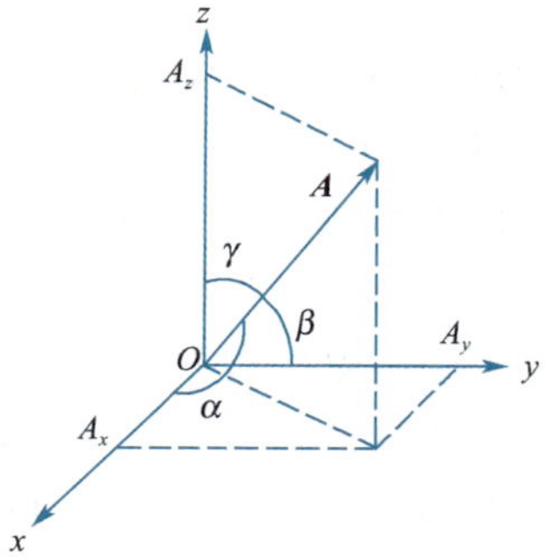

图 1-9　三维直角坐标系中的矢量

由图 1-9 可知

$$\boldsymbol{A}=A_x\boldsymbol{i}+A_y\boldsymbol{j}+A_z\boldsymbol{k} \tag{1-5}$$

式中，A_x、A_y、A_z 叫作 $\boldsymbol{A}$ 的坐标，记为 $\boldsymbol{A}=\{A_x,A_y,A_z\}$。

例 1-1　$\boldsymbol{A}=\{2,3,1\}=2\times\boldsymbol{i}+3\times\boldsymbol{j}+1\times\boldsymbol{k}=2\boldsymbol{i}+3\boldsymbol{j}+\boldsymbol{k}$

$\boldsymbol{B}=\{0,2,1\}=0\times\boldsymbol{i}+2\times\boldsymbol{j}+1\times\boldsymbol{k}=2\boldsymbol{j}+\boldsymbol{k}$

利用矢量的坐标，其加、减及矢量与数量乘法的运算如下：

设 $\boldsymbol{A}=A_x\boldsymbol{i}+A_y\boldsymbol{j}+A_z\boldsymbol{k}$，$\boldsymbol{B}=B_x\boldsymbol{i}+B_y\boldsymbol{j}+B_z\boldsymbol{k}$，则有

$$\boldsymbol{A}+\boldsymbol{B}=(A_x+B_x)\boldsymbol{i}+(A_y+B_y)\boldsymbol{j}+(A_z+B_z)\boldsymbol{k} \tag{1-6}$$

$$\boldsymbol{A}-\boldsymbol{B}=(A_x-B_x)\boldsymbol{i}+(A_y-B_y)\boldsymbol{j}+(A_z-B_z)\boldsymbol{k} \tag{1-7}$$

$$m\boldsymbol{A}=mA_x\boldsymbol{i}+mA_y\boldsymbol{j}+mA_z\boldsymbol{k}\text{（}m\text{ 为一定数）} \tag{1-8}$$

例 1-2　已知矢量 $\boldsymbol{A}=2\boldsymbol{i}+3\boldsymbol{j}+\boldsymbol{k}$，$\boldsymbol{B}=2\boldsymbol{j}+\boldsymbol{k}$。求 $\boldsymbol{A}+\boldsymbol{B}$，$\boldsymbol{A}-\boldsymbol{B}$，$m\boldsymbol{A}$。

解　$\boldsymbol{A}+\boldsymbol{B}=(A_x+B_x)\boldsymbol{i}+(A_y+B_y)\boldsymbol{j}+(A_z+B_z)\boldsymbol{k}$

$=(2+0)\boldsymbol{i}+(3+2)\boldsymbol{j}+(1+1)\boldsymbol{k}=2\boldsymbol{i}+5\boldsymbol{j}+2\boldsymbol{k}$

$\boldsymbol{A}-\boldsymbol{B}=(A_x-B_x)\boldsymbol{i}+(A_y-B_y)\boldsymbol{j}+(A_z-B_z)\boldsymbol{k}$

$=(2-0)\boldsymbol{i}+(3-2)\boldsymbol{j}+(1-1)\boldsymbol{k}=2\boldsymbol{i}+\boldsymbol{j}$

$m\boldsymbol{A}=mA_x\boldsymbol{i}+mA_y\boldsymbol{j}+mA_z\boldsymbol{k}=2m\boldsymbol{i}+3m\boldsymbol{j}+m\boldsymbol{k}$

设有三个矢量 $\boldsymbol{A}$、$\boldsymbol{B}$ 和 $\boldsymbol{C}$，在直角坐标系中分别表示为 $\boldsymbol{A}=A_x\boldsymbol{i}+A_y\boldsymbol{j}+A_z\boldsymbol{k}$，$\boldsymbol{B}=B_x\boldsymbol{i}+B_y\boldsymbol{j}+B_z\boldsymbol{k}$，$\boldsymbol{C}=C_x\boldsymbol{i}+C_y\boldsymbol{j}+C_z\boldsymbol{k}$，则三个矢量相加为

$$\boldsymbol{A}+\boldsymbol{B}+\boldsymbol{C}=(A_x+B_x+C_x)\boldsymbol{i}+(A_y+B_y+C_y)\boldsymbol{j}+(A_z+B_z+C_z)\boldsymbol{k} \tag{1-9}$$

三个矢量相减、数乘运算与两个矢量的相同。

5. 矢量的模、方向余弦

若矢量 $\boldsymbol{A}=A_x\boldsymbol{i}+A_y\boldsymbol{j}+A_z\boldsymbol{k}$，则矢量 $\boldsymbol{A}$ 的模为

$$|\boldsymbol{A}|=\sqrt{A_x^2+A_y^2+A_z^2} \tag{1-10}$$

若矢量 $\boldsymbol{A}$ 与坐标轴 Ox、Oy、Oz 正向的夹角顺次为 α、β 和 γ，则 $\cos\alpha$、$\cos\beta$ 和 $\cos\gamma$ 称为矢量 $\boldsymbol{A}$ 的方向余弦。

$$\cos\alpha=\frac{A_x}{|\boldsymbol{A}|},\cos\beta=\frac{A_y}{|\boldsymbol{A}|},\cos\gamma=\frac{A_z}{|\boldsymbol{A}|} \tag{1-11}$$

且有 $\cos^2\alpha+\cos^2\beta+\cos^2\gamma=1$，即任何矢量的方向余弦的平方和等于 1，由此容易推出单位矢量 $\boldsymbol{A}_0=\cos\alpha\boldsymbol{i}+\cos\beta\boldsymbol{j}+\cos\gamma\boldsymbol{k}$。

6. 矢量的点积

从力学可知，一个力 $\boldsymbol{F}$ 作用于物体，这个力所做的功的大小由力的大小、物体受作用力后产生的位移 $\boldsymbol{s}$，以及 $\boldsymbol{s}$ 与 $\boldsymbol{F}$ 的夹角的余弦决定。例如，一个物体在重力 $\boldsymbol{F}$ 作用下沿斜面下滑（图 1-10），用 $\boldsymbol{s}$ 表位移矢量（表示移动大小与方向的矢量），$\boldsymbol{s}$ 与 $\boldsymbol{F}$ 的夹角为 φ，则重力所做的功为 $W=|\boldsymbol{s}||\boldsymbol{F}|\cos\varphi$。

这种由两个矢量的长度及其夹角的余弦组成的算式在实际中经常会遇到，由此我们给出两个矢量的点积的定义。

两矢量的点积（标积），其结果是一个标量。定义为：一个矢量在另一个矢量方向上的投影与另一矢量模的乘积，可表示为

$$\boldsymbol{A}\cdot\boldsymbol{B}=AB\cos\theta \tag{1-12}$$

式中 θ 为矢量 $\boldsymbol{A}$ 和矢量 $\boldsymbol{B}$ 的夹角，如图 1-11 所示。

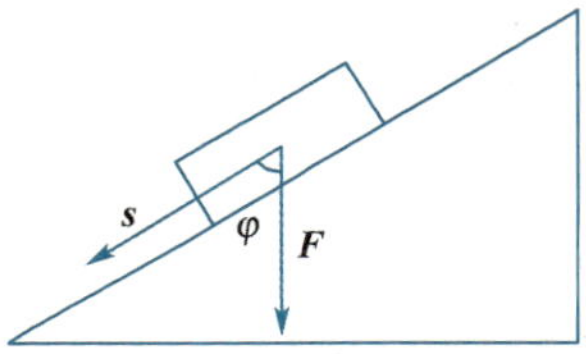

图 1-10　功的示意图

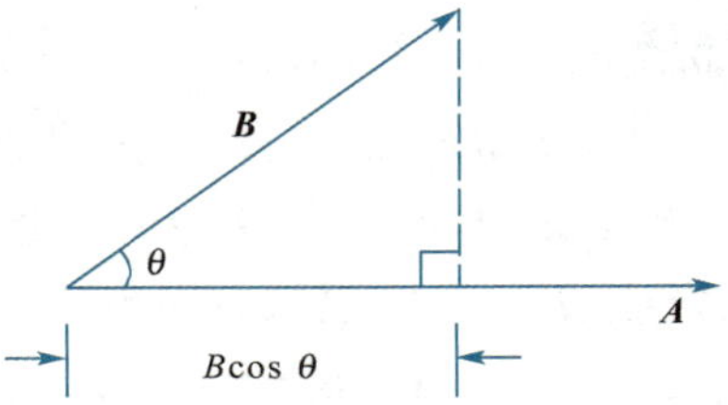

图 1-11　矢量点积图示

矢量点积的基本性质：

①当且仅当两矢量之一为零矢量或两矢量垂直时，它们的点积才等于 0。

当 $\boldsymbol{A}=0$ 或 $\boldsymbol{B}=0$ 时或矢量 $\boldsymbol{A}$ 和 $\boldsymbol{B}$ 的夹角 $\theta=\frac{\pi}{2}$ 时

$$\boldsymbol{A}\cdot\boldsymbol{B}=AB\cos\theta=0$$

反之，如果 $\boldsymbol{A}\cdot\boldsymbol{B}=0$ 但 $\boldsymbol{A}$、$\boldsymbol{B}$ 皆不为 0，则必有矢量 $\boldsymbol{A}$ 与 $\boldsymbol{B}$ 的夹角 $\theta=\frac{\pi}{2}$，即 $\boldsymbol{A}\perp\boldsymbol{B}$。

由于零矢量的方向是不定的，可以看作与任何矢量是相互垂直的，所以两个矢量互相垂直的充要条件是它们的点积等于零。

②交换律：$\boldsymbol{A}\cdot\boldsymbol{B}=\boldsymbol{B}\cdot\boldsymbol{A}$，$\boldsymbol{A}\cdot\boldsymbol{A}=\boldsymbol{A}^2$（由定义即得）

③分配律：$\boldsymbol{A}\cdot(\boldsymbol{B}+\boldsymbol{C})=\boldsymbol{A}\cdot\boldsymbol{B}+\boldsymbol{A}\cdot\boldsymbol{C}$

④点积与数量 m 的乘积满足结合律：$m(\boldsymbol{A}\cdot\boldsymbol{B})=(m\boldsymbol{A})\cdot\boldsymbol{B}=\boldsymbol{A}\cdot(m\boldsymbol{B})$

⑤点积的坐标表示法：

$$\begin{aligned}\boldsymbol{A}\cdot\boldsymbol{B}&=(A_x\boldsymbol{i}+A_y\boldsymbol{j}+A_z\boldsymbol{k})\cdot(B_x\boldsymbol{i}+B_y\boldsymbol{j}+B_z\boldsymbol{k})\\&=A_xB_x(\boldsymbol{i}\cdot\boldsymbol{i})+A_xB_y(\boldsymbol{i}\cdot\boldsymbol{j})+A_xB_z(\boldsymbol{i}\cdot\boldsymbol{k})+\\&\quad A_yB_x(\boldsymbol{j}\cdot\boldsymbol{i})+A_yB_y(\boldsymbol{j}\cdot\boldsymbol{j})+A_yB_z(\boldsymbol{j}\cdot\boldsymbol{k})+\\&\quad A_zB_x(\boldsymbol{k}\cdot\boldsymbol{i})+A_zB_y(\boldsymbol{k}\cdot\boldsymbol{j})+A_zB_z(\boldsymbol{k}\cdot\boldsymbol{k})\end{aligned}$$

因 $\boldsymbol{i}, \boldsymbol{j}, \boldsymbol{k}$ 三个单位矢量互相正交，根据点积定义得

$$\begin{cases} \boldsymbol{i} \cdot \boldsymbol{i} = \boldsymbol{j} \cdot \boldsymbol{j} = \boldsymbol{k} \cdot \boldsymbol{k} = 1 \\ \boldsymbol{i} \cdot \boldsymbol{j} = \boldsymbol{j} \cdot \boldsymbol{k} = \boldsymbol{k} \cdot \boldsymbol{i} = 0 \end{cases} \tag{1-13}$$

于是两矢量的点积可表示为

$$\begin{aligned} \boldsymbol{A} \cdot \boldsymbol{B} &= (A_x\boldsymbol{i} + A_y\boldsymbol{j} + A_z\boldsymbol{k}) \cdot (B_x\boldsymbol{i} + B_y\boldsymbol{j} + B_z\boldsymbol{k}) \\ &= A_xB_x + A_yB_y + A_zB_z \end{aligned} \tag{1-14}$$

说明两矢量的点积等于其对应的分量的乘积之和。

例 1-3　已知 $\boldsymbol{A} = 2\boldsymbol{i} + 3\boldsymbol{j} + \boldsymbol{k}$　$\boldsymbol{B} = 2\boldsymbol{j} + \boldsymbol{k}$，求 $\boldsymbol{A} \cdot \boldsymbol{B}$。

解　$\boldsymbol{A} \cdot \boldsymbol{B} = (2\boldsymbol{i} + 3\boldsymbol{j} + \boldsymbol{k}) \cdot (0\boldsymbol{i} + 2\boldsymbol{j} + 1\boldsymbol{k}) = 2 \times 0 + 3 \times 2 + 1 \times 1 = 7$

7. 矢量的叉积

在力学中，已知力 $\boldsymbol{F}$ 对于定点 O 的力矩可以用一个矢量 $\boldsymbol{M}$ 来表示(图 1-12)。

①矢量 $\boldsymbol{M}$ 的大小：$|\boldsymbol{M}| = |\boldsymbol{F}|p$，其中 p 是力臂，也就是自点 O 到力 $\boldsymbol{F}$ 的作用线的垂直距离。如图 1-12 所示，$\boldsymbol{r}$ 与 $\boldsymbol{F}$ 夹角为 θ，则 $p = |\boldsymbol{r}|\sin\theta$，所以

$$|\boldsymbol{M}| = |\boldsymbol{F}||\boldsymbol{r}|\sin\theta \tag{1-15}$$

此数值正好是以 $\boldsymbol{r}$、$\boldsymbol{F}$ 为两边的平行四边形的面积。

②矢量 $\boldsymbol{M}$ 的方向：$\boldsymbol{M}$ 与 $\boldsymbol{r}$ 及 $\boldsymbol{F}$ 均垂直($\boldsymbol{M}$ 垂直于由 $\boldsymbol{r}$、$\boldsymbol{F}$ 决定的平面)，且 $\boldsymbol{r}$ 转到 $\boldsymbol{F}$ 的转向符合右手螺旋法则。即伸出右手，使大拇指与其余四指垂直，并且都跟手掌在同一个平面内，令四指方向指向矢量 $\boldsymbol{r}$，并沿 θ 方向(小于 180°)握向矢量 $\boldsymbol{F}$，拇指为 $\boldsymbol{M}$ 的指向，恰是螺旋前进的方向。

抽去物理意义，给出矢量叉积的定义如下：

两矢量 $\boldsymbol{A}$ 和 $\boldsymbol{B}$ 的叉积(矢积)，其结果是一个矢量，用矢量 $\boldsymbol{C}$ 表示，矢量 $\boldsymbol{C}$ 的大小为 $\boldsymbol{A}$ 和 $\boldsymbol{B}$ 组成的平行四边形的面积，方向垂直于矢量 $\boldsymbol{A}$ 和 $\boldsymbol{B}$ 构成的平面，其数学表达式为

$$\boldsymbol{C} = \boldsymbol{A} \times \boldsymbol{B} \tag{1-16}$$

式中，$|\boldsymbol{C}| = AB\sin\theta$，$\theta$ 为矢量 $\boldsymbol{A}$ 和 $\boldsymbol{B}$ 的夹角，如图 1-13 所示。矢量 $\boldsymbol{C}$ 的方向满足右手螺旋法则，即伸出右手，使大拇指与其余四指垂直，并且都跟手掌在同一个平面内，令四指方向指向矢量 $\boldsymbol{A}$，并沿 θ 方向(小于 180°)握向矢量 $\boldsymbol{B}$，则大拇指方向即为矢量 $\boldsymbol{C}$ 的方向。

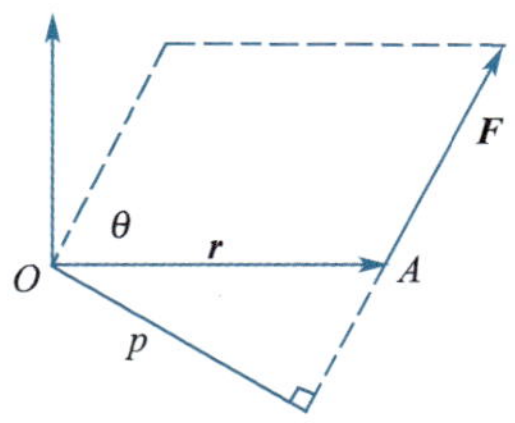

图 1-12　力 $\boldsymbol{F}$ 对 O 点的力矩 $\boldsymbol{M}$

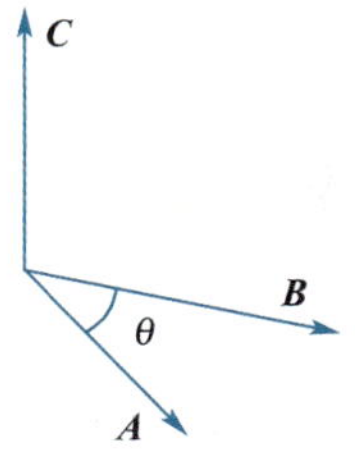

图 1-13　矢量叉积图示

矢量的叉积的基本性质：

①$\boldsymbol{A} \times \boldsymbol{A} = 0$。

②非零矢量 $\boldsymbol{A}$ 和 $\boldsymbol{B}$ 平行的充要条件为 $\boldsymbol{A} \times \boldsymbol{B} = 0$。

③$\boldsymbol{A} \times \boldsymbol{B} = -(\boldsymbol{B} \times \boldsymbol{A})$。

这是因为按右手螺旋法则，从 $\boldsymbol{A}$ 握向 $\boldsymbol{B}$ 定出的方向恰好与从 $\boldsymbol{B}$ 握向 $\boldsymbol{A}$ 定出的方向相

反,它表明交换律对矢量的叉乘不成立。

④分配律:$\boldsymbol{A}\times(\boldsymbol{B}+\boldsymbol{C})=\boldsymbol{A}\times\boldsymbol{B}+\boldsymbol{A}\times\boldsymbol{C}$。

⑤结合律:$m(\boldsymbol{A}\times\boldsymbol{B})=(m\boldsymbol{A})\times\boldsymbol{B}=\boldsymbol{A}\times(m\boldsymbol{B})$。

⑥对于直角坐标系来说,由矢量积定义可得到单位矢量之间的关系

$$\begin{cases}\boldsymbol{i}\times\boldsymbol{i}=\boldsymbol{j}\times\boldsymbol{j}=\boldsymbol{k}\times\boldsymbol{k}=0\\ \boldsymbol{i}\times\boldsymbol{j}=-\boldsymbol{j}\times\boldsymbol{i}=\boldsymbol{k},\boldsymbol{j}\times\boldsymbol{k}=-\boldsymbol{k}\times\boldsymbol{j}=\boldsymbol{i},\boldsymbol{k}\times\boldsymbol{i}=-\boldsymbol{i}\times\boldsymbol{k}=\boldsymbol{j}\end{cases}\tag{1-17}$$

叉积在直角坐标系中可表示为

$$\begin{aligned}\boldsymbol{A}\times\boldsymbol{B}&=(A_x\boldsymbol{i}+A_y\boldsymbol{j}+A_z\boldsymbol{k})\times(B_x\boldsymbol{i}+B_y\boldsymbol{j}+B_z\boldsymbol{k})\\&=A_xB_x(\boldsymbol{i}\times\boldsymbol{i})+A_xB_y(\boldsymbol{i}\times\boldsymbol{j})+A_xB_z(\boldsymbol{i}\times\boldsymbol{k})+\\&\quad A_yB_x(\boldsymbol{j}\times\boldsymbol{i})+A_yB_y(\boldsymbol{j}\times\boldsymbol{j})+A_yB_z(\boldsymbol{j}\times\boldsymbol{k})+\\&\quad A_zB_x(\boldsymbol{k}\times\boldsymbol{i})+A_zB_y(\boldsymbol{k}\times\boldsymbol{j})+A_zB_z(\boldsymbol{k}\times\boldsymbol{k})\\&=(A_yB_z-A_zB_y)\boldsymbol{i}-(A_xB_z-A_zB_x)\boldsymbol{j}+(A_xB_y-A_yB_x)\boldsymbol{k}\\&=\begin{vmatrix}A_y&A_z\\B_y&B_z\end{vmatrix}\boldsymbol{i}-\begin{vmatrix}A_x&A_z\\B_x&B_z\end{vmatrix}\boldsymbol{j}+\begin{vmatrix}A_x&A_y\\B_x&B_y\end{vmatrix}\boldsymbol{k}\end{aligned}\tag{1-18}$$

也可用行列式表示,如下

$$\boldsymbol{A}\times\boldsymbol{B}=\begin{vmatrix}\boldsymbol{i}&\boldsymbol{j}&\boldsymbol{k}\\A_x&A_y&A_z\\B_x&B_y&B_z\end{vmatrix}\tag{1-19}$$

例 1-4 已知 $\boldsymbol{A}=\boldsymbol{i}+2\boldsymbol{j}+3\boldsymbol{k}$,$\boldsymbol{B}=\boldsymbol{i}+\boldsymbol{j}+\boldsymbol{k}$,求 $\boldsymbol{A}\times\boldsymbol{B}$

解 根据矢量叉积的运算规则可得

$$\boldsymbol{A}\times\boldsymbol{B}=\begin{vmatrix}\boldsymbol{i}&\boldsymbol{j}&\boldsymbol{k}\\A_x&A_y&A_z\\B_x&B_y&B_z\end{vmatrix}=\begin{vmatrix}\boldsymbol{i}&\boldsymbol{j}&\boldsymbol{k}\\1&2&3\\1&1&1\end{vmatrix}=\begin{vmatrix}2&3\\1&1\end{vmatrix}\boldsymbol{i}-\begin{vmatrix}1&3\\1&1\end{vmatrix}\boldsymbol{j}+\begin{vmatrix}1&2\\1&1\end{vmatrix}\boldsymbol{k}=-\boldsymbol{i}+2\boldsymbol{j}-\boldsymbol{k}$$

1.3 微积分基础

1.3.1 函 数

1. 常量与变量

在讨论某个问题时,仅取一个固定值的量,如 4、20、π 等都是常量,表示常量的数称为常数。在讨论某个问题时,可取不同数值的量,如在谈论几何中的圆时,圆的半径 r 就是一个变量。变量与常量是两个有着明显区别的概念。

2. 函数

在某个自然或技术过程中,经常会同时出现两个或更多个的变量,而这些变量不是孤立地在变化,它们之间有着相互关系,也可能互相依赖且遵循着一定的规律变化着。下面先看例题。

例 1-5　初速度为 0 的物体在自由落体时，路程 s 与时间 t 是两个相关变量，路程随时间的变化而变化，它们之间的关系可以用下列式子表示：$s=gt^2/2(t\geqslant 0, g$ 是重力加速度)，即路程 s 是时间 t 的函数，其中时间 t 是自变量，路程 s 是因变量，与时间 t 对应的路程 s 的值称为函数值。

在物理学中有很多这样的例子，如圆的面积 S 和半径 r 的关系、电阻一定的情况下电压 V 和电流 I 的关系等，都是表达了两个数集之间的一种对应关系，根据这样的规律在一个实数集内取定一个数值时，按照对应规律，另一个数集内有唯一的数与之对应。

定义　在一个变化过程中，如果有两个变量 x 与 y，并且对于 x 的每一个确定的值，y 都有唯一确定的值与其对应，那么可以说 x 是自变量，y 是因变量，称 y 是 x 的函数，记为：$y=f(x)$。

函数的三要素：①定义域 A；②值域 $U=\{f(x)\mid x\in A\}$；③对应法则 f。

注意：①函数符号 $f(x)$表示 y 是 x 的函数，$f(x)$不是表示 f 与 x 的乘积；②f 表示对应法则，不同函数中 f 的具体含义不一样；③相同函数必须满足：定义域、值域、对应法则三者相同。

物理学中的函数一般有些比较明显的特点，例如：在函数 $y=x^2$ 中的两个变量 x 和 y 仅仅是数字符号，没有物理意义。而在例 1-5 中路程 s 与时间 t 函数的两个变量都有物理意义，而且其大小是可以测量的。在物理学中，所涉及的变量总是具有物理意义，而且它们都是可测量的。

在数学中，常用不同符号来表示函数和函数关系，例如 $y=f(x)$，但物理学中函数与函数符号却往往用同一字母表示，例如 $\boldsymbol{r}=\boldsymbol{r}(t)$，这个式子说明矢量 $\boldsymbol{r}$ 是标量 t 的函数。表征物理规律的函数和自变量都具有明确的物理意义，采用同一符号简洁地表示函数更有利于识别数学表达式中各项的物理意义。

3. 常用基本初等函数

幂函数：$y=x^a\ (a\in\mathbf{R})$。

指数函数：$y=a^x\ (a>0$ 且 $a\neq 1)$。

对数函数：$y=\log_a x\ (a>0$ 且 $a\neq 1)$。

三角函数与反三角函数：正弦函数 $y=\sin x$，余弦函数 $y=\cos x$，正切函数 $y=\tan x$，余切函数 $y=\cot x$，正割函数 $y=\sec x$，余割函数 $y=\csc x$，以及它们所对应的反三角函数。

4. 复合函数

设 $y=f(u)$的定义域为 A，$u=g(x)$的值域为 B，若 $B\subseteq A$，则 y 关于 x 函数的 $y=f[g(x)]$叫作函数 f 与 g 的复合函数，u 叫作中间量。

例 1-6　指出函数 $y=\sin(4x^2-1)$是由哪些基本初等函数复合而成的。

解　由 $y=\sin u$ 和 $u=4x^2-1$ 两个函数复合而成。

例 1-7　指出函数 $y=2\tan^2 x-\mathrm{e}^x$ 是由哪些基本初等函数复合而成的。

解　由 $y=2u^2-\mu$、$u=\tan x$ 和 $\mu=\mathrm{e}^x$ 三个函数复合而成。

1.3.2 导数与微分

在许多实际问题中，虽然函数的具体含义各不相同，物理意义各异，但它们的数学形式是相同的，都可归结为求极限问题，例如物体运动速度变化快慢程度、物体温度随时间变化快慢、静电场中电势沿某一方向变化的规律、铁道的坡度等。在自然科学和工程技术领域里，还有许多其他量具有这种数学形式。以此为背景提炼出一种函数运算的极限，它与物理学的许多基本规律和基本物理量的定义有密切的关系，由此可以引出导数的定义。

1. 定义

给定一个函数 $y=f(x)$，设函数在点 x_0 的某一邻域内有定义，当自变量 x 在 x_0 处有增量 Δx（$x_0+\Delta x$ 也在该邻域内）时，相应地函数有增量 $\Delta y=f(x+\Delta x)-f(x)$。若 Δy 与 Δx 之比当 $\Delta x\to 0$ 时极限存在，则称这个极限值为 $y=f(x)$ 在 x_0 处的导数。记为 $y'\big|_{x=x_0}$，还可记为 $\dfrac{\mathrm{d}y}{\mathrm{d}x}\Big|_{x=x_0}$ 或 $f'(x_0)$。

2. 可导性

①函数 $f(x)$ 在点 x_0 处存在导数，则称函数 $f(x)$ 在点 x_0 处可导，否则不可导。

②若函数 $f(x)$ 在区间 (a,b) 内每一点都可导，就称函数 $f(x)$ 在区间 (a,b) 内可导，这时函数 $f(x)$ 对于区间 (a,b) 内的每一个确定的 x 值，都对应着一个确定的导数，这就构成一个新的函数，称这个函数为原函数 $f(x)$ 的导函数。

导函数可以理解为原函数对自变量的变化率。许多物理量和物理定律都是描述变化率的，因而可以用导数来表示，例如速度、加速度、电磁感应定律等。因有诸多物理量都是时间的函数，例如运动着的汽车所经历的路程、大气的温度等，总之表征系统状态随时间变化的物理量都是以时间为自变量的函数，故在求这些函数的导数时是对时间求导，即对时间的变化率。

用定义法求导举例：

函数 $f(x)=C$ 的导数（C 为常数）

$$f'(x)=\lim_{\Delta x\to 0}\frac{f(x+\Delta x)-f(x)}{\Delta x}=\lim_{\Delta x\to 0}\frac{C-C}{\Delta x}=0$$

函数 $f(x)=\sin x$ 的导数

$$f'(x)=\lim_{\Delta x\to 0}\frac{f(x+\Delta x)-f(x)}{\Delta x}=\lim_{\Delta x\to 0}\frac{\sin(x+\Delta x)-\sin(x)}{\Delta x}$$

$$=\lim_{\Delta x\to 0}\frac{2\cos\left(x+\dfrac{\Delta x}{2}\right)\sin\dfrac{\Delta x}{2}}{\Delta x}=\lim_{\Delta x\to 0}\cos\left(x+\frac{\Delta x}{2}\right)\frac{\sin\dfrac{\Delta x}{2}}{\dfrac{\Delta x}{2}}=\cos x$$

函数 $f(x)=x^n$（n 为正整数）

$$f'(x)=\lim_{\Delta x\to 0}\frac{f(x+\Delta x)-f(x)}{\Delta x}=\lim_{\Delta x\to 0}\frac{(x+\Delta x)^n-x^n}{\Delta x}$$

$$=\lim_{\Delta x\to 0}\frac{C_n^1x^{n-1}\Delta x+C_n^2x^{n-2}\Delta x^2+\cdots+C_n^n\Delta x^n}{\Delta x}=nx^{n-1}$$

3. 常用导数公式

表 1-7　　常用函数的导数

$(C)'=0$	$(e^x)'=e^x$
$(x^n)'=nx^{n-1}$	$(a^x)'=a^x\ln a$
$(\sin x)'=\cos x$	$(\log_a x)'=\frac{1}{x\ln a}$
$(\cos x)'=-\sin x$	$(\ln x)'=\frac{1}{x}$
$(\tan x)'=\sec^2 x$	$(\arcsin x)'=\frac{1}{\sqrt{1-x^2}}$
$(\cot x)'=-\csc^2 x$	$(\arccos x)'=-\frac{1}{\sqrt{1-x^2}}$
$(\sec x)'=\sec x\tan x$	$(\arctan x)'=\frac{1}{1+x^2}$
$(\csc x)'=-\csc x\cot x$	$(\text{arccot}\, x)'=-\frac{1}{1+x^2}$

4. 导数的四则运算法则

①函数和(差)的求导法则：如果函数 $u=u(x)$ 和函数 $\mu=\mu(x)$ 在 x 处都可导，则函数 $f(x)=u(x)\pm\mu(x)$ 在点 x 处可导，则有 $f'(x)=u'(x)\pm\mu'(x)$，简记为 $(u\pm\mu)'=u'\pm\mu'$。即两个可导函数之和(差)的导数等于这两个函数的导数之和(差)。

②函数积的求导法则：如果函数 $u=u(x)$ 和函数 $\mu=\mu(x)$ 在 x 处都可导，则函数 $f(x)=u(x)\cdot\mu(x)$ 在点 x 处也可导，则有 $f'(x)=u'(x)\mu(x)+u(x)\mu'(x)$，简记为 $(u\mu)'=u'\mu+u\mu'$。即两个可导函数乘积的导数等于第一个因子的导数与第二个因子的乘积，加上第一个因子与第二个因子的导数的乘积。

③函数商的求导法则：如果函数 $u=u(x)$ 在点 x 处可导且 $\mu(x)\neq 0$，则函数 $f(x)=\frac{u(x)}{\mu(x)}$ 在点 x 处可导，则有 $f'(x)=\frac{u'(x)\mu(x)-u(x)\mu'(x)}{\mu^2(x)}$，简记为 $\left(\frac{u}{\mu}\right)'=\frac{u'\mu-u\mu'}{\mu^2}$。即两个可导函数商的导数等于分子的导数与分母的乘积减去分母的导数与分子的乘积，再除以分母的平方。

例 1-8　求函数 $y=2x^2+5e^x-3\ln x+4$ 的导数。

解　按运算规则逐项求导得：$y'=4x+5e^x-\frac{3}{x}$。

5. 函数的高阶导数

一般地，函数 $y=f(x)$ 的导数 $y'=f'(x)$ 仍是自变量 x 的函数，若 $y'=f'(x)$ 的导数存在，此导数就被称为函数 $y=f(x)$ 的二阶导数，记为 y''、$\frac{d^2y}{dx^2}$ 或 $f''(x)$，即 $\frac{d^2y}{dx^2}=$

$\frac{d}{dx}\left(\frac{dy}{dx}\right)$。推广为：若函数 $y=f(x)$ 的 $n-1$ 阶导函数 $y^{(n-1)}=f^{(n-1)}(x)$ 的导数存在，此导数就称为函数 $y=f(x)$ 的 n 阶导数，记为 $y^{(n)}$、$\frac{d^n y}{dx^n}$ 或 $f^{(n)}(x)$，即 $\frac{d^n y}{dx^n}=\frac{d}{dx}\left(\frac{d^{n-1}y}{dx^{n-1}}\right)$。

①两个函数的和(差)的 n 阶导数等于这两个函数的 n 阶导数的和(差)：

$$[u(x)\pm\mu(x)]^{(n)}=[u(x)]^{(n)}\pm[\mu(x)]^{(n)} \tag{1-20}$$

②两个函数的积的 n 阶导数的公式(莱布尼兹公式)：

$$[u(x)\mu(x)]^{(n)}=\sum_{k=0}^{n}C_n^k[u(x)]^{(k)}[\mu(x)]^{(n-k)} \tag{1-21}$$

③常用几个函数的 n 阶导数：

$$(e^x)^{(n)}=e^x$$

$$(a^x)^{(n)}=a^x\cdot(\ln a)^n$$

$$(\sin x)^{(n)}=\sin\left(x+\frac{n\pi}{2}\right)$$

$$(\cos x)^{(n)}=\cos\left(x+\frac{n\pi}{2}\right)$$

$$(x^u)^{(n)}=u(u-1)\cdots(u-n+1)x^{u-n}$$

$$(\ln x)^{(n)}=(-1)^{n-1}\cdot\frac{(n-1)!}{x^n}$$

例 1-9 求函数 $y=5x^5+4x^4+3x$ 的二阶导数。

解 按照运算规则求得一阶导数为 $y'=25x^4+16x^3+3$，二阶导数为 $y''=100x^3+48x^2$。

6. 复合函数的导数

函数 $y=f[g(x)]$ 由 $y=f(u)$ 和 $u=g(x)$ 两个函数复合而成，则 y 对 x 的导数可采用公式 $y'=f'[g(x)]=f'(u)g'(x)$ 求得。举例如下：

例 1-10 求函数 $y=\sin\sqrt{x}$ 的导函数。

解 该函数可以看作由函数 $y=\sin u$ 和函数 $u=\sqrt{x}$ 复合而成，由复合函数求导法则得 $y'=(\sin u)'(\sqrt{x})'=\cos u\cdot\frac{1}{2\sqrt{x}}=\frac{\cos\sqrt{x}}{2\sqrt{x}}$。

1.3.3 函数的微分

1. 定义

设函数在某区间内有定义，x_0 及 $x_0+\Delta x$ 在这区间内，若函数的增量可表示为 $\Delta y=A\Delta x+o(\Delta x)$，其中 A 是不依赖于 Δx 的常数，$o(\Delta x)$ 是 Δx 的高阶无穷小，则称函数 $y=f(x)$ 在点 x_0 可微。$A\Delta x$ 叫作函数在点 x_0 相应于自变量增量 Δx 的微分，记作 dy，即 $dy=A\Delta x$。微分是自变量改变量 Δx 的线性函数，dy 与 Δy 的差是关于 Δx 的高阶无

穷小量，我们把 dy 称作 Δy 的线性主部。当 $\Delta x \to 0$ 时，$\Delta y \approx \mathrm{d}y$，导数的记号为$\frac{\mathrm{d}y}{\mathrm{d}x}=f'(x)$。

把 Δx 看成 $\mathrm{d}x$（定义自变量的增量等于自变量的微分），此式还可表示为：$\mathrm{d}y=f'(x)\mathrm{d}x$。若函数在某区间上可导，则它在此区间上一定可微，反之亦成立。

物理学中的微分用于描述物理量的非线性变化情况，而且感兴趣的不是函数的微分，而是函数的增量。当自变量的微分很小时，函数的微分近似等于函数的增量。从物理上看，只要自变量的微分是个小量，函数的微分就可以写成函数的增量，正因如此，在物理学中总是把微分当作小量用。例如：$\mathrm{d}t$ 可以表示微小时间间隔、$\mathrm{d}T$ 可以表示微小温差、$\mathrm{d}W$ 可以表示元功等。

2. 常用微分公式

常用函数的微分见表 1-8。

表 1-8 常用函数的微分

$\mathrm{d}(C)=0$	$\mathrm{d}(\mathrm{e}^x)=\mathrm{e}^x\mathrm{d}x$
$\mathrm{d}(x^n)=nx^{n-1}\mathrm{d}x$	$\mathrm{d}(a^x)=a^x\ln a\,\mathrm{d}x$
$\mathrm{d}(\sin x)=\cos x\,\mathrm{d}x$	$\mathrm{d}(\log_a x)=\frac{1}{x\ln a}\mathrm{d}x$
$\mathrm{d}(\cos x)=-\sin x\,\mathrm{d}x$	$\mathrm{d}(\ln x)=\frac{1}{x}\mathrm{d}x$
$\mathrm{d}(\tan x)=\sec^2 x\,\mathrm{d}x$	$\mathrm{d}(\arcsin x)=\frac{1}{\sqrt{1-x^2}}\mathrm{d}x$
$\mathrm{d}(\cot x)=-\csc^2 x\,\mathrm{d}x$	$\mathrm{d}(\arccos x)=-\frac{1}{\sqrt{1-x^2}}\mathrm{d}x$
$\mathrm{d}(\sec x)=\sec x\tan x\,\mathrm{d}x$	$\mathrm{d}(\arctan x)=\frac{1}{1+x^2}\mathrm{d}x$
$\mathrm{d}(\csc x)=-\csc x\cot x\,\mathrm{d}x$	$\mathrm{d}(\mathrm{arccot}\, x)=-\frac{1}{1+x^2}\mathrm{d}x$

3. 微分运算法则

函数的微分法则见表 1-9。

表 1-9 函数的微分法则

$\mathrm{d}(u\pm\mu)=\mathrm{d}u\pm\mathrm{d}\mu$	$\mathrm{d}(Cu)=C\mathrm{d}u$
$\mathrm{d}(u\mu)=\mu\mathrm{d}u+u\mathrm{d}\mu$	$\mathrm{d}\left(\frac{u}{\mu}\right)=\frac{\mu\mathrm{d}u-u\mathrm{d}\mu}{\mu^2}(\mu\neq 0)$

1.3.4 函数的不定积分

1. 原函数

设 $f(x)$是定义在区间 I 上的一个函数，如果存在函数 $F(x)$，使得对于任意 $x\in I$，都有

$$F'(x)=f(x) \text{ 或 } \mathrm{d}F(x)=f(x)\mathrm{d}x$$

那么函数 $F(x)$就称为 $f(x)$在区间 I 上的一个原函数。

例如，对任意的 $x\in(-\infty,+\infty)$均有$(\sin x)'=\cos x$，所以 $\sin x$ 是 $\cos x$ 在区间

$(-\infty,+\infty)$内的一个原函数。

提问：①满足什么条件的函数具有原函数？②一个函数如果存在原函数，那么它的原函数有多少个？③一个函数如果存在若干个原函数，这些原函数之间有什么关系？

原函数存在定理：

如果函数 $f(x)$在区间 I 上连续，那么在区间 I 上存在可导函数 $F(x)$，使对任意 $x\in I$ 都有 $F'(x)=f(x)$，即连续函数一定有原函数。

这里需简单说明两点：①若函数 $f(x)$在区间 I 上有原函数 $F(x)$，那么 $f(x)$就有无限多个原函数，$F(x)+C$ 都是 $f(x)$的原函数，其中 C 是任意常数；②$f(x)$的任意两个原函数之间只差一个常数，即如果 $\Phi(x)$和 $F(x)$都是 $f(x)$的原函数，则 $\Phi(x)=F(x)+C$。

2. 不定积分

如果函数 $F(x)$ 是函数 $f(x)$ 在区间 I 上的一个原函数，则称 $f(x)$ 的全体原函数 $F(x)+C$（C 为任意常数）为 $f(x)$ 在区间 I 上的不定积分，记为 $\int f(x)\mathrm{d}x = F(x)+C$。

其中，记号 $\int$ 称为积分号，$f(x)$ 称为被积函数，$f(x)\mathrm{d}x$ 称为被积表达式，x 称为积分变量。

通过上述定义可知，求已知函数 $f(x)$的不定积分，只需要求出 $f(x)$的一个原函数，再加上任意常数即可。举例如下：

已知 $\sin x$ 是 $\cos x$ 的原函数，而 $\arcsin x$ 是$\frac{1}{\sqrt{1-x^2}}$的原函数，所以它们的不定积分

$$\int \cos x\,\mathrm{d}x = \sin x + C$$

$$\int \frac{1}{\sqrt{1-x^2}}\mathrm{d}x = \arcsin x + C$$

在物理问题中，把上述常量 C 叫作待定常量，它是要依据物理条件进行确定的。例如一个在 y 轴上匀速运动的质点，它的速度是坐标对时间的变化率，即导数

$$v=\frac{\mathrm{d}y}{\mathrm{d}t} \tag{1-22}$$

若已知速度为 v_0，求任意时刻的坐标（位置），则有

$$y=\int v_0\,\mathrm{d}t = v_0 t + C \tag{1-23}$$

这里 C 是任意常量，但可以看出 $t=0$ 时，$y=C$，即 C 是初始时刻的坐标，只要给定初始时刻的坐标，就能确定常量 C。

在这里要再次请读者注意：在求不定积分时，常量 C 不可忽略，这不仅是因为它是数学上的一个推理，更是因为在实际问题中这里的常量 C 是具有物理意义的。

从不定积分的定义即可知下述关系：

由于$\int f(x)\mathrm{d}x$ 是函数 $f(x)$ 的原函数，所以

$$\frac{\mathrm{d}}{\mathrm{d}x}\left[\int f(x)\mathrm{d}x\right]=f(x) \text{ 或 } \mathrm{d}\left[\int f(x)\mathrm{d}x\right]=f(x)\mathrm{d}x \tag{1-24}$$

又由于 $F(x)$ 是 $F'(x)$ 的原函数，所以

$$\int F'(x)\mathrm{d}x=F(x)+C \text{ 或} \int \mathrm{d}F(x)=F(x)+C \tag{1-25}$$

由此可见，微分运算和不定积分的运算是互逆的。

3. 不定积分的性质

根据不定积分的定义，可以推导出如下两个性质：

① 设函数 $f(x)$ 与 $g(x)$ 的原函数存在，则 $\int[f(x)\pm g(x)]\mathrm{d}x=\int f(x)\mathrm{d}x\pm\int g(x)\mathrm{d}x$。

② 设函数的原函数存在，k 为非零常数，则 $\int kf(x)\mathrm{d}x=k\int f(x)\mathrm{d}x$（$k$ 为常数，且 $k\neq 0$）。

例 1-11　(1) 求 $\int\frac{x^3-3x^2+x-1}{x^2}\mathrm{d}x$；　(2) 求 $\int\left(\cos x+a^x-\frac{2}{\cos^2 x}\right)\mathrm{d}x$。

解　(1) $\int\frac{x^3-3x^2+x-1}{x^2}\mathrm{d}x=\int x\mathrm{d}x-3\int\mathrm{d}x+\int\frac{1}{x}\mathrm{d}x-\int x^{-2}\mathrm{d}x$

$$=\frac{1}{2}x^2-3x+\ln|x|+\frac{1}{x}+C$$

(2) $\int\left(\cos x+a^x-\frac{2}{\cos^2 x}\right)\mathrm{d}x=\int\cos x\mathrm{d}x+\int a^x\mathrm{d}x-2\int\frac{1}{\cos^2 x}\mathrm{d}x$

$$=\sin x+\frac{1}{\ln a}a^x-2\int\sec^2 x\mathrm{d}x$$

$$=\sin x+\frac{1}{\ln a}a^x-2\tan x+C$$

4. 不定积分公式

由于积分是微分的逆运算，所以很自然地可以由导数的公式对应得到不定积分公式（k，C 为常数），见表 1-10。

表 1-10　不定积分的基本公式

$\int k\mathrm{d}x=kx+C$	$\int\csc x\cot x\mathrm{d}x=-\csc x+C$
$\int x^n\mathrm{d}x=\frac{x^{n+1}}{n+1}+C(n\neq-1)$	$\int e^x\mathrm{d}x=e^x+C$
$\int\frac{1}{x}\mathrm{d}x=\ln\|x\|+C$	$\int a^x\mathrm{d}x=\frac{a^x}{\ln a}+C$
$\int\frac{1}{1+x^2}\mathrm{d}x=\arctan x+C$	$\int\tan x\mathrm{d}x=-\ln\|\cos x\|+C$
$\int\frac{1}{\sqrt{1-x^2}}\mathrm{d}x=\arcsin x+C$	$\int\cot x\mathrm{d}x=\ln\|\sin x\|+C$
$\int\cos x\mathrm{d}x=\sin x+C$	$\int\sec x\mathrm{d}x=\ln\|\sec x+\tan x\|+C$

（续表）

$\int \sin x\,dx = -\cos x + C$	$\int \csc x\,dx = \ln\|\csc x - \cot x\| + C$
$\int \frac{1}{\cos^2 x}dx = \tan x + C$	$\int \frac{1}{a^2+x^2}dx = \frac{1}{a}\arctan\frac{x}{a} + C$
$\int \frac{1}{\sin^2 x}dx = -\cot x + C$	$\int \frac{1}{x^2-a^2}dx = \frac{1}{2a}\ln\left\|\frac{x-a}{x+a}\right\| + C$
$\int \sec x\tan x\,dx = \sec x + C$	$\int \frac{1}{ax+b}dx = \frac{1}{a}\ln\|ax+b\| + C$

5. 换元积分法

换元积分法是复合函数微分法的逆运算，即引进一个恰当的中间变量，使积分号里的微分，变换为以中间变量为自变量的基本函数的微分。这种变换，应符合等量置换的规则。

例 1-12 求$\int \frac{dx}{ax+b}$。

解 以 $u = ax + b$ 为中间变量，则 $du = a\,dx$，即 $dx = \frac{1}{a}du$，则

$$\int \frac{dx}{ax+b} = \frac{1}{a}\int \frac{du}{u} = \frac{1}{a}\ln u + C = \frac{1}{a}\ln(ax+b)$$

6. 分部积分法

这是与函数积的微分对应的积分法，若 u、v 是 x 的函数，则

$$d(uv) = u\,dv + v\,du \tag{1-26}$$

由上式得

$$u\,dv = d(uv) - v\,du \tag{1-27}$$

$$\int u\,dv = \int d(uv) - \int v\,du \tag{1-28}$$

上式的意义是，若自变量以中间变量 v 的形式出现，则可转化为以 u 为自变量的积分，这样可能简单一些。在式(1-28)中，$d(uv)$ 逆运算会产生 C，因$\int v\,du$ 中也蕴含了任意常量，二者可合并在一起，故这里可省略不写出来。则式(1-28)也可表示为

$$\int u\,dv = \int d(uv) - \int v\,du = uv - \int v\,du$$

例 1-13 求$\int \ln x\,dx$。

解 $\ln x$ 不是基本函数的导数，但它的导数是幂函数，比较容易组合为基本函数的导数，故令 $u = \ln x$，$v = x$，按照分部积分法得

$$\int \ln x\,dx = x\ln x - \int x\,d(\ln x) = x\ln x - \int dx = x\ln x - x + C$$

1.3.5　函数的定积分

1. 定义

一般地，设函数 $f(x)$ 在区间 $[a,b]$ 上连续，用分点 $a=x_0<x_1<x_2<\cdots<x_n<b$ 将区间 $[a,b]$ 等分成 n 个小区间，每个小区间长度为 $\Delta x\left(\Delta x=\dfrac{b-a}{n}\right)$，在每个小区间 $[x_{i-1},x_i]$ 上取一点 $\xi_i(i=1,2,\cdots,n)$ 作和式：

$$S_n=\sum_{i=1}^{n}f(\xi_i)\Delta x=\sum_{i=1}^{n}\frac{b-a}{n}f(\xi_i)$$

如果 x 无限接近于 0，即 $n\to\infty$ 时，上述和式 S_n 无限趋近于常数 S，那么称该常数 S 为函数 $f(x)$ 在区间 $[a,b]$ 上的定积分，记为：$S=\int_a^b f(x)\mathrm{d}x$。

其中，$f(x)$ 称为被积函数，x 叫作积分变量，$[a,b]$ 为积分区间，b 为积分上限，a 为积分下限。

2. 定积分的几何意义

定积分 $\int f(x)\mathrm{d}x$ 等于以 $f(x)$ 为曲边的 $[a,b]$ 上的曲边梯形的面积 S，即

$$\int_a^b f(x)\mathrm{d}x=S \tag{1-29}$$

① 如果在 $[a,b]$ 上 $f(x)\leqslant 0$，因 $f(\xi_i)\leqslant 0$，从而 $\sum_{i=1}^{n}f(\xi_i)\Delta x_i\leqslant 0$，$\int_a^b f(x)\mathrm{d}x\leqslant 0$。此时 $\int_a^b f(x)\mathrm{d}x$ 表示由直线 $x=a$，$x=b$，$y=0$ 以及曲线 $y=f(x)$ 所围成的曲边梯形的面积 S 的负值(图 1-14)，即

$$\int_a^b f(x)\mathrm{d}x=-S \tag{1-30}$$

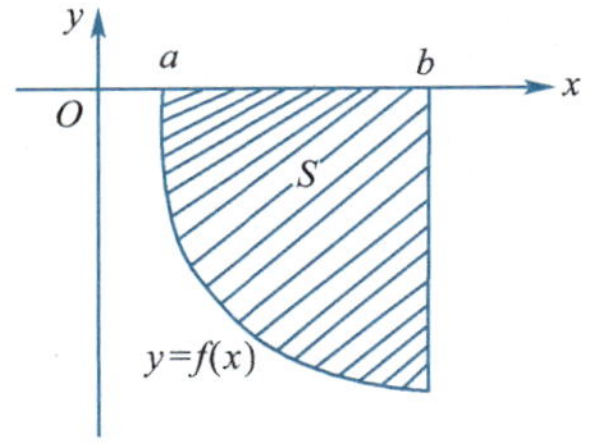

图 1-14　函数为负时曲边梯形的面积

② 如果在 $[a,b]$ 上的 $f(x)$ 有正有负，则 $\int_a^b f(x)\mathrm{d}x$ 等于 $[a,b]$ 上位于 x 轴上方的图形面积减去 x 轴下方的图形面积(图 1-15)，即

$$\int_a^b f(x)\mathrm{d}x=\int_a^{x_1}f(x)\mathrm{d}x+\int_{x_1}^{x_2}f(x)\mathrm{d}x+\int_{x_2}^{b}f(x)\mathrm{d}x=-S_1+S_2-S_3 \tag{1-31}$$

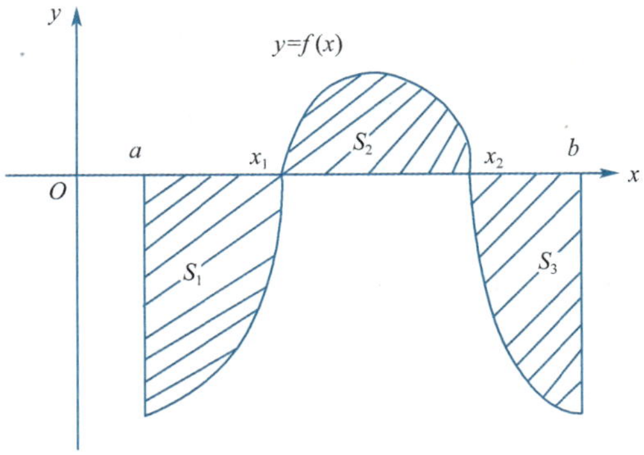

图 1-15　函数有正有负时曲边梯形的面积

3. 定积分的性质

①$\int_a^b \mathrm{d}x = b - a$

②$\int_a^b kf(x)\mathrm{d}x = k\int_a^b f(x)\mathrm{d}x$　（其中 $k \neq 0$）

③$\int_a^b [f(x)+g(x)]\mathrm{d}x = \int_a^b f(x)\mathrm{d}x + \int_a^b g(x)\mathrm{d}x$

④$\int_a^b f(x)\mathrm{d}x = -\int_b^a f(x)\mathrm{d}x$

⑤$\int_a^b f(x)\mathrm{d}x = \int_a^c f(x)\mathrm{d}x + \int_c^b f(x)\mathrm{d}x$

4. 牛顿-莱布尼茨公式（微积分基本定理）

设函数 $f(x)$ 在 $[a,b]$ 上连续，且存在原函数 $F(x)$，则$\int_a^b f(x)\mathrm{d}x = F(b) - F(a)$，这就是著名的牛顿-莱布尼茨公式，常记作：$\int_a^b f(x)\mathrm{d}x = F(x)\Big|_a^b = F(b) - F(a)$。举例如下：

例 1-14　求定积分$\int_0^1 x^2\mathrm{d}x$。

解　$\int_0^1 x^2\mathrm{d}x = \frac{x^3}{3}\Big|_0^1 = \frac{1}{3}$

这个例子可以理解为：计算在$[0,\ 1]$的闭区间中，抛物线 $y = x^2$ 与 x 轴所夹的面积。如图 1-16 所示，在这个例子中 $f(x) > 0, b > a$，所以面积为正数。也可以有如下定积分：

$$\int_1^0 x^2\mathrm{d}x = \frac{x^3}{3}\Big|_1^0 = -\frac{1}{3}$$

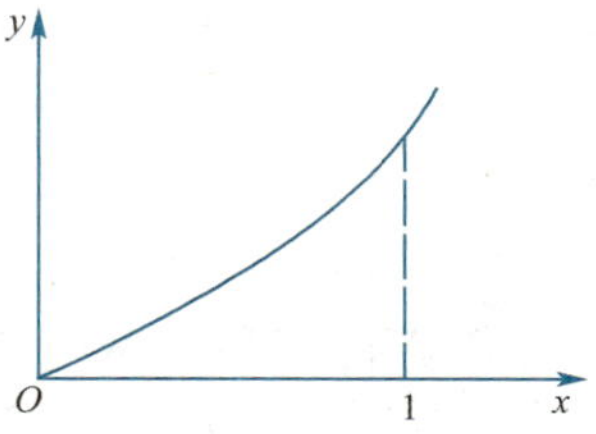

图 1-16　例 1-14 图

在这个算式中 $f(x) > 0, b < a$，所以面积为负数。

例 1-15　求定积分(1)$\int_1^2 \left(x + \frac{1}{x}\right)^2 \mathrm{d}x$；　(2)$\int_{-1}^1 \sqrt{x^2}\,\mathrm{d}x$。

解　(1)$\int_1^2 \left(x + \frac{1}{x}\right)^2 \mathrm{d}x = \int_1^2 \left(x^2 + 2 + \frac{1}{x^2}\right)\mathrm{d}x = \left(\frac{x^3}{3}\right) + 2x - \frac{1}{x}\Big|_1^2 = \frac{29}{6}$

(2)$\int_{-1}^1 \sqrt{x^2}\,\mathrm{d}x = \int_{-1}^0 (-x)\,\mathrm{d}x + \int_0^1 x\,\mathrm{d}x = -\frac{x^2}{2}\Big|_{-1}^0 + \frac{x^2}{2}\Big|_0^1 = 1$

以上例子，都没有写出原函数的常量 C，因为原函数的增量只取决于随自变量变化的那一部分，与自变量无关的常量 C 对积分没有任何影响。即在求定积分时，只需要求出任意一个原函数，而并不需要得到全部原函数。

定积分计算过程分两步：①根据已知的导数 $f(x)$，求出任意一个原函数 $F(x)$；②按求出的原函数求出原函数的增量，即牛顿-莱布尼茨公式的应用。

1.4　阅读材料

1.4.1　课程思政

国际单位制的发展史

人类计量的发展是人类文明的基石，是支撑社会、经济和科技发展的重要基础，如果说没有了计量，那么在一定程度上就没有今天的科学。国际单位制(SI)的起源可以追溯至 1875 年 5 月 20 日，在这一天，17 个国家在法国巴黎签署《米制公约》并正式同意推行统一的国际计量体系，其初衷是为了支撑国际贸易、商业以及科学交流，其愿景是“为全人类所用，在任何时代适用”。从此以后，国际单位制成为国际通用的测量语言，是人类描述和定义世间万物的标尺。

经过全球各国国家计量院和国际计量局的多年研究，到了今天，基于基本常数定义 SI 的基本单位具有足够的准确性，国际测量体系将 SI 全部建立在不变的自然常数上，保证了 SI 的长期稳定性和寰宇通用性，这项成就正是全世界科学家责任与担当的体现。为纪念《米制公约》的建立，1999 年国际计量大会宣布每年的 5 月 20 日为“世界计量日”，这是一个重要的里程碑，标志着计量在推动全球科学合作中发挥的关键作用，为促进计量发展开辟了新途径。

如图 1-17 所示是我国 2015 年 5 月 20 日为纪念世界计量日而发行的第一枚计量主题的邮票，共 1 套 1 枚，面值 1.2 元，由邮票设计家陈绍华先生设计完成。该邮票主要围绕计量从古代到现代、从中国到世界、从日常生活到科技创新三条主线，在方寸之间展示了计量的悠久历史和辉煌成就。我们仔细看，右上角是中国古代的日晷，它通过太阳的阴影反映时间的变化，右下角是秦始皇颁布的统一度量衡诏书，左边是国际单位制的发展历程。

图 1-17　我国第一枚反映计量主题的纪念邮票

对矢量发展有重大贡献的科学家

对矢量发展有重大贡献的科学家有很多，以下列举几位代表性的科学家：

1. 戈特弗里德·威廉·莱布尼茨:德国数学家,作为微积分的发现者之一,莱布尼茨对向量分析的早期发展有重要贡献,提出了矢量的基本概念和运算规则。

2. 约西亚·威拉德·吉布斯:19 世纪末 20 世纪初的美国物理学家和数学家,对矢量分析和统计力学的发展做出了巨大贡献,他的工作奠定了现代矢量分析的基础。

3. 赫尔曼·格拉斯曼:德国数学家,提出了广义外代数的概念,这对后来的向量和张量理论发展起到了重要作用。

4. 大卫·希尔伯特:德国数学家,对线性代数和无限维度向量空间的理论做出了重要贡献,他的工作对现代数学和物理学都有深远影响。

5. 克劳德·香农:美国数学家和电气工程师,对信息论的发展做出了开创性贡献,引入了向量空间和线性代数的概念来描述信息的传输和编码。

这些科学家在数学、物理学、工程学和计算机科学等领域的工作,不仅推动了矢量理论的发展,也为现代科学技术的进步奠定了坚实基础,他们的贡献使得矢量成了理解和解决复杂问题不可或缺的工具之一。

函数发展史

数学史表明:重要的数学概念的产生和发展,对数学发展起着不可估量的作用,有些重要的数学概念对数学分支的产生起着奠基性的作用。而在数学史的长河中,有诸多科学家为函数的发展做出了杰出贡献。

在笛卡儿引入变量以后,变量和函数等概念日益渗透到科学技术的各个领域。纵览宇宙,运算天体,探索热的传导,揭示电磁秘密,这些都和函数概念息息相关。正是在这些实践过程中,人们对函数的概念不断深化。

最早提出函数(Function)概念的是 17 世纪德国数学家莱布尼茨。最初莱布尼茨用“函数”一词表示幂,如 $y=kx+b$ 都叫函数以后,他又用函数表示在直角坐标系中曲线上一点的横坐标、纵坐标。1718 年,莱布尼茨的学生,瑞士数学家贝努利把函数定义为“由某个变量及任意的一个常数结合而成的数量”,意思是凡变量 x 和常量构成的式子都叫作 x 的函数。贝努利所强调的是函数要用公式来表示。后来数学家觉得不应该把函数概念局限在只能用公式来表达上,只要一个变量变化,另一个变量能随之而变化就可以,至于这两个变量的关系是否要用公式来表示,就不作为判别函数的标准。1755 年,瑞士数学家欧拉把函数定义为“如果某些变量,以某一种方式依赖于另一些变量,即当后面这些变量变化时,前面这些变量也随着变化,我们把前面的变量称为后面变量的函数”,在欧拉的定义中,就不强调函数要用公式表示了,由于函数不一定要用公式来表示,欧拉曾把画在坐标系中的曲线也叫函数,他认为函数是随意画出的一条曲线。当时有些数学家对于不用公式来表示函数感到很不习惯,有的数学家甚至抱怀疑态度,他们把能用公式表示的函数叫“真函数”,把不能用公式表示的函数叫“假函数”。1821 年,法国数学家柯西给出了类似现在中学课本的函数定义“在某些变数间存在着一定的关系,当一经给定其中某一变数的值,其他变数的值可随之确定时,则将最初的变数叫自变量,其他各变数叫函数”,在柯西的定义中,首先出现了自变量一词。

1834 年，俄国数学家罗巴契夫斯基进一步提出函数的定义“x 的函数是这样的一个数，它对于每一个 x 都有确定的值，并且随着 x 一起变化”。函数值可以由解析式给出，也可以由一个条件给出，这个条件提供了一种寻求全部对应值的方法。函数的这种依赖关系可以存在，但仍然是未知的。这个定义指出了对应关系（条件）的必要性，利用这个关系，可以求出每一个 x 的对应值。

1837 年，德国数学家狄里克雷认为怎样去建立 x 与 y 之间的对应关系是无关紧要的，所以他的定义是“如果对于 x 的每一个值，y 总有一个完全确定的值与之对应，则 y 是 x 的函数”，这个定义抓住了概念的本质属性，变量 y 称为 x 的函数，只需有一个法则存在，使得这个函数取值范围中的每一个值，有一个确定的 y 值和它对应就行了，不管这个法则是公式或图像或表格或其他形式。这个定义比前面的定义带有普遍性，为理论研究和实际应用提供了方便。因此，这个定义曾被长期使用着。

自从德国数学家康托尔的集合论被大家接受后，用集合对应关系来定义函数概念就是现在高中课本里用的了。

中文数学书上使用的“函数”一词是转译词，是我国清代数学家李善兰在翻译《代数学》(1895 年)一书时，把“function”译成“函数”的。中国古代“函”字与“含”字通用，都有着未知数或变量的含义。所以“函数”是指公式里含有变量的意思。

由于在大学物理学习中，经常需要借助微积分工具解决问题，如速度、加速度、变力冲量、变力做功、高斯定理等物理问题，为了更好地理解和学习相关物理知识，需要对微积分有一定的认识，学会求简单函数的导数、微分、积分的方法。

1.4.2　生活、生产及工程应用

国际单位制的价值

国际单位制因其统一性、简明性、实用性、科学性、精确性、继承性和稳定性等特点，在生活、生产及工程中的应用非常广泛。在科学研究方面，它为全球范围内的计量工作提供了统一标准，有利于科研数据的比较与分析，使得不同国家和地区的科技交流更加便捷，从而推动全球科学的进步。另外，有助于提高生产过程中的计量精度，从而提高工业生产效率，此外，它能够确保产品质量的稳定性和可靠性，有利于维护消费者的权益。

活跃于各领域的矢量

矢量及其运算在实际生活中有许多应用。比如，在航空航天领域，矢量被用来描述飞行器的速度、加速度和方向。在工程领域，矢量运算有着广泛的应用。例如，在电路设计中，矢量运算可以用于分析电流、电压和功率的变化。在计算机图形学中，矢量运算被用来描述和处理图像的位置、旋转和缩放等变换。此外，机器人运动控制也依赖于矢量运算，用于规划和控制机器人的运动轨迹和姿态。

无处不在的微积分

微积分是数学中的一个重要分支,它涉及函数的变化率和积分等概念。微积分在许多领域都有广泛的应用,可以帮助我们解决实际问题,并深入理解自然界和人类活动的规律。

物理学中的应用:微积分在物理学中发挥着至关重要的作用。它可以用于描述物体的运动,计算速度、加速度和力等物理量。通过微积分,我们可以研究力学、电磁学、流体力学和量子力学等领域。例如,在力学中,微积分可用于描述物体的运动轨迹和力的作用,从而帮助我们预测物体的行为;在电磁学中,可用于计算电场和磁场的分布,从而帮助我们理解电磁现象;在流体力学中,可用于描述流体的运动和压力分布,从而帮助我们研究流体的行为;在量子力学中,可用于描述微观粒子的行为和相互作用,从而帮助我们理解量子世界的奇特性质。

工程学中的应用:微积分在工程学中起着重要的作用。它可以用于建模和优化问题,例如结构设计、电路分析、通信系统设计和控制系统设计等。通过微积分,工程师可以解决实际问题并优化设计,如在结构设计中,微积分可以用于计算物体的应力和变形,从而帮助我们设计出更稳定和安全的结构;在电路分析中,微积分可用于计算电流和电压的分布,从而帮助我们理解电路的性质;在通信系统设计中,可用于计算信号的传输和接收,从而帮助我们设计高效的通信系统;在控制系统设计中,可用于描述系统的动态行为和稳定性,从而帮助我们设计出可靠的控制系统。

经济学中的应用:微积分在经济学中的应用涉及最优化和边际效益的概念。它可以用于经济模型的建立和分析,计算成本、收益和市场均衡等。通过微积分,经济学家可以解决实际问题并优化经济活动。例如,在成本-收益分析中,微积分可用于计算边际成本和边际收益,从而帮助我们决策最优的生产和消费数量;在市场均衡分析中,可用于计算供给和需求曲线的交点,从而帮助我们理解市场的行为和价格的形成;在经济增长模型中,可用于计算经济产出的增长率,从而帮助我们评估经济政策的效果。

计算机科学中的应用:微积分在计算机科学中也有重要的应用。例如,它可以用于图像处理和模式识别,计算机图形学和机器学习等领域。通过微积分,我们可以描述和分析图像的变化和特征,并设计出高效的图像处理算法。在计算机图形学中,微积分可用于描述和渲染三维对象,从而帮助我们创建逼真的计算机图像;在机器学习中,可用于优化算法和模型的训练过程,从而帮助我们构建智能系统和预测模型。

生物学和医学中的应用:微积分在生物学和医学中的应用主要涉及描述生物过程和模拟生物系统。例如,在遗传学中,微积分可用于计算基因的变异和传递规律,从而帮助我们理解遗传现象;在药物动力学中可用于描述药物在体内的吸收、分布和代谢过程,从而帮助我们优化药物治疗方案;在神经科学中,可用于建立神经网络模型和分析神经信号的传递,从而帮助我们理解大脑的功能和行为。

金融学中的应用:微积分在金融学中的应用主要涉及衍生品定价和投资组合优化等问题。通过微积分,金融学家可以建立数学模型来分析和预测金融市场的行为。例如,在期权定价中，微积分可用于计算期权的价格和风险，从而帮助我们制定合理的投资策略；在投资组合优化中，可用于计算不同资产的权重和预期收益，从而帮助我们构建高效的投资组合。

地理学中的应用：微积分可以用于分析和描述地球表面的地形特征，例如山脉、河流和盆地等。通过计算海拔的变化率和斜率，我们可以揭示地球表面的地形起伏和地势特征。微积分在水文学中起着重要作用。它可以用于计算降雨量和径流量，并分析水文循环和水资源的分布。通过微积分，我们可以建立数学模型来模拟和预测水文过程，如洪水、旱灾和地下水流动等。也可用于研究地壳运动和地震活动，通过计算板块之间的相对移动速度和应变率，我们可以了解地球上地震和地质构造的形成机制。

环境科学中的应用：微积分可以用于建立和分析污染物在环境中的传输和扩散模型。通过计算污染物浓度的变化率和空间分布，我们可以评估污染源对周围环境的影响，并提供污染治理和管理的建议。微积分在生态学研究中起着重要作用，它可以用于描述和预测生态系统中物种数量、生物量和能量流动等变化，建立数学模型来模拟和解释生态系统的行为和稳定性，也可用于优化自然资源的利用和管理。例如在森林资源管理中可以用于计算木材生长速率和采伐量，以平衡经济利益和生态保护的关系。

社会学中的应用：微积分在人口学中也有应用。例如在人口增长模型中，微积分可以用于计算人口数量的变化率和增长速度，并预测未来的人口趋势。在社会学中可以用于建立和分析动态模型，例如人群行为模型和意见传播模型，它可以帮助我们理解和预测社会系统的行为和变化。

检测习题

一、单项选择题

1. 下列关于国际单位制说法不正确的是（　　）。

A. 国际单位制是我国法定计量单位的基础

B. 体现了当代科学技术的最新水平

C. 其简明性体现在它简化了物理量的表达方式和计算方法

D. 是每个国家必须遵循的计量法规

2. 高中学过的物理量——动量的定义 $p=mv$，关于动量的单位，下列错误的是（　　）。

A. kg · m/s　　B. N · s　　C. N/(m/s²) · m/s　　D. N · m

3. 下列说法正确的是（　　）。

A. 在力学范围内，国际单位制规定长度、质量、时间为三个基本单位

B. m、kg、N 都是国际单位制的基本单位

C. 后人为纪念牛顿，把“N”作为力学中的基本单位

D. $1\ \mathrm{N/kg}=1\ \mathrm{m/s^2}$

4. 关于零矢量说法错误的是（　　）。

A. 它是起点与终点重合的矢量

B. 任何矢量与零矢量进行加减运算后仍然等于原矢量

C. 它有确定的方向

D. 一切零矢量都相等

5. 若已知两个非零矢量 $\boldsymbol{A}$、$\boldsymbol{B}$，并且两矢量正方向的夹角为 θ，以下正确的是（　　）。

A. $\boldsymbol{A}+\boldsymbol{B}=\boldsymbol{A}+(-\boldsymbol{B})$　　B. $\boldsymbol{A}\cdot\boldsymbol{B}=-\boldsymbol{B}\cdot\boldsymbol{A}$

C. $\boldsymbol{A}\times\boldsymbol{B}=-(\boldsymbol{B}\times\boldsymbol{A})$　　D. 以上都是错误的

6. 若 $f(x)=\mathrm{e}^{-x}\cos x$，则 $f'(0)$ 等于（　　）。

A. 2　　B. 1　　C. -1　　D. -2

7. 设 $y=\lg 2x$，则 $\mathrm{d}y$ 等于（　　）。

A. $\dfrac{1}{2x}\mathrm{d}x$　　B. $\dfrac{1}{x\ln 10}\mathrm{d}x$　　C. $\dfrac{\ln 10}{x}\mathrm{d}x$　　D. $\dfrac{1}{x}\mathrm{d}x$

8. 若 $f(x)=\sin x+a^3$，其中 a 是常数，则 $f''(x)$ 等于（　　）。

A. $\cos x+3a^2$　　B. $\sin x+6a$　　C. $-\sin x$　　D. $\cos x$

9. 以下等式成立的是（　　）。

A. $\ln x\,\mathrm{d}x=\mathrm{d}\left(\dfrac{1}{x}\right)$　　B. $\sin x\,\mathrm{d}x=\mathrm{d}(\cos x)$

C. $\dfrac{\mathrm{d}x}{\sqrt{x}}=\mathrm{d}\sqrt{x}$　　D. $3^x\,\mathrm{d}x=\dfrac{\mathrm{d}3^x}{\ln 3}$

10. 下列定积分中积分值为 0 的是（　　）。

A. $\displaystyle\int_{-1}^{1}\frac{\mathrm{e}^x-\mathrm{e}^{-x}}{2}\mathrm{d}x$　　B. $\displaystyle\int_{-1}^{1}\frac{\mathrm{e}^x+\mathrm{e}^{-x}}{2}\mathrm{d}x$

C. $\displaystyle\int_{-\pi}^{\pi}(x^3+\cos x)\mathrm{d}x$　　D. $\displaystyle\int_{-\pi}^{\pi}(x^2+\sin x)\mathrm{d}x$

二、填空题

1. 国际单位制中，力学的基本单位有：m、kg、s，则导出单位帕(Pa)用上述基本单位可表示为________。

2. 零矢量与任何矢量的数量积为________。

3. 已知 $\boldsymbol{A}=\boldsymbol{i}+3\boldsymbol{j}$，$B=2\boldsymbol{i}-\boldsymbol{j}$，则 $\boldsymbol{A}\cdot\boldsymbol{B}=$________，$\boldsymbol{A}\times\boldsymbol{B}=$________。

4. 已知 $f(x)=\ln x$，则 $f''(x)=$________。

5. 若 $f(x)$ 的一个原函数为 $\ln x^2$，则 $f(x)=$________。

6. 若 $\int f(x)\mathrm{d}x=\sin 2x+C$，则 $f(x)=$________。

7. 求 $\int\cos x\,\mathrm{d}x=$________；$\int\mathrm{d}\mathrm{e}^{-x^2}=$________；$\int(\sin x)'\mathrm{d}x=$________。

三、判断题

1. 我们采用法定计量单位能完全体现出国际单位制的优越性。（　　）

2. 一个矢量平移后，仍与原矢量相等。（　　）

3. 长度相等而方向相反的两个矢量的和不一定是零矢量。（　　）

4. 如果函数 $F(x)$ 是函数 $f(x)$ 在区间 I 上的一个原函数，那么 $f(x)$ 将会有无数个原函数，这些原函数只差一个常数。（　　）

5. 定积分 $\int f(x)\mathrm{d}x$ 等于以 $f(x)$ 为曲边的 $[a,b]$ 上的曲边梯形的面积 A，即 $\int_a^b f(x)\mathrm{d}x = A$，这里的面积 A 可正可负。（　　）

四、简答题

1. 什么是标量？什么是矢量？请分别举例说明(每类不少于三个)。

2. 矢量加法和减法遵循怎样的法则？请画图说明。

3. 若两个非零矢量 $\boldsymbol{A}$、$\boldsymbol{B}$ 进行叉乘则可知 $\boldsymbol{A}\times\boldsymbol{B}=\boldsymbol{C}$，如何确定矢量 $\boldsymbol{C}$ 的方向？请画图说明。

4. 列举可以用导数形式表示的物理量。

五、计算题

1. 已知 $\boldsymbol{A}=\boldsymbol{i}+2\boldsymbol{j}$，$\boldsymbol{B}=2\boldsymbol{i}+\boldsymbol{j}$，求 $\boldsymbol{A}+\boldsymbol{B}$，$\boldsymbol{A}-\boldsymbol{B}$。

2. 已知 $\boldsymbol{A}=\boldsymbol{i}+2\boldsymbol{j}-3\boldsymbol{k}$，$\boldsymbol{B}=2\boldsymbol{i}-\boldsymbol{j}+\boldsymbol{k}$，求 $\boldsymbol{A}+\boldsymbol{B}$，$\boldsymbol{A}-\boldsymbol{B}$，$\boldsymbol{A}\cdot\boldsymbol{B}$，$\boldsymbol{A}\times\boldsymbol{B}$。

3. 求下列函数的一阶导数

(1) $y=\sin 4x+\cos^3 x$；

(2) $y=\mathrm{e}^{\sqrt{x+1}}+\dfrac{2}{x}$；

(3) $y=x\sqrt{x}+\ln\cos x$。

4. 求下列函数的积分结果

(1) $\int (2x-1)^{10}\mathrm{d}x$；

(2) $\int_0^1 x\mathrm{e}^x\mathrm{d}x$。

第2章 质点运动学

自然界的一切物质处于永恒的运动和变化中，虽然运动形式千差万别，但是最普遍、最简单、最基本的一种运动形式就是机械运动，简称运动。而最常见的运动形式为平动和转动。物体在平动的过程中，各个部分的运动状态完全相同，例如木块在水平桌子上移动、电梯的升降等。而物体在转动过程中，各个部分围绕着某一个点或者某一根轴进行圆周运动，例如地球的自转、转动的风车等。

在本章的学习中，先介绍了质点、坐标系、参考系的定义，然后介绍描述质点运动的物理量，如位矢、位移、速度和加速度，以及相关物理量之间的相互关系，最后介绍质点运动中一种特殊的曲线运动——圆周运动，并对描述圆周运动的物理量进行了详细的介绍。

2.1 质点及其描述

2.1.1 质点与质点系

任何物体都具有大小和形状，当物体发生运动时，物体上的各个部分的运动状态一般存在差异，则我们研究物体的运动时，就会存在一定的困难。

在研究的问题中，当物体的形状和大小产生的影响可以忽略不计时，我们就可以忽略该物体的大小和形状，把物体近似看成是一个带质量的点，该点称为质点。例如，研究运动员所踢足球的运动轨迹时，就可以把足球看成质点；又如，研究地球绕太阳公转的运动轨迹时，可以把地球看成是质点。但是，研究地球自转问题，或者说研究地球上某一个点的运动状态时，地球就不能看成是质点。所以，物体是否能看成质点，并不取决于它的大小和形状，而是取决于物体的大小和形状是否会影响所研究的问题。简单来说，判断是否能把一个物体看成质点，得从所研究问题的角度出发。

质点是有质量，但是没有体积和形状的点，现实中不存在，它是为了能够高效、正确地解决与运动相关的物理问题而引入的一个理想模型。质点的引入是研究物体运动的基础，并不是所有的物体都能简化成质点。当物体的大小或形状对所研究问题的影响无法忽略时，我们可以把物体分割成很多个小部分，当所分割的每部分足够小，小到对所研究问题的影响可以忽略不计时，则该部分可看成是一个质点，由此这个物体就可以看成是由无数个质点组成的质点系。分析清楚每一个质点的运动情况，整个物体的运动情况也就清楚了。

2.1.2　时间和空间

在物理史中，第一个给空间和时间下定义的就是物理学家牛顿。牛顿曾说过“绝对空间就其本质而言是与任何外界事物无关的，它从不运动，并且永远不变”，“绝对的真实的数学时间，就其本质而言，永远均匀地流逝着，与任何外界无关”。在牛顿看来，空间只是盛装着物质的一个容器，它与物体是互不相干的。时间是一条永不停止流淌的溪流，它的流逝与物体毫不相关，只能给物体的运动提供参考。而百年前相对论的出现，颠覆了人们对时间和空间的认知，爱因斯坦的相对论认为：时间和空间是依赖于物质存在的，没有物质就不会有时空。相对论还利用实验测量的光速不变，把时间和空间紧密地联系在一起。在马克思主义哲学中的三观两原理一方法论中包括了物质运动的辩证关系原理，即时间和空间是物质运动的存在方式，空间是物质存在的客观条件，时间是物质运动的存在形式。时间是指物质运动的持续性和顺序性，是一维的，不可逆，不可循环，朝着一个方向，按照顺序前进的，例如人是从幼年到老年，他的年龄是连续不断的；而空间是物质运动的广延性和伸展性，任何物质都有一定的“体积”，所以空间是三维的。而有形状，有体积的物质就成了物体。

在生活中，经常碰到“时间”一词，但在不同的语境当中，时间的含义又不尽相同。例如，什么时间开始上课？这里的时间表示的是一个时间点，称它为时刻。而时间和时刻的意义又截然不同，时刻表示的是某一个时间点，而时间表示的是时间点到时间点的那一段。例如，上午第一节课从 8:00 到 8:45，这里指的是时间；而 8:00 开始上课，这里的 8:00 指的是时刻。在任何情况下，时间都不会成为时刻，时刻也不可能代表时间。

目前所测出的时间范围中，最短的时间为普朗克时间，短至 10^{-43} s，最长的时间为宇宙年龄，长至 10^{18} s。已有物理研究表明，当时间间隔小于普朗克时间时，已然没有任何意义了。表 2-1 给出了一些典型物理现象的时间间隔。

表 2-1　　一些典型物理现象的时间间隔　　单位：s

名称	时间间隔	名称	时间间隔
宇宙年龄	10^{18}	中频声波周期	10^{-3}
太阳系年龄	1.4×10^{17}	中频无线电波周期	10^{-6}
原始人距今时间	10^{13}	π^{+} 介子的平均寿命	10^{-9}
最早文字记录	1.6×10^{11}	分子转动周期	10^{-12}
人的平均寿命	10^{9}	原子振动周期	10^{-15}
地球公转周期	3.2×10^{7}	光穿越原子的时间	10^{-18}
地球自转周期	8.6×10^{4}	核振动周期	10^{-21}
太阳光传到地球的时间	5×10^{2}	Z^{0} 粒子的寿命	10^{-25}
人的心脏跳动周期	1	普朗克时间	10^{-43}

随着科技的发展，人们对空间尺度的探索有了很大的进展。目前探索到的空间最大的尺度为哈勃半径，高达 10^{27} m，而最小的空间尺度是普朗克长度，约为 10^{-35} m。对于小于普朗克长度的长度单位，在物理的理论上已然没有意义。表 2-2 给出了一些典型的空间尺度。

表 2-2　　一些典型的空间尺度　　单位：m

名称	空间尺度	名称	空间尺度
哈勃半径	10^{27}	核动力航空母舰长	3×10^{2}
星系团半径	10^{23}	成人高度	1.7
银河系半径	7.6×10^{22}	尘埃	10^{-3}
星系间距离	2×10^{22}	细胞直径	10^{-6}
太阳到冥王星的距离	10^{12}	细菌线度	10^{-9}
太阳到地球的距离	1.5×10^{11}	原子线度	10^{-10}
地球半径	10^{6}	核子的线度	10^{-15}
无线电中波波长	10^{3}	普朗克长度	10^{-35}

2.1.3　参考系和坐标系

在自然界中，所有的物体都处于不断运动之中，即自然界中不存在绝对静止的物体。所以，物体的运动是绝对的，而对物体运动的描述却是相对的。例如，运动着的船上放一个小球，对于岸上的观测者来说，小球是运动的，而对于船上的乘客来说，小球是静止的。虽为同一个物体，但不同的观测者却看到了不同的运动状态。因此，在描述物体的运动状态时，必须要选择一个物体（或几个相对静止的物体）作为参考，而被选中的物体（或几个相对静止的物体），称为参考系。

运动描述的相对性决定了描述物体运动必须选取参考系。但是不存在绝对参考系，只存在相对参考系，因此，参考系的选取，原则上是任意的，主要根据问题的性质和研究方便所决定。在描述物体的运动时，必须指明参考系，若是在描述的运动中未明确指出参考系，通常选择地面为参考系。而在不同的参考系中，对同一运动的描述一般不同。如图 2-1 所示，在研究月球绕地球运动时，选取地球为参考系，月球的运动轨迹是个椭圆；如图 2-2 所示，若是选取太阳为参考系，则月球的运动轨迹变成封闭螺旋线，这是因为月球在绕地球旋转的同时，地球还在绕着太阳公转，由两种运动的叠加所致。

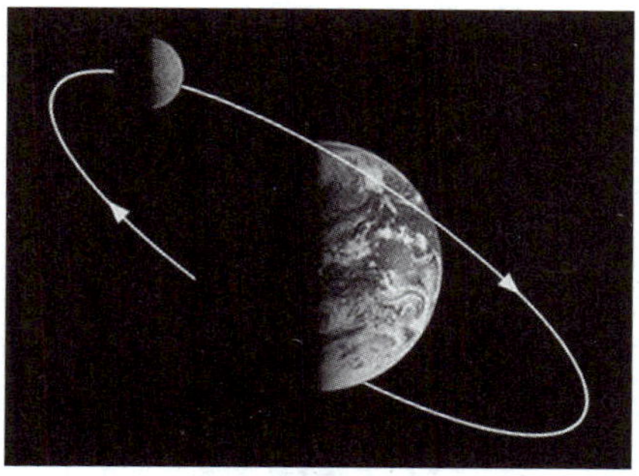

图 2-1　月球绕地球运动以地球为参考系

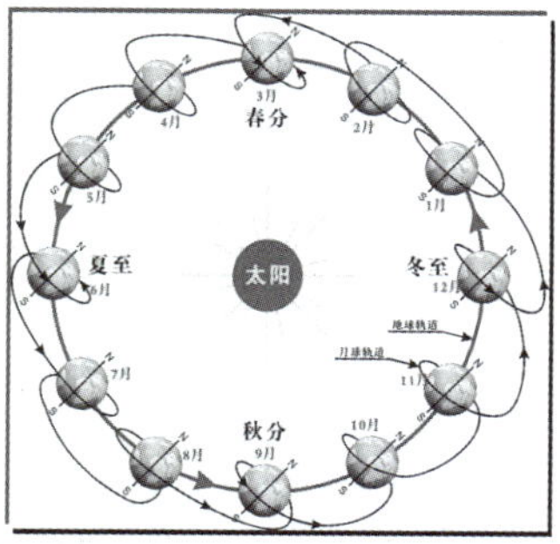

图 2-2　月球绕地球运动以太阳为参考系

选择了参考系只能定性地研究物体运动，要想定量地描述物体的运动，就必须在参考系上建立一套度量系统或标尺，来对物体的运动进行测量，这种带有度量系统的参考系称为坐标系。坐标系是由参考系抽象而成的数学框架。在物理中，常用的坐标系有直角坐标系、平面极坐标系、自然坐标系、柱坐标系和球坐标系等。

直角坐标系分二维直角坐标系和三维直角坐标系。二维直角坐标系又称平面直角坐标系，它是由同一平面上互相垂直且有公共原点的两条数轴组成。通常，两条数轴分别置于水平位置与垂直位置，取向右与向上的方向分别为两条数轴的正方向，水平位置的称为 x 轴，垂直位置的称为 y 轴，如图 2-3 所示。三维直角坐标系又称为空间直角坐标系，是由三条垂直的 x、y、z 轴组成，其方向按照规定选择右手系，如图 2-4 所示。直角坐标系很简单，使用起来也很方便，但它并不适用于所有情况，在一些曲线运动的情况下，还需要通过其他坐标系来描述质点的运动，例如平面极坐标系和自然坐标系。

平面极坐标系是一种以原点为起点，以射线为基准的坐标系。在平面极坐标系中，用极径和极角来表示质点的位置，其中极径是质点到原点的距离，极角是射线与极径正方向的夹角，如图 2-5 所示。

自然坐标系是一种依赖于质点运动轨迹的坐标系。在自然坐标系中，可以用单位切线向量和单位法线向量来表示方向，其中单位切线向量指向质点前进方向，单位法线向量指向曲线的凹侧，如图 2-6 所示。平面极坐标系和自然坐标系都属于曲线坐标系，可以更详细地描述质点的运动。在定量描述物体运动的时候，同一参考系的不同坐标系的数学描述也是不同的，但对物体运动的规律是没有影响的。

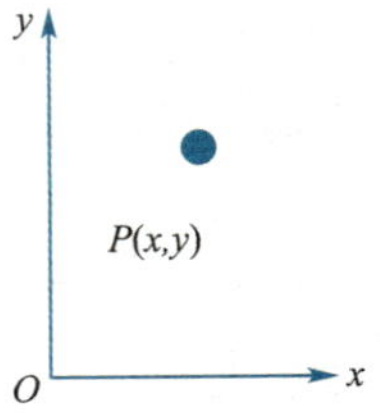

图 2-3　平面直角坐标系

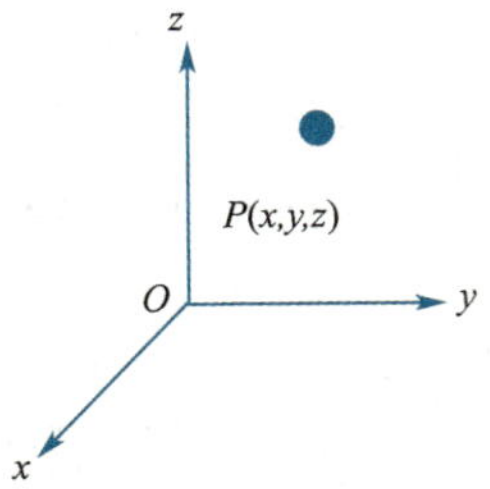

图 2-4　空间直角坐标系

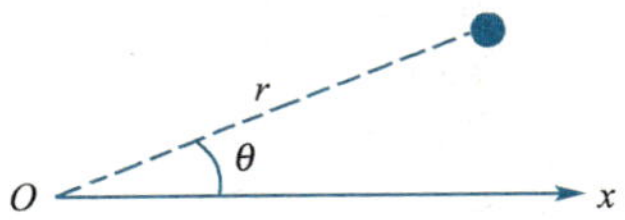

图 2-5　平面极坐标系

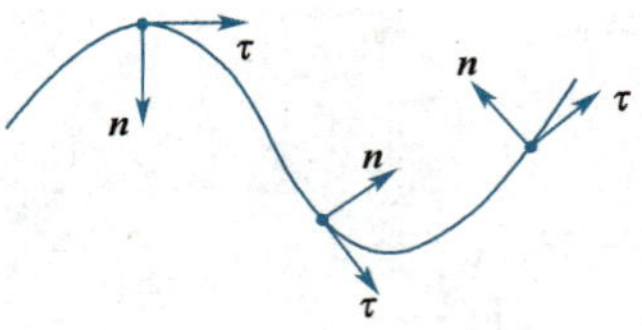

图 2-6　自然坐标系

2.2　描述质点运动的物理量

2.2.1　位置矢量

在坐标系中，准确地描述质点在某一时刻的位置时，一般用位置矢量来表述。通常将从坐标系的原点到某一时刻质点所在位置的有向线段称为位置矢量，简称位矢，用矢量 $\boldsymbol{r}$ 表示，大小为 r 或 $|\boldsymbol{r}|$，如图 2-7 所示。在直角坐标系 O-xyz 中，质点 P 的位置可用有向线段 OP 来表示，记为 $\boldsymbol{r}$。

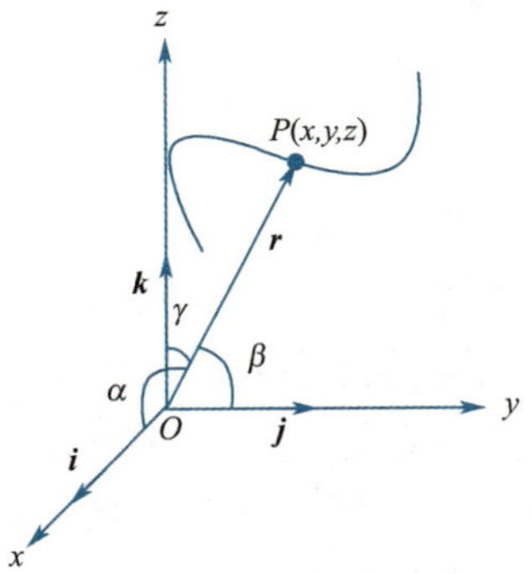

图 2-7　空间直角坐标系中的位置矢量

在空间直角坐标系中，质点 P 的位置可以用 x、y、z 来确定，而 x、y、z 就是位矢 $\boldsymbol{r}$ 在三个坐标轴上的分量的大小，$\boldsymbol{i}$、$\boldsymbol{j}$、$\boldsymbol{k}$ 分别表示沿 x、y、z 轴正方向的单位矢量。因此，位矢 $\boldsymbol{r}$ 可分解成

$$\boldsymbol{r}=x\boldsymbol{i}+y\boldsymbol{j}+z\boldsymbol{k} \tag{2-1}$$

位矢 $\boldsymbol{r}$ 的大小为

$$r=|\boldsymbol{r}|=\sqrt{x^2+y^2+z^2} \tag{2-2}$$

位矢的方向可以用方向余弦来表示，α、β、γ 分别表示位矢 $\boldsymbol{r}$ 与 x、y、z 轴正方向的夹角。

$$\cos\alpha=\frac{x}{r}\ ,\ \cos\beta=\frac{y}{r},\cos\gamma=\frac{z}{r} \tag{2-3}$$

2.2.2　运动方程

位置矢量描述的是某一时刻质点的位置，而随着时间的变化，质点的位置也会发生改变，因此，位置矢量 $\boldsymbol{r}$ 是随着时间发生变化的，而描述质点所在空间位置随时间变化的函数被称为运动方程。x、y、z 是位矢 $\boldsymbol{r}$ 在三个坐标轴上的分量大小，也是随着时间发生变化的，因此，运动方程可以写为

$$\boldsymbol{r}(t)=x(t)\boldsymbol{i}+y(t)\boldsymbol{j}+z(t)\boldsymbol{k} \tag{2-4}$$

根据运动方程，可以知道任何一个时刻质点的具体位置，消除质点运动方程的时间 t，就可得到一个关于 x、y、z 的函数关系式，称为轨迹方程。

例 2-1　已知质点的运动方程为 $\boldsymbol{r}=t\boldsymbol{i}+(4-2t)\boldsymbol{j}$ (SI)，求此质点的轨迹方程。

解　由运动方程 $\boldsymbol{r}=t\boldsymbol{i}+(4-2t)\boldsymbol{j}$ 转换为标量形式，可得

$$\begin{cases} x=t \\ y=4-2t \end{cases}$$

消去时间 t，可得轨迹方程为 $2x+y-4=0$，可知该质点运动轨迹是一条直线。

例 2-2　已知质点的运动方程为 $x=4t^2$，$y=5-2t$ (SI)，求：

(1) 质点在 $t=1$ s 时的位置矢量；

(2) 质点的轨迹方程。

解　此质点的运动方程为 $\boldsymbol{r}=4t^2\boldsymbol{i}+(5-2t)\boldsymbol{j}$，

(1) $t=1$ s 时，$\boldsymbol{r}=4\boldsymbol{i}+3\boldsymbol{j}$ (m)；

(2) 由标量形式，可得

$$\begin{cases} x=4t^2 \\ y=5-2t \end{cases}$$

消去时间 t，可得轨迹方程为 $y^2-10y-x+25=0$，这是一条抛物线。

例 2-3　已知质点的运动方程为 $\boldsymbol{r}=0.6\cos t\boldsymbol{i}+0.6\sin t\boldsymbol{j}$ (SI)，求此质点的轨迹方程。

解　由运动方程 $\boldsymbol{r}=0.6\cos t\boldsymbol{i}+0.6\sin t\boldsymbol{j}$ 转换为标量形式，可得

$$\begin{cases} x=0.6\cos t \\ y=0.6\sin t \end{cases}$$

消去时间 t，可得轨迹方程为 $x^2+y^2=0.6^2$，这是一个圆心在原点，半径为 0.6 m 的圆。

2.2.3　位移与路程

如图 2-8(a) 所示，质点在做曲线运动，t 时刻质点处于 A 位置，经过 Δt 时间后，质点运动到了 B 位置，根据运动方程可知，位置 A 的位置矢量为 $\boldsymbol{r}_A=\boldsymbol{r}(t)$，位置 B 的位置矢量为 $\boldsymbol{r}_B=\boldsymbol{r}(t+\Delta t)$，在时间间隔 Δt 内，质点位矢的变化为

$$\Delta\boldsymbol{r}=\boldsymbol{r}_B-\boldsymbol{r}_A=\boldsymbol{r}(t+\Delta t)-\boldsymbol{r}(t) \tag{2-5}$$

$\Delta\boldsymbol{r}$ 为质点从位置 A 到位置 B 的位移，它表示的是从起点指向终点的有向线段。在空间直角坐标系中

$$\begin{cases}\boldsymbol{r}_A = x_A\boldsymbol{i} + y_A\boldsymbol{j} + z_A\boldsymbol{k} \\ \boldsymbol{r}_B = x_B\boldsymbol{i} + y_B\boldsymbol{j} + z_B\boldsymbol{k}\end{cases} \tag{2-6}$$

因此，Δt 时间间隔内的位移可以写成

$$\begin{aligned}\Delta\boldsymbol{r} &= \boldsymbol{r}_B - \boldsymbol{r}_A = (x_B - x_A)\boldsymbol{i} + (y_B - y_A)\boldsymbol{j} + (z_B - z_A)\boldsymbol{k} \\ &= \Delta x\boldsymbol{i} + \Delta y\boldsymbol{j} + \Delta z\boldsymbol{k}\end{aligned} \tag{2-7}$$

位移的大小为

$$|\Delta\boldsymbol{r}| = \sqrt{(x_B - x_A)^2 + (y_B - y_A)^2 + (z_B - z_A)^2} \tag{2-8}$$

需注意的是：(1)位矢与位移都是矢量，但位矢 $\boldsymbol{r}$ 是瞬时量，而位移 $\Delta\boldsymbol{r}$ 是过程量；(2)位移的大小和位矢大小的改变量是不一样的，位矢大小的改变量又称为径向增量，如图 2-8(b)所示，即有 $\Delta r = |\boldsymbol{r}_B| - |\boldsymbol{r}_A| \neq |\Delta\boldsymbol{r}|$；(3)路程是标量，只有大小没有方向，它表示的是质点在 Δt 时间间隔内所走过的路径长短。质点在非直线运动中，位移的大小不等于路程，即 $|\Delta\boldsymbol{r}| \neq \Delta s$。但是在 Δt 趋近于零这种极限情况下，存在 $|\mathrm{d}\boldsymbol{r}| = \mathrm{d}s$ 的情况。

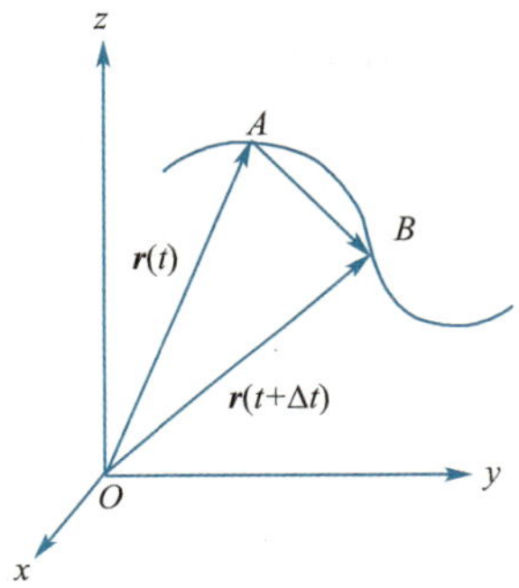

(a)质点的位移

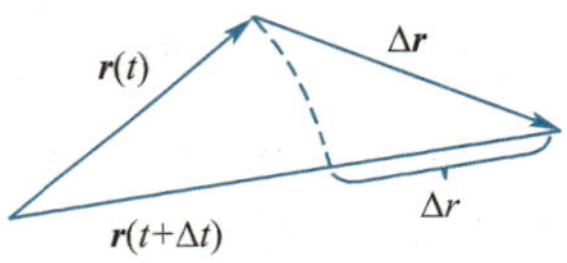

(b)质点的径向增量

图 2-8 质点的位移与径向增量图示

例 2-4 已知质点的运动方程为 $\boldsymbol{r} = 2t^2\boldsymbol{i} + (4t^2 - 2t + 7)\boldsymbol{j}$(SI)，求：

(1)$t = 1$ s 和 $t = 2$ s 时的位置矢量；

(2)1 s 到 2 s 间质点的位移。

解 (1)$t = 1$ s 时，位矢 $\boldsymbol{r}_1 = 2\boldsymbol{i} + 9\boldsymbol{j}$(m)；$t = 2$ s 时，位矢 $\boldsymbol{r}_2 = 8\boldsymbol{i} + 19\boldsymbol{j}$(m)；

(2)位移 $\Delta\boldsymbol{r} = \boldsymbol{r}_2 - \boldsymbol{r}_1 = 6\boldsymbol{i} + 10\boldsymbol{j}$(m)。

2.2.4 速度和速率

在描述质点运动时，仅知道其位矢、位移是不够的，还需研究质点在经过某段位移所需要花费的时间，简而言之，就是要研究质点运动的快慢程度。在质点运动学中，速度能直观描述质点的运动快慢。

将时间间隔 Δt 内发生的位移 $\Delta\boldsymbol{r}$ 与所用时间 Δt 之比称为该时间间隔内质点的平均速度，用 $\overline{\boldsymbol{v}}$ 表示，如下

$$\overline{\boldsymbol{v}}=\frac{\Delta\boldsymbol{r}}{\Delta t} \tag{2-9}$$

平均速度是矢量，方向与位移保持一致，单位：m/s。

平均速度可以粗略地描述在某段时间内质点运动的快慢与方向，但不能具体地反映出某一时刻的质点的运动快慢与方向。比如质点在做圆周运动时，从 A 点出发，经过时间间隔 Δt 后回到了 A 点，若用平均速度来描述，则其在 Δt 时间间隔内，质点的位移 $\Delta\boldsymbol{r}$ 为 0，即平均速度也为 0，这表示质点是处于静止的状态，这种描述明显与事实不符。因此，仅靠平均速度来描述质点的运动快慢明显是不准确的。

为准确描述质点在某一时刻的运动快慢，通常采取极限的方式，如图 2-9 所示。

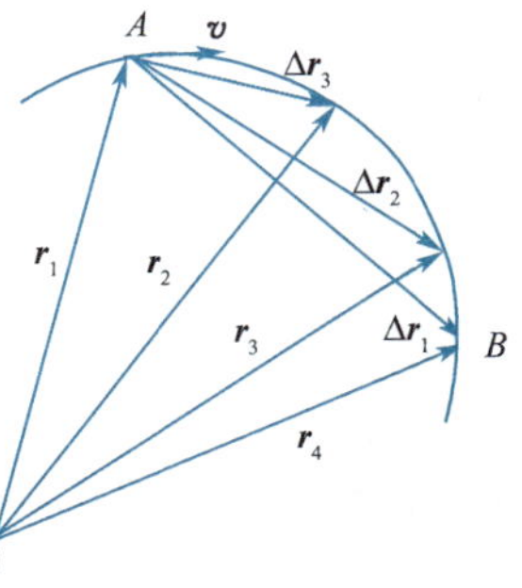

图 2-9　平均速度的极限

当时间间隔 Δt 变小时，B 点会越来越靠近 A 点，若是当 Δt 趋近于 0 时，B 点将与 A 点无限接近，趋近于重合。在这种情况下，平均速度可以准确地反映出质点在位置 A 的运动快慢与运动方向，这种极限情况下的平均速度，表示的是位置矢量对时间的变化率，称为质点在某一时刻的瞬时速度，简称速度。用字母 $\boldsymbol{v}$ 表示，单位 m/s，如下

$$\boldsymbol{v}=\lim_{\Delta t\to 0}\overline{\boldsymbol{v}}=\lim_{\Delta t\to 0}\frac{\Delta\boldsymbol{r}}{\Delta t}=\frac{\mathrm{d}\boldsymbol{r}}{\mathrm{d}t} \tag{2-10}$$

速度是矢量，方向与 Δt 趋近于零时的位移 $\mathrm{d}\boldsymbol{r}$ 相同，如图 2-9 所示。当 Δt 趋近于零时，B 点无限靠近于 A 点，$\mathrm{d}\boldsymbol{r}$ 的方向为质点运动轨迹的切线方向，因此，速度的方向为质点运动轨迹的切线方向，并指向质点前进的方向。

在空间直角坐标系中，位置矢量分解到 x、y、z 轴三个方向上表示为 $\boldsymbol{r}=x\boldsymbol{i}+y\boldsymbol{j}+z\boldsymbol{k}$，因此，在空间直角坐标系中，速度可以表示为

$$\boldsymbol{v}=\frac{\mathrm{d}\boldsymbol{r}}{\mathrm{d}t}=\frac{\mathrm{d}(x\boldsymbol{i}+y\boldsymbol{j}+z\boldsymbol{k})}{\mathrm{d}t}=\frac{\mathrm{d}x}{\mathrm{d}t}\boldsymbol{i}+\frac{\mathrm{d}y}{\mathrm{d}t}\boldsymbol{j}+\frac{\mathrm{d}z}{\mathrm{d}t}\boldsymbol{k} \tag{2-11}$$

式中，

$$\begin{cases} v_x=\dfrac{\mathrm{d}x}{\mathrm{d}t} \\ v_y=\dfrac{\mathrm{d}y}{\mathrm{d}t} \\ v_z=\dfrac{\mathrm{d}z}{\mathrm{d}t} \end{cases} \tag{2-12}$$

所以，速度又可以表示为

$$\boldsymbol{v}=v_x\boldsymbol{i}+v_y\boldsymbol{j}+v_z\boldsymbol{k} \tag{2-13}$$

速度的大小可以表示为

$$|\boldsymbol{v}|=\sqrt{v_x^2+v_y^2+v_z^2}=\sqrt{\left(\frac{\mathrm{d}x}{\mathrm{d}t}\right)^2+\left(\frac{\mathrm{d}y}{\mathrm{d}t}\right)^2+\left(\frac{\mathrm{d}z}{\mathrm{d}t}\right)^2} \tag{2-14}$$

速度的方向可以表示为

$$\cos\alpha=\frac{v_x}{|\boldsymbol{v}|},\cos\beta=\frac{v_y}{|\boldsymbol{v}|},\cos\gamma=\frac{v_z}{|\boldsymbol{v}|} \tag{2-15}$$

式中，α、β、γ 分别是$\boldsymbol{v}$ 与 x、y、z 三个坐标轴正方向上的夹角。

在仅考虑速度大小的情况下，也经常用到速率这个物理量。速率是个标量，不需要考虑质点的运动方向。质点在一段时间间隔内运动的路程与这段路程所需时间的比值称为平均速率，记作 $\bar{v}=\frac{\Delta s}{\Delta t}$。根据之前的学习，我们知道路程和位移的大小是不相同的，所以平均速度的大小不等于平均速率。但是在极限情况下，当 Δt 趋近于零时，位移的大小与路程相等，因此，瞬时速度的大小等于瞬时速率，即

$$\lim_{\Delta t\to 0}\Delta s=\mathrm{d}s=|\mathrm{d}\boldsymbol{r}|$$

$$v=\lim_{\Delta t\to 0}\frac{\Delta s}{\Delta t}=\frac{\mathrm{d}s}{\mathrm{d}t}=\frac{|\mathrm{d}\boldsymbol{r}|}{\mathrm{d}t}=|\boldsymbol{v}| \tag{2-16}$$

$$|\overline{\boldsymbol{v}}|\neq\bar{v},|\boldsymbol{v}|=v \tag{2-17}$$

例 2-5 已知某一质点的运动方程为 $\boldsymbol{r}=t\boldsymbol{i}+(2t^2+5t-1)\boldsymbol{j}$(SI)，求：

(1)质点的轨迹方程；

(2)求 $t_1=2$ s 及 $t_2=3$ s 时的位置矢量；

(3)2 s 到 3 s 间质点的位移与平均速度；

(4)3 s 末质点的速度。

解 (1)由运动方程 $\boldsymbol{r}=t\boldsymbol{i}+(2t^2+5t-1)\boldsymbol{j}$ 可得：

$$\begin{cases}x=t\\y=2t^2+5t-1\end{cases}$$

消去时间 t，可得轨迹方程为 $y=2x^2+5x-1$。

(2)将 $t_1=2$ s 和 $t_2=3$ s 分别代入质点的运动方程，可得到两个时刻的位矢分别为

$$\boldsymbol{r}_2=2\boldsymbol{i}+17\boldsymbol{j}\,(\mathrm{m})$$

$$\boldsymbol{r}_3=3\boldsymbol{i}+32\boldsymbol{j}\,(\mathrm{m})$$

(3)由位移公式可得到 2 s 到 3 s 间质点的位移为

$$\Delta\boldsymbol{r}=\boldsymbol{r}_3-\boldsymbol{r}_2=3\boldsymbol{i}+32\boldsymbol{j}-(2\boldsymbol{i}+17\boldsymbol{j})=\boldsymbol{i}+15\boldsymbol{j}\,(\mathrm{m})$$

由平均速度的表达式可得到 2 s 到 3 s 间质点的平均速度为

$$\Delta\overline{\boldsymbol{v}}=\frac{\Delta\boldsymbol{r}}{\Delta t}=\frac{\boldsymbol{r}_3-\boldsymbol{r}_2}{\Delta t}=\boldsymbol{i}+15\boldsymbol{j}\,(\mathrm{m/s})$$

(4)由速度公式可得到任意时刻质点的速度为

$$\boldsymbol{v}=\frac{\mathrm{d}\boldsymbol{r}}{\mathrm{d}t}=\frac{\mathrm{d}x}{\mathrm{d}t}\boldsymbol{i}+\frac{\mathrm{d}y}{\mathrm{d}t}\boldsymbol{j}=\boldsymbol{i}+(4t+5)\boldsymbol{j}\,(\mathrm{m/s})$$

则 3 s 末质点的速度为

$$\boldsymbol{v}_3=\boldsymbol{i}+17\boldsymbol{j}\,(\mathrm{m/s})$$

2.2.5 加速度

一般情况下，速度的大小和方向都会发生改变，描述速度矢量改变快慢的物理量用加速度来表示。如图 2-10 所示，在 t 时刻，质点处于位置 A，其速度为 $\boldsymbol{v}_A$，经过一段时间的运动，在 $t+\Delta t$ 时刻质点处于位置 B，其速度为 $\boldsymbol{v}_B$，则在 Δt 时间内，质点速度矢量的改变量为 $\Delta\boldsymbol{v}=\boldsymbol{v}_B-\boldsymbol{v}_A$。

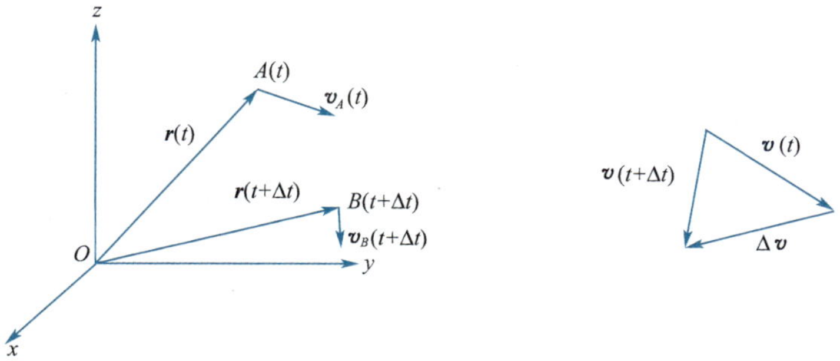

图 2-10 速度的变化

而 Δt 时间段内速度矢量的改变量与所经历的这段时间的比值为平均加速度，表示为

$$\overline{\boldsymbol{a}}=\frac{\Delta\boldsymbol{v}}{\Delta t} \tag{2-18}$$

同样的，平均加速度只能描述在 Δt 时间段内速度矢量的变化情况，并不能表示某个时刻内速度矢量的变化率。为准确描述某个时刻质点的速度矢量的变化率，我们同样在极限的情况下，即 A 点无限靠近 B 点，Δt 趋近于 0 的时候，平均加速度极限值可以表示某一时刻质点速度矢量的变化率，这就是质点在 t 时刻的瞬时加速度，简称加速度。

$$\boldsymbol{a}=\lim_{\Delta t\to 0}\overline{\boldsymbol{a}}=\lim_{\Delta t\to 0}\frac{\Delta\boldsymbol{v}}{\Delta t}=\frac{\mathrm{d}\boldsymbol{v}}{\mathrm{d}t}=\frac{\mathrm{d}^2\boldsymbol{r}}{\mathrm{d}t^2} \tag{2-19}$$

加速度同样也是矢量，其方向与速度矢量改变量的方向一致。在空间直角坐标系中，速度可以分解为 $\boldsymbol{v}=v_x\boldsymbol{i}+v_y\boldsymbol{j}+v_z\boldsymbol{k}$，因此，加速度也可以表示为

$$\boldsymbol{a}=\frac{\mathrm{d}v_x}{\mathrm{d}t}\boldsymbol{i}+\frac{\mathrm{d}v_y}{\mathrm{d}t}\boldsymbol{j}+\frac{\mathrm{d}v_z}{\mathrm{d}t}\boldsymbol{k} \tag{2-20}$$

式中

$$\begin{cases} a_x=\dfrac{\mathrm{d}v_x}{\mathrm{d}t} \\ a_y=\dfrac{\mathrm{d}v_y}{\mathrm{d}t} \\ a_z=\dfrac{\mathrm{d}v_z}{\mathrm{d}t} \end{cases}$$

所以，加速度又可以表示为

$$\boldsymbol{a}=a_x\boldsymbol{i}+a_y\boldsymbol{j}+a_z\boldsymbol{k} \tag{2-21}$$

加速度的大小可表示为

$$a=\sqrt{a_x^2+a_y^2+a_z^2}=\sqrt{\left(\frac{\mathrm{d}v_x}{\mathrm{d}t}\right)^2+\left(\frac{\mathrm{d}v_y}{\mathrm{d}t}\right)^2+\left(\frac{\mathrm{d}v_z}{\mathrm{d}t}\right)^2} \tag{2-22}$$

加速度的方向，可表示为

$$\cos\alpha=\frac{a_x}{|\boldsymbol{a}|},\cos\beta=\frac{a_y}{|\boldsymbol{a}|},\cos\gamma=\frac{a_z}{|\boldsymbol{a}|} \tag{2-23}$$

其中，α、β、γ 分别是 $\boldsymbol{a}$ 与 x、y、z 三个坐标轴正方向上的夹角。加速度的单位为$\mathrm{m/s^2}$。

例 2-6 已知一质点的运动方程为 $\boldsymbol{r}=2t\boldsymbol{i}+(t^2+t-7)\boldsymbol{j}$(SI)，求：

(1)$t=1$ s 到 $t=2$ s 内的平均加速度；

(2)$t=1$ s 和 $t=2$ s 时质点的瞬时加速度。

解 (1)对运动方程 $\boldsymbol{r}=2t\boldsymbol{i}+(t^2+t-7)\boldsymbol{j}$ 进行一阶求导，可得到速度方程

$$\boldsymbol{v}=\frac{\mathrm{d}\boldsymbol{r}}{\mathrm{d}t}=\frac{\mathrm{d}x}{\mathrm{d}t}\boldsymbol{i}+\frac{\mathrm{d}y}{\mathrm{d}t}\boldsymbol{j}=2\boldsymbol{i}+(2t+1)\boldsymbol{j}\ (\mathrm{m/s})$$

将 $t=1$ s 和 $t=2$ s 分别代入质点的速度方程$\boldsymbol{v}=2\boldsymbol{i}+(2t+1)\boldsymbol{j}$，可得到两个时刻的瞬时速度分别为

$$\boldsymbol{v}_1=2\boldsymbol{i}+3\boldsymbol{j}\ (\mathrm{m/s}),\boldsymbol{v}_2=2\boldsymbol{i}+5\boldsymbol{j}\ (\mathrm{m/s})$$

$t=1$ s 到 $t=2$ s 内速度的变化量为

$$\Delta\boldsymbol{v}=\boldsymbol{v}_2-\boldsymbol{v}_1=2\boldsymbol{j}\ (\mathrm{m/s})$$

由平均加速度公式可得到 $t=1$ s 到 $t=2$ s 内的平均加速度为

$$\overline{\boldsymbol{a}}=\frac{\Delta\boldsymbol{v}}{\Delta t}=\frac{\boldsymbol{v}_2-\boldsymbol{v}_1}{\Delta t}=2\boldsymbol{j}\ (\mathrm{m/s^2})$$

(2)对速度方程$\boldsymbol{v}=2\boldsymbol{i}+(2t+1)\boldsymbol{j}$ 进行一阶求导

$$\boldsymbol{a}=\frac{\mathrm{d}v_x}{\mathrm{d}t}\boldsymbol{i}+\frac{\mathrm{d}v_y}{\mathrm{d}t}\boldsymbol{j}+\frac{\mathrm{d}v_z}{\mathrm{d}t}\boldsymbol{k}=2\boldsymbol{j}\ (\mathrm{m/s^2})$$

或者对运动方程 $\boldsymbol{r}=2t\boldsymbol{i}+(t^2+t-7)\boldsymbol{j}$ 进行二阶求导，可得到加速度方程

$$\boldsymbol{a}=\frac{\mathrm{d}^2x}{\mathrm{d}t^2}\boldsymbol{i}+\frac{\mathrm{d}^2y}{\mathrm{d}t^2}\boldsymbol{j}+\frac{\mathrm{d}^2z}{\mathrm{d}t^2}\boldsymbol{k}=2\boldsymbol{j}\ (\mathrm{m/s^2})$$

将 $t=1$ s 和 $t=2$ s 分别代入上式，可得到两个时刻的瞬时加速度分别为

$$\boldsymbol{a}_1=\boldsymbol{a}_2=2\boldsymbol{j}\ (\mathrm{m/s^2})$$

例 2-7 已知质点的运动方程为 $x=5t^2+3t$，$y=t^3$(SI)，求 $t=1$ s 时质点的速率与加速度的大小。

解 对质点的运动方程求一阶时间导数，得到质点的运动速度为

$$v_x=10t+3,v_y=3t^2$$

对质点的运动速度再求一阶时间导数，得到质点运动的加速度为

$$a_x=10,a_y=6t$$

因为瞬时速率等于瞬时速度的大小，因此由质点运动的速度和加速度分量，可以得到速率和加速度的大小为

$$v=\sqrt{v_x^2+v_y^2},a=\sqrt{a_x^2+a_y^2}$$

将 $t=1$ s 代入上式时，得到

$$v=\sqrt{13^2+3^2}=\sqrt{178}(\mathrm{m/s}),a=\sqrt{10^2+6^2}=\sqrt{136}(\mathrm{m/s^2})$$

2.3　质点运动学中的两类问题

在描述质点运动的过程中，质点的运动方程是解决问题的关键。根据质点的运动方程，可以得到某一时刻质点的位矢、位移、平均速度或速度、加速度等物理量，从而准确地知道质点的运动状态。质点运动学问题主要分为两类。

2.3.1　求导问题

求导问题是质点运动学问题中的第一类基本问题。在已知质点运动方程的情况下，求某一个时刻质点的速度和加速度，这一类问题的解决方法就是根据速度和加速度的定义式，对质点运动方程进行一次和二次求导来计算。

例如，已知质点运动方程 $\boldsymbol{r}_{(t)}$，由速度的定义式，对运动方程 $\boldsymbol{r}_{(t)}$ 进行一次求导，可得

$$\boldsymbol{v}_{(t)}=\frac{\mathrm{d}\boldsymbol{r}_{(t)}}{\mathrm{d}t} \tag{2-24}$$

由加速度的定义式，对运动方程 $\boldsymbol{r}_{(t)}$ 进行二次求导或者对速度方程进行一次求导，可得

$$\boldsymbol{a}_{(t)}=\frac{\mathrm{d}^2\boldsymbol{r}_{(t)}}{\mathrm{d}t^2}=\frac{\mathrm{d}\boldsymbol{v}_{(t)}}{\mathrm{d}t} \tag{2-25}$$

例 2-8　已知一质点其运动方程为 $\boldsymbol{r}=t\boldsymbol{i}+(t^3+5t^2+9)\boldsymbol{j}$ (SI)，求：

(1)质点的轨迹方程；

(2)$t=1$ s 和 $t=2$ s 时质点的速度；

(3)$t=1$ s 和 $t=2$ s 时质点的加速度。

解　(1)由质点的运动方程 $\boldsymbol{r}=t\boldsymbol{i}+(t^3+5t^2+9)\boldsymbol{j}$，可得运动方程的标量形式为

$$\begin{cases}x=t\\y=t^3+5t^2+9\end{cases}$$

消去时间 t，可得轨迹方程为 $y=x^3+5x^2+9$。

(2)由速度公式可得质点在任意时刻的速度为

$$\boldsymbol{v}=\frac{\mathrm{d}\boldsymbol{r}}{\mathrm{d}t}=\frac{\mathrm{d}x}{\mathrm{d}t}\boldsymbol{i}+\frac{\mathrm{d}y}{\mathrm{d}t}\boldsymbol{j}=\boldsymbol{i}+(3t^2+10t)\boldsymbol{j}$$

将 $t=1$ s 和 $t=2$ s 分别代入上式可得

$$\boldsymbol{v}_1=\boldsymbol{i}+13\boldsymbol{j}(\mathrm{m/s}),\boldsymbol{v}_2=\boldsymbol{i}+32\boldsymbol{j}(\mathrm{m/s})$$

(3)由质点的加速度公式得任意时刻的加速度为

$$\boldsymbol{a}=\frac{\mathrm{d}^2\boldsymbol{r}}{\mathrm{d}t^2}=\frac{\mathrm{d}^2x}{\mathrm{d}t^2}\boldsymbol{i}+\frac{\mathrm{d}^2y}{\mathrm{d}t^2}\boldsymbol{j}=(6t+10)\boldsymbol{j}\,(\mathrm{m/s^2})$$

将 $t=1$ s 和 $t=2$ s 分别代入上式，可得

$$\boldsymbol{a}_1=16\boldsymbol{j}\,(\mathrm{m/s^2}),\boldsymbol{a}_2=22\boldsymbol{j}\,(\mathrm{m/s^2})$$

例 2-9 已知一质点的轨迹方程为 $x=2t,y=4-t^2$(SI)，求：

(1)2 s 内质点平均速度的大小；

(2)任意时刻质点的速度以及 1 s 时质点速度的大小；

(3)任意时刻质点的加速度以及 1 s 时质点加速度的大小。

解 (1)由运动方程可得质点的运动方程为 $\boldsymbol{r}=2t\boldsymbol{i}+(4-t^2)\boldsymbol{j}$，由位移定义式 $\Delta\boldsymbol{r}=\boldsymbol{r}_2-\boldsymbol{r}_0$ 可知，需要先求得 $t=0$ s 和 $t=2$ s 时的位矢

$$\boldsymbol{r}_0=4\boldsymbol{j}\,(\mathrm{m}),\boldsymbol{r}_2=4\boldsymbol{i}\,(\mathrm{m})$$

可得 2 s 间质点的位移为

$$\Delta\boldsymbol{r}=\boldsymbol{r}_2-\boldsymbol{r}_0=4\boldsymbol{i}-4\boldsymbol{j}\,(\mathrm{m})$$

再由平均速度 $\overline{\boldsymbol{v}}=\dfrac{\Delta\boldsymbol{r}}{\Delta t}$ 可得 2 s 内质点的平均速度为 $\overline{\boldsymbol{v}}=\dfrac{\Delta\boldsymbol{r}}{\Delta t}=2\boldsymbol{i}-2\boldsymbol{j}\,(\mathrm{m/s})$，则 2 s 内质点平均速度的大小 $|\overline{\boldsymbol{v}}|=\sqrt{2^2+(-2)^2}=2\sqrt{2}\,(\mathrm{m/s})$。

(2)由速度公式可得质点在任意时刻的速度为

$$\boldsymbol{v}=\frac{\mathrm{d}\boldsymbol{r}}{\mathrm{d}t}=\frac{\mathrm{d}x}{\mathrm{d}t}\boldsymbol{i}+\frac{\mathrm{d}y}{\mathrm{d}t}\boldsymbol{j}=2\boldsymbol{i}-2t\boldsymbol{j}\,(\mathrm{m/s})$$

将 $t=1$ s 代入上式可得，$\boldsymbol{v}_1=2\boldsymbol{i}-2\boldsymbol{j}\,(\mathrm{m/s})$。

1 s 时质点速度的大小 $|\boldsymbol{v}_1|=\sqrt{2^2+(-2)^2}=2\sqrt{2}\,(\mathrm{m/s})$。

(3)由质点的加速度公式得任意时刻的加速度为

$$\boldsymbol{a}=\frac{\mathrm{d}^2\boldsymbol{r}}{\mathrm{d}t^2}=\frac{\mathrm{d}^2x}{\mathrm{d}t^2}\boldsymbol{i}+\frac{\mathrm{d}^2y}{\mathrm{d}t^2}\boldsymbol{j}=-2\boldsymbol{j}\,(\mathrm{m/s^2})$$

由此可知，质点的加速度保持不变，则 1 s 时的加速度大小为 $|\boldsymbol{a}|=\sqrt{(-2)^2}=2(\mathrm{m/s^2})$。

例 2-10 如图 2-11 所示，湖中停有一小船，在距离水面高度为 H 的岸上，一个人用绳拉此船使其靠岸，人以恒定的速率 v_0 收绳，l 为任一时刻绳的长度，试求任一时刻船的速度和加速度。

解 本题未给出船在被拉动过程中具体的运动方程，因此需要根据条件建立船所处位置与其他变量之间的关系，之后求出船的速度和加速度。

此题实际上只涉及一维问题，因此以岸为参考系，建立一维坐标系如图 2-11 所示。任一时刻船的坐标 $x=\sqrt{l^2-H^2}$，船被拉向岸边的过程中，l 随时间越来越短，可知 l 是时间的函数，可用隐函数求导的方法来求船的速度。

由题可知

$$\frac{\mathrm{d}l}{\mathrm{d}t}=-v_0$$

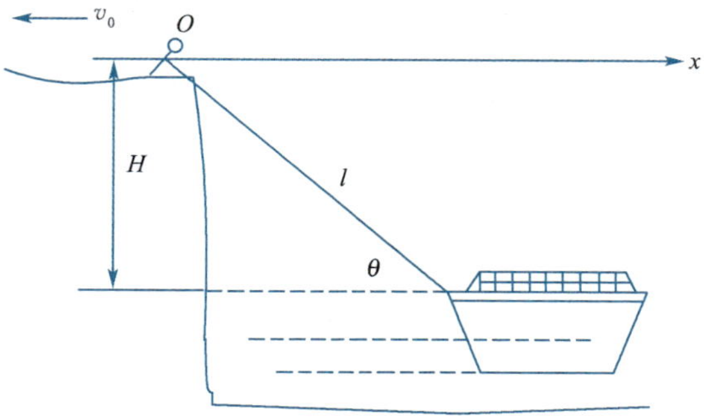

图 2-11　例 2-10 图

$$v=\frac{\mathrm{d}x}{\mathrm{d}t}=\frac{\mathrm{d}x}{\mathrm{d}l}\cdot\frac{\mathrm{d}l}{\mathrm{d}t}=-\frac{l}{\sqrt{l^2-H^2}}v_0=-\frac{\sqrt{x^2+H^2}}{x}v_0$$

因为 x 大于 0,所以$\boldsymbol{v}$ 小于 0,说明船前进的速度方向和选定的 x 轴的正方向反向。

用上式对时间 t 再求一阶导数,可得到船靠岸时的加速度为

$$a=\frac{\mathrm{d}v}{\mathrm{d}t}=\frac{\mathrm{d}v}{\mathrm{d}x}\cdot\frac{\mathrm{d}x}{\mathrm{d}t}=v\cdot\frac{\mathrm{d}v}{\mathrm{d}x}$$

$$=v\cdot\frac{-\frac{x^2}{\sqrt{x^2+H^2}}+\sqrt{x^2+H^2}}{x^2}\cdot v$$

$$=-v^2\frac{H^2}{x^3}$$

同理,x 大于 0,所以 $\boldsymbol{a}$ 小于 0,说明船行进时的加速度方向与选定的 x 轴的正方向反向。

同时,由于$\boldsymbol{v}$ 与 $\boldsymbol{a}$ 的方向相同,表明了船在做变加速直线运动,且船的速度与加速度的大小随着水平距离 x 的减小而增大。

2.3.2　积分问题

积分问题是质点运动学问题中的第二类基本问题。在已知加速度是关于时间的方程或者速度是关于时间的方程,并且已经知道质点运动时初始的时间、位置和速度的前提下,求质点的运动方程。这一类问题是通过积分来求解的。

因为

$$\boldsymbol{v}_{(t)}=\frac{\mathrm{d}\boldsymbol{r}}{\mathrm{d}t}\tag{2-26}$$

两边同时乘以 $\mathrm{d}t$ 得

$$\boldsymbol{v}_{(t)}\mathrm{d}t=\mathrm{d}\boldsymbol{r}\tag{2-27}$$

两边同时积分得

$$\int_{t_0}^{t}\boldsymbol{v}_{(t)}\mathrm{d}t=\int_{r_0}^{r}\mathrm{d}\boldsymbol{r}\tag{2-28}$$

即

$$\boldsymbol{r}_{(t)}=\boldsymbol{r}_0+\int_{t_0}^{t}\boldsymbol{v}_{(t)}\mathrm{d}t \tag{2-29}$$

同理

$$\boldsymbol{a}_{(t)}=\frac{\mathrm{d}\boldsymbol{v}}{\mathrm{d}t} \tag{2-30}$$

则

$$\boldsymbol{a}_{(t)}\mathrm{d}t=\mathrm{d}\boldsymbol{v} \tag{2-31}$$

两边同时积分可得

$$\int_{t_0}^{t}\boldsymbol{a}_{(t)}\mathrm{d}t=\int_{v_0}^{v}\mathrm{d}\boldsymbol{v} \tag{2-32}$$

即

$$\boldsymbol{v}=\boldsymbol{v}_0+\int_{t_0}^{t}\boldsymbol{a}_{(t)}\mathrm{d}t \tag{2-33}$$

但是，矢量既有大小又有方向，因此对矢量进行积分时牵扯到方向问题，问题就变得复杂了。所以可以将速度或加速度进行正交分解，分别分解到 x、y、z 三个坐标轴正方向上，然后采用分量的形式进行积分，这样问题就被简化了。

由式(2-29)可得质点位置在 x 轴、y 轴、z 轴上的位置分量为

$$\begin{cases} x=x_0+\int_{t_0}^{t}v_x\mathrm{d}t \\ y=y_0+\int_{t_0}^{t}v_y\mathrm{d}t \\ z=z_0+\int_{t_0}^{t}v_z\mathrm{d}t \end{cases} \tag{2-34}$$

式中 x_0、y_0、z_0 为 t_0 时刻质点位置在 x 轴、y 轴、z 轴上的分量。

如由式(2-33) 积分，可得质点速度在 x 轴、y 轴、z 轴上的速度分量为

$$\begin{cases} v_x=v_{0x}+\int_{t_0}^{t}a_x\mathrm{d}t \\ v_y=v_{0y}+\int_{t_0}^{t}a_y\mathrm{d}t \\ v_z=v_{0z}+\int_{t_0}^{t}a_z\mathrm{d}t \end{cases} \tag{2-35}$$

式中 v_{0x}、v_{0y}、v_{0z} 为 t_0 时刻质点速度在 x 轴、y 轴、z 轴上的分量。

例 2-11 某质点沿 x 轴做直线运动，加速度可以表示为 $a_x=4t+2$(SI)，当 $t=0$ 时，质点处于 $x_0=4$(m)处，质点最开始处于静止状态，求质点的运动方程。

解 由题意，质点沿 x 轴做直线运动，根据加速度定义式 $\boldsymbol{a}=\frac{\mathrm{d}\boldsymbol{v}}{\mathrm{d}t}$ 可得

$$a_x\mathrm{d}t=\mathrm{d}v_x \rightarrow \int_{t_0}^{t}a_x\mathrm{d}t=\int_{v_0}^{v_x}\mathrm{d}v_x$$

解定积分可得

$$v_x = 2t^2 + 2t$$

根据速度定义式$\boldsymbol{v} = \frac{\mathrm{d}\boldsymbol{r}}{\mathrm{d}t}$ 可得

$$v_x \mathrm{d}t = \mathrm{d}x \rightarrow \int_{t_0}^{t} v_x \mathrm{d}t = \int_{x_0}^{x} \mathrm{d}x$$

解定积分可得

$$x = \frac{2}{3}t^3 + t^2 + 4$$

另外，若加速度是关于速度的方程，同样已经知道质点运动时初始的时间、位置和速度，求质点的运动方程，同样也可以用积分来求解。

因为

$$\boldsymbol{a}_{(\boldsymbol{v})} = \frac{\mathrm{d}\,\boldsymbol{v}}{\mathrm{d}t} \tag{2-36}$$

两边同时乘以 $\mathrm{d}t$ 并除以$\boldsymbol{a}_{(\boldsymbol{v})}$ 得

$$\mathrm{d}t = \frac{\mathrm{d}\,\boldsymbol{v}}{\boldsymbol{a}_{(\boldsymbol{v})}} \tag{2-37}$$

两边同时积分可得

$$\int_{t_0}^{t} \mathrm{d}t = \int_{v_0}^{v} \frac{1}{\boldsymbol{a}_{(\boldsymbol{v})}} \mathrm{d}\,\boldsymbol{v} \tag{2-38}$$

解定积分可得速度关于时间的方程。

再由速度的定义可得

$$\boldsymbol{r} = \boldsymbol{r}_0 + \int_{t_0}^{t} \boldsymbol{v}_{(t)} \mathrm{d}t \tag{2-39}$$

例 2-12　某质点只沿 x 轴做直线运动，加速度可以表示为 $a_x = \frac{1}{2v_x}$(SI)，当 $t=0$ 时，质点处于 $x_0=4$(m)处，$v_0=0$(m/s)，求质点的运动方程。

解　由题意，质点沿 x 轴做直线运动，根据加速度定义式 $\boldsymbol{a} = \frac{\mathrm{d}\,\boldsymbol{v}}{\mathrm{d}t}$ 可得

$$\mathrm{d}t = \frac{1}{a_{v_x}}\mathrm{d}v_x \rightarrow \int_{t_0}^{t} \mathrm{d}t = \int_{v_0}^{v_x} \frac{1}{a_{v_x}}\mathrm{d}v_x$$

解定积分可得

$$v_x = \sqrt{t}$$

根据速度定义式$\boldsymbol{v} = \frac{\mathrm{d}\boldsymbol{r}}{\mathrm{d}t}$ 可得

$$v_x \mathrm{d}t = \mathrm{d}x \rightarrow \int_{t_0}^{t} v_x \mathrm{d}t = \int_{x_0}^{x} \mathrm{d}x$$

解定积分可得

$$x = \frac{2}{3}t^{\frac{3}{2}} + 4$$

另外，若加速度是关于位置的方程，同样已知质点运动时初始的位置和速度，求质点

的运动方程,同样也可以用积分来求解。

因为

$$\boldsymbol{a}_{(r)}=\frac{\mathrm{d}\,\boldsymbol{v}}{\mathrm{d}t} \tag{2-40}$$

两边同时乘以 $\mathrm{d}\boldsymbol{r}$ 得

$$\boldsymbol{a}_{(r)}\,\mathrm{d}\boldsymbol{r}=\frac{\mathrm{d}\,\boldsymbol{v}}{\mathrm{d}t}\mathrm{d}\boldsymbol{r} \tag{2-41}$$

根据速度定义式可得

$$\boldsymbol{a}_{(r)}\,\mathrm{d}\boldsymbol{r}=\boldsymbol{v}\,\mathrm{d}\,\boldsymbol{v} \tag{2-42}$$

两边同时积分可得

$$\int_{r_0}^{r}\boldsymbol{a}_{(r)}\,\mathrm{d}\boldsymbol{r}=\int_{v_0}^{v}\boldsymbol{v}\,\mathrm{d}\,\boldsymbol{v} \tag{2-43}$$

解定积分可得速度关于位置的方程。

又因为

$$\boldsymbol{v}_{(r)}=\frac{\mathrm{d}\boldsymbol{r}}{\mathrm{d}t} \tag{2-44}$$

两边同时乘以 $\mathrm{d}t$ 并除以$\boldsymbol{v}_{(r)}$得

$$\mathrm{d}t=\frac{1}{\boldsymbol{v}_{(r)}}\mathrm{d}\boldsymbol{r} \tag{2-45}$$

两边同时积分得

$$\int_{t_0}^{t}\mathrm{d}t=\int_{r_0}^{r}\frac{1}{\boldsymbol{v}_{(r)}}\mathrm{d}\boldsymbol{r} \tag{2-46}$$

解定积分可得位置关于时间的方程。

例 2-13 某质点只沿 x 轴做直线运动,加速度可以表示为 $a_x=x$(SI),当 $t=0$ 时,质点处于 $x_0=0$(m)处,$v_0=0$(m/s),求质点的运动方程。

解 由题意,质点沿 x 轴做直线运动,根据加速度定义式 $\boldsymbol{a}=\frac{\mathrm{d}\,\boldsymbol{v}}{\mathrm{d}t}$ 可得

$$a_x\mathrm{d}x=\frac{\mathrm{d}v}{\mathrm{d}t}\mathrm{d}x\rightarrow a_x\mathrm{d}x=v\mathrm{d}v\rightarrow\int_{x_0}^{x}a_x\mathrm{d}x=\int_{v_0}^{v_x}v\mathrm{d}v$$

解定积分可得

$$v_x=x\ \text{或}\ v_x=-x$$

当 $v_x=x$ 时,根据速度定义式$\boldsymbol{v}=\frac{\mathrm{d}\boldsymbol{r}}{\mathrm{d}t}$ 可得

$$\mathrm{d}t=\frac{1}{v_x}\mathrm{d}x\rightarrow\int_{t_0}^{t}\mathrm{d}t=\int_{x_0}^{x}\frac{1}{v_x}\mathrm{d}x$$

解定积分可得

$$\ln x=t\rightarrow x=\mathrm{e}^t$$

当 $v_x=-x$ 时,根据速度定义式$\boldsymbol{v}=\frac{\mathrm{d}\boldsymbol{r}}{\mathrm{d}t}$ 可得

$$\mathrm{d}t=\frac{1}{v_x}\mathrm{d}x \rightarrow \int_{t_0}^{t}\mathrm{d}t=\int_{x_0}^{x}\frac{1}{v_x}\mathrm{d}x$$

解定积分可得

$$-\ln x=t \rightarrow x=\mathrm{e}^{-t}$$

2.4　圆周运动

在质点的运动中，匀变速运动较常见，根据加速度与速度是否在同一条直线上，可以将匀变速运动分为匀变速直线运动和匀变速曲线运动。在匀变速曲线运动中，有一种典型的代表就是圆周运动。对于质点做圆周运动的描述，分为线量描述和角量描述。

2.4.1　圆周运动的线量描述

在质点做圆周运动时，采用自然坐标系来描述。自然坐标系的切向坐标轴 a_τ 和法向坐标轴 a_n 可以代表直角坐标系中的 x、y 轴，切向单位矢量 $\boldsymbol{\tau}$ 和法向单位矢量 $\boldsymbol{n}$ 分别为切向坐标轴 a_τ 和法向坐标轴 a_n 正方向上的单位矢量。

如图 2-12 所示，速度可以表示为 $\boldsymbol{v}=v\boldsymbol{\tau}$，其中的 v 表示质点的速率，其公式为 $v=\frac{\mathrm{d}s}{\mathrm{d}t}$，$v$ 又称为线速度。

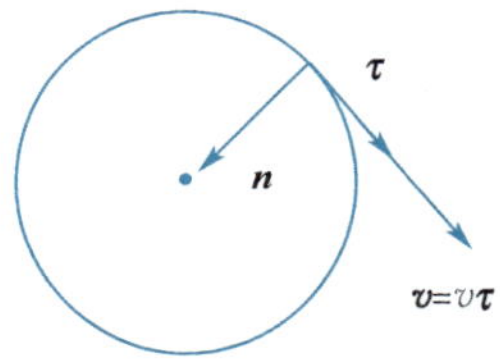

图 2-12　质点的圆周运动

根据加速度定义可得

$$\boldsymbol{a}=\frac{\mathrm{d}\boldsymbol{v}}{\mathrm{d}t}=\frac{\mathrm{d}(v\boldsymbol{\tau})}{\mathrm{d}t}=\frac{\mathrm{d}v}{\mathrm{d}t}\boldsymbol{\tau}+v\frac{\mathrm{d}\boldsymbol{\tau}}{\mathrm{d}t} \tag{2-47}$$

式(2-47)中 $\frac{\mathrm{d}v}{\mathrm{d}t}$ 表示质点运动速度大小的变化率，方向与切向单位矢量 $\boldsymbol{\tau}$ 相同，那么 $v\frac{\mathrm{d}\boldsymbol{\tau}}{\mathrm{d}t}$ 又代表的是什么呢？

如图 2-13(a)所示，质点在 Δt 时间内，从 A 点运动到 B 点，所经过的弧长为 Δs，所转过的角度为 $\Delta\theta$，根据几何数学所学的知识可以知道，圆的弧长等于圆的半径乘以弧长所对应的圆心角的角度，可得

$$\Delta s=R\Delta\theta \rightarrow \Delta\theta=\frac{\Delta s}{R} \tag{2-48}$$

如图 2-13(b)所示，若质点从 A 点运动到 B 点所花费的时间 $\Delta t\rightarrow 0$，那么所转过的角度 $\mathrm{d}\theta$ 也很小，可近似认为 A 点的速度和 B 点的速度方向近似于平行，$\mathrm{d}\boldsymbol{v}=\boldsymbol{v}_B-\boldsymbol{v}_A$ 的方向则垂直于切向单位矢量 $\boldsymbol{\tau}$ 并指向圆心，因此该方向与法向单位矢量 $\boldsymbol{n}$ 相同。而单位矢量的大小为 1，所以 $\mathrm{d}\boldsymbol{\tau}=\mathrm{d}\theta\times\boldsymbol{n}$，即

$$\frac{\mathrm{d}\boldsymbol{\tau}}{\mathrm{d}t}=\frac{(|\boldsymbol{\tau}|\mathrm{d}\theta)\boldsymbol{n}}{\mathrm{d}t}=\frac{\mathrm{d}\theta}{\mathrm{d}t}\boldsymbol{n}=\frac{R\mathrm{d}\theta}{\mathrm{d}t}\frac{\boldsymbol{n}}{R}=\frac{\mathrm{d}s}{\mathrm{d}t}\frac{\boldsymbol{n}}{R}=\frac{v}{R}\boldsymbol{n} \tag{2-49}$$

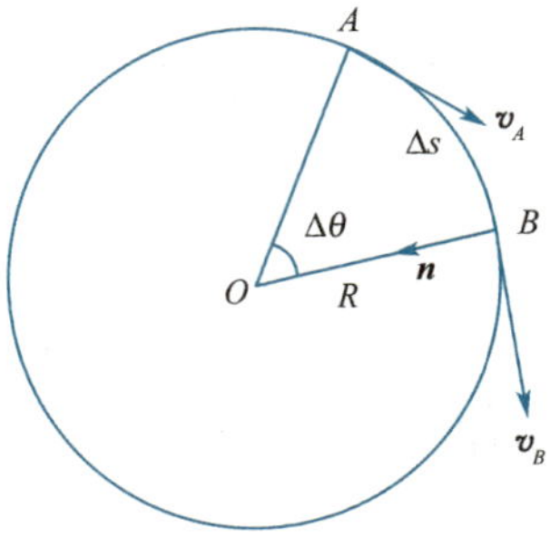

(a)Δt 时间内角位置变化

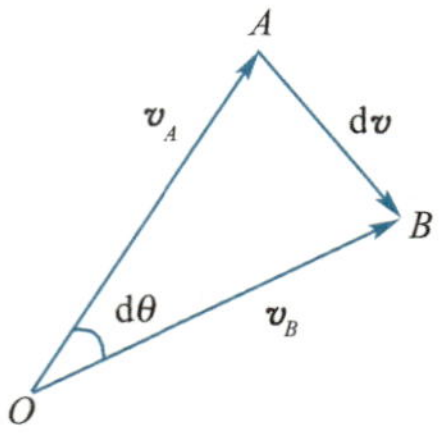

(b)Δt→0 时的角位置变化

图 2-13　质点在自然坐标系的圆周运动

所以

$$\boldsymbol{a}=\frac{\mathrm{d}v}{\mathrm{d}t}\boldsymbol{\tau}+v\frac{\mathrm{d}\boldsymbol{\tau}}{\mathrm{d}t}=\frac{\mathrm{d}v}{\mathrm{d}t}\boldsymbol{\tau}+\frac{v^2}{R}\boldsymbol{n}=\boldsymbol{a}_\tau+\boldsymbol{a}_n \tag{2-50}$$

由此可知，加速度可分解为切向加速度 $\boldsymbol{a}_\tau$ 和法向加速度 $\boldsymbol{a}_n$。其中切向加速度的大小$\frac{\mathrm{d}v}{\mathrm{d}t}$表示速度大小的变化率，法向加速度的大小$\frac{v^2}{R}$表示的是速度方向的改变量。

因此，圆周运动的总加速度等于切向加速度与法向加速度的矢量和，其大小等于

$$a=\sqrt{a_\tau^2+a_n^2}=\sqrt{\left(\frac{\mathrm{d}v}{\mathrm{d}t}\right)^2+\left(\frac{v^2}{R}\right)^2} \tag{2-51}$$

若质点在做匀速率圆周运动时，其切向加速度 $\boldsymbol{a}_\tau$ 等于零，因此该质点只拥有法向加速度，法向加速度的大小又称为向心加速度。

$$a_n=\frac{v^2}{R} \tag{2-52}$$

例 2-14　风扇边缘上一质点在转动过程中经过的路程与时间的关系为 $s=at^3+4bt$(SI)，其中 a、b 均为大于 0 的常数，已知风扇的半径为 r，求该质点在 t 时刻的加速度大小。

解　速度 $v=\frac{\mathrm{d}s}{\mathrm{d}t}=3at^2+4b$

切向加速度 $a_\tau=\frac{\mathrm{d}v}{\mathrm{d}t}=6at$

法向加速度 $a_n=\frac{v^2}{R}=\frac{(3at^2+4b)^2}{r}$

加速度大小 $a=\sqrt{a_\tau^2+a_n^2}=\sqrt{(6at)^2+\left[\frac{(3at^2+4b)^2}{r}\right]^2}$

2.4.2　圆周运动的角量描述

描述质点做圆周运动时可以选择自然坐标系，也可以选择平面极坐标系。

在平面极坐标系中，描述质点的位置只需要知道质点与 O 点的距离，以及质点与坐

标轴的极角，如图 2-14 所示。质点到 O 点的距离为固定值，唯一的变量就是质点与坐标轴的极角。

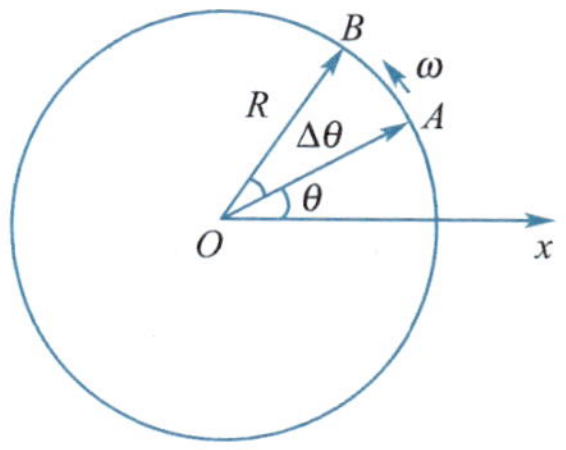

图 2-14　质点在平面极坐标系的圆周运动

因为 θ 可以确定圆周运动中质点所在位置，因此将 θ 称为角位置，单位为 rad。随着时间 t 的变化，角位置也在发生着改变，因此，角位置是一个关于时间 t 的函数，是质点在圆周运动中的运动方程。

$$\theta=\theta(t) \tag{2-53}$$

在 t 时刻，质点处于 A 位置，角位置为 $\theta(t)$，经过时间 Δt 运动到 B 点，角位置为 $\theta(t+\Delta t)$，则在 Δt 时间段内，质点的角位移为

$$\Delta\theta=\theta(t+\Delta t)-\theta(t) \tag{2-54}$$

值得注意的是，角位置和角位移通常都不是矢量，但是有正负之分。通常规定质点沿逆时针转动时为正，反之为负。

在 Δt 时间段内，质点的平均角速度为角位移与时间的比值，为

$$\overline{\omega}=\frac{\Delta\theta}{\Delta t} \tag{2-55}$$

单位为 rad/s。同样地，平均角速度不能描述质点在某个时刻的角速度，在 $\Delta t\to 0$ 时，平均角速度处于极限，可以表示某个时刻的瞬时角速度，简称角速度，表达式为

$$\omega=\lim_{\Delta t\to 0}\frac{\Delta\theta}{\Delta t}=\frac{\mathrm{d}\theta}{\mathrm{d}t} \tag{2-56}$$

单位为 rad/s。无论是平均角速度还是角速度，它们都是矢量。

若是质点在运动时角速度发生变化，例如在 t 时刻，质点的角速度为 ω_t，在 $t+\Delta t$ 时刻的角速度为 $\omega_{(t+\Delta t)}$，其角速度变化量 $\Delta\omega=\omega_{(t+\Delta t)}-\omega_t$，则质点在 Δt 时间段内的平均角加速度为

$$\overline{\beta}=\frac{\Delta\omega}{\Delta t} \tag{2-57}$$

单位为 $\mathrm{rad/s^2}$。在 $\Delta t\to 0$ 的情况下，极限的平均角加速度可以代表质点的瞬时角加速度，简称角加速度，表达式为

$$\beta=\lim_{\Delta t\to 0}\frac{\Delta\omega}{\Delta t}=\frac{\mathrm{d}\omega}{\mathrm{d}t} \tag{2-58}$$

无论是平均角加速度还是角加速度，它们都是矢量。

例 2-15　一个质点沿半径 $R=0.5$ m 的圆做圆周运动，运动方程为 $\theta=t^4+4t^2+1$(SI)，求 $t=1$ s 时质点的角位置、角速度大小和角加速度大小。

解　由题意知

$$\omega=\frac{\mathrm{d}\theta}{\mathrm{d}t}=4t^3+8t\,(\mathrm{rad/s})$$

$$\beta=\frac{\mathrm{d}\omega}{\mathrm{d}t}=12t^2+8\,(\mathrm{rad/s^2})$$

将 $t=1$ s 分别代入可得

$$\theta_1=6(\mathrm{rad}),\omega_1=\frac{\mathrm{d}\theta}{\mathrm{d}t}=12(\mathrm{rad/s}),\beta_1=\frac{\mathrm{d}\omega}{\mathrm{d}t}=20(\mathrm{rad/s^2})$$

质点做匀加速圆周运动时，角加速度的大小不变；质点做匀速率圆周运动时，角速度和角加速度的大小均不改变。匀加速圆周运动中质点的角位置、角速度和角加速度的关系，与匀加速直线运动中位移、速度、加速度之间的关系类似。因此，质点做匀加速直线运动与匀加速圆周运动的比照为

$$\begin{cases}v=v_0+at\\x=x_0+v_0t+\dfrac{1}{2}at^2\\v^2=v_0^2+2a(x-x_0)\end{cases}\qquad\begin{cases}\omega=\omega_0+\beta t\\\theta=\theta_0+\omega_0t+\dfrac{1}{2}\beta t^2\\\omega^2=\omega_0^2+2\beta(\theta-\theta_0)\end{cases}$$

上式中，x_0、v_0、θ_0 和 ω_0 分别为初始时刻质点的位置、速度大小、角位置和角速度大小。

2.4.3 线量与角量的关系

质点在做圆周运动时，可以用线量进行描述，也可以用角量进行描述，线量描述的物理量与角量描述的物理量存在某种关系。质点做圆周运动走过的路程又称为弧长，它与角位移的关系为

$$\Delta s=R\Delta\theta \tag{2-59}$$

等式的两边同时除以 Δt，有

$$\frac{\Delta s}{\Delta t}=\frac{R\Delta\theta}{\Delta t}$$

在 $\Delta t\to0$ 的情况下，可以得到线速度与角速度大小的关系是

$$v=\frac{\mathrm{d}s}{\mathrm{d}t}=\frac{R\,\mathrm{d}\theta}{\mathrm{d}t}=R\omega \tag{2-60}$$

从而推导出切向加速度的大小与角加速度大小的关系是

$$a_\tau=\frac{\mathrm{d}v}{\mathrm{d}t}=\frac{\mathrm{d}(R\omega)}{\mathrm{d}t}=R\frac{\mathrm{d}\omega}{\mathrm{d}t}=R\beta \tag{2-61}$$

法向加速度的大小与角速度大小的关系是

$$a_n=\frac{v^2}{R}=\frac{(R\omega)^2}{R}=R\omega^2 \tag{2-62}$$

例 2-16 一个质点沿着半径 $R=0.5$ m 的圆做圆周运动，运动方程为 $\theta=t^2+2t+9$(SI)，求 $t=2$ s 时质点的线速度。

解 由题意得，角速度为

$$\omega=\frac{\mathrm{d}\theta}{\mathrm{d}t}=2t+2(\mathrm{rad/s})$$

将 $t=2$ s 代入上式可得

$$\omega_2=\frac{\mathrm{d}\theta}{\mathrm{d}t}=6(\mathrm{rad/s})$$

根据线速度与角速度大小的关系式可得

$$v_2=R\omega_2=3(\mathrm{m/s})$$

例 2-17　一个半径为 $R=2$ m 的圆盘，绕一水平轴自由转动，一根细绳绕在圆盘的边缘上，细绳的一个自由端悬挂物体 A(图 2-15)。在重力的作用下，物体 A 从静止状态开始匀加速下降，2 s 内下降的高度为 1 m，求物体开始下降后 3 s 末，圆盘边缘上任一点处的切向加速度大小与法向加速度大小。

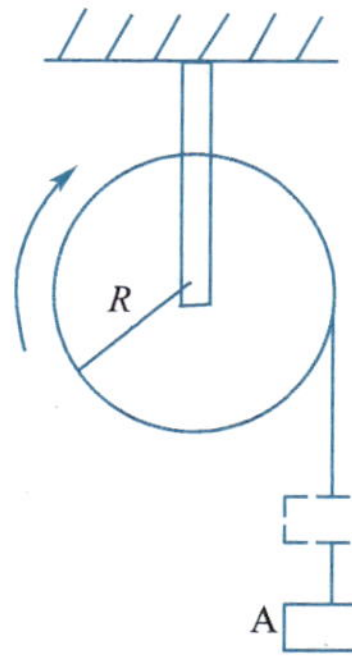

图 2-15　例 2-17 图

解　物体 A 下降时下降的距离为

$$h=v_0t+\frac{1}{2}at^2$$

初速度 $v_0=0$，因此物体 A 下降的加速度大小为

$$a=\frac{2h}{t^2}=0.5(\mathrm{m/s^2})$$

此加速度大小也等于圆盘边缘上一点在 $t=3$ s 时的切向加速度大小，即

$$a_\tau=0.5(\mathrm{m/s^2})$$

在 $t=3$ s 时的法向加速度大小为

$$a_n=\frac{v^2}{R}=\frac{(a_\tau t)^2}{R}=1.125(\mathrm{m/s^2})$$

2.5　阅读材料

2.5.1　课程思政

时间和空间的发展史

时间和空间的概念自古以来在人类的哲学和科学思维中占据了重要地位，从古代文明到现代科学，人们对时间和空间的理解经历了重大演变。在古代，时间和空间主要受到宗教和哲学的影响。希腊哲学家亚里士多德认为，时间与运动密不可分，没有运动就没有时间，时间是变化的度量；而空间则被视为“位置的容器”，是万物所处的场所。中国古代哲学中，时间和空间同样有密切联系，特别是在阴阳五行学说中，时间被视为一种循环，而空间则与天地万物的生长息息相关。17 世纪，牛顿提出经典力学理论，并首次明确区分了“绝对时间”和“绝对空间”。牛顿认为，时间是一种独立于物体存在的绝对实体，它均匀地流逝，不受任何外界影响；而绝对空间是一个不变的背景，所有物体和事件都在其中发生。这种绝对时空观为经典物理学奠定了基础，但也隐含了时空的不可变性。20 世纪初，爱因斯坦的相对论颠覆了牛顿的绝对时空观。相对论提出，时间和空间并非独立存在，而是组成了一个四维的时空连续体，时间的流逝与空间结构密切相关，并会随着物体运动速

度的变化而发生改变。这一理论揭示了时间的相对性，指出在高速运动的参考系中，时间会变慢，空间会压缩。广义相对论进一步将时空与引力联系起来，指出大质量物体会使时空发生弯曲，导致了引力效应的产生。这一理论不仅改变了人类对时间和空间的理解，也为现代宇宙学的发展奠定了基础。现代物理学中，时空的概念继续演化。量子力学和弦理论等前沿理论试图进一步揭示时空的本质。例如，弦理论提出，时空不仅是四维的，可能包含额外的隐藏维度，这些维度在微观尺度上影响着粒子的行为。此外，现代宇宙学通过观测宇宙膨胀，探索时空的起源和最终命运。

坐标系的发展史

坐标系作为描述空间中物体位置的重要工具，其发展历程与数学和物理学的进步息息相关。古代的数学家和天文学家已经开始使用简单的坐标系统来描述天体的位置和轨迹，例如，古希腊的天文学家托勒密使用了赤道坐标系统来描述星体在天球坐标系上的位置。17 世纪，法国数学家笛卡儿提出了直角坐标系的概念，这一创举标志着解析几何的诞生。笛卡儿坐标系通过两个相互垂直的坐标轴，将几何问题转化为代数问题，极大地促进了数学和物理学的发展。直角坐标系不仅在二维平面上应用广泛，还被扩展到三维空间，用于描述物体的位置和运动。除了直角坐标系，物理学中还引入了其他形式的坐标系以适应不同的应用场景。例如，极坐标系适用于描述以某点为中心的径向问题，在圆形运动中应用广泛。在天文学中，使用天球坐标系来描述天体的位置，而在流体力学中，柱坐标系和球坐标系则常用于描述对称性较强的流场问题。牛顿力学提出了惯性参考系的概念，即在此坐标系中，不受外力作用的物体将保持匀速直线运动；而非惯性参考系则会产生虚拟力，如惯性和离心力。在现代物理学中，尤其是在广义相对论中，坐标系的选择变得更加复杂，物理定律在不同坐标系中可能呈现出不同的形式。爱因斯坦的相对论进一步扩展了坐标系的概念。狭义相对论提出了洛伦兹变换，用以描述不同惯性参考系之间的坐标转换。这一理论要求所有物理定律在任何惯性坐标系中都保持相同的形式，这就是所谓的相对性原理。在广义相对论中，时空的弯曲要求更为复杂的坐标系，例如克尔坐标系，用于描述旋转黑洞附近的时空结构。这些坐标系不仅能够处理时空的曲率，还能描述物体在强引力场中的运动。

质点模型的发展史

在研究物体的运动时，人们总是会引入质点这个理想模型，质点的引入极大便利地解决了在研究运动过程中的一些难题。牛顿在 1666 年研究引力的时候，就曾思考过如何确定物体到地球间的距离，地球的大小总会对距离产生一些影响，因此，牛顿当时已经得出了万有引力公式却不敢发表。后面经过与胡克的交流，1685 年牛顿证明了“两个球体之间的吸引力与假设每一个球体的质量都集中在各自的中心时是相同的”这一定理。于是，牛顿首次建立质点模型，并于 1686 年公开发布万有引力定律。牛顿将质点作为研究对象，建立了描述质点低速运动现象及规律的牛顿力学，使人类对自然现象及运动规律的认识产生了巨大飞跃。爱因斯坦在牛顿力学的基础上，进一步研究高速运动的现象及规律，建立了狭义相对论，拓展了质点运动学的应用范围。2021 年，清华大学的高宏基于爱因斯坦布朗运动基本假设和李统藏布朗运动实验结果，提出了“质点随机运动瞬时速度等于白噪声”的随机运动定律，并由此演绎推理出了描述单个质点随机运动现象及规律的质点随机运动学理论。

运动描述的发展史

物理学的发展是人类对自然的不断探索，在追求知识和真理的同时，也使人类自身进步与发展。大学物理主要包括力学、热学、光学、电磁学、近代物理学等，而质点运动学是刚开始学习物理学所接触的内容，为后面动力学的学习建立基础。而对物体运动的描述，早在三千多年前就有记载，我国当时已会用圭表测影法来确定时间；两千多年前亚里士多德就对时间、空间、速度进行了详细的论述；公元前 500 年，《考工记》已经有大量的力学现象记载；战国时期的《墨经》的论运动中也提出运动和静止的相关概念，其中甚至记载了自由落体运动。虽然以目前的知识来看，之前所提出的一些观点并不是那么准确，但是历代物理学家的强烈的好奇心、丰富的想象力和创造力、对研究持之以恒的努力，以及他们的智慧和科学思想是科学技术研究所必备的科学品质。我们对列奥纳多・达・芬奇的印象就是一个画家，其实他对物理运动的研究也有着杰出的贡献，他对直线运动、曲线运动进行了定义，并且通过实验的观察，得出了自由落体运动的速度随时间成比例增加的结论。16 世纪伽利略将有关运动的所有概念进行了整合完善，并且用它来研究实际物体的运动。17 世纪初，笛卡儿通过将曲线看作点的运动轨迹，建立了曲线和方程的对应关系，为微积分的发现奠定了基础。17 世纪 60 年代，莱布尼茨和牛顿发明了微积分，此后牛顿将微积分和运动的描述进行了整合，编写出版了《自然哲学和数学原理》，是物理学史发展的一个重大进展，标志着经典力学的建立。物理学家们在研究实际运动的过程中，抓住主要因素，忽略次要因素，合理地建立抽象、简化的理想模型，是一种科学的研究方法；本章的知识点所提出的瞬时性又是一种极限思想，是微积分建立的基础，很好体现了近似与精确、量变与质变的对立统一关系，这种极限思想也是一种科学的研究方法。科学家们通过不断地实验、观察和理论创新，逐步揭示了质点运动的本质和规律。如今，质点运动学已成为物理学和工程学等领域中不可或缺的基础理论之一。

2.5.2　生活、生产及工程应用

在大学物理的学习中，质点运动学是理解更复杂物理现象的基础。参考系、质点、位置矢量、运动方程及曲线运动等概念，广泛应用于生活、生产与工程领域。下文将结合实际案例，探讨这些概念在不同场景中的应用。

参考系的应用

参考系是描述物体运动的基础，它决定了物体的速度、加速度等运动参数的值。现实中，参考系的选择直接影响对物体运动的理解和分析。

1. 地球与卫星的运动

在卫星导航系统中，地球本身是一个旋转的参考系。为了准确计算卫星的轨道和地面接收器的位置信息，需要同时考虑卫星相对于地球和相对于太阳系的运动。因此，导航系统需要在地心参考系和地表参考系之间进行转换，并引入相对论效应来校正由于地球自转和轨道运动引起的时间差异。

2. 高铁的加速与惯性

高铁在高速运行时，车厢内的乘客会感受到加速和减速带来的惯性。如果以地面为参考系，列车的加速度相对于地面可以通过运动方程精确计算。但如果以列车为参考系，乘客会感受到一个"假想的"惯性，这与列车加速方向相反。这种非惯性参考系中的惯性需要在列车设计时进行考虑，以确保乘客的舒适性和安全性。这种设计包括减震系统的优化，以及加速度控制策略的制定。

质点模型的应用

质点模型是物理学中一种简化处理复杂物体运动的方法，将物体简化为一个无大小、无形状的点，使得复杂运动问题可以通过简单的数学模型来分析。在工程设计和运动分析中，质点模型应用广泛。

1. 结构设计中的质点模型

在桥梁设计中，工程师常将桥梁的每个连接点简化为质点，以便计算各个点之间的应力和变形。例如，悬索桥的设计中，主缆与桥面之间的连接点可以视为质点，受力分析可以简化为质点间的力学平衡问题。这种简化使得复杂结构的力学分析变得更加可行，从而保障了桥梁的安全性与稳定性。

2. 航天器的轨道设计

航天器在太空中的运动通常假设为质点运动，忽略其形状和自转。通过质点模型，可以计算航天器在引力场中的轨道，并设计出合适的发射窗口和轨道调整方案。这一简化不仅使计算更加便捷，还能提高轨道设计的精确性。

3. 天体运动

在研究天体运动时，质点模型也是常用的工具。由于天体之间的距离远大于它们的尺寸，因此可以将它们视为质点进行研究。例如，哥白尼、开普勒等科学家在研究行星运动时，就采用了质点模型，从而建立了天体运动定律。

位置矢量的应用

位置矢量描述了质点相对于参考系原点的位置，是研究运动的重要工具。在生产和工程中，位置矢量广泛应用于定位和路径规划。

1. 工业机器人中的定位与路径规划

工业机器人在执行任务时，通常需要精确地移动到预定位置，并按照规划的路径执行操作。机器人末端执行器的位置可以通过位置矢量描述。在三维空间中，位置矢量的计算需要考虑机器人关节的角度和长度，并结合运动学方程进行路径规划。位置矢量的准确计算直接影响机器人的工作效率和精度。

2. 无人驾驶汽车的导航系统

无人驾驶汽车通过传感器和 GPS 接收器获取自身在道路上的位置矢量，并根据预设的地图数据和实时路况信息规划行驶路径。位置矢量的实时更新使得无人驾驶汽车能够在复杂的道路环境中进行精准的导航和避障操作。

3. 生活中的导航

平常我们所用的导航，不但可以准确地定位我们的位置，还可以测出我们行驶的速度，为我们的生活提供了极大的便利。这一切都离不开高精度的卫星定位系统。目前，我国自主建设运行的规模最大、与生活息息相关的卫星定位系统是北斗卫星导航系统。从 20 世纪 80 年代就开始探索卫星导航到 2020 年 7 月 31 日上午北斗卫星导航系统正式启动，无一不表示着我国科技的进步。

运动方程的应用

运动方程是描述质点运动的核心工具，它将物体的加速度、速度和位置关联起来。在工程和技术应用中，运动方程用于分析系统的动态行为和控制策略。

1. 电梯系统的运动控制

电梯在运行时，运动方程用于描述轿厢的速度和加速度变化。电梯控制系统通过实时计算运动方程，调整电机的输出功率和制动力，确保电梯在达到目标楼层时平稳停止。这一控制过程需要考虑乘客的舒适度和系统的能耗，因此运动方程的精确求解至关重要。

2. 火箭发射中的运动分析

火箭发射过程中的运动可以通过运动方程进行描述。火箭在升空过程中，受到推力、重力和空气阻力的共同作用，其加速度、速度和高度随时间变化。工程师通过求解运动方程，设计出最佳的推力曲线和燃料消耗方案，以确保火箭能够顺利进入预定轨道。

3. 飞行器的运动控制

飞行器的设计与控制中，质点运动学用于分析飞行器的加速度和速度。例如，中国的商用飞机 C919 在设计过程中，通过运动学模型预测飞机在起飞、巡航和降落阶段的性能。这些模型帮助工程师优化飞机的控制系统和飞行路径，确保飞行安全。

4. 生产线机械手臂的运动控制

中国的一些高端制造企业在自动化生产线中，利用运动学模型分析机械手臂的运动路径，提高了生产效率和精度。

5. 康复治疗中的应用

在康复治疗中，质点运动学用于分析患者的运动轨迹和康复进度，一些医院利用运动学模型监测患者在康复训练中的运动情况，帮助制定个性化的康复计划，提高了治疗效果。

曲线运动的应用

曲线运动是指物体沿着弯曲路径的运动，它在自然界和工程中广泛存在。曲线运动的分析通常涉及速度、加速度的分解以及向心力的计算。

1. 高速公路设计中的曲线运动

在高速公路设计中，道路的弯道半径和倾斜角度需要根据车辆的曲线运动特性进行优化。通过分析车辆在弯道上的向心力和摩擦力，可以确定安全的行驶速度和合理的道路倾斜角度。这种设计考虑不仅提高了行车安全性，还减少了由于不合理设计导致的交通事故。

2. 轨道交通中的列车转弯

轨道交通中的列车在转弯时，由于惯性，列车将产生向外的离心力。为了抵消这部分力，轨道设计通常会在转弯处进行超高处理，即外轨比内轨稍高，使得列车在弯道上能够保持平衡。通过曲线运动的分析，可以精确计算出超高的高度和弯道半径，确保列车的平稳运行。我国拥有世界先进水平的动车组复兴号，试验测速可达 400 km/h 以上。中国铁路的蓬勃发展使我国成为世界上高铁运营速度最快的国家。

3. 火箭发射轨道及变更

火箭发射过程中，利用运动学模型预测火箭的飞行轨迹和轨道调整策略，预算它的速度、加速度和向心力，确保火箭能够顺利进入预定轨道。在航天工程中，飞船、卫星和行星的轨道通常是曲线运动，通过计算曲线运动的方程，可以精确设计发射轨道和轨道变更。

4. 体育运动

例如在篮球、足球等运动中，球的飞行轨迹通常是曲线，教练和运动员可以通过分析这些曲线运动，提高投篮和传球的准确性；在田径比赛中，如跳高和跳远，运动员的起跳和飞行路径都涉及曲线运动，相关的技术分析可以帮助运动员改进表现；在投掷类项目中（如铅球、标枪等），计算投掷物的最佳出手角度和速度，以帮助运动员提高成绩。通过分析运动员的运动表现，来制订科学的训练计划，针对性训练提高运动员的技巧，减少运动损伤的发生，充分挖掘运动员的潜能。

5. 动画制作和电影特效

在计算机动画中，角色或物体的移动通常不是直线，而是沿着曲线路径。动画师利用曲线运动的数学模型（如贝塞尔曲线）来创建流畅的移动效果。通过模拟物体的运动轨迹和速度变化，制作出流畅的动画效果，通过模拟爆炸、碰撞等物理现象制作出震撼的特效场面，来创造逼真的视觉效果。

综上，参考系、质点、位矢、运动方程和曲线运动等相关内容，不仅是物理学的基本理论，还在现代工程和技术应用中发挥着重要的作用。通过这些基本概念的应用，工程师和科学家们能够设计出更加安全、高效和可靠的技术系统，从而推动社会的进步和发展。这些概念不仅在理论上具有重要意义，而且在实际应用中展示出了其巨大的价值和潜力。随着技术的进步和应用领域的拓展，质点运动学会继续发挥它的重要作用，为各个领域的发展提供支持。

检测习题

一、单项选择题

1. 关于参考系的选取，以下说法正确的是(　　)。

A. 参考系必须选取静止不动的物体　　B. 参考系必须是与地面联系在一起的

C. 任何物体都可以作为参考系　　D. 运动着的物体不能作为参考系

2. 选择不同的参考系来描述同一个物体的运动，其描述结果（　　）。

A. 一定不同　　B. 一定相同　　C. 可能不同　　D. 无法确定

3. 下列物体能看作质点的是（　　）。

A. 沿着斜面下滑的木块

B. 研究斜面上的木块是下滑还是翻滚

C. 旋转的电扇叶片

D. 自转中的地球

4. 某质点做曲线运动，在某一时刻的位置矢量为 $\boldsymbol{r}(x,y)$，则下列关于其速度大小的表达式中正确的是（　　）。

(1) $\frac{\mathrm{d}s}{\mathrm{d}t}$　　(2) $\frac{\mathrm{d}r}{\mathrm{d}t}$　　(3) $\frac{\mathrm{d}\boldsymbol{r}}{\mathrm{d}t}$　　(4) $\sqrt{\left(\frac{\mathrm{d}x}{\mathrm{d}t}\right)^2+\left(\frac{\mathrm{d}y}{\mathrm{d}t}\right)^2}$

A. 仅(1)(2)正确　　B. 仅(2)(4)正确

C. 仅(3)(4)正确　　D. (1)(2)(3)(4)正确

5. 下列物理量中属于标量的是（　　）。

A. 速率　　B. 加速度　　C. 速度　　D. 位移

6. 下列对“瞬时速度”的定义中，正确的是（　　）。

A. 位置矢量对时间的一阶导数　　B. 路程对时间的一阶导数

C. 平均速度对时间的一阶导数　　D. 速度对时间的一阶导数

7. 已知某一质点在 5 s 末的速度为 $\boldsymbol{v}=3\boldsymbol{i}+4\boldsymbol{j}$ (SI)，则 5 s 末速度的大小为（　　）。

A. 2 m/s　　B. 4 m/s　　C. 5 m/s　　D. 6 m/s

8. 某质点的运动学方程为 $x=3t-5t^3+6$ (SI)，则该质点做（　　）。

A. 匀变速直线运动　　B. 匀变速曲线运动

C. 变加速直线运动　　D. 变加速曲线运动

9. 质点沿半径为 R 的圆周做匀速运动，周期为 T，则在 $2T$ 时间间隔中，其平均速度大小与平均速率大小分别为（　　）。

A. $2\pi R/T$, $2\pi R/T$　　B. 0, $2\pi R/T$

C. $2\pi R/T$, 0　　D. 0, 0

10. 一质点做匀变速圆周运动，则下列关于该质点切向和法向加速度说法正确的是（　　）。

A. 切向加速度为零　　B. 切向加速度不为零，但大小不变

C. 法向加速度为零　　D. 法向加速度不为零，但大小不变

二、填空题

1. 一质点的运动方程为 $x=8t-t^2$ (SI)，则质点在 $t=0$ s 到 $t=5$ s 的时间间隔内位移为________ m，$t=4$ s 时的速度为________ m/s，$t=4$ s 时的加速度为________ $\mathrm{m/s^2}$。

2. 质点在 t_1 时刻从点 A 出发，t_2 时刻运动到点 B，在 A 点的位置矢量为 $\boldsymbol{r}_A$，在 B 点的位置矢量为 $\boldsymbol{r}_B$，则从点 A 运动到点 B 的平均速度为________。

3. 已知某一质点的运动方程为 $\boldsymbol{r}=(2t^2+3t+1)\boldsymbol{i}$(SI)，则质点的轨迹方程为________。

4. 一质点在平面上做一般曲线运动，其瞬时速度为$\boldsymbol{v}$，瞬时速率为 v，那么$\boldsymbol{v}$ ________ v；某一时间内的平均速度为$\overline{\boldsymbol{v}}$，平均速率为 $\overline{v}$，那么$\overline{\boldsymbol{v}}$ ________ $\overline{v}$。(填写"="或"≠")

5. 一个质点沿着半径 $R=0.5$ m 的圆做圆周运动，运动方程为 $\theta=t^3+3t+7$，当 $t=3$ s 时，角速度为 $\omega=$________ rad/s；线速度为 $v=$________ m/s。

6. 半径为 R 的飞轮，从静止开始做以 β 为匀角的加速转动，则飞轮边缘上一点的切向加速度 $a_\tau=$________。

三、判断题

1. 最简单、最基本、最普遍的运动形式是机械运动。 (　　)
2. 在单向直线运动中，质点的位移大小和路程是相等的。 (　　)
3. 在质点运动学中，平均速度的大小等于平均速率。 (　　)
4. 任何物体在任何情况下都可以简化成质点。 (　　)
5. 切向加速度表征速度方向变化的快慢。 (　　)
6. 法向加速度表征速度大小的改变量。 (　　)
7. 瞬时加速度是位置矢量对时间的二阶导数。 (　　)
8. 一质点的运动方程为 $x=3t-5t^3+6$(SI)，$t=0$ s 时速度沿 x 轴正方向。 (　　)
9. 当一质点运动时，速度大小发生变化，就有切向加速。 (　　)
10. 研究物体运动时，必须考虑其大小和形状对其运动情况的影响。 (　　)

四、简答题

1. 简述质点的定义，并说明什么情况下物体可以看作质点，且举 2 个例子。
2. 简述位移和路程的区别，说明什么情况下位移的大小与路程相等。
3. 简述切向加速度和法向加速度表示的物理意义及其数学表达式。
4. 简述圆周运动中线量与角量的关系。

五、计算题

1. 已知一质点的运动方程为 $\boldsymbol{r}=(2t+1)\boldsymbol{i}+2t^2\boldsymbol{j}$(SI)，求：

(1)此质点的运动轨迹方程；

(2)质点在 $t=1$ s 及 $t=2$ s 时的位置矢量；

(3)质点在 $t=1$ s 到 $t=2$ s 内的平均速度；

(4)质点在 $t=1$ s 及 $t=2$ s 时的速度；

(5)质点在 $t=1$ s 及 $t=2$ s 时的加速度。

2. 已知某一质点沿半径 $R=1$ m 的圆做圆周运动，其运动方程为 $\theta=2t^3+3t+5$(SI)，求：

(1)质点在 $t=1$ s 时的角位置;

(2)质点在 $t=1$ s 到 $t=3$ s 时间段内的角位移;

(3)质点在 $t=1$ s 到 $t=3$ s 时间段内的平均角速度;

(4)质点在 $t=1$ s 时的角速度及角加速度。

3. 一物体从静止开始沿直线运动,其加速度 a 随时间 t 的变化关系为 $a=3t^2+6$(SI),求物体在 $t=2$ s 时的速度和位移。

第3章 质点动力学

在第 2 章中，我们较为深入地探讨了质点运动学，学习了质点在不同参考系中的运动描述。然而，现实世界中的质点运动往往受到各种外力的影响，这使得仅仅依靠运动学的描述难以全面解释质点的真实运动行为。质点动力学正是基于此需求而展开，它将力这一关键因素引入运动描述中，建立了力与运动之间的因果关系。作为经典力学的重要分支，质点动力学研究单个质点在力的作用下的运动规律。通过学习本章内容，学生将掌握如何从力的角度分析和预测质点的运动，为进一步理解和探索更复杂的动力学系统奠定了坚实基础。

3.1 力学基础知识

3.1.1 常见力

力是物理学中的基本概念之一，在描述物体运动和相互作用中起着至关重要的作用。力是物体之间相互作用的体现，具有大小和方向。以下是几种常见的力的详细介绍，包括万有引力、重力、弹性力、摩擦力等。

1. 万有引力

所有物体与物体之间都存在着相互吸引的作用，这种作用叫作万有引力。17 世纪初，英国物理学家牛顿提出万有引力定律，该定律指出两个物体之间有相互吸引力，该力的方向沿着它们的连线，大小与它们的质量乘积成正比，与它们之间距离的平方成反比，若分别用 m_1、m_2 表示两物体的质量，用 r 表示物体之间的距离，则万有引力的数学表述为

$$F=G\frac{m_1m_2}{r^2} \tag{3-1}$$

式中，G 是万有引力常量，经实验测得 $G=6.67\times10^{-11}\ \mathrm{N\cdot m^2/kg^2}$。

万有引力定律的矢量表达式为

$$\boldsymbol{F}=-G\frac{m_1m_2}{r^2}\boldsymbol{e}_r \tag{3-2}$$

式中，负号表示 m_1 受到 m_2 对其施加的万有引力的方向与 m_2 指向 m_1 的单位矢量 $\boldsymbol{e}_r$ 的方向相反。

一般物体间的万有引力很小，可忽略不计，但是由于天体的质量很大，天体间的万有引力就很大。运用万有引力定律可以描述行星、卫星、恒星和星系等天体之间的引力相互作用。它是解释天体运动和宇宙结构的基础理论之一，对于理解宇宙的演化和结构起着重要作用。

2. 重力

地球附近的物体受到地球吸引的作用称为重力，用 $\boldsymbol{G}$ 来表示。实际上重力是地球附近物体受到地球的万有引力的分力，可近似认为重力是地球的引力。重力使得物体朝向地心运动，大小由物体的质量 m 和重力加速度 g 的乘积来确定；方向与重力加速度 $\boldsymbol{g}$ 的方向相同，总是竖直向下，公式为

$$\boldsymbol{G}=m\boldsymbol{g} \tag{3-3}$$

质量是物体固有的属性，在经典力学中可理解为不变。而重力加速度 $\boldsymbol{g}$ 随着物体的地理位置不同而不同，随海拔高度增大而减小，随纬度升高而增大其近似标准值通常取 9.8 N/kg 或 9.8 $\mathrm{m/s^2}$。

重力在很多物理问题中扮演重要角色，如自由落体运动、抛体运动、卫星运动等问题；在建筑工程和土木工程中，需要考虑重力对建筑物和结构物的影响，以确保其稳定性和安全性。

3. 弹性力

将物体因外力产生形变后的恢复作用，称为弹性力。形变存在于物体外部也存在于物体内部，因此物体内部的各部分间都有弹性力相作用。弹性力有各种名称：相互压缩时为压力，垂直于物体表面的压力称正向压力；相互拉长时称张力；物体给平面或斜面的正向压力的反作用力称支持力或反向压力，实质上也是压力。生活中常见的弹力，如弹簧被拉伸或被压缩时产生的弹性力，绳子被拉时产生的张力。

4. 摩擦力

摩擦力是两个相互接触并相互挤压的物体在相对滑动或有相对滑动趋势时，接触面之间产生的阻碍相对滑动或相对滑动趋势的作用力。

若两物体之间有相对滑动趋势而没有滑动，接触面之间的摩擦力叫作静摩擦力。静摩擦力会随着外力的增大而增大，当物体即将产生相对运动，静摩擦力达到最大，称为最大静摩擦力，一般用 f_s 表示。若两物体之间有相对滑动，接触面之间的摩擦力叫作滑动摩擦力，一般用 f_k 表示。

实验表明，最大静摩擦力 f_s、滑动摩擦力 f_k 均和物体的正压力 F_N 成正比，即

$$f_s=\mu_sF_N \tag{3-4}$$

$$f_k = \mu_k F_N \tag{3-5}$$

式中，μ_s 为静摩擦系数，与接触物体的材料性质和接触面的情况有关；μ_k 为滑动摩擦系数，与接触物体的材料性质、接触面的情况、温度及干湿度有关。一般情况下 μ_k 略小于 μ_s，计算要求不是特别精确时可近似视为相等。

摩擦力在日常生活和工程问题中随处可见，有利弊之分。擦黑板的黑板擦、汽车的刹车系统、工业上使用的传送带等都是利用有益摩擦力，而有害摩擦力的存在会造成机器零部件的磨损、航天器过度发热等问题，为此我们应增大有益摩擦力，减小有害摩擦力。

3.1.2 力的合成与分解

1. 力的合成

力的合成是指用一个力等效地代替两个或两个以上作用在同一点上的力。这一个力称为那几个力的合力，而原来的那几个力称为这个合力的分力，求力的合力的过程遵循平行四边形法则。

如图 3-1 所示，使用 $\boldsymbol{F}_1$ 和 $\boldsymbol{F}_2$ 两个力同时拉伸橡皮绳的效果与只用 $\boldsymbol{F}_3$ 一个力拉伸橡皮绳的效果相同，此时 $\boldsymbol{F}_3$ 即为 $\boldsymbol{F}_1$ 和 $\boldsymbol{F}_2$ 两个力的合力 $\boldsymbol{F}_合$。

(a)两个测力计拉橡皮绳　　(b)一个测力计拉橡皮绳

图 3-1　拉伸橡皮绳

通过实验数据表明，两个呈一定夹角的共点力合成为一个力，遵循平行四边形法则。具体方法：以这两个力 $\boldsymbol{F}_1$ 和 $\boldsymbol{F}_2$ 的有向线段为邻边作出平行四边形，其对角线的长度即为合力 $\boldsymbol{F}_合$ 的大小，对角线的方向即为合力 $\boldsymbol{F}_合$ 的方向，如图 3-2 所示。

平行四边形法则也可转换成三角形法则来求两个力的合力，如图 3-3 所示。三角形法则具体方法：两个力都可表示为有方向的线段，$\boldsymbol{F}_1$ 和 $\boldsymbol{F}_2$ 都有起点和终点，把 $\boldsymbol{F}_1$ 的终点与 $\boldsymbol{F}_2$ 的起点相连后，再作由 $\boldsymbol{F}_1$ 的起点与 $\boldsymbol{F}_2$ 的终点的有向线段，其长度为合力 $\boldsymbol{F}_合$ 的大小，其方向为合力 $\boldsymbol{F}_合$ 的方向。

两个力（$\boldsymbol{F}_1$、$\boldsymbol{F}_2$）的合力，即为两个力的矢量和，满足矢量运算法则，即

$$\boldsymbol{F}_合 = \boldsymbol{F}_1 + \boldsymbol{F}_2 \tag{3-6}$$

两个共点力的合力范围为：$|F_1 - F_2| \leqslant F_合 \leqslant |F_1 + F_2|$。两个力合成的大小和方向见表 3-1。

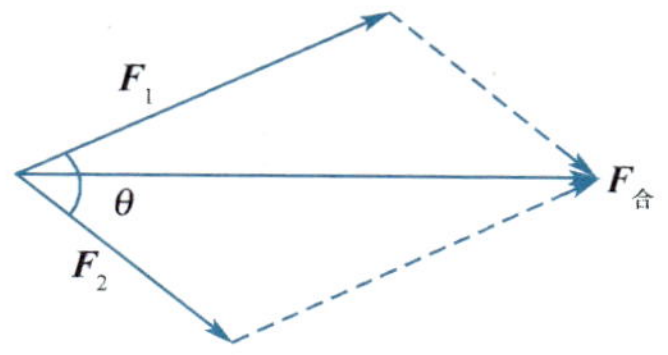

图 3-2　力的合成(平行四边形法则)

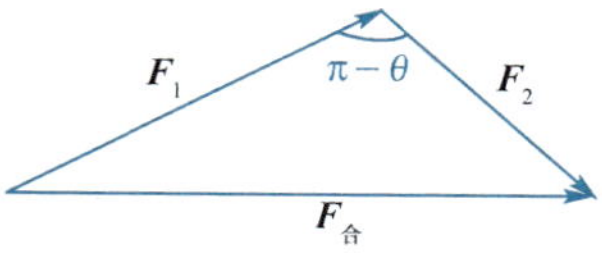

图 3-3　力的合成(三角形法则)

表 3-1　　两个力合成

分力	合力
	合力大小：$F_合=F_1+F_2$ 合力方向：与各分力方向相同
	合力大小：$F_合=\|F_1-F_2\|$ 合力方向：与较大的那个分力同向
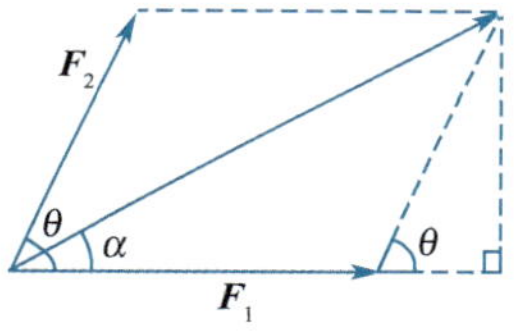	合力大小：$F_合=\sqrt{F_1^2+F_2^2+2F_1F_2\cos\theta}$ 合力方向：$\tan\alpha=\dfrac{F_2\sin\theta}{F_1+F_2\cos\theta}$

若三个共点力 $\boldsymbol{F}_1$、$\boldsymbol{F}_2$、$\boldsymbol{F}_3$ 合成一个力时，合力大小的最大值为 $F_{合\max}=F_1+F_2+F_3$。合力大小的最小值要看这三个力是否满足三角形性质。三角形性质提出：三角形的两边之和大于第三边，两边之差小于第三边。同理，这三个力的合力大小的最小值即为 $|F_1-(F_2+F_3)|$(三个力中最大力为 $\boldsymbol{F}_1$)，如图 3-4 所示。

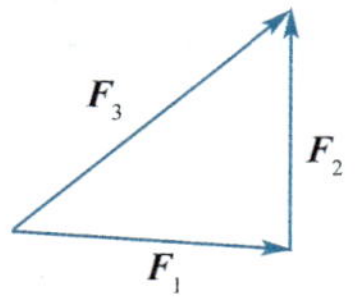

(a)三个共点力满足三角形性质

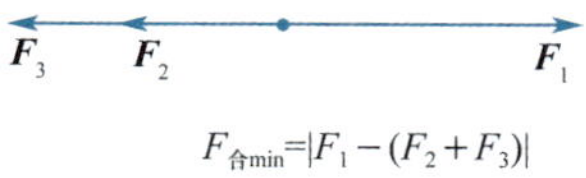

(b)三个共点力不满足三角形性质

图 3-4　三个共点力合力大小范围确定

若 n 个共点力分别为 $\boldsymbol{F}_1$、$\boldsymbol{F}_2$、$\boldsymbol{F}_3$、…、$\boldsymbol{F}_n$ 进行合成，则它们合力的数学表达式可写成

$$\boldsymbol{F}_合=\boldsymbol{F}_1+\boldsymbol{F}_2+\boldsymbol{F}_3+\cdots+\boldsymbol{F}_n=\sum_{i=1}^{n}\boldsymbol{F}_i \tag{3-7}$$

多个共点力(图 3-5)的合成也可以利用平行四边形法则(或三角形法则)，其基本步骤：先求出任意两个力的合力，再求出这个合力与第三个力的合力，通过多次使用平行四边形法则(或三角形法则)后最终取得合力。如图 3-6 所示即为三角形法则确定合力的方法。

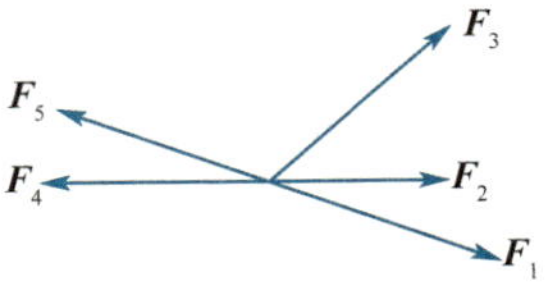

图 3-5 多个共点力

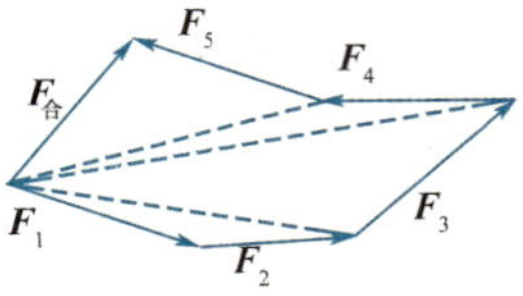

图 3-6 多个共点力的合成(三角形法则)

2. 力的分解

力的分解是将一个力化作等效的两个或两个以上的分力,是力的合成的逆运算,也遵循平行四边形法则。一个力可分解成无穷多组的共点力。通常情况下,把物体受的某个力在直角坐标系中进行分解,这种分解方法称为正交分解,见表 3-2。

表 3-2 力的正交分解

不同坐标系	待分解的力	分解后每个轴方向上的分力
平面直角坐标系(二维)	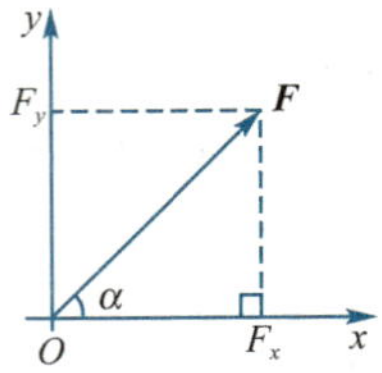	x 轴方向分力:$F_x = F\cos\alpha$ y 轴方向分力:$F_y = F\sin\alpha$
空间直角坐标系(三维)	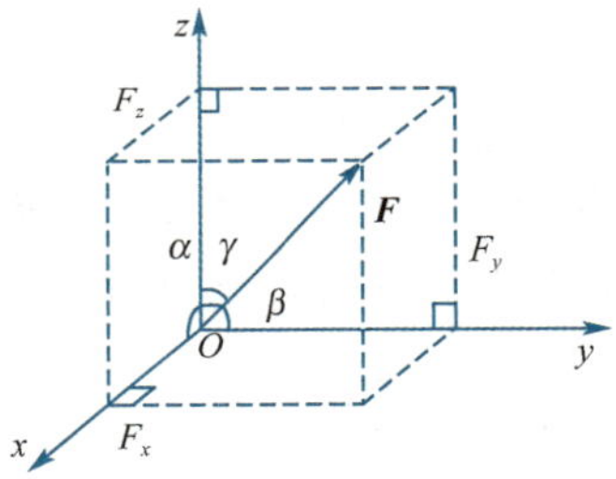	x 轴方向分力:$F_x = F\cos\alpha$ y 轴方向分力:$F_y = F\cos\beta$ z 轴方向分力:$F_z = F\cos\gamma$

3. 共点力平衡

实际情况中,物体都会受到几个共点力的作用。解决物体力学问题时必须对物体进行受力分析。

当物体受到的共点力满足一定条件时,物体就会达到一个平衡状态,即这个物体共点力平衡。物体的平衡状态有两个:一是物体处于静止状态,即静态平衡;二是物体处于匀速直线运动状态,即动态平衡。不管是哪种平衡状态,物体的加速度(或合外力)始终为零。

若物体受到了两个共点力的作用而达到平衡状态,那么这两个力大小相等,方向相反,作用在同一直线上,我们把这种平衡称为二力平衡。

若物体受到了三个共点力的作用而达到平衡状态,那么其中任意两个力的合力一定与第三个力大小相等,方向相反,并且作用在同一直线上,我们把这种平衡称为三力平衡。

求解平衡问题的一般步骤可归纳为:选择研究对象,画出该研究对象的受力图,建立坐标系，根据平衡状态列出方程，解方程求出力。

例 3-1　如图 3-7 所示，两等长的轻绳下悬挂一重为 G 的物块，绳与水平天花板之间的夹角均为 θ，求：

(1)两轻绳对物体的拉力各为多大？

(2)当 θ 增大时轻绳的拉力如何变化？

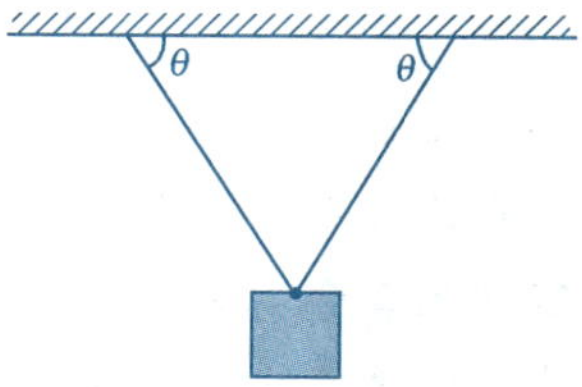

图 3-7　例 3-1 图

解　(1)物体受力，由对称性知 $F_1=F_2$。

方法 1　如图 3-8 所示，对物体由共点力平衡条件有：

$$F_1\sin\theta=\frac{G}{2}$$

解得 $F_1=F_2=\dfrac{G}{2\sin\theta}$。

方法 2　如图 3-9 所示，先正交分解，再对物体由共点力平衡条件有：

水平方向：$F_1\cos\theta=F_2\cos\theta$；

竖直方向：$F_1\sin\theta+F_2\sin\theta=G$；

解得 $F_1=F_2=\dfrac{G}{2\sin\theta}$。

(2)夹角 θ 的变化区间在(0°，90°)，当 θ 增大时，$\sin\theta$ 也随之增大，则轻绳的拉力 F_1 和 F_2 随之减小。

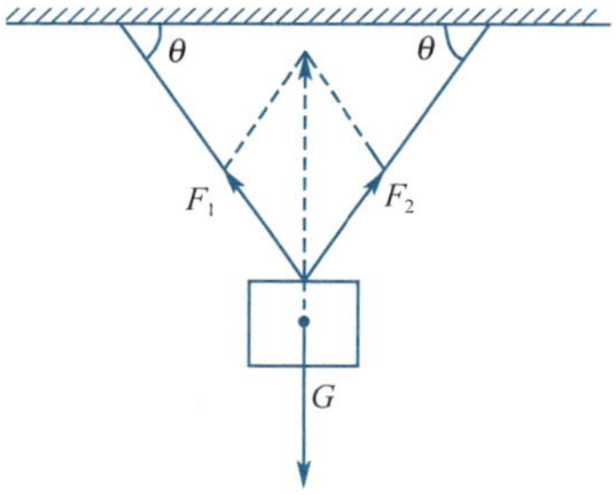

图 3-8　例 3-1 题解(1)图

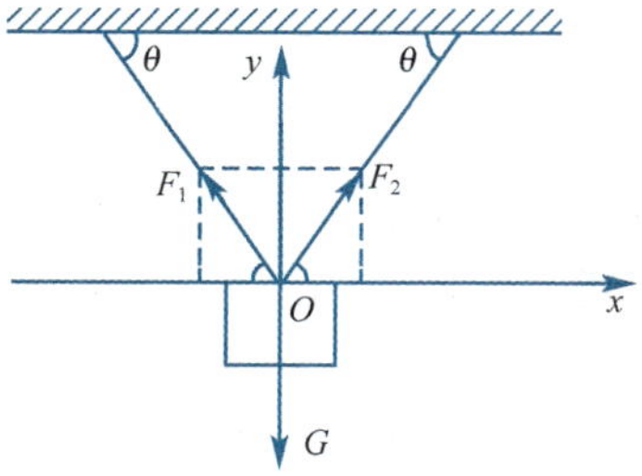

图 3-9　例 3-1 题解(2)图

3.2　牛顿运动定律

牛顿运动定律是经典力学的基石，描述了物体在力的作用下如何运动。牛顿在 1687 年发表的《自然哲学的数学原理》中首次系统地阐述了这些定律。这些定律分别描述了惯性、加速度和作用-反作用关系，为理解自然界中物体的运动提供了基本框架。

3.2.1 牛顿第一定律

古希腊哲学家亚里士多德认为物体必须受到力的作用才能维持运动状态，到 17 世纪意大利物理学家伽利略在实验后提出物体在不受外力时将一直以恒速运动下去，即物体的运动不需要力来维持。牛顿总结了伽利略等人的研究结果，提出了牛顿第一定律：任何物体总保持静止状态或匀速直线运动状态，直到外力迫使它改变这种状态为止。可用数学表达式表述为

$$\boldsymbol{F}=0,\boldsymbol{v}=\text{常矢量} \tag{3-8}$$

牛顿第一定律的另一种表述：物体不受任何外力时，物体总保持静止状态或匀速直线运动状态。

对牛顿第一定律的内容具体理解如下：

1. 定义了惯性的概念

一切物体都有保持其原有运动状态的性质，这种性质就是惯性，故牛顿第一定律又称为惯性定律。惯性是由物体的质量决定的，质量越大，惯性越大。

2. 定义了力的概念

物体的惯性企图保持物体运动状态不变，有外界其他物体的作用才能改变其运动状态。牛顿第一定律明确了力是物体间的相互作用，指出了是力改变了物体的运动状态。

3. 定义了惯性系

牛顿运动定律在其中能严格成立的参考系，简称惯性系；牛顿运动定律在其中不能成立的参考系，简称非惯性系。

如图 3-10 所示，地面上有一辆卡车，车内桌上放了一个小球。当卡车从静止状态开始相对地面水平向右做加速直线运动，小球在水平方向没有受到力的作用，站在地面上的人看到的小球状态是静止的，而车内人看到的小球是向左做加速直线运动的。

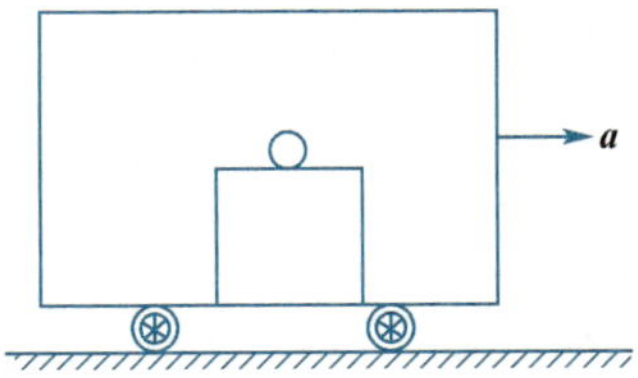

图 3-10　小车加速运动示意

地面上的人，以地面为参考系来研究小球运动，此时牛顿运动定律是成立的，则可以说地面是惯性系；而车内的人是以车为参考系，此时牛顿运动定律是不成立的，则可以说这个参考系是非惯性系。所以说，并不是所有参考系都是惯性系，相对于惯性系静止或做匀速直线运动的参考系都是惯性系，相对惯性系做加速运动的参考系是非惯性系。

3.2.2 牛顿第二定律

牛顿第二定律的内容是：在受到外力作用时，物体的加速度与物体受到的合外力成正比，与物体的质量成反比，加速度的方向与合外力的方向相同。其数学表达式为

$$\boldsymbol{F}=m\boldsymbol{a} \tag{3-9}$$

在国际单位制中，式中质量 m 的单位为千克(kg)，加速度 $\boldsymbol{a}$ 的单位为米·秒$^{-2}$($\mathrm{m/s^2}$)，合外力 $\boldsymbol{F}$ 的单位为牛顿(N)，即 $1\ \mathrm{N}=1\ \mathrm{kg\cdot m/s^2}$。

应用牛顿第二定律有如下注意点：

1. 瞬时性

合外力和加速度是瞬时对应的关系，两者同时发生变化。

2. 矢量性

合外力和加速度都是矢量，有大小有方向，满足矢量叠加原理。加速度的方向由合外力方向决定，两者的方向相同。若力 $\boldsymbol{F}_1$、$\boldsymbol{F}_2$、…、$\boldsymbol{F}_n$ 分别作用在同一个物体上，它们分别产生的加速度为 $\boldsymbol{a}_1$、$\boldsymbol{a}_2$、…、$\boldsymbol{a}_n$，则物体所受到的合力为 $\boldsymbol{F}$，合加速度为 $\boldsymbol{a}$。根据牛顿第二定律可知，式(3-9)可表示为

$$\boldsymbol{F}=\boldsymbol{F}_1+\boldsymbol{F}_2+\cdots+\boldsymbol{F}_n=\sum_{i=1}^{n}\boldsymbol{F}_i=m\boldsymbol{a} \tag{3-10}$$

或

$$\boldsymbol{F}=m\boldsymbol{a}_1+m\boldsymbol{a}_2+\cdots+m\boldsymbol{a}_n=\sum_{i=1}^{n}(m\boldsymbol{a}_i)=m\left(\sum_{i=1}^{n}\boldsymbol{a}_i\right)=m\boldsymbol{a} \tag{3-11}$$

即

$$\boldsymbol{a}=\boldsymbol{a}_1+\boldsymbol{a}_2+\cdots+\boldsymbol{a}_n=\sum_{i=1}^{n}\boldsymbol{a}_i \tag{3-12}$$

以上三式表明：当多个力作用在同一物体上时，物体的加速度等于这几个力的合力产生的合加速度，也等于每个力单独作用时产生的加速度的矢量和。

3. 适用范围

牛顿第二定律 $\boldsymbol{F}=m\boldsymbol{a}$ 适用于惯性系中宏观低速且质量不变的物体。

《自然哲学的数学原理》中牛顿第二定律的表述为：运动的变化与所加的动力成正比，并且发生在这力所沿的直线方向上。物体运动的变化不能简单地用速度的变化来表征，还有物体的质量也会发生变化。若运动过程中物体的质量发生变化，则(3-9)式不能描述此问题。

书中所提到的“运动”指的是动量(用符号 $\boldsymbol{p}$ 表示)，即质量和速度的乘积：

$$\boldsymbol{p}=m\boldsymbol{v} \tag{3-13}$$

在国际单位制中，动量 $\boldsymbol{p}$ 的单位为千克·米·秒$^{-1}$(kg·m/s)。

书中提及的“运动的变化”即为动量的变化率，则牛顿第二定律还可以表述为：物体所受的合外力即为该物体动量的瞬时变化率，得到牛顿第二定律的微分形式为

$$\boldsymbol{F}=\frac{\mathrm{d}\boldsymbol{p}}{\mathrm{d}t}=\frac{\mathrm{d}(m\boldsymbol{v})}{\mathrm{d}t} \tag{3-14}$$

在经典力学中，物体的速度小于光速，物体的质量可视为常量，将上式微分展开后可简化成

$$\boldsymbol{F}=\frac{\mathrm{d}\boldsymbol{p}}{\mathrm{d}t}=\frac{\mathrm{d}(m\boldsymbol{v})}{\mathrm{d}t}=m\frac{\mathrm{d}(\boldsymbol{v})}{\mathrm{d}t}+\boldsymbol{v}\frac{\mathrm{d}(m)}{\mathrm{d}t}=m\frac{\mathrm{d}(\boldsymbol{v})}{\mathrm{d}t}+0=m\boldsymbol{a} \tag{3-15}$$

上式表明：若物体的质量在运动过程中保持不变，则牛顿第二定律的两种表述形式是一致的。

3.2.3 牛顿第三定律

牛顿第三定律的内容是：两个物体间的作用力与反作用力大小相等，方向相反，且作用在同一条直线上。其数学表达式为

$$\boldsymbol{F}=-\boldsymbol{F}' \tag{3-16}$$

例如，木箱放在地面上，此时木箱给地面的压力和地面给木箱的支持力就是作用力和反作用力，即大小相等、方向相反，且作用在同一条直线上。

应用牛顿第三定律有如下注意点：

1. 同时性

作用力和反作用力同时产生，同时消失，同时变化。

2. 同性性

作用力和反作用力是同一性质的力。例如木箱给地面的压力和地面给木箱的支持力都是弹力。

3. 作用在不同物体上

作用力和反作用力分别作用在两个物体上，与平衡力不同，不能相互抵消。

3.2.4 牛顿运动定律的应用

在日常实践和工程中经常会运用到牛顿运动定律来解决以下两类基本问题。一类是已知物体所受外力求其运动的加速度，进而求其速度及运动学方程；一类是已知物体的运动规律反求物体受力情况。

应用牛顿运动定律解题时基本步骤如下：

(1)找出研究对象；

(2)对研究对象进行受力分析；

(3)分析物体的运动状态；

(4)建立坐标系；

(5)根据牛顿第二定律列方程；

(6)解方程。

例 3-2 如图 3-11 所示，有一质量 $M=10$ kg 的木箱静止于水平地面上，拉力 $\boldsymbol{F}$ 斜向上拉着木箱，拉力 $\boldsymbol{F}$ 与水平地面的夹角 $\theta=30°$。已知木箱与地面间的滑动摩擦系数 $\mu_k=0.25$，请问：若要使木箱以 0.5 m/s^2 的加速度沿水平地面做加速运动，则拉力 $\boldsymbol{F}$ 多大？

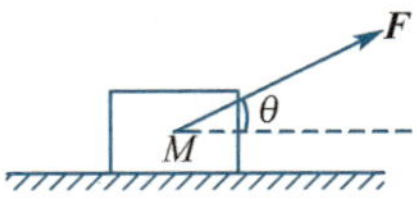

图 3-11 例 3-2 图

解 选木箱作为研究对象，对木箱进行受力分析。木箱共受到四个力，分别是：竖直向下的重力 $\boldsymbol{G}$、竖直向上的支持力 $\boldsymbol{F}_N$、斜向上与水平地面夹角为 30°的拉力 $\boldsymbol{F}$，以及地面对它水平向左的滑动摩擦力 $\boldsymbol{f}_k$。

以地面为参考系，将物体看成非常规则的几何体，其中心为坐标原点，建立如图 3-12 所示的平面直角坐标系。木块在竖直方向上没有运动，故竖直方向上合力为 0。对木箱

分别沿 x 轴和 y 轴方向应用牛顿第二定律，有

$$\text{水平方向：} F\cos\theta - f_k = Ma_x \qquad ①$$

$$\text{竖直方向：} F\sin\theta + F_N - Mg = Ma_y = 0 \qquad ②$$

$$\text{滑动摩擦力：} f_k = \mu_k F_N \qquad ③$$

将式①、式②、式③联立，

$$F = \frac{(\mu_k g + a_x)M}{\mu_k \sin\theta + \cos\theta}$$

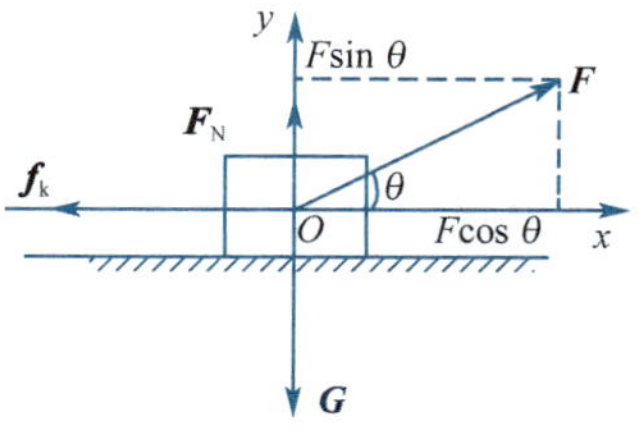

图 3-12　直角坐标系下受力分析

代入已知数据 $a_x = 0.5\ \text{m/s}^2$，$\mu_k = 0.25$，$M = 10\ \text{kg}$，$g = 9.8\ \text{m/s}^2$，$\theta = 30°$，得 $F = 29.77\ \text{N}$。

例 3-3　如图 3-13 所示，一根轻绳穿过一个定滑轮，轻绳两端各系一个质量为 m_1 和 m_2 的物体（$m_1 > m_2$），假设定滑轮和轻绳的质量不计，绳不能伸长，滑轮与绳及轴间摩擦不计。

(1) 若电梯相对地面静止，试求两物体的加速度大小及绳中张力大小。

(2) 若电梯相对地面以加速度 $\boldsymbol{a}_0$ 向下运动，试求两物体相对电梯的加速度大小及绳中张力大小。

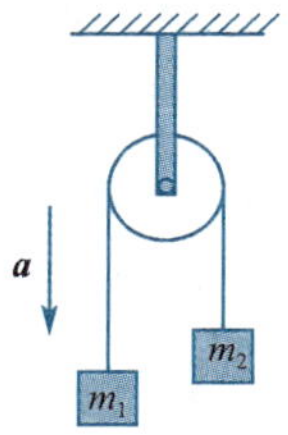

图 3-13　例 3-3 图

解　(1) 选物体 m_1 和 m_2 为研究对象，由于 $m_1 > m_2$，如图 3-14(a) 所示，m_1 以加速度 $\boldsymbol{a}_1$ 向下加速运动，m_2 以加速度 $\boldsymbol{a}_2$ 向上加速运动，且 $a_1 = a_2 = a$。

选地面为参考系，建立坐标系 Oy 轴，以向下为正方向。分别对 m_1 和 m_2 进行受力分析，如图 3-14(b)～(c) 所示，m_1 受到重力 $\boldsymbol{G}_1$ 及轻绳拉力 $\boldsymbol{T}_1$ 的作用，m_2 受到 $\boldsymbol{G}_2$ 及轻绳拉力 $\boldsymbol{T}_2$ 的作用。在忽略定滑轮和轻绳质量的情况下，$\boldsymbol{T}_1$、$\boldsymbol{T}_2$ 的大小相等，即 $T_1 = T_2$。

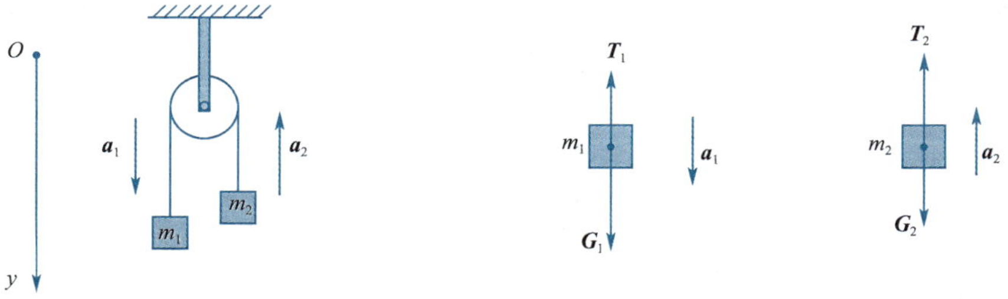

(a) 各物体的运动情况图　(b) 对 m_1 受力分析　(c) 对 m_2 受力分析

图 3-14　例 3-3 题解(1)图

对 m_1 和 m_2 分别运用牛顿第二定律，有

$$\text{对 } m_1：m_1\boldsymbol{g} + \boldsymbol{T}_1 = m_1\boldsymbol{a}_1 \qquad ①$$

$$\text{对 } m_2：m_2\boldsymbol{g} + \boldsymbol{T}_2 = m_2\boldsymbol{a}_2 \qquad ②$$

以向下为正方向，又因为 $a_1 = a_2 = a$，$T_1 = T_2 = T$，故式①、式②的标量式可写作

$$m_1 g - T = m_1 a \qquad ③$$

$$m_2g-T=-m_2a \qquad ④$$

联立式③和式④，解得物体相对地面的加速度大小及绳中张力大小分别为

$$a=\frac{m_1-m_2}{m_1+m_2}g$$

$$T=\frac{2m_1m_2}{m_1+m_2}g$$

(2)由于车厢属于非惯性系，牛顿定律不适用，则仍选地面（惯性系）为参考系，以向下为正方向。如图 3-15 所示，电梯相对地面的加速度为 $\boldsymbol{a}_0$，物体 m_1 相对电梯如以加速度 $\boldsymbol{a}_{1\tau}$ 向下加速运动，物体 m_2 相对电梯如以加速度 $\boldsymbol{a}_{2\tau}$ 向上加速运动。物体 m_1 相对地面的加速度 $\boldsymbol{a}_1=\boldsymbol{a}_0+\boldsymbol{a}_{1\tau}$；物体 m_2 相对地面的加速度 $\boldsymbol{a}_2=\boldsymbol{a}_0+\boldsymbol{a}_{2\tau}$。

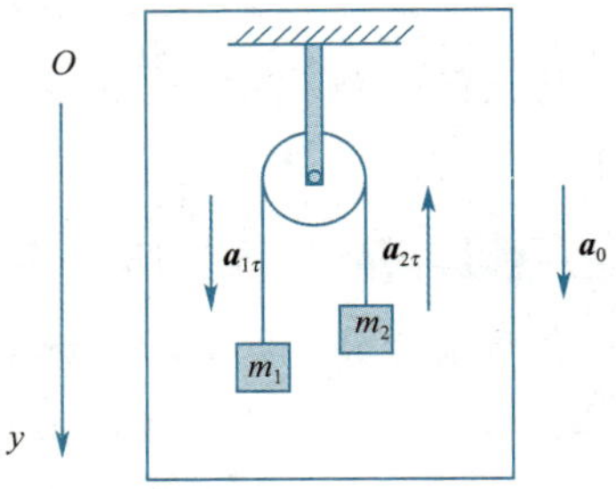

图 3-15　例 3-3 题解(2)图

对 m_1 和 m_2 分别运用牛顿第二定律，有

对 m_1：
$$m_1\boldsymbol{g}+\boldsymbol{T}_1=m_1\boldsymbol{a}_1=m_1(\boldsymbol{a}_0+\boldsymbol{a}_{1\tau}) \qquad ⑤$$

对 m_2：
$$m_2\boldsymbol{g}+\boldsymbol{T}_2=m_2\boldsymbol{a}_2=m_2(\boldsymbol{a}_0+\boldsymbol{a}_{2\tau}) \qquad ⑥$$

以向下为正方向，由于 $T_1=T_2=T$，$a_{1\tau}=a_{2\tau}=a_\tau$，所以物体 m_1 相对地面的加速度大小为 $a_1=a_0+a_\tau$，物体 m_2 相对地面的加速度大小为 $a_2=a_0-a_\tau$，则式⑤、式⑥可写作

$$m_1g-T=m_1(a_0+a_\tau) \qquad ⑦$$

$$m_2g-T=m_2(a_0-a_\tau) \qquad ⑧$$

联立式⑦和式⑧，解得 m_1 和 m_2 相对电梯的加速度大小和绳中张力大小分别为

$$a_\tau=\frac{m_1-m_2}{m_1+m_2}(g-a_0)$$

$$T=\frac{2m_1m_2}{m_1+m_2}(g-a_0)$$

讨论：(1)若电梯以加速度 a_0 上升，则：

$$a_\tau=\frac{m_1-m_2}{m_1+m_2}(g+a_0)$$

$$T=\frac{2m_1m_2}{m_1+m_2}(g+a_0)$$

(2)若电梯匀速上升，则：

$$a_\tau=\frac{m_1-m_2}{m_1+m_2}g$$

$$T=\frac{2m_1m_2}{m_1+m_2}g$$

3.3　动量、冲量、质点动量定理

牛顿第二定律给出了力和质点运动的瞬间关系，但在许多实际情况下，力的作用并非瞬时，而是持续一段时间。此种情况下，单纯依赖牛顿运动定律往往不足以全面描述物体运动的变化，为进一步探讨在力作用过程中物体运动的状态变化，引入了动量和冲量的概念。本节将基于牛顿运动定律，深入分析动量与冲量之间的关系，探讨动量守恒定律，并通过一系列实际问题的解析，展示这些概念在理解复杂物理现象中的重要性。通过本节的学习，我们也可以解释生活和工程中有关碰撞等问题。

3.3.1　动　量

推一辆空的购物车时，会发现它很容易加速并改变方向，然而当购物车装满物品时，施加同样的力，它的加速过程会变得缓慢，推起来也更费力。生活中还有很多例子都能体现物体运动状态与物体速度和质量两个因素相关，为此引入动量这个概念。动量是物理学中一个重要的矢量，用符号 $\boldsymbol{p}$ 表示，单位是 kg · m/s，动量是物体质量 m 和速度 $\boldsymbol{v}$ 的乘积，其数学表达式为

$$\boldsymbol{p}=m\boldsymbol{v} \tag{3-17}$$

动量的相对性：由于物体的速度具有相对性，则动量也具有相对性，与参考系的选取有关，动量的大小和方向都与参考系的选取有关。在不同的惯性系中，物体的速度和动量会有所不同。

动量的矢量性质：由于物体质量 m 是标量，物体的速度 $\boldsymbol{v}$ 是矢量，所以物体的动量 $\boldsymbol{p}$ 也是矢量，且物体的动量方向和速度方向相同。物体的动量是指某个瞬间的量，它是一个只与物体那个瞬间状态有关的物理量，即动量是一个状态量。

3.3.2　冲　量

物体所受到的力 $\boldsymbol{F}$ 对此物体的冲量可表示为该力对时间 Δt 的积累，用符号 $\boldsymbol{I}$ 表示，是一个矢量，单位为牛 · 秒（N · s）。作用在物体上的力所产生的冲量必须经过一个时间段，所以冲量并非一个瞬间量，而是一个与物体的运动过程有关的量，即冲量是一个过程量。

1. 恒力产生的冲量

当物体受到恒力 $\boldsymbol{F}$ 的作用，则在 $t_1 \sim t_2$ 时间间隔内该力产生的冲量可表示为

$$\boldsymbol{I}=\boldsymbol{F}\cdot\Delta t=\boldsymbol{F}\cdot(t_2-t_1) \tag{3-18}$$

恒力的冲量方向与恒力的方向一致。恒力 $\boldsymbol{F}$ 产生的冲量可以用 F-t 图像中阴影部分面积表示，如图 3-16 所示。在 $t_1 \sim t_2$ 时间间隔内，恒力 F_1 为正数，在 t 轴的上方，则该力产生的冲量 I_1 为正数。反之，在 $t_2 \sim t_3$ 时间间隔内，恒力 F_2 为负数，在 t 轴的下方，则

该力产生的冲量 I_2 为负数。

2. 变力产生的冲量

当物体受到变力 $\boldsymbol{F}$ 的作用，在 $t_1 \sim t_3$ 时间间隔内该力产生的冲量 $\boldsymbol{I}$ 与恒力产生的冲量一样，都可以用 F-t 图像中阴影部分面积来表示，如图 3-17 所示。

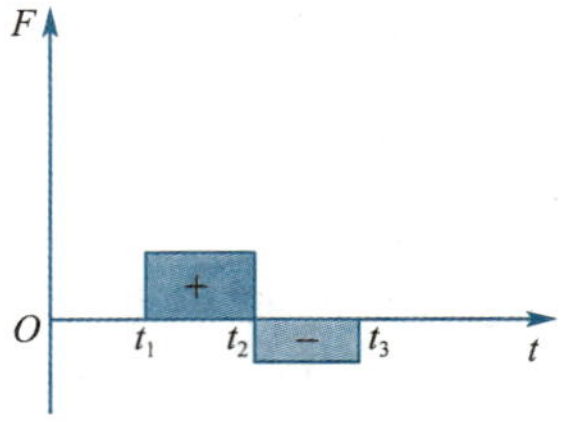

图 3-16　恒力产生的冲量

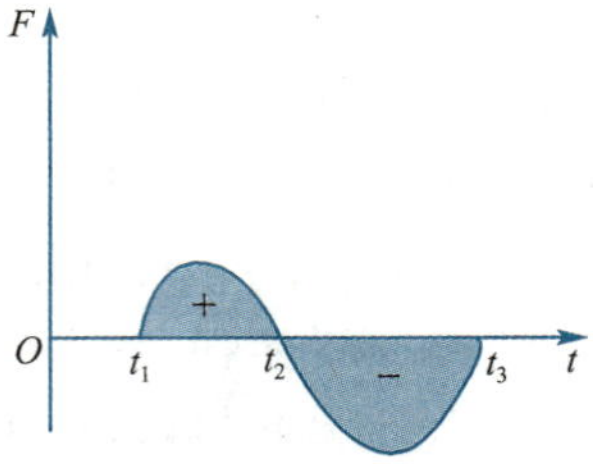

图 3-17　变力产生的冲量

与恒力产生的冲量不同，变力产生的冲量不能直接用力和时间的乘积来表示，而要采用微积分的方法来表示。在时间 t 轴上取一段微小时间 $\mathrm{d}t$，这段时间内物体受到的力近似为恒力 $\boldsymbol{F}$，则 $\mathrm{d}t$ 时间内该力产生的元冲量 $\mathrm{d}\boldsymbol{I}$ 可表示为

$$\mathrm{d}\boldsymbol{I}=\boldsymbol{F}\cdot\mathrm{d}t \tag{3-19}$$

将上式两边同时积分，则物体受到变力 $\boldsymbol{F}$ 在 $t_1 \sim t_2$ 时间间隔内该力产生的总冲量为

$$\boldsymbol{I}=\int_{t_1}^{t_2}\boldsymbol{F}\cdot\mathrm{d}t \tag{3-20}$$

可以看出，力在 $t_1 \sim t_2$ 时间间隔内对时间的积累，即为力的冲量。冲量是一个特殊的与物体运动过程有关的物理量。与恒力的冲量不同，变力的冲量方向与瞬时力的方向不同。

例 3-4　如图 3-18 所示，一固定在水平地面上的斜面，斜面总长为 l，倾角为 θ 且斜面光滑，将一个质量为 m 的物体自 P 点从静止滑下至 Q 点，求物体在运动过程中斜面对物体的支持力、物体的重力以及物体所受到的合力产生的冲量。

解　该题可应用冲量的定义来求解。

如图 3-19 所示，斜面上的物体受到了重力 $\boldsymbol{G}$、斜面对物体的支持力 $\boldsymbol{F}_\mathrm{N}$ 两个力共同的作用。以沿斜面向下为 x 轴正方向，以垂直于斜面向上为 y 轴正方向，根据物体的运动状态和牛顿第二定律可知：

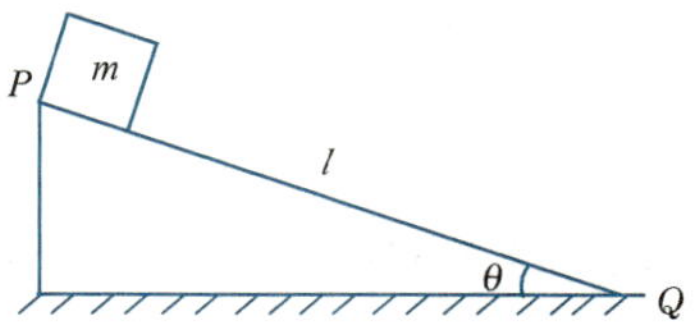

图 3-18　例 3-4 图

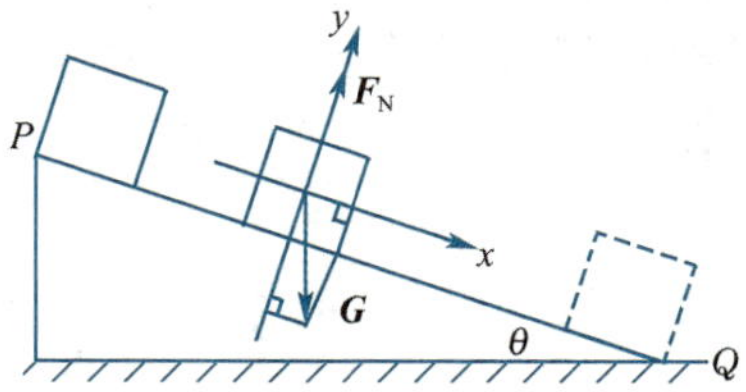

图 3-19　例 3-4 题解图

$$y\text{ 轴方向}：F_\mathrm{N}-mg\cos\theta=0 \tag{①}$$

$$x\text{ 轴方向}: mg\sin\theta = ma \qquad ②$$

由①、②式求得物体沿光滑斜面下滑的加速度

$$a = g\sin\theta \qquad ③$$

物体沿斜面滑到底端的过程为匀加速直线运动，设所用时间 t，由 $l=\frac{1}{2}at^2$，可知

$$t=\sqrt{\frac{2l}{a}}=\sqrt{\frac{2l}{g\sin\theta}} \qquad ④$$

由①、②、④式以及冲量的定义式可得

(1)物体的重力的冲量为：$I_G = G\cdot t = m\sqrt{\frac{2gl}{\sin\theta}}$（方向为竖直向下）。

(2)斜面对物体支持力的冲量为：$I_{F_N} = F_N\cdot t = m\cos\theta\sqrt{\frac{2gl}{\sin\theta}}$（方向为垂直于斜面向上）。

(3)物体所受合力的冲量为：$I = ma\cdot t = m\sqrt{2gl\sin\theta}$（方向为沿斜面向下）。

3.3.3　质点动量定理

牛顿在著作《自然哲学的数学原理》中首次建立的牛顿第二定律形式是

$$\boldsymbol{F}=\frac{\mathrm{d}\boldsymbol{p}}{\mathrm{d}t}=\frac{\mathrm{d}(m\boldsymbol{v})}{\mathrm{d}t} \tag{3-21}$$

在经典力学中，物体的运动速度远小于光速时，物体的质量可视为不变，此时可将式(3-21)写成

$$\boldsymbol{F}=\frac{\mathrm{d}\boldsymbol{p}}{\mathrm{d}t}=\frac{\mathrm{d}(m\boldsymbol{v})}{\mathrm{d}t}=m\frac{\mathrm{d}\boldsymbol{v}}{\mathrm{d}t} \tag{3-22}$$

再进行变量分离可得

$$\boldsymbol{F}\mathrm{d}t=\mathrm{d}\boldsymbol{p}=m\mathrm{d}\boldsymbol{v} \tag{3-23}$$

若外力对质点作用一段时间，时间间隔是 $t_1 \sim t_2$，质点在 t_1 时刻和 t_2 时刻的动量分别是 $\boldsymbol{p}_1$、$\boldsymbol{p}_2$，速度分别是 $\boldsymbol{v}_1$、$\boldsymbol{v}_2$。

对等式两边积分得

$$\int_{t_1}^{t_2}\boldsymbol{F}\cdot\mathrm{d}t=\int_{\boldsymbol{p}_1}^{\boldsymbol{p}_2}\mathrm{d}\boldsymbol{p}=\boldsymbol{p}_2-\boldsymbol{p}_1=m\boldsymbol{v}_2-m\boldsymbol{v}_1 \tag{3-24}$$

上式中 $\int_{t_1}^{t_2}\boldsymbol{F}\cdot\mathrm{d}t$ 即为质点所受合力 $\boldsymbol{F}$ 在 $t_1 \sim t_2$ 时间间隔内产生的总冲量 $\boldsymbol{I}$，因此上式可写为

$$\boldsymbol{I}=\int_{t_2}^{t_1}\boldsymbol{F}\mathrm{d}t=\boldsymbol{p}_2-\boldsymbol{p}_1 \tag{3-25}$$

式(3-25)为质点的动量定理，即在给定时间间隔内，质点所受合外力的冲量等于质点动量的增量。

可以把矢量式(3-25)在直角坐标系中展开为标量式

$$\begin{cases} I_x = \int_{t_1}^{t_2} F_x \cdot \mathrm{d}t = mv_{2x} - mv_{1x} \\ I_y = \int_{t_1}^{t_2} F_y \cdot \mathrm{d}t = mv_{2y} - mv_{1y} \\ I_z = \int_{t_1}^{t_2} F_z \cdot \mathrm{d}t = mv_{2z} - mv_{1z} \end{cases} \tag{3-26}$$

可看出，动量定理可以在某一方向上成立，即某一方向上质点动量的增量仅与质点在该方向上所受外力的冲量有关。

对于质点的动量定理，有如下几点理解：

1. 平均冲力

动量定理在冲击、碰撞等问题分析中起到了至关重要的作用。在生活和工程中的许多实际撞击问题中，物体之间的作用力往往在极短的时间内发生，但作用力的大小通常非常大，这种在物体碰撞的瞬时相互作用的力称为冲力。

冲力一般随时间的变化而变化，很难求解，则可用平均冲力做的功代替该过程中的变力做的功，平均冲力用 $\overline{\boldsymbol{F}}$ 表示，则有

$$\boldsymbol{I} = \int_{t_1}^{t_2} \boldsymbol{F} \cdot \mathrm{d}t = \overline{\boldsymbol{F}} \cdot \Delta t \tag{3-27}$$

则

$$\overline{\boldsymbol{F}} = \frac{\int_{t_1}^{t_2} \boldsymbol{F} \cdot \mathrm{d}t}{\Delta t} = \frac{\Delta \boldsymbol{p}}{\Delta t} \tag{3-28}$$

在碰撞过程中，沿某方向上的力 F 的大小随时间 t 的变化关系如图 3-20 所示，$F_{\max}$ 表示 $t_1 \sim t_2$ 时间内冲力的最大值，$\overline{F}$ 表示 $t_1 \sim t_2$ 时间内的平均冲力。变力 F 与 $t_1 \sim t_2$ 围成的面积与 $\overline{F}$ 与 $t_1 \sim t_2$ 围成的虚线面积相同，即可以等效为某常力在这段时间内的冲量，这个常力就为这个过程中的平均冲力 $\overline{F}$。

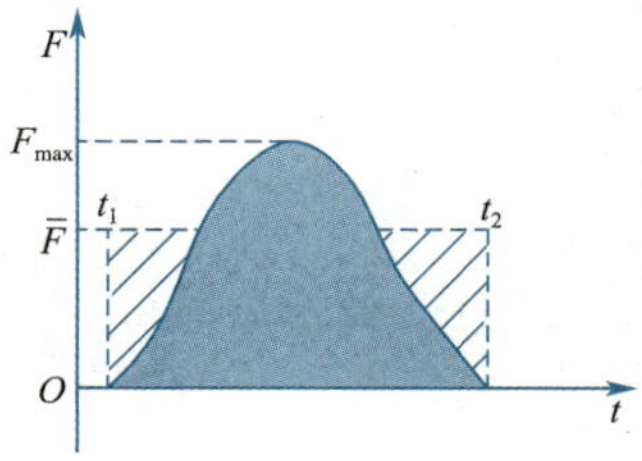

图 3-20　平均冲力与同段时间内变力等效

2. 解释生活和工程中的实际问题

动量定理不仅在物理学中具有重要意义，也在生活和工程实践中有广泛应用。

如碰撞与安全设计方面：撑竿跳运动员在落地的过程中，动量的变化一定，即冲量一定，运动员落到沙坑里或落在海绵垫子上可以延长着地过程的作用时间，从而减小运动员受到的平均冲力。轿车中的安全气囊、工地上工人的安全帽内部的海绵、运动员的拳击手套、码头和船之间的橡胶轮胎、快递中包裹易碎品的泡沫等都可用质点的动量定理来解释，在动量增量相同的前提下，这些物体能延长物体间碰撞的时间，减小冲力。

例 3-5　如图 3-21 所示，质量为 m 的铁锤竖直落下，打在木桩上并停下。设打击时间为 Δt，打击前铁锤速度为 $\boldsymbol{v}$，则在打击木桩的时间 Δt 内，求铁锤受到木桩的平均冲力。

解　由质点的动量定理可知，锤子合外力产生的冲量即为它动量的增量。即

$$(\overline{\boldsymbol{F}}+\boldsymbol{G})\Delta t=0-m\boldsymbol{v}$$

如图 3-21 所示，设竖直向上为 y 轴正方向，则上面的矢量式可简化为

$$(\overline{F}-G)\Delta t=0-(-mv)$$

解得

$$\overline{F}=mg+\frac{mv}{\Delta t}$$

因此，铁锤在打击过程中受到木桩的平均冲力 $\overline{F}=mg+\dfrac{mv}{\Delta t}$。

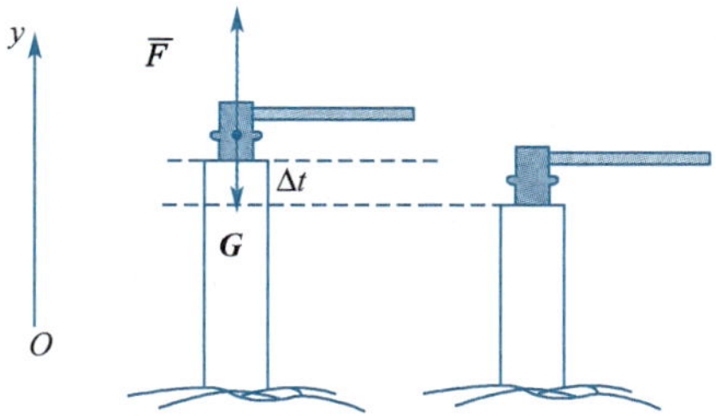

图 3-21　例 3-5 图

例 3-6　一质量为 $m=5$ kg 的质点在水平方向受到力 $F=20+30t$(SI)的作用，且力 F 方向不变，质点由初速度 $v_0=10$ m/s 开始沿水平方向上做直线运动(v_0 与 F 同向)。求：(1)0～2 s 内，该力 F 产生的冲量 I 与平均冲力 $\overline{F}$；(2)当 $t=2$ s 时质点的速率 v_2。

解法 1　根据冲量的定义来求解。

(1)0～2 s 内，该力 F 产生的冲量 I 为

$$I=\int_0^2 F\,\mathrm{d}t=\int_0^2(20+30t)\,\mathrm{d}t=(20t+15t^2)\Big|_0^2=100(\mathrm{N\cdot s})$$

0～2 s 内，平均冲力 $\overline{F}$ 为

$$\overline{F}=\frac{I}{\Delta t}=\frac{\int_0^2 F\,\mathrm{d}t}{2-0}=\frac{100}{2}=50(\mathrm{N})$$

根据质点的动量定理 $I=\Delta p=mv_2-mv_0$ 可得，当 $t=2$ s 时质点的速率 v_2 为

$$v_2=v_0+\frac{I}{m}=10+\frac{100}{5}=30(\mathrm{m/s})$$

解法 2　根据 F-t 图来求解该力 F 产生的冲量 I，如图 3-22 所示。

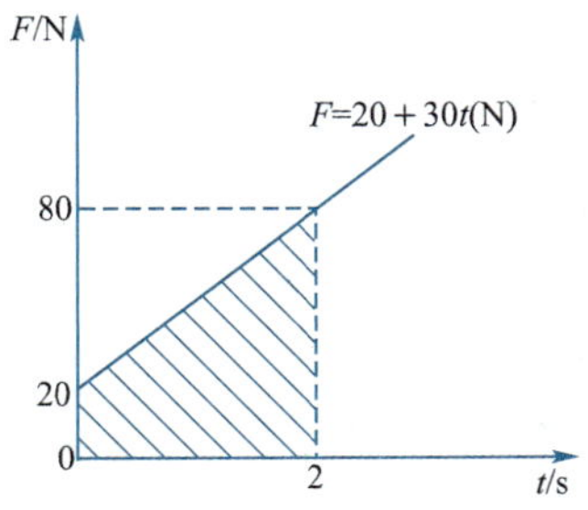

图 3-22　例 3-6 图

0～2 s 内，该力 F 产生的冲量 I 为图中阴影部分的面积，即

$$I=\frac{(80+20)\times 2}{2}=100(\mathrm{N\cdot s})$$

0～2 s内质点受到的平均冲力$\overline{F}$以及$t=2$ s时质点的速率v_2的求解过程同解法1。

3.3.4 质点系的动量定理

当研究对象不能视为质点时，可将此物体视为由多个（直至无穷多个）质点所组成的系统，即质点系。当研究的对象是多个物体时，若能将这些物体都视为质点，则这些物体所构成的系统也可称为质点系。

质点系中的任一质点的受力有“外力”和“内力”之分。“内力”是指质点系的其他质点对该质点的作用力，“外力”是指受到质点系外的物体对该质点的作用力。

1. 由两个质点组成的质点系

设两个质点m_1、m_2的初速度为$\boldsymbol{v}_{11}$、$\boldsymbol{v}_{21}$，分别受到系统外的作用力$\boldsymbol{F}_1$、$\boldsymbol{F}_2$，两质点间的内力$\boldsymbol{f}_{12}$、$\boldsymbol{f}_{21}$的作用，如图3-23所示。

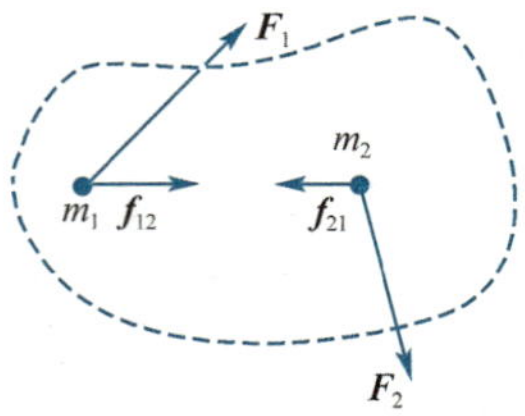

图3-23 两个质点的受力情况

若经历$t_1\sim t_2$时间，两个质点m_1、m_2的末速度为$\boldsymbol{v}_{12}$、$\boldsymbol{v}_{22}$，在$t_1\sim t_2$时间内，对于质点m_1、m_2分别应用质点的动量定理，即

$$\boldsymbol{I}_1=\int_{t_1}^{t_2}(\boldsymbol{F}_1+\boldsymbol{f}_{12})\mathrm{d}t=m_1\boldsymbol{v}_{12}-m_1\boldsymbol{v}_{11} \tag{3-29}$$

$$\boldsymbol{I}_2=\int_{t_1}^{t_2}(\boldsymbol{F}_2+\boldsymbol{f}_{21})\mathrm{d}t=m_2\boldsymbol{v}_{22}-m_2\boldsymbol{v}_{21} \tag{3-30}$$

根据牛顿第三定律可知两质点间的相互作用力总是大小相等，方向相反，并作用在同一直线上，即

$$\boldsymbol{f}_{12}=-\boldsymbol{f}_{21}\ 或\ \boldsymbol{f}_{12}+\boldsymbol{f}_{21}=0 \tag{3-31}$$

设系统的初末动量分别是$\boldsymbol{p}_1$和$\boldsymbol{p}_2$，将式(3-29)和式(3-30)相加，可得

$$\boldsymbol{I}_1+\boldsymbol{I}_2=\int_{t_1}^{t_2}(\boldsymbol{F}_1+\boldsymbol{F}_2)\mathrm{d}t=(m_1\boldsymbol{v}_{12}+m_2\boldsymbol{v}_{22})-(m_1\boldsymbol{v}_{11}+m_2\boldsymbol{v}_{21})=\boldsymbol{p}_2-\boldsymbol{p}_1 \tag{3-32}$$

一对内力产生的总冲量为零，因此两个质点组成的质点系动量的增量等于作用于质点系的外力的冲量。

2. 由 n 个质点组成的质点系

若质点系中有质点m_1、m_2、…、m_n，它们分别受到了内力$\boldsymbol{f}_1$、$\boldsymbol{f}_2$、…、$\boldsymbol{f}_n$和外力$\boldsymbol{F}_1$、$\boldsymbol{F}_2$、…、$\boldsymbol{F}_n$，在t_1时刻的初速度分别为$\boldsymbol{v}_{11}$、$\boldsymbol{v}_{21}$、…、$\boldsymbol{v}_{n1}$，在t_2时刻的末速度分别为$\boldsymbol{v}_{12}$、$\boldsymbol{v}_{22}$、…、$\boldsymbol{v}_{n2}$。

由于内力总是成对出现的，且互为作用力和反作用力，其矢量和必为0，故内力产生的冲量之和为零，即

$$\int_{t_1}^{t_2}(\boldsymbol{f}_1+\boldsymbol{f}_2+\cdots+\boldsymbol{f}_n)\mathrm{d}t=0 \tag{3-33}$$

则所有力产生的总冲量体现为所有合外力产生的冲量之和，即

$$\boldsymbol{I}_1+\boldsymbol{I}_2+\cdots+\boldsymbol{I}_n=\int_{t_1}^{t_2}(\boldsymbol{F}_1+\boldsymbol{F}_2+\cdots+\boldsymbol{F}_n)\mathrm{d}t=\sum_{i=1}^{n}m_i\boldsymbol{v}_{i2}-\sum_{i=1}^{n}m_i\boldsymbol{v}_{i1} \quad (3\text{-}34)$$

系统的合外力用 $\sum_{i=1}^{n}\boldsymbol{F}_i$ 表示，系统的初、末动量分别是 $\boldsymbol{p}_1$ 和 $\boldsymbol{p}_2$，则式(3-34)可简写为

$$\sum_{i=1}^{n}\boldsymbol{I}_i=\int_{t_1}^{t_2}\left(\sum_{i=1}^{n}\boldsymbol{F}_i\right)\mathrm{d}t=\boldsymbol{p}_2-\boldsymbol{p}_1 \quad (3\text{-}35)$$

式(3-35)即为质点系的动量定理，即作用于质点系上的合外力产生的冲量等于整个质点系总动量的增量。可以看出，只有外力才对质点系的动量有影响，质点系中质点之间的内力仅仅影响单个质点的动量，对整个质点系总动量无影响。

3. 质点系的动量定理的应用——解决变质量问题

质点系的动量定理不仅可以解决质点系总质量保持不变时系统动量的增量问题，而且还可以很好地解决由质点系总质量在运动过程中时刻发生变化时系统动量的增量问题。值得注意的是，由于动量定理是牛顿第二定律的积分形式，因此其适用范围也是惯性系。

假设由许多质点构成的物体总质量在 t 时刻是 m，相对于某一惯性系的速度为 $\boldsymbol{v}$，若令一质元 $\mathrm{d}m$，相对于同一惯性系的速度为 $\boldsymbol{v}'$，经历 $\mathrm{d}t$ 时间后，m 与 $\mathrm{d}m$ 合并后一起以相对于之前的惯性系速度 $\boldsymbol{v}+\mathrm{d}\boldsymbol{v}$ 运动。整个过程中 m 与 $\mathrm{d}m$ 所受到的外力之和为 $\boldsymbol{F}$，则根据质点系的动量定理可得

$$\boldsymbol{F}\mathrm{d}t=[(m+\mathrm{d}m)(\boldsymbol{v}+\mathrm{d}\boldsymbol{v})]-(m\cdot\boldsymbol{v}+\mathrm{d}m\cdot\boldsymbol{v}') \quad (3\text{-}36)$$

忽略二阶微元量 $\mathrm{d}m\cdot\mathrm{d}\boldsymbol{v}$，设 $\boldsymbol{u}$ 为 $\mathrm{d}m$ 相对于 m 的速度，即 $\boldsymbol{u}=\boldsymbol{v}'-\boldsymbol{v}$，等式两边同时除以 $\mathrm{d}t$ 可得

$$\boldsymbol{F}=m\cdot\frac{\mathrm{d}\boldsymbol{v}}{\mathrm{d}t}-\frac{\mathrm{d}m}{\mathrm{d}t}\cdot\boldsymbol{u} \quad (3\text{-}37)$$

式(3-37)即为变质量物体的动力学方程的微分形式。

例 3-7 如图 3-24 所示，一辆装矿砂车空载时从砂斗下面通过，速率 $v_0=3$ m/s，落入车厢的矿砂 $k=600$ kg/s。整个过程都忽略车厢与地面的摩擦，请问要使车厢的速率保持不变，应用多大的牵引力 F 拉车厢？

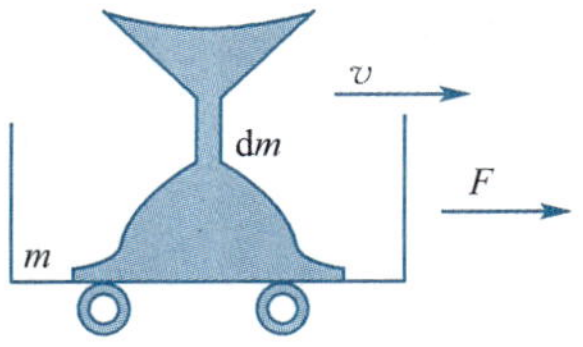

图 3-24 例 3-7 图

解 设 t 时刻装砂车和已落入的矿砂总质量为 m，速度大小为 v_0；$t+\mathrm{d}t$ 时刻下落了矿砂 $\mathrm{d}m$，速度大小为 v。取 m 和 $\mathrm{d}m$ 矿砂系统作为研究对象，由于整个过程都忽略车厢与地面的摩擦，系统沿水平方向采用动量定理：

$$F\mathrm{d}t=(m+\mathrm{d}m)v-(mv_0+\mathrm{d}m\cdot 0)$$

以水平向右为正方向，$t\sim t+\mathrm{d}t$ 时间内系统的速度相同，即 $v=v_0$，则上式可化简为

$$F\mathrm{d}t=(m+\mathrm{d}m)v_0-mv_0=v_0\mathrm{d}m$$

解得

$$F=\frac{\mathrm{d}m}{\mathrm{d}t}v_0=kv_0=3\times600=1\ 800(\mathrm{N})$$

所以，要使车厢的速率保持不变，应用 1 800 N 的牵引力拉车厢。

例 3-8 如图 3-25 所示，一根质量为 m_0、长度为 l 的匀质柔软绳盘在水平桌面上，将它以速度 $\boldsymbol{v}_0$ 竖直向上提起，求绳子被拉上绳长一半时，绳上端的拉力 $\boldsymbol{F}$ 的大小。

解 以地面为参考系，建立如图 3-26 所示 Oy 坐标系。

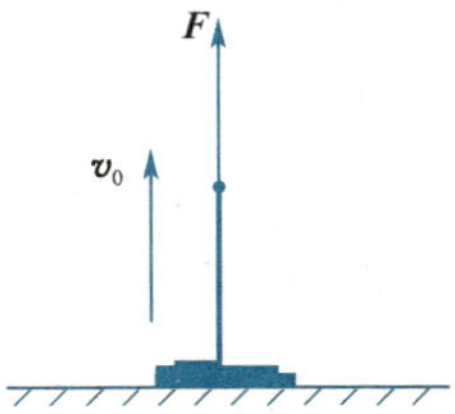

图 3-25 例 3-8 图

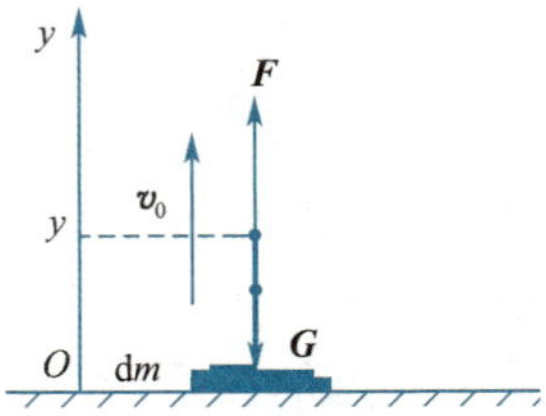

图 3-26 例 3-8 题解图

假设在 t 时刻，绳被拉至竖直高度 y，这部分绳质量为 m，受到的拉力为 $\boldsymbol{F}$，重力为 $\boldsymbol{G}$。

在 $t+\mathrm{d}t$ 时刻，绳子被拉至竖直高度为 $y+\mathrm{d}y$。由于经过的时间 $\mathrm{d}t$ 和被拉上来的绳长 $\mathrm{d}y$ 非常短，在这个过程中，被拉起来的绳受到的拉力 $\boldsymbol{F}$ 和重力 $\boldsymbol{G}$ 两个力近似为常矢量，则在 $\mathrm{d}t$ 时间内，对竖直方向采用动量定理：

$$(\boldsymbol{F}+\boldsymbol{G})\mathrm{d}t=(m+\mathrm{d}m)\boldsymbol{v}_0-m\boldsymbol{v}_0 \qquad ①$$

取向上为正方向，则矢量式①化成标量式为

$$\left(F-\frac{m_0 g}{l}y\right)\mathrm{d}t=\left(\frac{m_0}{l}y+\mathrm{d}m\right)v_0-\left(\frac{m_0}{l}y\right)v_0 \qquad ②$$

解得

$$F=\frac{m_0 g}{l}y+\left(\frac{\mathrm{d}m}{\mathrm{d}t}\right)v_0 \qquad ③$$

又由 $m=\frac{m_0}{l}y$ 可得

$$\frac{\mathrm{d}m}{\mathrm{d}t}=\frac{m_0}{l}\cdot\frac{\mathrm{d}y}{\mathrm{d}t}=\frac{m_0}{l}v_0 \qquad ④$$

将式④代入式③可得绳子被拉至 y 处时绳的拉力大小为

$$F=\frac{m_0 g}{l}y+\frac{m_0}{l}v_0^2 \qquad ⑤$$

所以，当绳子被拉上绳长一半$\left(y=\frac{l}{2}\right)$时，绳上端的拉力大小 $F=\frac{m_0 g}{2}+\frac{m_0}{l}v_0^2$。

3.3.5 动量守恒定律

由式 $\sum_{i=1}^{n}\boldsymbol{I}_i=\int_{t_1}^{t_2}\left(\sum_{i=1}^{n}\boldsymbol{F}_i\right)\mathrm{d}t=\boldsymbol{p}_2-\boldsymbol{p}_1$ 可知，若 $\sum_{i=1}^{n}\boldsymbol{F}_i=0$，则有 $\boldsymbol{p}_2=\boldsymbol{p}_1$，这就是动量守恒定律，即质点系不受外力作用或所受的合外力为零时，质点系总动量增量亦为零，质点系的总动量保持不变。动量守恒定律的矢量式为

$$\boldsymbol{p}_2=\boldsymbol{p}_1=\sum_{i=1}^{n} m_i \boldsymbol{v}_{i1}=\sum_{i=1}^{n} m_i \boldsymbol{v}_{i2}=\text{常矢量} \tag{3-38}$$

动量守恒定律在直角坐标系下的分量式为

$$\begin{cases} F_x=\sum_{i=1}^{n} F_{ix}=0,\text{则 } p_x=C_1 \\ F_y=\sum_{i=1}^{n} F_{iy}=0,\text{则 } p_y=C_2 \\ F_z=\sum_{i=1}^{n} F_{iz}=0,\text{则 } p_z=C_3 \end{cases} \tag{3-39}$$

式中 C_1、C_2、C_3 均为常量。

从式(3-39)可见,即使质点系所受的合外力不为零,但在某一方向上合外力的分力为零,则在这个方向上质点系的总动量守恒。

应用动量守恒定律时应注意如下几点:

1. 分清质点系的内力和外力

在研究具体问题时,由于质点系的内力和外力对质点系或其内部各质点的动量的影响不同,我们要分清质点系的内力和外力。质点系内各质点间的内力不改变质点系的总动量,但可以改变系统中每个质点的动量;质点系所受的外力不仅改变质点系的总动量,还改变系统内被该外力所作用的质点的动量。还要注意,动量守恒是系统的总动量不变,而系统内的某个质点的动量可以因为质点间的内力作用发生变化。

2. 某些情况下,合外力不为零,但可以视为质点系动量守恒

当质点系所受合外力远远小于各质点之间的内力时,可以忽略外力对质点系的作用,仍可视为质点系动量守恒。例如在冲击过程、碰撞过程、爆炸过程等相互作用时间极短的过程,可认为质点系的总动量近似守恒。

3. 动量守恒定律在惯性参考系中使用

在经典力学范畴,动量守恒定律是由牛顿运动定律推导出来的。牛顿运动定律只适用于惯性系,从这一层面上来讲,动量守恒定律也只适用于惯性系。在研究具体问题时,凡涉及相对运动等情况,可将质点的动量都统一到同一惯性系中。

4. 动量守恒定律的适用范围比牛顿运动定律要广

动量守恒定律是现代物理学中的三大基本守恒定律之一,是物理学最普遍、最基本的定律之一。虽然动量守恒定律由牛顿运动定律推导而来,但其适用范围却远远广于牛顿运动定律。近、现代科学和理论都表明,动量守恒定律适用范围大到天体间的相互作用,小到原子、质子、电子等微观粒子间的相互作用;而牛顿运动定律不适用于微观领域。

例 3-9　*由机械传送带将矿砂铅直地卸落在沿水平轨道行驶的列车中,每秒卸入矿砂质量为 m,列车空载时车身质量为 m_0,初速度为 $\boldsymbol{v}_0$,忽略轨道阻力,求列车在加载后某一时刻 t 的速度和加速度。*

解　忽略轨道阻力,因此在加载过程中列车与矿砂组成的系统在水平方向上动量守恒,即

$$m_0 \boldsymbol{v}_0 = (m_0 + mt)\boldsymbol{v}$$

可得 t 时刻的速度为

$$\boldsymbol{v} = \frac{m_0 \boldsymbol{v}_0}{(m_0 + mt)}$$

t 时刻的加速度为

$$\boldsymbol{a} = \frac{\mathrm{d}\boldsymbol{v}}{\mathrm{d}t} = -\frac{m_0 m \boldsymbol{v}_0}{(m_0 + mt)^2}$$

例 3-10 一艘质量为 $M=200$ kg 的小船静止在静水中。一个质量为 $m=50$ kg 的人站在船上，开始以 1.0 m/s 的速度$\boldsymbol{v}_r$相对于船向船尾方向行走。假设水的阻力忽略不计，求船相对于水面的速度大小是多少？

解 (1)以地面为参考系，假设船相对于水面的速度为$\boldsymbol{v}_s$，人的速度相对于水面的速度为$\boldsymbol{v}_p$。根据相对速度公式：

$$\boldsymbol{v}_p = \boldsymbol{v}_r + \boldsymbol{v}_s$$

选人和船作为一个系统，忽略水的阻力，在运动过程中所受合外力为零，即人和船组成的系统在水平方向上始终动量守恒，则

$$M\boldsymbol{v}_s + m(\boldsymbol{v}_r + \boldsymbol{v}_s) = 0$$

整理，得

$$\boldsymbol{v}_s = -\frac{m\boldsymbol{v}_r}{M+m}$$

以人相对船的走向即$\boldsymbol{v}_r$的方向为正方向，代入已知数据，得船相对于水面的速度$\boldsymbol{v}_s = -0.2\boldsymbol{v}_r$，船相对于水的速度大小是 0.2 m/s，方向与人在船上走的方向相反。

3.4 功与能

上一节的动量定理揭示了力对时间的积累效应，即可以产生冲量引起物体动量的改变；本节将着重讨论力对空间的积累效应，即可以对物体做功引起物体动能的改变，并讨论动能、势能以及它们间的相互转化和守恒等问题。

3.4.1 功、功率

中学阶段已经知道：物体由于受到力而运动了一定位移，我们就说这个力对物体做了功。物体所受到的力 $\boldsymbol{F}$ 对此物体做的功可理解为该力对空间 $\Delta\boldsymbol{r}$ 的积累，用符号 W 表示。力所做的功必须经历一个过程，所以功是一个过程量。

1. 恒力做功

如图 3-27 所示，当恒力 $\boldsymbol{F}$ 的方向与物体位移 $\Delta\boldsymbol{r}$ 方向相同时，则该力对物体做的功为

$$W = F|\Delta \boldsymbol{r}| \tag{3-40}$$

如图 3-28 所示，当恒力 $\boldsymbol{F}$ 的方向与物体位移 $\Delta \boldsymbol{r}$ 方向呈一定夹角 θ 时，则该力对物体做的功为

$$W = F\cos\theta|\Delta \boldsymbol{r}| \tag{3-41}$$

式中，$F\cos\theta$ 可理解为 $\boldsymbol{F}$ 在位移方向投影的分量。

综上所述，若作用在物体上的力为恒力，则该恒力所做的功等于这个力沿着物体位移方向的分量乘以物体的位移大小。可以把式(3-40)和式(3-41)这两个标量式综合写为矢量标积的形式，即

$$W = \boldsymbol{F} \cdot \Delta \boldsymbol{r} \tag{3-42}$$

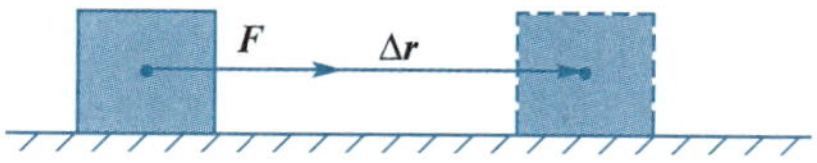

图 3-27　恒力方向与物体位移方向相同时做功

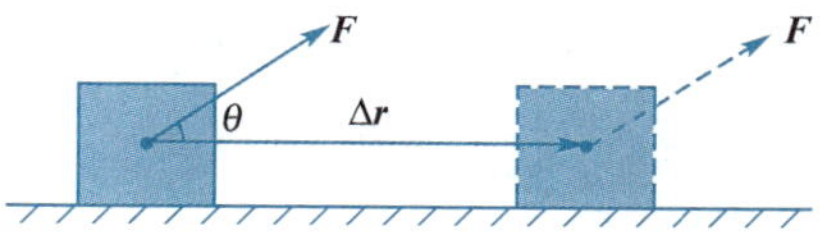

图 3-28　恒力方向与物体位移方向有夹角时做功

功是力矢量与位移矢量的标积，所以功是标量，只有大小，没有方向，但功有正负之分，功的正负由 θ 角决定。

当 $0<\theta<\dfrac{\pi}{2}$ 时，$W>0$，力对物体做正功。

当 $\theta=\dfrac{\pi}{2}$ 时，$\cos\theta=0$，$W=0$，力对物体不做功。

当 $\dfrac{\pi}{2}<\theta<\pi$ 时，$\cos\theta<0$，$W<0$，力对物体做负功。

在国际单位制中，功的单位是焦耳，用符号 J 表示，且 1 J=1 N·m。

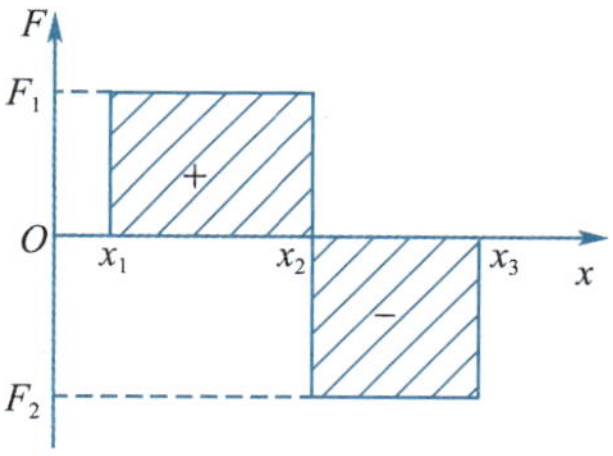

图 3-29　水平方向上合力 F-x 图

如果物体在水平方向上合力 $\boldsymbol{F}$ 的作用下运动，如图 3-29 所示 F-x 的关系图像。在该力的作用下，物体的位置由 x_1 运动到 x_3。虽然整个过程中物体的合力并非恒力，但物体在 x_1 运动到 x_2 过程中，受到 F 轴正方向上恒力 $\boldsymbol{F}_1$ 的作用；物体在 x_2 运动到 x_3 过程中，受到 F 轴负方向上恒力 $\boldsymbol{F}_2$ 的作用。$\boldsymbol{F}_1$、$\boldsymbol{F}_2$ 对物体所做的功可由 F-x 图像中阴影部分面积表示。

恒力 $\boldsymbol{F}_1$ 方向沿 F 轴正方向，即 $F_1>0$，由 x_1 运动到 x_2 过程中，物体位移方向沿 x 轴正方向，则恒力 $\boldsymbol{F}_1$ 做正功，功的大小 $W_1=F_1\cdot(x_2-x_1)=S_1$。可以理解为：$\boldsymbol{F}_1$ 做的功为 F_1 与 (x_2-x_1) 围成的阴影部分的面积 S_1，该面积在 x 轴上方，表示做功为正。

恒力 $\boldsymbol{F}_2$ 方向沿 F 轴负方向，即 $F_2<0$，由 x_2 运动到 x_3 的过程中，位移方向沿 x 轴正方向，则恒力 $\boldsymbol{F}_2$ 做负功，功的大小 $W_2=F_2\cdot(x_3-x_2)=S_2$。可以理解为：$\boldsymbol{F}_2$ 做的功为 F_2 与 (x_3-x_2) 围成的阴影部分的面积 S_2，该面积在 x 轴下方，表示做功为负。

由于功是标量，整个过程力做功的总和等于每个过程中力所做的功的代数和。所以，整个过程中力对物体所做的功等于 $\boldsymbol{F}_1$、$\boldsymbol{F}_2$ 分别对物体做功的代数和，其中 $F_1>0$，$F_2<$

0，则 $W=W_1+W_2=F_1\cdot(x_2-x_1)+F_2\cdot(x_3-x_2)$。也可理解为力 $\boldsymbol{F}$ 对物体做的功等于 S_1-S_2。

2. 变力的功

当可视为质点的物体受到变力 $\boldsymbol{F}$ 的作用时，质点可能做直线运动也可能做曲线运动，考虑到普适性，取质点做曲线运动为例。如图 3-30 所示，在三维直角坐标系中，质点在变力 $\boldsymbol{F}$ 的作用下由空间中的 A 点运动到 B 点，接下来讨论该变力 $\boldsymbol{F}$ 对质点做的功。

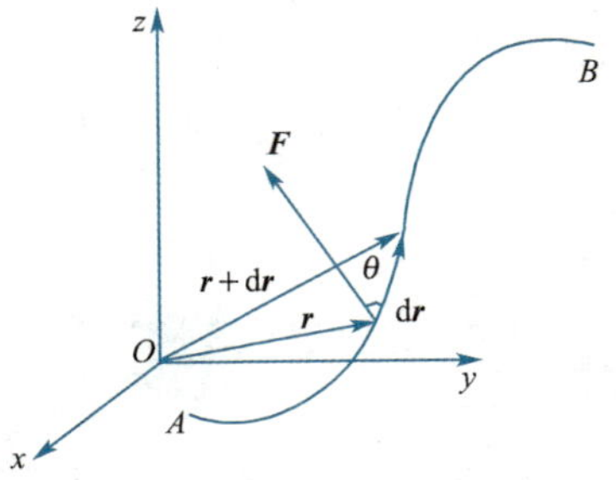

图 3-30　直角坐标系中变力的功

把运动轨迹曲线划分为许多个非常小的元位移矢量 $\mathrm{d}\boldsymbol{r}$，由于元位移的长度足够小，可认为在这么短的线段上，作用在质点上的力 $\boldsymbol{F}$ 为恒力。如图 3-30 所示，质点运动 $\mathrm{d}\boldsymbol{r}$ 时，力 $\boldsymbol{F}$ 对质点做的功即为元功 $\mathrm{d}W$，其数学表达式为

$$\mathrm{d}W=\boldsymbol{F}\cdot\mathrm{d}\boldsymbol{r} \tag{3-43}$$

因此，质点从 A 点运动到 B 点的整个过程中，变力 $\boldsymbol{F}$ 对质点所做的总功等于每个元位移上力所做的元功的代数和，用积分来表示，即

$$W=\int_A^B \boldsymbol{F}\cdot\mathrm{d}\boldsymbol{r}=\int_A^B F\cos\theta\,\mathrm{d}s \tag{3-44}$$

上式即为变力做功的表达式。

在直角坐标系中，可以把力 $\boldsymbol{F}$ 和 $\mathrm{d}\boldsymbol{r}$ 看作是其在各个坐标轴上的分量的矢量和，即

$$\boldsymbol{F}=F_x\boldsymbol{i}+F_y\boldsymbol{j}+F_z\boldsymbol{k}$$

$$\boldsymbol{r}=x\boldsymbol{i}+y\boldsymbol{j}+z\boldsymbol{k}$$

所以，质点从 A 点运动到 B 点，变力 $\boldsymbol{F}$ 做的总功为

$$\begin{aligned}W&=\int_A^B(F_x\boldsymbol{i}+F_y\boldsymbol{j}+F_z\boldsymbol{k})\cdot\mathrm{d}(x\boldsymbol{i}+y\boldsymbol{j}+z\boldsymbol{k})\\&=\int_{x_1}^{x_2}F_x\,\mathrm{d}x+\int_{y_1}^{y_2}F_y\,\mathrm{d}y+\int_{z_1}^{z_2}F_z\,\mathrm{d}z\end{aligned} \tag{3-45}$$

式(3-45)清楚地表明了作用在质点上的变力做的总功等于该力在各个方向做功的代数和。

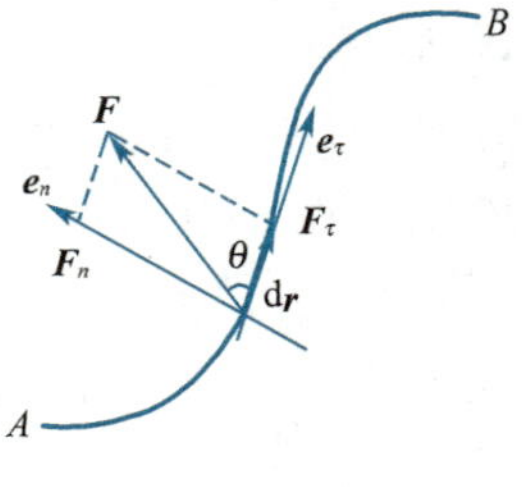

图 3-31　自然坐标系中变力的功

在自然坐标系中，如图 3-31 所示，当质点在位矢 $\boldsymbol{r}$ 处时，力 $\boldsymbol{F}$ 在自然坐标系中可分解为切线方向和法线方向的分量形式：

$$\boldsymbol{F}=\boldsymbol{F}_\tau+\boldsymbol{F}_n=F_\tau\boldsymbol{e}_\tau+F_n\boldsymbol{e}_n$$

由于元位移矢量 $\mathrm{d}\boldsymbol{r}$ 是个微小的量，则 $\mathrm{d}\boldsymbol{r}$ 方向可近似为质点在位矢 $\boldsymbol{r}$ 处的切线方向。因此，力 $\boldsymbol{F}$ 可分解为切线方向的分力 $\boldsymbol{F}_\tau$ 和法线方向的分力 $\boldsymbol{F}_n$，其大小可表示为

$$F_\tau=F\cos\theta \tag{3-46}$$

$$F_n=F\sin\theta \tag{3-47}$$

由于质点运动过程中，力 $\boldsymbol{F}$ 在法线方向的分力 $\boldsymbol{F}_n$ 时刻与 $\mathrm{d}\boldsymbol{r}$ 方向垂直，所以不做功，

也就是在元位移矢量 $\mathrm{d}\boldsymbol{r}$ 内，力 $\boldsymbol{F}$ 对质点所做的总功体现为力 $\boldsymbol{F}$ 在切线方向的分力 $\boldsymbol{F}_\tau$ 所做的功，即

$$\mathrm{d}W=\boldsymbol{F}\cdot\mathrm{d}\boldsymbol{r}=F_\tau|\mathrm{d}\boldsymbol{r}|+F_n|\mathrm{d}\boldsymbol{r}|=F_\tau|\mathrm{d}\boldsymbol{r}|=F\mathrm{d}s \tag{3-48}$$

上式两边积分即可得质点从 A 点运动到 B 点，力 $\boldsymbol{F}$ 对质点所做的总功为

$$W=\int_A^B\boldsymbol{F}\cdot\mathrm{d}\boldsymbol{r}=\int_A^B F\cos\theta|\mathrm{d}\boldsymbol{r}|=\int_A^B F_\tau\mathrm{d}s \tag{3-49}$$

式(3-49)中 $F_\tau=F\cos\theta$ 为力 $\boldsymbol{F}$ 在元位移矢量上的投影分量，$\mathrm{d}s=|\mathrm{d}\boldsymbol{r}|$ 表示元位移矢量的大小可以用这段微小路程 $\mathrm{d}s$ 近似。该式也为计算变力做功的一般方法，在工程上也常用此方法。

3. 功率

功率是描述物体做功快慢的物理量，指物体单位时间内所做的功，用符号 P 表示。功率越大，说明该力做功越快，与其他力做功相比，同一时间内做功越多。

①平均功率 $\overline{P}$

若质点在某个力 $\boldsymbol{F}$ 的作用下，从 A 位置运动到 B 位置所做的功为 ΔW，作用时间为 Δt，则该力做功的平均功率为

$$\overline{P}=\frac{\Delta W}{\Delta t}=\frac{\int_A^B\boldsymbol{F}\cdot\mathrm{d}\boldsymbol{r}}{\Delta t} \tag{3-50}$$

②瞬时功率 P

若质点在某个力 $\boldsymbol{F}$ 的作用下发生了位移 $\Delta\boldsymbol{r}$，其做功的时间间隔 $\Delta t\to0$，位移 $\Delta\boldsymbol{r}\to0$，则该时间段近似为一个瞬间，力 $\boldsymbol{F}$ 做功的瞬时功率为

$$P=\lim_{\Delta t\to0}\frac{\Delta W}{\Delta t}=\frac{\mathrm{d}W}{\mathrm{d}t}=\frac{\boldsymbol{F}\cdot\mathrm{d}\boldsymbol{r}}{\mathrm{d}t}=\boldsymbol{F}\cdot\boldsymbol{v}=Fv\cos\theta \tag{3-51}$$

功率的单位为瓦特，用符号 W 表示。它与功、时间单位的关系可理解为：若在一秒内某个力做的功为 1 J(或 1 N·m)，则该力做功的效率为 1 W，即 1 W=1 J/s=1 N·m·s^{-1}。

例 3-11　一质点在力 $\boldsymbol{F}=2x\boldsymbol{i}+6y\boldsymbol{j}$(SI)的作用下，从原点开始运动至 $x=2$ m，$y=4$ m，求该力 $\boldsymbol{F}$ 做的功。

解　由题意可知

$$\begin{aligned}W&=W_x+W_y\\&=\int_0^2 2x\,\mathrm{d}x+\int_0^4 6y\,\mathrm{d}y\\&=x^2\Big|_0^2+3y^2\Big|_0^4\\&=52\ \mathrm{J}\end{aligned}$$

例 3-12　一质量为 $m=3$ kg 的质点在力 $\boldsymbol{F}=6t\boldsymbol{i}$(SI)的作用下，由静止开始沿 x 轴做直线运动。求：

(1)0～2 s 内该力做的功；

(2)第 2 秒末的瞬时功率。

解 (1)**方法 1** 采用变力做功的定义 $W=\int_A^B \boldsymbol{F}\cdot \mathrm{d}\boldsymbol{r}$ 来求解功。

由牛顿第二定律 $F=m\dfrac{\mathrm{d}v}{\mathrm{d}t}$ 可得

$$\mathrm{d}v=2t\,\mathrm{d}t$$

积分可得

$$\int_0^v \mathrm{d}v=\int_0^t 2t\,\mathrm{d}t$$

解得质点在任意时刻的速度为

$$v=t^2$$

由速度的定义 $v=\dfrac{\mathrm{d}x}{\mathrm{d}t}$ 可得

$$\mathrm{d}x=v\,\mathrm{d}t$$

在 $0\sim t$ 时间内力 $\boldsymbol{F}$ 做的功可表示为

$$W=W_x=\int_0^x F\cdot \mathrm{d}x=\int_0^t F\cdot v\,\mathrm{d}t=\int_0^t 6t\cdot t^2\,\mathrm{d}t=\frac{3}{2}t^4$$

所以,$0\sim 2$ s 内该力做的功 $W=\dfrac{3}{2}t^4=24$ J。

方法 2 采用质点的动能定理来求解。

由$v=t^2$ 可知

$$v_{t=2}=4\ \mathrm{m/s}$$
$$v_{t=0}=0\ \mathrm{m/s}$$

即 $W=\dfrac{1}{2}mv_{t=2}^2-\dfrac{1}{2}v_{t=0}^2=24$ J

(2) 第 2 秒末的瞬时功率:

$$P=\boldsymbol{F}\cdot\boldsymbol{v}=6t\boldsymbol{i}\cdot t^2\boldsymbol{i}=6t^3=48\ \mathrm{W}$$

3.4.2 保守力的功、势能

1.保守力的功

下面将从重力、万有引力、弹簧弹性力等力做功的特点,引入保守力的概念。

(1) 重力的功

如图 3-32 所示,在二维直角坐标系中,一质量为 m 的质点由位置 $A(x_A,y_A)$ 沿曲线 L_1 运动到位置 $B(x_B,y_B)$。在曲线 L_1 上任意一点,质点的重力和位置矢量分别表示为

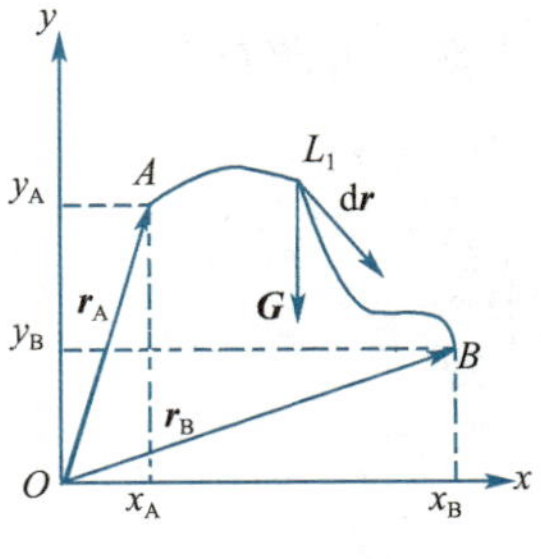

图 3-32 重力的功

$$\boldsymbol{G}=-mg\boldsymbol{j}$$
$$\boldsymbol{r}=x\boldsymbol{i}+y\boldsymbol{j}$$

在曲线 L_1 上任意选取一段元位移 $\mathrm{d}\boldsymbol{r}$,重力对物体做的元功为

$$\mathrm{d}W=\boldsymbol{G}\cdot\mathrm{d}\boldsymbol{r}=(-mg\boldsymbol{j})\cdot\mathrm{d}(x\boldsymbol{i}+y\boldsymbol{j})=-mg\,\mathrm{d}y \tag{3-52}$$

式(3-52)两边积分后可得质点由位置 A 经过曲线 L_1 到达位置 B 过程中重力所做的功，即

$$W=\int_A^B \boldsymbol{G}\cdot \mathrm{d}\boldsymbol{r}=-\int_{y_A}^{y_B} mg\mathrm{d}y=-(mgy_B-mgy_A) \tag{3-53}$$

由此可见，重力做功与质点运动的始末位置的竖直高度有关，与质点的运动路径无关。只要质点的始末位置不改变，该质点沿着任一路径运动时，重力做的功始终相等。若 $y_A>y_B$，则重力做正功；若 $y_A=y_B$，则重力不做功；若 $y_A<y_B$，重力做负功。

(2)万有引力的功

如图 3-33 所示，物体 m 在物体 M 对它的万有引力 $\boldsymbol{F}$ 作用下，由位置 A 经过曲线 L_2 到达位置 B。取 M 的位置为坐标原点 O，物体 m 在曲线上的初末位置分别是 $\boldsymbol{r}_A$、$\boldsymbol{r}_B$。在某一时刻物体 m 在曲线 L_2 上位矢为 $\boldsymbol{r}$，此时物体 m 受到物体 M 对它的万有引力 $\boldsymbol{F}$，则 $\boldsymbol{F}=-\dfrac{GMm}{r^2}\boldsymbol{e}_r$。

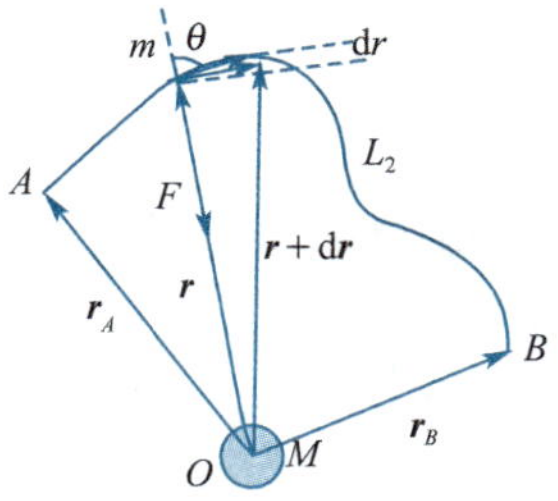

图 3-33　万有引力的功

其中 $\boldsymbol{e}_r$ 为沿 $\boldsymbol{r}$ 方向的单位矢量。

物体 m 在曲线 L_2 上移动元位移 $\mathrm{d}\boldsymbol{r}$ 时，万有引力对物体 m 做的元功为

$$\mathrm{d}W=\boldsymbol{F}\cdot \mathrm{d}\boldsymbol{r}=\left(-\frac{GMm}{r^2}\boldsymbol{e}_r\right)\cdot \mathrm{d}\boldsymbol{r} \tag{3-54}$$

设 $\boldsymbol{e}_r$ 方向与 $\mathrm{d}\boldsymbol{r}$ 方向呈夹角 θ，则

$$\boldsymbol{e}_r\cdot \mathrm{d}\boldsymbol{r}=|\boldsymbol{e}_r|\cdot|\mathrm{d}\boldsymbol{r}|\cdot\cos\theta=1\cdot|\mathrm{d}\boldsymbol{r}|\cdot\cos\theta=\mathrm{d}r \tag{3-55}$$

其中 $\mathrm{d}r$ 并不是元位移 $\mathrm{d}\boldsymbol{r}$ 的大小，而是质点运动元位移 $\mathrm{d}\boldsymbol{r}$ 前后 M 和 m 间距离的变化量，即 $\mathrm{d}r\neq|\mathrm{d}\boldsymbol{r}|$。利用式(3-55)可将式(3-54)化简为

$$\mathrm{d}W=-\frac{GMm}{r^2}\mathrm{d}r \tag{3-56}$$

式(3-56)两边积分后可得：质点由位置 A 经过曲线 L_1 到达位置 B 过程中，万有引力所做的功，即

$$W=\int_A^B \boldsymbol{F}\cdot \mathrm{d}\boldsymbol{r}=\int_{r_A}^{r_B}-\frac{GMm}{r^2}\mathrm{d}r=\frac{GMm}{r}\bigg|_{r_A}^{r_B}=GMm\left(\frac{1}{r_B}-\frac{1}{r_A}\right) \tag{3-57}$$

由此可见，万有引力做功与两物体间中心间距 r_A、r_B 有关，即万有引力做功只与质点运动过程中所处的始末位置有关，与质点的运动路径无关。只要质点的始末位置不改变，万有引力对它做功始终相等。若 $r_A>r_B$，则万有引力做正功；若 $r_A=r_B$，则万有引力不做功；若 $r_A<r_B$，万有引力做负功。

(3)弹簧弹力的功

如图 3-34 所示，光滑水平面上放置一根劲度系数为 k 的轻质弹簧，一端固定，另一端拴着一质量为 m 的小球。当弹簧不发生形变时，小球位于 O 点处，弹簧的伸缩量为零，以 O 点为坐标原点，向右为正方向。若将小球沿着 x 轴正方向拉至 A 点后释放，小球在弹簧弹力作用下沿直线 L_3 运动至 B 点。下面讨论一下在这个过程中弹簧弹力所做的功。

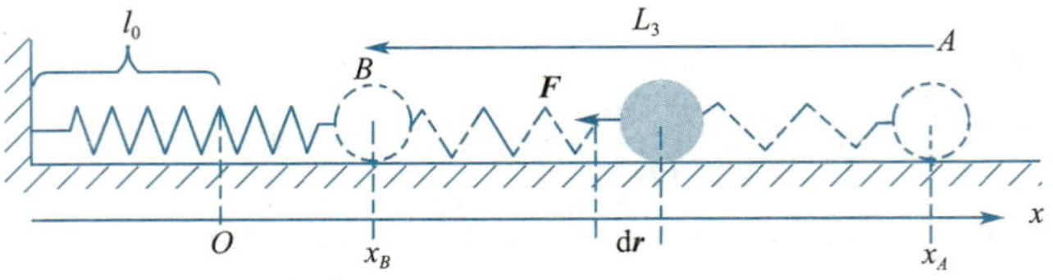

图 3-34 弹簧弹力的功

小球在 A、B 点的位置分别是 x_A、x_B，小球受到弹簧的弹力和位置矢量分别表示为

$$\boldsymbol{F}=-kx\boldsymbol{i}$$

$$\boldsymbol{r}=x\boldsymbol{i}$$

在弹簧被拉伸的过程中，弹簧弹力是变力，但是弹簧拉伸很小一段元位移 $\mathrm{d}\boldsymbol{r}$，弹力可近似视为不变的，此时弹簧弹力对小球做的元功为

$$\mathrm{d}W=\boldsymbol{F}\cdot\mathrm{d}\boldsymbol{r}=(-kx\boldsymbol{i})\cdot\mathrm{d}(x\boldsymbol{i})=-kx\,\mathrm{d}x \tag{3-58}$$

当小球由 A 点经过直线 L_3 到达 B 点过程中，弹簧弹力所做的功为

$$W=\int_A^B\boldsymbol{F}\cdot\mathrm{d}\boldsymbol{r}=\int_{x_A}^{x_B}-kx\,\mathrm{d}x=-\left(\frac{1}{2}kx_B^2-\frac{1}{2}kx_A^2\right) \tag{3-59}$$

由此可见，弹簧弹力做功只与质点运动过程中所处的始末位置有关，与质点的运动路径无关。只要物体的始末位置不改变，弹簧弹力对该物体做的功始终相等。若 $x_A>x_B$，则弹簧弹力做正功；若 $x_A=x_B$，则弹簧弹力不做功；若 $x_A<x_B$，则弹簧弹力做负功。

从上述对重力、万有引力和弹簧弹力做功的讨论可以看出，这三种力做功的共同特点是：做功只与质点运动的始末位置有关，与质点运动的路径无关。在物理学中，还有电荷间的静电力以及原子间相互作用的分子力也具有这种特性，具有这种特性的力叫作保守力。可通过进一步的分析看出，保守力满足条件 $W=\oint_L\boldsymbol{F}\cdot\mathrm{d}\boldsymbol{r}=0$，即质点沿着任意闭合路径运动一周时，保守力对它做的功为零。另外，与保守力相对应的，有一种力叫作非保守力，即做功与路径有关，如摩擦力、爆炸力、汽车的牵引力、物体间相互做非弹性碰撞时的冲击力等。

2. 势能

从上面的讨论可以看出，保守力做功只与质点的始末位置有关，由此，我们引入势能的概念。我们把由质点间的相对位置决定的能量叫作势能，用符号 E_p 表示。

下面结合重力、万有引力以及弹簧弹力做功来讨论重力、万有引力以及弹簧弹力的势能问题。

设物体 A 位置的势能为 $E_{\mathrm{p}A}$，B 位置的势能为 $E_{\mathrm{p}B}$，由 A 位置运动到 B 位置势能增量为

$$\Delta E_\mathrm{p}=E_{\mathrm{p}B}-E_{\mathrm{p}A} \tag{3-60}$$

根据保守力做功公式可知

$$W=\int_A^B\boldsymbol{F}\cdot\mathrm{d}\boldsymbol{r}=-(E_{\mathrm{p}B}-E_{\mathrm{p}A})=-\Delta E_\mathrm{p} \tag{3-61}$$

式(3-61)表明,保守力做的功等于物体势能增量的负数。若我们取 B 位置的势能为零,即 $E_{pB}=0$,则 A 位置的势能可通过上式得出

$$E_{pA}=\int_A^B \boldsymbol{F}\cdot \mathrm{d}\boldsymbol{r} \tag{3-62}$$

由此可见,物体在某个位置上所具有的势能应等于该保守力从这个位置运动到势能零点处做的功。

(1)重力势能

在二维直角坐标系中,取 B 点所在高度 $y=0$ 为势能零点(一般取地面为重力势能零点),则 B 点的重力势能 $E_{pB}=0$,物体在坐标系中任一点的重力势能可表示为

$$E_p=mgy \tag{3-63}$$

式(3-63)反映了物体的重力势能与物体的重力、物体与势能零点的竖直高度有关,相关的重力势能曲线如图 3-35 所示。

(2)万有引力势能

取两物体间距离 $r\to\infty$ 为势能零点(一般取无穷远为万有引力势能零点),则 B 点的万有引力势能 $E_{pB}=0$,物体在任一位置的万有引力势能可表示为

$$E_p=-\frac{GMm}{r} \tag{3-64}$$

式 (3-64)反映了物体的万有引力势能不仅与发生万有引力的两物体的质量有关,还与两物体间的间距有关,相关的万有引力势能曲线如图 3-36 所示。

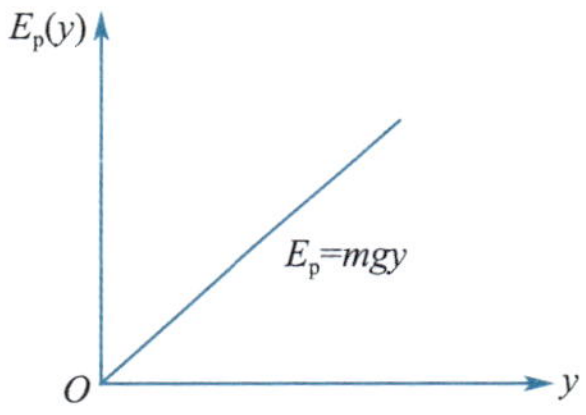

图 3-35　重力势能曲线

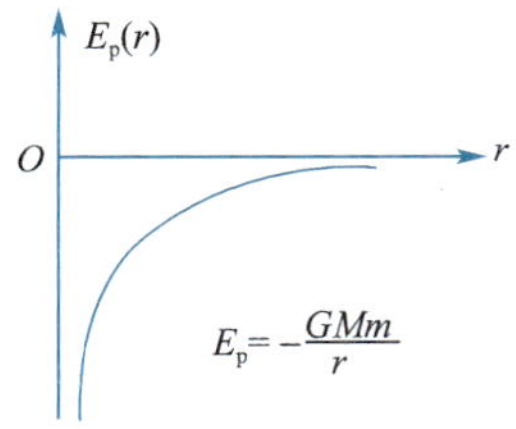

图 3-36　万有引力势能曲线

(3)弹性势能

一般取弹簧形变量 $\Delta x=0$ 时,弹簧的弹性势能为零,则当物体处于 B 点($x_B=0$)时弹性势能 $E_{pB}=0$,物体处于坐标系中任一点时,弹簧的弹性势能可表示为

$$E_p=\frac{1}{2}kx^2 \tag{3-65}$$

式(3-65)反映了弹簧的弹性势能与弹簧的劲度系数、弹簧的形变量 x 有关,相关的弹性势能曲线如图 3-37 所示。

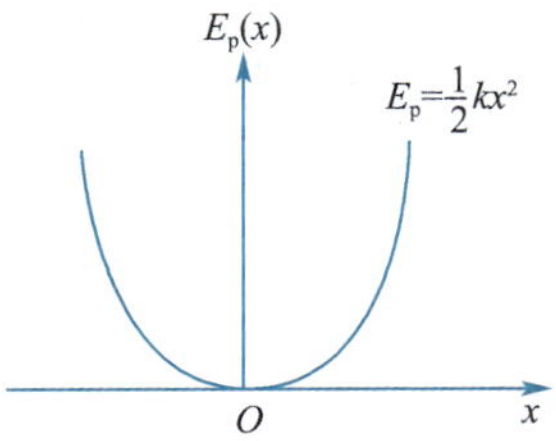

图 3-37　弹性势能曲线

对势能的理解要注意以下几点:

(1)只有保守力才能引入势能的概念,非保守力没有势能的概念。保守力做了多少功,其相应的势能会减少多少,即保守力做功等于系统势能增量的负值。

(2)势能不是单个物体所具有的,而是由于系统内各物体之间具有保守力作用而产生

的，因此不能离开系统去谈单个物体的势能。

(3)势能是相对的，必须取一个势能零点作为参考；而势能差是绝对的，与势能零点的选取无关。

(4)势能是一个标量，只有大小，没有方向。根据所选的势能零点不同，势能有可能为正数，也有可能为负数。

(5)势能的单位与功的单位一致，都可用焦耳(J)表示。

3.4.3 质点的动能定理

力在空间上的积累，即力对该物体做功。在中学阶段已了解质点的合外力为恒力时，恒力做的功等于物体动能增量，接下来，对变力做的功是否也满足这个结论进行探讨。

质点的动能是一个表示瞬时运动的量，是物体由于运动而具有的能量，用符号 E_k 表示。动能 E_k 等于质点的质量 m 与速率 v 的平方的乘积的一半，其数学表达式为

$$E_k=\frac{1}{2}mv^2 \tag{3-66}$$

与动量一样，动能是一个状态量。由于物体的速度具有相对性，则式(3-66)中的速率 v 也具有相对性，其大小与参考系的选取有关。质点的动能为一个标量，只有大小，没有方向，且一定为正数。动能的单位为焦耳(J)或千克·米^2·秒^2($\mathrm{kg\cdot m^2\cdot s^2}$)。

1. 质点的动能定理

在 3.2 节提到，当质点在运动过程中质量为恒量时，牛顿第二定律的微分形式可表示为

$$\boldsymbol{F}=m\frac{\mathrm{d}\boldsymbol{v}}{\mathrm{d}t}$$

将上面等式的右边变形为

$$\boldsymbol{F}=m\frac{\mathrm{d}\boldsymbol{v}}{\mathrm{d}t}\cdot\frac{\mathrm{d}\boldsymbol{r}}{\mathrm{d}\boldsymbol{r}} \tag{3-67}$$

由于速度的定义式 $\boldsymbol{v}=\frac{\mathrm{d}\boldsymbol{r}}{\mathrm{d}t}$，则上式可化简为

$$\boldsymbol{F}\cdot\mathrm{d}\boldsymbol{r}=m\boldsymbol{v}\cdot\mathrm{d}\boldsymbol{v} \tag{3-68}$$

又根据 $\mathrm{d}W=\boldsymbol{F}\cdot\mathrm{d}\boldsymbol{r}$，上式可改写为

$$\mathrm{d}W=\boldsymbol{F}\cdot\mathrm{d}\boldsymbol{r}=m\boldsymbol{v}\cdot\mathrm{d}\boldsymbol{v} \tag{3-69}$$

式(3-69)左边表示：质点所受的合力 $\boldsymbol{F}$ 在元位移 $\mathrm{d}\boldsymbol{r}$ 过程中做的元功；式(3-69)右边的结果需要再做讨论。

因为 $\mathrm{d}(\boldsymbol{v}\cdot\boldsymbol{v})=\mathrm{d}\boldsymbol{v}\cdot\boldsymbol{v}+\boldsymbol{v}\cdot\mathrm{d}\boldsymbol{v}=2\boldsymbol{v}\cdot\mathrm{d}\boldsymbol{v}$ 和 $\boldsymbol{v}\cdot\boldsymbol{v}=v\cdot v\cdot\cos0^\circ=v^2$，则

$$\boldsymbol{v}\cdot\mathrm{d}\boldsymbol{v}=\mathrm{d}\left(\frac{1}{2}v^2\right) \tag{3-70}$$

将式(3-70)代入式(3-69)后整理可得

$$\mathrm{d}W=\boldsymbol{F}\cdot\mathrm{d}\boldsymbol{r}=\mathrm{d}\left(\frac{1}{2}mv^2\right)=\mathrm{d}(E_k) \tag{3-71}$$

式(3-71)中 E_k 表示质点在运动路径中任意一点的动能，从这个等式来看，合力 $\boldsymbol{F}$ 在元位移 $\mathrm{d}\boldsymbol{r}$ 过程中做的元功与质点在这一过程中动能的微分有关。

若质点在变力 $\boldsymbol{F}$ 的作用下由空间中的 A 位置运动到 B 位置，设质点在 A、B 两位置的速度分别为 $\boldsymbol{v}_A$、$\boldsymbol{v}_B$，如图 3-38 所示。力 $\boldsymbol{F}$ 对质点所做的总功可通过式(3-71)两边同时积分得到，即

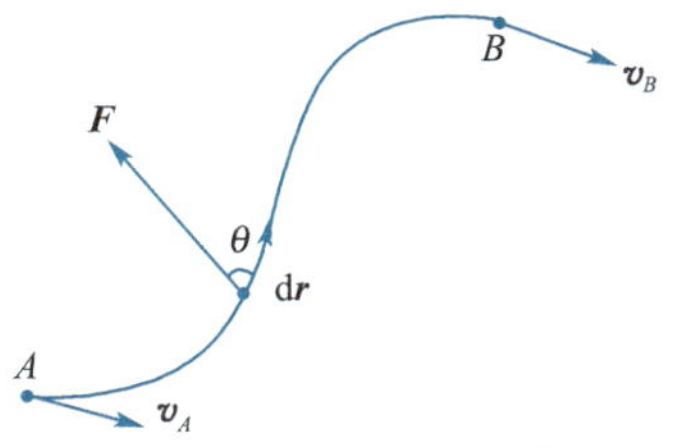

图 3-38　变力的功

$$W=\int_A^B \boldsymbol{F}\cdot \mathrm{d}\boldsymbol{r}=\int_{E_{kA}}^{E_{kB}} \mathrm{d}E_k=E_{kB}-E_{kA}=\Delta E_k \tag{3-72}$$

式(3-72)表明：合外力对质点所做的功等于质点动能的增量。这就是质点的动能定理。若合外力做正功，质点的动能增大；若合外力不做功，质点的动能不变；若合外力做负功，质点的动能减小。

对质点的动能定理的理解如下：

(1)指明了合力的功与动能增量的关系

质点在运动过程中合力做了多少功，就有多少动能发生了改变。可以用功来度量动能的变化。功和动能有本质区别，功是一个过程量，是能量变化的量度；而动能是一个状态量，只与质点本身的质量和速度有关，是运动状态的函数。

(2)采用惯性系

在质点的动能定理中，要确定位移、速度的大小和方向，必须选取一个参考系，在推导定理时我们应用的是牛顿运动定律以及质点的质量不变的情况，所以，质点的动能定理也与牛顿运动定律一样，它只适用于惯性系，相关的功和动能的数值都依赖于所选取的惯性系。

例 3-13　质量为 $m=1$ kg 的小车在水平光滑的轨道上静止。此时，小车受到一个随位移变化的力 $\boldsymbol{F}=2x+4(\mathrm{N})$ 的作用，力的方向与小车的运动方向均沿着 x 轴。假设没有其他阻力作用，求小车移动 4 m 后的速度大小。

解　由动能定理可知，力对物体所做的功等于物体动能的变化，有

$$W=\int_0^x F\mathrm{d}x=\frac{1}{2}mv^2$$

代入已知数值，得

$$W=\int_0^4 (2x+4)\mathrm{d}x=\frac{1}{2}\times 1\times v^2$$

$$v=8\ \mathrm{m/s}$$

3.4.4　质点系的动能定理

下面我们把单个质点的动能定理推广到由若干个质点组成的质点系中。质点系与单个质点相比，质点系内的质点除了受外力作用，还会受到质点间的内力作用。

对质点系内的第 i 个质点，质量为 m_i，经过一段时间，外力和内力对该质点的做功分别是 $W_{i外}$ 和 $W_{i内}$，质点 m_1 的动能增量为 ΔE_{ki}，则对第 i 个质点应用质点动能定理可得

$$W_{i外}+W_{i内}=\Delta E_{ki} \tag{3-73}$$

若第 i 个质点的初动能为 $E_{k初}$，末动能为 $E_{k末}$，则上式还可写为

$$W_{i外}+W_{i内}=E_{ki末}-E_{ki初} \tag{3-74}$$

对所有质点求和，可得

$$\sum_{i=1}^{n}W_{i外}+\sum_{i=1}^{n}W_{i内}=E_{k末}-E_{k初}=\Delta E_{k} \tag{3-75}$$

即整个系统内的所有质点所受的所有外力和所有内力做功之和等于质点系总动能的增量。这就是质点系的动能定理。

3.4.5 质点系的功能原理

内力可以分为保守内力和非保守内力，即

$$W_{内}=W_{保内}+W_{非保内} \tag{3-76}$$

则质点系的动能定理可变形为

$$W_{外}+W_{内}=W_{外}+(W_{保内}+W_{非保内})=\Delta E_{k} \tag{3-77}$$

在 3.4.2 节中，已了解到保守内力做的功等于物体势能增量的负数，即

$$W_{保内}=-\Delta E_{p} \tag{3-78}$$

把式(3-78)代入式(3-77)，整理得

$$W_{外}+W_{非保内}=\Delta E_{k}+\Delta E_{p} \tag{3-79}$$

我们知道，质点做简单机械运动时具有的能量可称为机械能，它等于质点的所有的动能 E_k 和所有的势能 E_p 之和。一般用符号 E 表示，即

$$E=E_{k}+E_{p} \tag{3-80}$$

因此式(3-79)可以表示为

$$W_{外}+W_{非保内}=\Delta E \tag{3-81}$$

上式表明：质点系中各个质点所受的所有外力与非保守内力做功的总和等于系统机械能的增量。这就是质点系的功能原理。

由功能原理可以看出，功和能量密切相关但是又存在区别。功与能量的变化过程相联系，是能量变化的量度；而能量又代表着质点系统在一定状态下所具有的做功本领，与质点系统的状态有关。

3.4.6 机械能守恒定律

从功能原理可以看出，若质点系各个质点所受的所有外力与非保守内力都不做功，则整个系统的机械能保持不变，其数学表达式如下：

$$当\ W_{外}+W_{非保内}=0\ 时，E_{末}=E_{初}=恒量 \tag{3-82}$$

式(3-82)表明：只有保守内力做功时，系统动能和势能的总和为一个恒量，即质点系的机械能守恒。这就是质点系的机械能守恒定律。

质点系的机械能守恒并不意味着系统内的动能和势能分别都守恒，而是只有保守内力做功时，系统内的动能与势能发生相互转化，但总和保持不变。若系统中质点受到的保

守内力做正功，则系统的势能减少，动能增加，减少的那部分势能转化为动能；若系统中质点受到的保守内力做负功，则系统的势能增加，动能减少，减少的那部分动能转化为势能。

3.4.7　能量守恒定律

实验表明，若在一个与外界没有能量交换也没有物质交换的系统(孤立系统)中，系统经历任何变化时，系统内的总能量始终保持不变。这就是能量守恒定律。即，某种形式能量的减少，一定有相应量的其他形式的能量增加，能量由一种形式转变为另一种形式。

能量守恒定律在生活中发挥着重要的作用。如我国在新能源开发和能源利用方面取得了显著进展，都是对能量守恒理念的实际贯彻。这些实践不仅减少了对化石能源的依赖，也减少了对环境的影响，推动了经济的绿色发展。

3.5　阅读材料

3.5.1　课程思政

物理学是一门探索自然规律的基础科学，通过对自然界的观察、实验和理论分析，揭示宇宙万物的运动和相互作用的基本法则。牛顿运动定律、动量定理、动量守恒定律和能量守恒定律是物理学中最基本和最重要的理论，它们不仅在科学研究中占据核心地位，还在工程技术、日常生活和社会发展中发挥着重要作用。在学习这些物理学理论的过程中，我们不仅应当理解它们在科学和技术上的应用，还应当思考这些理论背后的科学精神和社会责任，从而更好地将所学知识融入实际生活中。

牛顿运动定律：科学思维与工程实践的基础

牛顿三大运动定律是经典力学的基石，它们系统地描述了物体的运动规律。牛顿第一定律(惯性定律)指出，如果没有外力作用，物体将保持静止或匀速直线运动状态。这一定律是理解物体运动的基础，也是科学思维中的一个基本原则：在分析问题时，应当首先考虑系统的初始状态，并识别出哪些因素可能会对系统产生影响。牛顿第二定律(加速度定律)通过数学形式将力与加速度联系起来，为定量分析物体运动提供了依据。牛顿第三定律(作用力与反作用力定律)则揭示了物体之间相互作用的对称性，这一规律在自然界中无处不在。

牛顿运动定律的学习不仅是对物理学知识的掌握，更是对科学精神的培养。牛顿运动定律强调了自然界的规律性和确定性，要求我们在面对问题时必须保持理性和逻辑性，勇于探索未知领域。同时，牛顿第三定律中所体现的相互作用和平衡原则也为我们提供了重要的社会启示。在社会发展中，合作与竞争、个人与集体之间的关系就如同作用力与反作用力一样密不可分，只有在相互作用中保持平衡，社会才能和谐发展。

动量定理与动量守恒定律：自然法则与社会发展的平衡

动量定理指出，物体在外力作用下，力对时间的积累（冲量）等于物体动量的变化。这一定理为我们分析物体在力作用下的运动变化提供了有力工具。而动量守恒定律则进一步揭示了在没有外力作用的情况下，系统的总动量保持不变。这一守恒定律在碰撞问题、爆炸问题以及系统分析中得到了广泛应用。

动量守恒定律所体现的平衡思想在自然界和社会中具有深刻的启示意义。自然界中的各种运动和变化，往往遵循着能量与动量的平衡原则。同样，在社会发展中，保持不同力量、利益和资源之间的平衡，是实现社会和谐发展的关键。动量守恒定律让我们认识到，社会中各种行为和决策都应当考虑到整体的平衡和协调，以实现可持续发展。此外，这一守恒原则还可以激励我们在面对社会矛盾和冲突时，保持理性，寻求合作与共赢的解决方案。

能量守恒定律：可持续发展与环境保护的科学基础

能量守恒定律启示我们关注可持续发展的问题。随着科技的进步和经济的发展，人类对能源的需求不断增加，这对自然资源和环境造成了巨大压力。能量守恒定律提醒我们，在开发和利用能源时必须考虑资源的合理利用和环境保护。在能源生产和使用中，减少能源浪费、提高能效是实现可持续发展的关键。我国在新能源开发和能源利用方面取得了显著进展，如太阳能、风能和电动汽车的广泛应用，都是对能量守恒定律的实际贯彻。这些实践不仅减少了对化石能源的依赖，也减少了对环境的影响，推动了经济的绿色发展。

能量守恒定律也启示我们在社会发展中要负起相应的责任。在工程设计和技术应用中，我们不仅要考虑经济效益，还要关注社会影响和环境保护。社会责任感是企业和个人在科技进步过程中必须具备的品质。在建筑设计中，采用节能技术和环保材料可以减少能源消耗和碳排放。在工业生产中，优化生产工艺和资源管理可以减少废物和污染。这些措施体现了对社会和环境的责任感，也是科技进步应有的方向。

从物理学到社会科学：科学精神的延伸与实践

物理学的基础理论不仅揭示了自然界的基本规律，还为我们理解社会运行机制提供了科学依据。从牛顿运动定律到动量定理，从动量守恒到能量守恒，这些经典力学原理不仅在学术领域中占据核心地位，也在现代社会中得到了广泛应用。通过对这些定律的深入学习，学生不仅可以掌握物理学的核心知识，还能够从中汲取科学精神，培养批判性思维，并理解科学技术在社会中的责任和作用。

科学精神的核心是理性、实证和创新。在牛顿运动定律中，我们看到了科学研究中严谨的逻辑推理和实验验证的重要性；在动量定理和动量守恒定律中，我们理解了科学研究中保持开放性和批判性的重要性；在能量守恒定律中，我们看到了科学技术在推动社会进步中的责任和使命。

近年来，我国在科技创新和社会发展方面取得了显著成就，这离不开对物理学理论的深刻理解和应用。我国的高铁网络、航天工程、新能源开发等一系列成就，都是物理学理论在现实中的生动实践。这些成就不仅展示了我国在科学技术领域的强大实力，也体现了物理学在现代社会中的广泛应用和巨大价值。

在未来的学习和生活中，我们应当继续发扬科学精神，将物理学的基本原理与社会现实相结合，不断探索未知，勇于创新，以科学的力量推动社会进步，为实现中华民族伟大复兴贡献智慧和力量。

3.5.2　生活、生产及工程应用

牛顿运动定律、动量定理、动量守恒定律和能量守恒定律是物理学中的基本定律，它们不仅为理论物理提供了基础，也在实际应用中发挥了重要作用。接下来将深入探讨这些基本物理定律在生活、生产和工程应用中的具体实例，通过详细的案例分析展示它们在现代社会中的实际应用价值。

牛顿运动定律的实际应用

牛顿运动定律是经典力学的基石，在生活、生产和工程中有广泛应用。以下几个案例展示了牛顿运动定律在不同领域的实际应用。

1. 交通安全：汽车碰撞测试

汽车碰撞安全技术是应用牛顿第二定律的经典案例。汽车设计中的碰撞测试通过模拟实际碰撞情景，评估车身结构和安全系统的表现。例如，比亚迪公司在其电动车设计中，采用了先进的碰撞模拟技术和动态测试设备，利用牛顿运动定律分析不同碰撞条件下车身的受力情况，以优化车身结构和安全配件。这些技术的应用显著提高了车辆在碰撞中的安全性，保护了乘员的生命安全。

2. 建筑工程：高楼抗风设计

在高楼建筑设计中，牛顿第二定律用于计算地震时产生的力，并设计出抗震结构。例如，中国的广州塔在设计时，工程师使用牛顿运动定律分析地震和风力对塔身的影响。采用了先进的隔震技术和减震装置，以确保塔身在地震中的稳定性。这些技术的应用提高了高楼的抗震能力，保障了建筑的安全。

3. 运动训练：运动损伤预防

在体育科学中，牛顿运动定律用于分析运动员的力量输出。例如，运动员在跳高时的起跳力和重力加速度之间的关系可以用牛顿第二定律来计算。这有助于优化运动员的训练方法，提高运动表现。运动损伤的预防也依赖于牛顿运动定律。通过分析运动过程中产生的力量和应力，可以帮助制定科学的训练方案和保护措施。例如，在足球运动中，应用牛顿运动定律来分析踢球和奔跑的力学特性，以减少运动损伤的发生。

动量定理的实际应用

动量定理在许多实际应用中发挥着重要作用。以下案例展示了动量定理的应用：

1. 运动中的碰撞：冰球比赛

冰球比赛中，运动员的碰撞和冰球的击打都涉及动量的变化。动量定理用于分析碰撞后的速度和方向变化，从而提高运动员的技术水平和比赛策略。例如，我国冰球运动员在训练中，通过分析动量变化来优化击球动作和碰撞技巧。

2. 机械工程：碰撞保护装置

在机械工程中，动量定理用于设计碰撞保护装置。例如，汽车安全气囊的设计需要考虑乘员与车内物体的碰撞动量，从而优化气囊的展开速度和冲击吸收能力。现代汽车在设计时会通过动量定理计算碰撞时的力学效应，以提高车辆的安全性。

动量守恒定律的实际应用

动量守恒定律在自然界和工程应用中扮演着重要角色，以下是几个应用实例：

1. 航空航天：火箭发射和空间站对接

近年来，中国在航天技术领域取得了显著成就，特别是在 2020 年成功发射“天问一号”火星探测器任务中，动量守恒定律得到了充分应用。在太空中，探测器与着陆器分离时，由于外界几乎没有阻力，整个系统的总动量必须保持守恒。这就要求工程师们在设计过程中，精确控制各部分的动量分配，以确保探测器能顺利进入预定轨道并完成探测任务。这一任务的成功不仅展示了中国在航天领域的技术实力，更是对动量守恒定律在高科技应用中的生动实践。

2. 物理实验：粒子加速器

粒子加速器中的粒子碰撞实验依赖于动量守恒定律。通过分析碰撞后粒子的动量和能量分布，科学家可以探测到粒子之间的相互作用和新粒子的产生。例如，北京正负电子对撞机在进行高能物理实验时，运用动量守恒定律分析碰撞结果。

3. 天体物理：行星碰撞

在天体物理学中，行星和小天体的碰撞过程遵循动量守恒定律。通过分析行星碰撞后的轨迹变化，科学家能够了解行星的形成和演化过程。例如，近年来对小行星撞击地球的研究利用动量守恒定律预测撞击结果和潜在影响。中国的天文研究机构利用动量守恒定律模拟和预测天体的运动轨迹，以提高对天体运动的理解。

4. 机器人技术：机械臂的操作

机器人技术中的机械臂操作也涉及动量守恒定律。在设计机械臂时，需要考虑操作过程中部件的动量变化，以确保机械臂的稳定性和精确度。例如，我国的工业机器人在制造和装配过程中应用动量守恒原理优化运动轨迹和操作策略。

能量守恒定律的实际应用

能量守恒定律是物理学中的重要定律，广泛应用于各种实际问题。以下几个案例展示了能量守恒定律的实际应用：

1. 建筑节能：绿色建筑设计

在绿色建筑设计中，能量守恒定律用于优化建筑能耗。通过计算建筑的热能损失和能量需求，设计师可以采用高效的保温材料和节能系统来降低能源消耗。例如，我国的绿色建筑标准要求建筑设计中考虑能量守恒，以实现节能目标。

2. 电力工程：新能源

我国作为全球第二大经济体，面临着巨大的能源需求和环境保护压力。近年来，政府大力推进清洁能源的开发与利用，其中风能、太阳能、水能等可再生能源的快速发展正是能量守恒定律的成功应用。以三峡工程为例，这是世界上最大的水力发电工程，能够将水的势能转化为电能，为全国提供清洁电力。三峡工程不仅展示了能量守恒定律在大规模工程中的应用，还为我国的能源结构转型提供了有力支持。此外，随着全球气候变化的加剧，我国也积极参与国际气候合作，通过一系列政策措施减少碳排放，推动低碳经济的发展。能量守恒定律在这一过程中提供了科学指导，使得我国在实现经济增长的同时，能够有效应对环境挑战，确保资源的可持续利用。

3. 交通工具：电动汽车

电动汽车的能量管理系统依赖能量守恒定律来优化能量使用。通过回收制动能量并转化为电能，电动汽车能够提高能效和续航能力。例如，中国的电动汽车制造商在设计电池管理系统时，会应用能量守恒定律来优化能量存储和使用。

检测习题

一、单项选择题

1. 有三个共点力，分别为 $F_1=1$ N、$F_2=2$ N、$F_3=5$ N，则这三个共点力的合力 F 取值范围(　　)。

A. 0 N$\leqslant F\leqslant$8 N　　B. 1 N$\leqslant F\leqslant$ 8 N　　C. 2 N$\leqslant F\leqslant$8N　　D. 3 N$\leqslant F\leqslant$8 N

2. 质点受到两个相互垂直的恒力作用，大小分别为 4 N 和 3 N，则合力大小为(　　)。

A. 1 N　　B. 5 N　　C. 7 N　　D. 12 N

3. 一木块在水平面上做匀速直线运动，以下为作用力与反作用力的是(　　)。

A. 木块受到的重力与支持力

B. 木块对水平面的压力与水平面对木块的支持力

C. 木块受到的推力与摩擦力

D. 木块受到的推力与水平面受到的摩擦力

4. 质量为 m 的小球，沿水平方向以速率 v 与固定的竖直壁做弹性碰撞，设指向壁内的方向为正方向，则由于此碰撞，小球的动量增量为(　　)。

A. mv　　B. 0　　C. $2mv$　　D. $-2mv$

5. 质量为 20 g 的子弹沿 x 轴正向以 500 m/s 的速率射入一木块后，与木块一起仍沿 x 轴正向以 50 m/s 的速率前进，在此过程中木块所受冲量的大小为(　　)。

A. 9 N·s　　B. −9 N·s　　C. 10 N·s　　D. −10 N·s

6. 质量为 m 的物体在力 $\boldsymbol{F}$ 作用下，速度大小从 v_1 增加到 v_2，则该力对物体所做的功是(　　)。

A. $m(v_2-v_1)$　　B. $\frac{1}{2}m(v_2^2-v_1^2)$　　C. $mg(v_2-v_1)$　　D. $\frac{1}{2}mv_2^2$

7. 质量为 2 kg 的物体初速度为 5 m/s，受到一个恒定外力作用 4 s 后，速度变为 9 m/s。这个外力的冲量是(　　)。

A. 8 kg · m/s　　B. 16 kg · m/s　　C. 4 kg · m/s　　D. 18 kg · m/s

8. 质量为 0.5 kg 的物体以速度 4 m/s 碰撞后速度变为 2 m/s。如果碰撞过程中物体受到的平均外力是 6 N，碰撞持续时间为(　　)。

A. 2 s　　B. 1 s　　C. 0.5 s　　D. 1.5 s

9. 在弹性碰撞中，质量分别为 1 kg 和 2 kg 的两个物体碰撞前的速度分别为 3 m/s 和 −2 m/s。碰撞后，1 kg 物体的速度为 1 m/s，则 2 kg 物体的速度是(　　)。

A. 1 m/s　　B. −1 m/s　　C. −4m/s　　D. 4 m/s

10. 质量分别为 m_A 和 m_B($m_A>m_B$)、速度分别为 v_A 和 v_B($v_A>v_B$)的两质点 A 和 B，受到相同的冲量作用，则下列表述正确的是(　　)。

A. A 的动量增量的绝对值比 B 的小　　B. A 的动量增量的绝对值比 B 的大

C. A、B 的动量增量相等　　D. A、B 的速度增量相等

二、填空题

1. 甲、乙、丙三物体质量之比为 1∶2∶3，所受合外力之比为 3∶2∶1，则甲、乙、丙三物体加速度大小之比为________。

2. 物体保持原有运动状态的性质称为________。

3. 质量为 20 g 的子弹沿 x 轴正向以 400 m/s 的速率射入一木块后，与木块一起仍沿 x 轴正向以 50 m/s 的速率前进，在此过程中木块所受冲量为________。

4. 若质点受到的合外力为零，则质点的动量 ________(填“恒定”或“改变”)。

5. 一物体从高处自由下落，其初速度为零，在运动过程中，动能与势能的总和________(填“保持不变”或“变化”)。

6. 当物体只受到保守力作用时，机械能________(填“守恒”或“不守恒”)。

7. 若物体所受合外力的方向与速度方向一致，则物体的动量________(填“增加”或“减少”)。

8. 质量 $m=2$ kg 的木块，受合力 $\boldsymbol{F}=6\boldsymbol{i}$ N 的作用，由静止开始沿 x 轴做直线运动，则从 $t=0$ s 到 $t=2$ s 这段时间内，合力 $\boldsymbol{F}$ 的冲量为 $\boldsymbol{I}=$________，第 2 s 末木块的速度 $\boldsymbol{v}$ 为________。

9. 质量 $m=2$ kg 的物体，在坐标原点处从静止出发在水平面内沿 x 轴运动，其所受合力方向与运动方向相同，合力大小为 $F=2+8x$(SI)，那么，物体在开始运动的 2 m 内，合力所做的功 $W=$________，且 $x=2$ m 时，其速率 $v=$________。

10. 某质点在力 $\boldsymbol{F}=(x^2+2x+1)\boldsymbol{i}$(SI)的作用下沿着 x 轴做直线运动，该质点从 $x=4$ m 处移动到 $x=8$ m 的过程中，请问：力所做的功 $W=$________。

三、判断题

1. 重力产生的原因是由于地球吸引而使物体受到的力。　(　　)

2. 重力的方向总是竖直向下。　(　　)

3. 牛顿第一定律能用实验直接验证。　(　　)

4. 牛顿第三定律可以解释为什么你在跳离滑板时滑板会向后移动。　(　　)

5. 冲量的方向与速度的方向一致。　(　　)

6. 非保守力做的功与路径无关。　(　　)

7. 势能是相对的，势能差是绝对的。　(　　)

8. 系统内力不改变系统的总动量，但能改变系统的总动能。　(　　)

9. 如果两个物体相互碰撞且碰撞过程中没有外力作用，那么它们的总动量不会改变。　(　　)

10. 如果一个物体受到的外力是恒定的，那么其动量变化率也是恒定的。　(　　)

四、简答题

1. 为什么体操运动员在上单杠之前要在手上涂抹镁粉，并且为什么在杠上做回环动作时手握杠又不能太紧？

2. 简述牛顿第二定律的内容及数学表达式。

3. 当你在滑冰场上滑行时，使用滑冰鞋的刀刃与冰面接触来推动自己前进。请用牛顿第三定律解释为什么滑冰运动员能够在冰上滑行。

4. 为什么在撞车事故中，汽车的安全气囊可以有效减小乘客受伤的可能性？请用平均冲力和动量定理解释。

5. 当一个人跳进小船时，小船会向后移动；而从大船跳上岸时，船几乎不会动。请解释为什么会有这种差异，并用动量守恒定律说明。

五、计算题

1. 一质量为 100 g 的小球从 0.8 m 高处自由下落到一厚软垫上。若从小球接触软垫到小球陷至最低点经历了 0.2 s，则这段时间内软垫对小球的冲量及平均冲力分别为多少（取 $g=10\ \mathrm{m/s^2}$，不计空气阻力）？

2. 力 $\boldsymbol{F}$ 在 x 轴作用在质量为 2 kg 质点上，使之沿 x 轴运动，质点的运动方程为 $x=3+t$(SI)，则在 0～2 s 时间间隔内，求：

(1)力 $\boldsymbol{F}$ 的冲量的大小；

(2)平均冲力大小；

(3)质点所受的合力 $\boldsymbol{F}$ 所做的功是多少？

3. 质量为 10 kg 的物体，受到力 $\boldsymbol{F}=4t\boldsymbol{i}+3t^2\boldsymbol{j}$(SI)作用，在 $t=0$ s 时，物体静止在原点。求：

(1)从 $t=0$ s 到 $t=5$ s 内作用力的冲量和平均冲力；

(2)物体在 $t=5$ s 时刻的速度。

4. 如图 3-39 所示，是一种测定子弹速度的方法。已知子弹质量是 0.02 kg，木块质量是 9 kg。弹簧的劲度系数是 100 N/m，子弹射入木块后，弹簧被压缩 10 cm。设木块与水平面间为光滑接触，求子弹的速度。

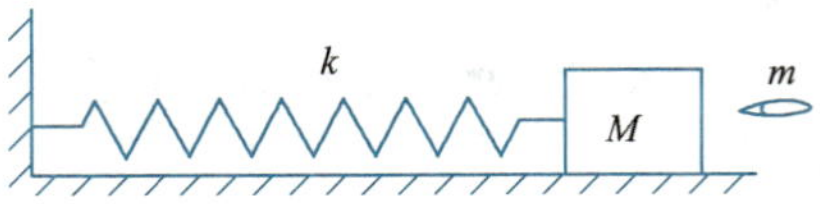

图 3-39　计算题 4 图

5. 质量为 m 的子弹以速度 v_0 水平射入沙土中，设子弹所受阻力与速度反向，大小与速度成正比，比例系数为 k_0，忽略子弹的重力，求：

(1) 子弹射入沙土后，速度随时间变化的函数式；

(2) 子弹进入沙土的最大深度。

第4章 刚体力学

摩天轮、圆锯片和吊扇的运动有何共同之处？可以发现这些物体都无法完全表示为一个移动点，每个物体都涉及绕某个在惯性系中保持静止的轴旋转。旋转存在于所有尺度上，从电子的运动到整个星系的运动。因此需要开发一些通用方法来分析旋转物体的运动。真实世界中的物体可能非常复杂，如作用于它们上面的力可以使其拉伸、扭曲和挤压。暂时忽略这些变形，假设该物体具有完全明确且不变化的形状和大小，则称这种理想化模型为刚体。

本章主要介绍刚体力学的基础知识，涵盖刚体的基本概念、平动和转动的运动学和动力学、平衡条件以及刚体在工程和生活中的实际应用。

4.1 刚体的描述

4.1.1 自由度

通过前面章节的学习可了解到，当一个质点在外力作用下在三维空间沿不同轨迹运动时，无论选择何种坐标系来描述其运动，都需要 3 个独立的坐标来确定质点的位置，这种质点被称为不受约束的质点，用于确定质点位置的独立坐标数被称为质点的自由度。

在实际问题中，质点(物体)的轨迹可能被限定在某一曲面(曲线)上，这种情况称为约束，如果是用数学方程体现的约束关系，称为约束方程。例如考虑一个通过刚性杆悬挂在固定点 O 的单摆，如图 4-1 所示，若 O 点到球中心的距离为 R，则球的运动被限制在一个球面上，球面的方程为

$$x^2+y^2+z^2=R^2 \tag{4-1}$$

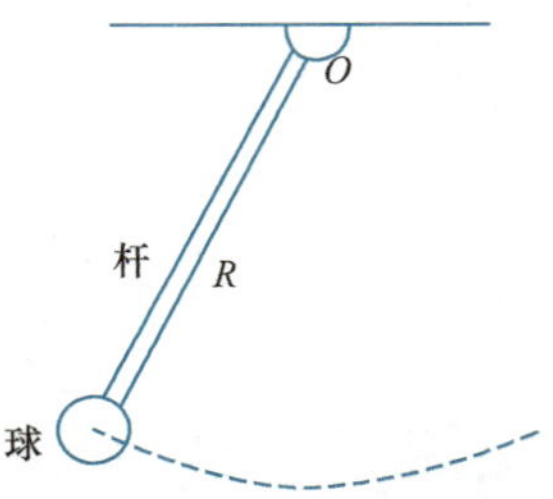

图 4-1　单摆图示

式(4-1)就是一种约束方程,它表示球的运动必须在这个球面上进行。尽管球中心的位置需要用 3 个坐标 x,y,z 来描述,但由于约束方程的存在,这三个坐标之间有一个关系,只有两个是独立的。因此,球的自由度为 3(总的独立坐标数)减去 1(约束条件数)等于 2,即球只有两个自由度,这意味着其运动可以由两个独立的坐标(如角度)来完全描述。

若考虑一个包含 n 个质点的质点组,需通过确定每一质点的位置来表示该质点组的位置。如果每个质点都不受约束,由 n 个质点组成的质点组有 $3n$ 个自由度。但质点组的约束不只来自外部,也有通过内部相互作用的约束。例如气体、液体和固体,都有内部的相互作用的质点组。

对于刚体可以看成是有内部约束的质点组,它的内部约束关系可表述为:组内任意两质点之间的距离保持不变,并在任何外力作用下它们之间的距离保持不变,这种约束可比拟为两质点间连有一根虚拟的刚性杆,因此刚体可看作任意两质点之间都有一个这样约束的质点组。

那么是否刚体的质点数越多自由度也越多呢?设想刚体中除了三个质点之外,还有第四个质点,但只要确定了其他三个质点的位置,第四个质点的位置就是完全确定的,因而该刚体仍只有 6 个自由度。由此可知,如果不计外部的约束,刚体的自由度不大于 6。

4.1.2　刚体的运动描述

刚体的一种运动方式是平动,平动是指刚体中的所有点在任意时刻的运动状态完全相同,即所有点具有相同的速度和加速度。平动时它的任意两个点部位间的连线始终保持平行于其自身,因此各个点部位运动速度、加速度相同,运动轨道彼此平行。刚体的平动可以用刚体中任意一个点部位的运动来代表,平动有 3 个自由度。如果平动中刚体每一个点部位的运动轨道都被约束成平面曲线,自由度便降为 2。

刚体的另一种运动方式是转动,转动是指刚体绕某一固定轴或固定点旋转的运动。在转动过程中,刚体各点的运动轨迹为圆周运动,各点具有不同的线速度和线加速度,但具有相同的角速度和角加速度。如果这个固定点保持静止,称之为定点转动。对于非直线型刚体,绕某一点的旋转具有 3 个自由度。风车的旋转、门的开关以及吊扇的运转都是定轴旋转的例子。在刚体的定轴旋转中,仅有 1 个旋转自由度。

设想一个由两个质点组成的刚体,由初位置 A、B 运动到末位置 A'、B'[图 4-2(a)]。这一运动可看作由两种运动组成:其一是 b_1 和 b_2 经历相同的位移,使 b_1 由 A 点移到 A' 点,b_2 由 B 点移到 B'' 点;其二是 b_1 保持在 A' 点,b_2 通过以 b_1 为中心的转动到达 B' 点[图 4-2(b)]。即,刚体的运动可分解成为平动和转动。

由上述内容可以看出,刚体的运动可以用三个自由度的平动和三个自由度的转动来描述。在刚体的连续运动过程中,平动和转动通常是同时发生的。也就是说,在刚体运动

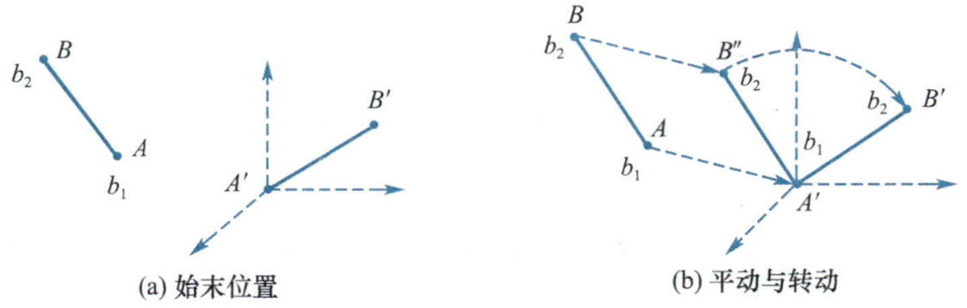

图 4-2　两质点刚体的运动

的每一个微小过程中，通常既存在平动又存在转动。因此，为简化分析，通常将刚体的运动拆解为平动和转动，以方便进一步的研究。

4.2　质点组与质心

4.2.1　质心与刚体

在第 3 章中已经阐述了牛顿三大运动定律的深刻内涵，它们不仅包含了相对性原理，还包含了动量定理和动量守恒定律。根据动量定理，可以将一个质点组的动量描述为该质点组的质量 M 与其平均速度$\boldsymbol{v}_C$的乘积。换言之，一个质点组（物体）的运动状态，可以通过一个假设的质点来等效表示，该质点的质量等于质点组的质量 M，其速度等同于质点组的平均速度$\boldsymbol{v}_C$。在这种意义上，可以用一个抽象的质点来代表整个质点组（物体）。这个抽象的质点，称为质点组的质量中心，简称为质心。

质心 C 首先被概念化为一个几何点，其位置由质点系的质量分布所决定，因此它也常被称作质量分布中心。在质点系中，每个质点的质量用 m_i 表示，而其位矢用 $\boldsymbol{r}_i$ 表示。据此，质心 C 的位置矢量可以定义为

$$\boldsymbol{r}_C = \frac{1}{M}\sum_{i=1}^{N} m_i \boldsymbol{r}_i \tag{4-2}$$

质点组的质量 M 为

$$M = \sum_{i=1}^{N} m_i \tag{4-3}$$

由几何知识可知，由两个质点构成的质点系，质心 C 必定在这两个质点的连线上。

质心不仅仅是一个理论上的概念点，它还具有重要的力学意义。众所周知，任何物体都拥有一个重心，只有当作用在通过重心的力能够平衡物体的重力时，物体才能被稳定地支撑而不会倾倒。可以证实，在重力加速度被视为恒定矢量的情况下，质点组的质心同样也是该质点组所承受的总重力的作用点。在考虑重力作用时，人们实际上已经将一个物体视为一个质量为 M 的质点，而这个质点正是我们所称的质心。

在计算质心位置时，常要借助坐标系。在直角坐标系中，若第 i 个质点的坐标为(x_i, y_i, z_i)，质心的坐标为(x_C, y_C, z_C)，则按式(4-2)有

$$x_C=\frac{1}{M}\sum_{i=1}^{N}m_ix_i,y_C=\frac{1}{M}\sum_{i=1}^{N}m_iy_i,z_C=\frac{1}{M}\sum_{i=1}^{N}m_iz_i \tag{4-4}$$

如果质点组是质量连续分布的物体，则以上的求和运算变为定积分运算。

例 4-1 有一质量均匀分布的圆锥体，其高为 h、底面半径为 R，求它的质心的位置。

解 对于一个质量分布均匀的圆锥体，由于其质量分布呈现出轴对称性，其质心必然位于对称轴上。若以圆锥体的顶点作为原点，并沿着对称轴建立直角坐标系[图 4-3(a)]，那么圆锥体的质心必定位于 z 轴上。圆锥体的体积可表示为 $\pi hR^2/3$，假设圆锥体的总质量为 M，那么圆锥体的质量体密度可以计算为

$$\rho_m=\frac{3M}{\pi hR^2}$$

利用微元法，将锥体沿平行于底面的方向，划分为无限多无限薄的圆盘。每一圆盘可看作一个子系统，子系统的质心必在圆盘的圆心。在坐标 z 处，厚为 $\mathrm{d}z$ 的圆盘，其半径为 r[图 4-3(b)]。

$$r=\frac{R}{h}z$$

质量为 $\mathrm{d}m=\pi r^2\mathrm{d}z\rho_m=3\dfrac{M}{h^3}z^2\mathrm{d}z$。

按式(4-4)，圆锥体的质心的坐标为 $z_C=\dfrac{1}{M}\displaystyle\int_0^h z\,\mathrm{d}m=\dfrac{3}{h^3}\int_0^h z^3\mathrm{d}z=\dfrac{3}{4}h$。

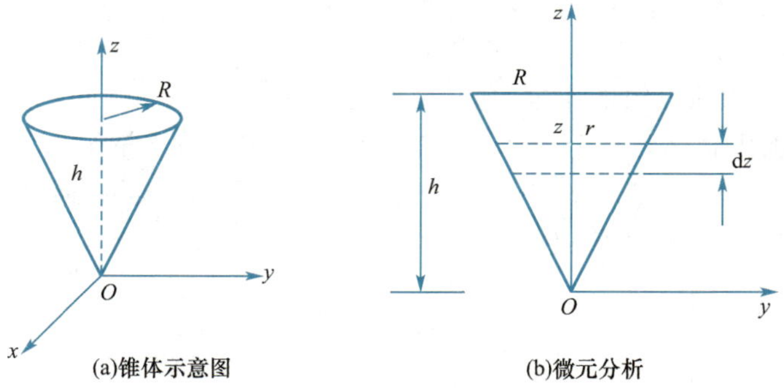

图 4-3 例 4-1 题解图

接下来分析质心的运动学规律，对式(4-2) 求导可得到质心的速度

$$\boldsymbol{v}_C=\frac{\mathrm{d}\boldsymbol{r}_C}{\mathrm{d}t}=\frac{1}{M}\sum_{i=1}^{N}m_i\boldsymbol{v}_i \tag{4-5}$$

故质心的动量为

$$\boldsymbol{p}=M\boldsymbol{v}_C=\sum_{i=1}^{N}m_i\boldsymbol{v}_i \tag{4-6}$$

即等于质点系的动量。这样，动量定理就可以表示为

$$\boldsymbol{F}\mathrm{d}t=\mathrm{d}\boldsymbol{p}=\mathrm{d}M\boldsymbol{v}_C \tag{4-7}$$

上式表明，如果把质心视为代表质点组(物体)动量的点，那么质心的动量就等于整个质点组的动量。因此，动量定理也可以被理解为质心动量定理。

根据经典物理学观念，质量是恒定的，不随参考系的变化而变化，也不依赖于时间或质点组在空间中的位置。式(4-7)可转换为

$$\boldsymbol{F}=M\frac{\mathrm{d}\boldsymbol{v}_C}{\mathrm{d}t}=M\boldsymbol{a}_C \tag{4-8}$$

这就是用加速度形式表述的运动学第二定律。显然，这里的加速度指的是质心的加速度 $\boldsymbol{a}_C$。根据式(4-5)，质心的加速度可以表示为

$$\boldsymbol{a}_C=\frac{\mathrm{d}\boldsymbol{v}_C}{\mathrm{d}t}=\frac{1}{M}\sum_{i=1}^{N}m_i\boldsymbol{a}_i \tag{4-9}$$

式中，$\boldsymbol{a}_i$ 代表质点组中第 i 个质点的加速度。

以上说明，运动定律不仅适用于单个质点，也适用于质点组，只是质点组的运动状态是通过质心来描述的。需要注意的是：动量定理关注的是质点组(物体)的总动量，并不要求质点组中每个质点具有相同的速度；动量定理中的合外力(合冲量)是作用在质点组上所有质点的外力的总和，并不限定外力必须作用于特定的质点上。

质心作为一个点只有 3 个自由度，而实际的质点组则拥有更多的自由度。动量定理的意义在于指出，任何质点组都有描述其整体运动的 3 个自由度，整体运动用合动量来描述，合动量的变化与外力(外冲量)作用的具体位置无关。然而，这并不意味着外力(外冲量)作用的位置不同，不会影响质点组的其他运动状态。

在运用动量定理分析具体问题时，常用的方法是对某一质点组或质点进行追踪，探讨外部作用对质点组或质点动量的影响。

例 4-2　一个表面光滑的楔形物体，斜面长为 L，倾角为 θ，质量为 m_1，静止于一光滑水平桌面上。今将一质量为 m_2 的物体放在斜面顶端，让它自由滑下，如图 4-4(a)所示。求当物体滑到桌面时，楔形物体移动的距离和速度。

解　由于两物系统在水平方向不受外力作用，故质心在水平方向上应保持原有的静止状态，即质心水平位置不变。

开始时：

$$x_C=\frac{m_1x_1+m_2x_2}{m_1+m_2}$$

终了时：

$$x'_C=\frac{m_1x'_1+m_2x'_2}{m_1+m_2}$$

如图 4-4(b)所示，因 $x'_C=x_C$，得

$$m_1x'_1+m_2x'_2=m_1x_1+m_2x_2$$
$$m_1(x'_1-x_1)+m_2(x'_2-x_2)=0$$
$$m_1\Delta x_1+m_2\Delta x_2=0$$

显然 $s=-\Delta x_1$，$\Delta x_2=L\cos\theta-s$，于是解得

$$s=\frac{m_2}{m_1+m_2}L\cos\theta$$

设物体相对楔形物体速度为 v，则有

$$v_1=\frac{m_2}{m_1+m_2}v\cos\theta$$

在物体运动过程中，由于机械能守恒，有

$$m_2 gL\sin\theta=\frac{1}{2}m_1 v_1^2+\frac{1}{2}m_2 v_2^2$$

又有 $v_2^2=v_1^2+v^2-2v_1 v\cos\theta$，联立上式解得

$$v_1=\sqrt{\frac{2m_2^2 gL\sin\theta\cos^2\theta}{(m_1+m_2)(m_1+m_2\sin^2\theta)}}$$

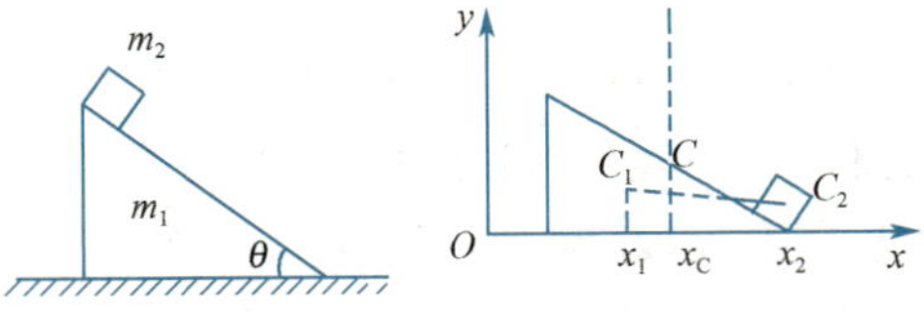

(a) 例 4-2 图　　(b) 例 4-2 题解图

图 4-4　例 4-2 图及题解图

例 4-3　有一长为 l、质量为 m 的均匀细绳，在 $t=0$ 时一端触地，并自静止状态自由下落(图 4-5(a))。求在下落过程中地面对绳的作用力。

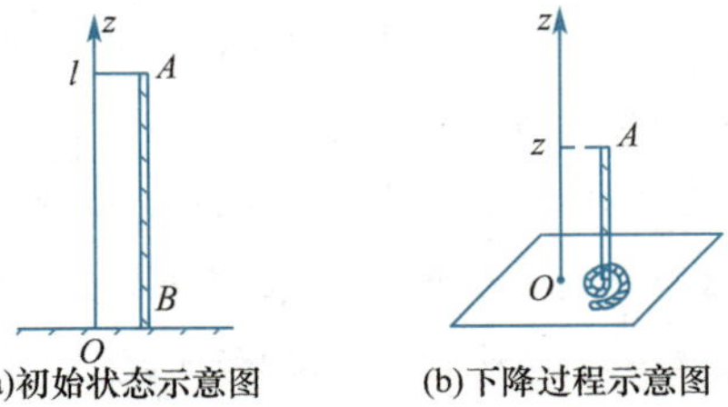

(a)初始状态示意图　　(b)下降过程示意图

图 4-5　例 4-3 图

解　以地面为原点设置竖直向为 z 轴。绳 A 端的初始坐标为 $z=l$。当 A 端的坐标为 z 时，未落地部分下落的距离皆为 $l-z$，这部分各处有相同的速度。按自由落体的公式，这个速度为

$$\boldsymbol{v}=\frac{\mathrm{d}z}{\mathrm{d}t}\boldsymbol{k}=-\sqrt{2g(l-z)}\,\boldsymbol{k} \tag{4-10}$$

未落地部分的绳长为 z，其质量为 m/l，动量为

$$\boldsymbol{p}=-\frac{m}{l}z\sqrt{2g(l-z)}\,\boldsymbol{k}$$

同时也是绳的总动量。

绳所受的外力有，重力 $-mg\boldsymbol{k}$ 和地面的作用力 $\boldsymbol{F}$。按照动量定理有

$$\boldsymbol{F}-mg\boldsymbol{k}=\frac{\mathrm{d}\boldsymbol{p}}{\mathrm{d}t}$$

由上式可解得地面对绳的作用力为

$$\boldsymbol{F}=mg\boldsymbol{k}+\frac{\mathrm{d}\boldsymbol{p}}{\mathrm{d}t}=mg\boldsymbol{k}+\frac{m}{l}\left[\frac{gz}{\sqrt{2g(l-z)}}-\sqrt{2g(l-z)}\right]\frac{\mathrm{d}z}{\mathrm{d}t}\boldsymbol{k}$$

将式(4-10)代入上式并化简，即得

$$\boldsymbol{F}=3mg\left(1-\frac{z}{l}\right)\boldsymbol{k}$$

4.2.2　质心参考系

前文已指出，质心是用于描述质点组整体运动状态的代表点。在质点组中，每个质点不仅随质心一起运动，同时还存在相对于质心的运动。这些质点运动状态的差异，体现在它们相对于质心具有不同的速度。例如，刚体的运动可以分解为质心的平动和绕质心的转动。从运动学的角度来看，刚体运动的代表点可以选择任意位置；但是，当涉及动力学问题时，通常以选择质心作为代表点更为合适。

所谓各质点相对于质心的运动，实际上是指在一个以质心为参照系的框架下描述质点组的运动。这种参照系可以形象地定义为以质心作为原点(参考点)，并且坐标轴方向固定的参照系，称之为质心参照系，简称质心系。可以推断，如果一个质点组构成一个孤立系统，那么其质心系是一个惯性系；如果不是孤立系统，则其质心系未必是惯性系。

虽然质心是一个理论上的假想点，但它的位置是由质点组中各个质点的位置决定的，而不是随意设定的。可以将质心系理解为以某个质点组作为参照物，仅仅是将该质点组的质心作为参考点。在现实的参照物中，每个质点都在进行相对运动。通常所说的平动参照系，实际上就是指定参照物的质心系。

设质点组含 N 个质点，第 i 个质点相对于某一惯性系的位矢为 $\boldsymbol{r}_i$，速度为 $\boldsymbol{v}_i$，相对于质心系的位矢为 $\boldsymbol{r}_{iC}$，速度为 $\boldsymbol{v}_{iC}$；质心相对于惯性系的位矢为 $\boldsymbol{r}_C$，速度为 $\boldsymbol{v}_C$。根据平动参照系的变换关系式有

$$\boldsymbol{r}_i=\boldsymbol{r}_C+\boldsymbol{r}_{iC} \tag{4-11}$$

$$\boldsymbol{v}_i=\boldsymbol{v}_C+\boldsymbol{v}_{iC} \tag{4-12}$$

将以上两式分别代入式(4-2)和式(4-5)得

$$M\boldsymbol{r}_C=M\boldsymbol{r}_C+\sum_{i=1}^{N}m_i\boldsymbol{r}_{iC}$$

$$M\boldsymbol{v}_C=M\boldsymbol{v}_C+\sum_{i=1}^{N}m_i\boldsymbol{v}_{iC}$$

由以上两式得

$$\sum_{i=1}^{N}m_i\boldsymbol{r}_{iC}=\boldsymbol{0} \tag{4-13}$$

$$\sum_{i=1}^{N}m_i\boldsymbol{v}_{iC}=\boldsymbol{0} \tag{4-14}$$

比较式(4-2)，可以推断出式(4-13)右侧应该是质点组的质量 M 与质心系中质心位矢的乘积。由于在质心系中，质心位于原点，其位矢为零矢量，因此该式等于零矢量。式(4-13)描述了在质心系中质量分布的关系。同样地，式(4-14)提供了在质心系中质心的动量(质点组的动量)。因为在质心系中，质心始终保持静止，其动量自然也是零矢量。式(4-14)因此是质心系中质点组动量分布的关系式。

式(4-14)的含义:任何质点组在其质心系中的总动量均为零矢量。换句话说,任何质点组在其质心系中都遵循动量守恒定律,无论该质点组是否受到外部作用。显然,质心系是一种独特的参照系。

例 4-4 两个质量同为 m 的小球,用长为 $2l$ 的轻绳连接后放在光滑水平面上,绳恰好处于伸直状态,如图 4-6(a)所示. 设有一个沿水平面且与绳长方向垂直的恒力 $\boldsymbol{F}$ 作用于绳的中点,原为静止的两个小球因此运动,试问在两球第一次相碰前瞬间,各自在垂直于 $\boldsymbol{F}$ 作用线方向上的分速度 v_n 为多大?

解 取两球与绳的质心系,绳的内力为近距接触力,无特殊说明,绳均约定为不可伸长,任一对接触性内力做功之和必为零。如图 4-6(b)所示,据质心系中动能定理可得

$$Fl=2\times\frac{1}{2}mv_n^2$$

即有

$$v_n=\sqrt{\frac{Fl}{m}}$$

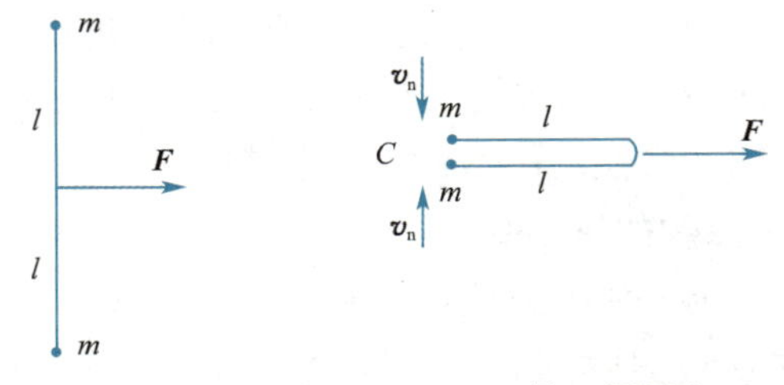

图 4-6 例 4-4 图及题解图

4.2.3 动量矩与力矩

在物理学中,位矢与一个矢量的叉乘称为该矢量的矩。某些矩具有明确的物理意义。通过长期使用杠杆等简单机械,人们体验到了力矩的作用,并认识到决定杠杆是否能转动的并非合外力,而是作用在杠杆上的力矩。例如,使用台球杆击打台球时,不同的击打部位会产生不同的旋转效果。因此,物体间的相互作用不能仅仅通过合外力来描述。力矩不仅包含了力的概念,还涉及了力的作用点,它是描述物体间相互作用的物理量。

为更好地解释力矩对物体(质点组)的作用,首先探讨力矩对一个无广延的质点的作用。假设有一个质量为 m 的质点,其位矢为 $\boldsymbol{r}$,所受的外力为 $\boldsymbol{F}$,其运动方程可以表示为

$$\boldsymbol{F}\mathrm{d}t=\mathrm{d}(m\boldsymbol{v}) \tag{4-15}$$

以 $\boldsymbol{r}$ 与上式叉乘得

$$(\boldsymbol{r}\times\boldsymbol{F})\mathrm{d}t=\boldsymbol{r}\times\mathrm{d}(m\boldsymbol{v}) \tag{4-16}$$

由求导法则知

$$\mathrm{d}(\boldsymbol{r}\times m\boldsymbol{v})=\boldsymbol{r}\times\mathrm{d}(m\boldsymbol{v})+\mathrm{d}\boldsymbol{r}\times(m\boldsymbol{v}) \tag{4-17}$$

因 $\mathrm{d}\boldsymbol{r}$ 与速度 $\boldsymbol{v}$ 共线,$\mathrm{d}\boldsymbol{r}\times(m\boldsymbol{v})=0$,所以有

$$\mathrm{d}(\boldsymbol{r}\times m\boldsymbol{v})=\boldsymbol{r}\times\mathrm{d}(m\boldsymbol{v}) \tag{4-18}$$

式(4-16)可表示为

$$(\boldsymbol{r}\times\boldsymbol{F})\mathrm{d}t=\mathrm{d}(\boldsymbol{r}\times m\boldsymbol{v})\tag{4-19}$$

式(4-19)叫作质点的动量矩定理。式中 $\boldsymbol{r}\times m\boldsymbol{v}$ 叫作动量矩，$\boldsymbol{r}\times\boldsymbol{F}$ 叫作力矩，$(\boldsymbol{r}\times\boldsymbol{F})\mathrm{d}t$ 叫作冲量矩。

若以 $\boldsymbol{M}$ 表示力矩，$\boldsymbol{L}$ 表示动量矩，则质点的动量矩定理可表示为

$$\boldsymbol{M}\mathrm{d}t=\mathrm{d}\boldsymbol{L}\tag{4-20}$$

上式可以理解为质点的动量矩的增量等于作用于质点的冲量矩。

例 4-5　唱机的转盘绕通过盘心的固定竖直轴转动，唱片放上去后将受转盘的摩擦力作用而随转盘转动。设唱片可看成半径为 R 的均匀圆盘，质量为 m，唱片与转盘间的滑动摩擦系数为 μ，转盘原来以角速度 ω 匀速转动，唱片刚放上去时它受到的摩擦力矩多大？

解　在唱片上取面元面积 $\mathrm{d}S=r\mathrm{d}\theta\mathrm{d}r$，质量为 $\mathrm{d}m=(m/\pi R^2)\mathrm{d}S=mr\mathrm{d}\theta\mathrm{d}r/\pi R^2$，此面元受转盘的摩擦力 $\mathrm{d}f=\mu\mathrm{d}N=\mu\mathrm{d}mg$，摩擦力矩

$$\mathrm{d}M=r\mathrm{d}f=r\mu\mathrm{d}mg=\frac{mg\mu r^2\mathrm{d}\theta\mathrm{d}r}{\pi R^2}$$

各面元所受的力矩方向相同，所以整个唱片所受的摩擦力矩

$$M=\int\mathrm{d}M=\frac{\mu mg}{\pi R^2}\int_0^{2\pi}\mathrm{d}\theta\int_0^R r^2\mathrm{d}r=\frac{2}{3}\mu mgR$$

质点的动量矩定理是从动量定理推导出来的，从物理意义上讲，它与质点的动量定理并无本质区别。可以说，式(4-20)只是动量定理公式的另一种表述方式。然而，运算方式的变化也揭示了一些不同的特性。在动量定理中，力和动量的变化量与参照系(惯性系)无关，也不受坐标系的影响。而力矩和动量矩都与位矢有关，即与质点相对于坐标系的位置相关。对于同一参照系，如果选择不同的参考点(坐标系的原点)，力矩和动量矩的大小和方向都可能发生变化。

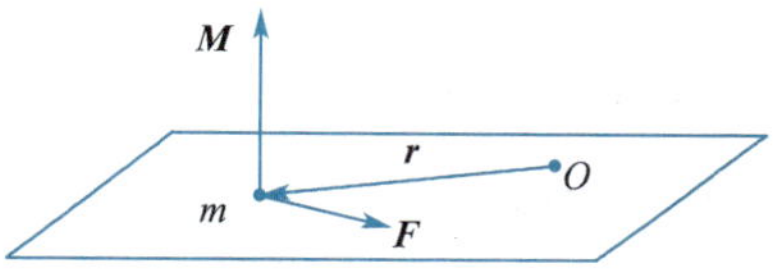

图 4-7　力矩

以力矩 $\boldsymbol{M}$ 为例，它是一个垂直于 $\boldsymbol{r}$ 和 $\boldsymbol{F}$ 的矢量(图 4-7)，其大小 $|\boldsymbol{M}|$ 等于位矢 $|\boldsymbol{r}|$ 与力 $\boldsymbol{F}$ 的横向分量的乘积。如果选择另一个点作为原点，那么位矢 $\boldsymbol{r}$ 的数值和方向都会改变，从而使得力矩 $\boldsymbol{M}$ 的数值和方向也随之改变。例如，如果将原点选在力 $\boldsymbol{F}$ 矢量的延长线上，那么位矢 $\boldsymbol{r}$ 将与 $\boldsymbol{F}$ 共线，相应的力矩就会成为零矢量。

4.2.4　质点的角动量定理

动量矩是质量 m 与 $(\boldsymbol{r}\times\boldsymbol{v})$ 之积，若以 $\boldsymbol{L}$ 表示动量矩，则质点的动量矩为

$$\boldsymbol{L}=m(\boldsymbol{r}\times\boldsymbol{v})\tag{4-21}$$

如图 4-8 所示，在任一瞬间 $\boldsymbol{r}$ 和 $\boldsymbol{v}$ 决定一个平面，$\boldsymbol{L}$ 是垂直于这个平面的矢量。在图 4-8 中，为了表明 $\boldsymbol{L}$ 是与原点有关的矢量，把 $\boldsymbol{L}$ 画在这个平面经过原点的法线上。

在一瞬间，质点在此平面上运动。它的运动状态可分解为沿 $\boldsymbol{r}$ 方向的线运动和绕原

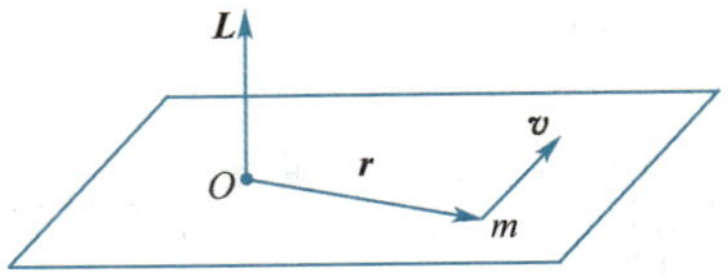

图 4-8　动量矩

点的转动。图中的法线就是它的瞬时转动轴。若转动的角速度为 $\boldsymbol{\omega}$，$\boldsymbol{r}$ 方向的单位矢量为 $\boldsymbol{e}_r$，则

$$\boldsymbol{v}=\frac{\mathrm{d}r}{\mathrm{d}t}\boldsymbol{e}_r+\boldsymbol{\omega}\times\boldsymbol{r} \tag{4-22}$$

因而有

$$\boldsymbol{L}=m(\boldsymbol{r}\times\boldsymbol{v})=m(\boldsymbol{r}\times(\boldsymbol{\omega}\times\boldsymbol{r})) \tag{4-23}$$

$\boldsymbol{\omega}$ 是与 $\boldsymbol{r}$ 垂直的矢量，由图 4-8 不难看出

$$\boldsymbol{L}=mr^2\boldsymbol{\omega} \tag{4-24}$$

位矢与动量的叉乘不仅仅标示了动量的位置，它还特别强调了动量的横向分量，使得动量矩成为能够直接描述旋转效应的物理量。因此，动量矩也常被称为角动量。

接下来将动量 $m\boldsymbol{v}$ 与角动量 $mr^2\boldsymbol{\omega}$ 对比：速度 $\boldsymbol{v}$ 与角速度 $\boldsymbol{\omega}$ 对应，度量质点惯性的 m 与 mr^2 对应，所以把 mr^2 叫作质点的转动惯量，记为

$$J=mr^2 \tag{4-25}$$

因而

$$\boldsymbol{L}=J\boldsymbol{\omega} \tag{4-26}$$

应该注意：J 与 $\boldsymbol{\omega}$ 都是与原点有关的物理量，而且在质点的运动过程中，J 还将随 $|\boldsymbol{r}|$ 的变化而变化。

动量矩定理也叫作角动量定理。质点的角动量定理的表达式是

$$\boldsymbol{M}\mathrm{d}t=\mathrm{d}(J\boldsymbol{\omega}) \tag{4-27}$$

当应用角动量定理时，通过适当地选择原点，让位矢与某些力保持平行，可以使得这些力的力矩为零，从而相应的方程式会变得更加简洁。

例 4-6　如图 4-9 所示是一悬挂在 O 点的单摆，摆长为 L。已知摆线的质量与空气阻力可不计，试写出单摆的运动方程。

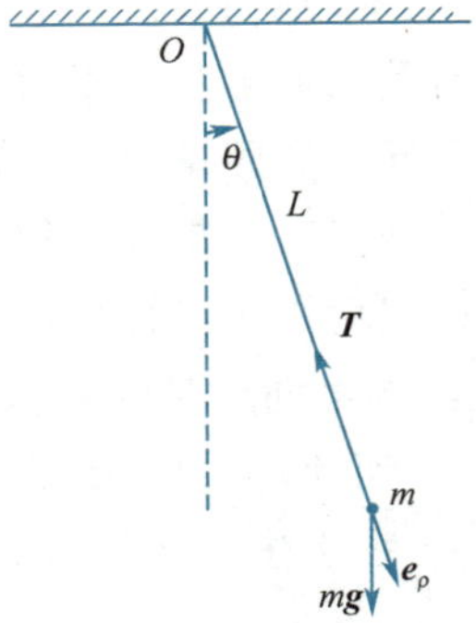

图 4-9　例 4-6 图

解　以 O 点为原点设置极坐标，极角为 θ。对 O 点摆锤的位矢为 $\boldsymbol{r}=L\boldsymbol{e}_\rho$，转动惯量为 mL^2，角速度为 $\omega=\mathrm{d}\theta/\mathrm{d}t$。角速度是垂直于图平面指向上方的矢量。

摆锤受到重力和摆线的张力 $\boldsymbol{T}$ 的作用。因张力与位矢在一条直线上，它的力矩为零。由图 4-9 可知，重力对 O 点的力矩为

$$M=mgL\sin\theta$$

它的方向与角速度的方向相反。按照角动量定理，单摆的运动方程为

$$\mathrm{d}\left(mL^2\frac{\mathrm{d}\theta}{\mathrm{d}t}\right)=-mgL\sin\theta\,\mathrm{d}t$$

上式可化简为

$$L\frac{\mathrm{d}^2\theta}{\mathrm{d}t^2}=-g\sin\theta$$

可以看出以上若做一阶近似后是一个二阶线性微分方程，因此在小角度范围内才是

个线性振子。

在推导质点的角动量时，将质点视作在由其瞬时速度和选定原点所构成的平面上绕原点旋转。须指出，原点是在指定参照系中选定的参考点，它未必是质点轨迹的曲率中心。此处提到的角速度，是指质点轨迹相对于原点的张角变化率，它不仅取决于质点相对于位矢的横向速度，还与质点的位矢有关。总的来说，角速度和转动惯量都是与所选原点相关的物理量。

如果将动量视为表征质点进行直线运动的物理量，其中力是通过这种直线运动的变化来体现的相互作用，那么角动量（动量矩）则是表征质点进行角运动（旋转）的物理量，而力矩则是与之对应的相互作用。

4.2.5　质点组的能量

有 N 个质点的质点组中，设作用于第 i 个质点的外力为 $\boldsymbol{F}_i$、内力为 $\boldsymbol{f}_i$，则第 i 个质点的动能定理为

$$(\boldsymbol{F}_i+\boldsymbol{f}_i)\cdot \mathrm{d}\boldsymbol{r}_i=\mathrm{d}\left(\frac{1}{2}m_i v_i^2\right) \tag{4-28}$$

对各质点的动能定理求和可得

$$\sum(\boldsymbol{F}_i+\boldsymbol{f}_i)\cdot \mathrm{d}\boldsymbol{r}_i=\sum\left(\mathrm{d}\,\frac{1}{2}m_i v_i^2\right) \tag{4-29}$$

这就是质点组的动能定理。

式(4-29)左边是所有内力和外力所做的功之和，记为

$$\mathrm{d}W=\sum(\boldsymbol{F}_i+\boldsymbol{f}_i)\cdot \mathrm{d}\boldsymbol{r}_i=\sum\boldsymbol{F}_i\cdot \mathrm{d}\boldsymbol{r}_i+\sum\boldsymbol{f}_i\cdot \mathrm{d}\boldsymbol{r}_i \tag{4-30}$$

对于质点组而言，每个力总是作用于一个特定的质点上，这个点被称为力的作用点。在式(4-30)中，每个力所做的功，都是力与其作用点位移的点乘积。如果力的作用点在力的作用方向上没有发生位移，那么这个力就不会做功。

各质点的动能之和，叫作质点组的动能，记为

$$E_\mathrm{k}=\sum\frac{1}{2}m_i v_i^2 \tag{4-31}$$

在定义了质点组的动能和对质点组所做的功之和后，质点组的动能定理可以表示为

$$\mathrm{d}W=\mathrm{d}E_\mathrm{k} \tag{4-32}$$

即质点组的动能的增量等于各内力和外力所做的功之和。在质点组中，各质点的运动可分解为质心的运动和相对于质心的运动

$$\boldsymbol{v}_i=\boldsymbol{v}_C+\boldsymbol{v}_{iC}$$

代入式(4-31)可得

$$E_\mathrm{k}=\sum\frac{1}{2}m_i(\boldsymbol{v}_C+\boldsymbol{v}_{iC})\cdot(\boldsymbol{v}_C+\boldsymbol{v}_{iC})=\frac{1}{2}\left(\sum m_i\right)v_C^2+\boldsymbol{v}_C\cdot\left(\sum m_i\boldsymbol{v}_{iC}\right)+\sum\frac{1}{2}m_i v_{iC}^2$$

因 $\sum m_i\boldsymbol{v}_{iC}=\boldsymbol{0}$，故

$$E_k = \frac{1}{2}Mv_C^2 + \sum \frac{1}{2}m_i v_{iC}^2 \tag{4-33}$$

由此表明，质点组的动能等于质心的动能与各质点在质心系中的动能之和，称为柯尼希定理。

正如前文所述，质点的动能与所选择的参照系有关，因此，质点组的动能同样与参照系相关。在式(4-33)中，由于质心的速度与参照系有关，质心的动能也因此与参照系相关。然而，质点组在质心系中的各质点动能却不依赖于参照系，这是总动能中不依赖于参照系的组成部分。如果质点组是一个孤立系统，那么它的质心速度保持不变，质心动能也保持不变。动能的变化量仅由各质点在质心系中的动能变化量之和决定：

$$dE_k = d\left(\sum \frac{1}{2}m_i v_{iC}^2\right) \tag{4-34}$$

当刚体以角速度绕定轴转动时，各质点均有相同的角速度。若刚体的角速度为 ω，第 i 个质点的转动惯量为 J_i，则刚体的转动动能为

$$E_k = \sum \frac{1}{2}J_i\omega^2 = \frac{1}{2}J\omega^2 \tag{4-35}$$

式中，J 是刚体的转动惯量，$J = \sum J_i$。

例 4-7 质量为 m_1 的木块静止放置在无摩擦水平面上，一质量为 m_2 的子弹以初速 $\boldsymbol{v}_0$ 沿水平方向射入(图 4-10)，并嵌于木块中一起运动。已知木块对子弹的摩擦力(阻力)可看作常量 f_m，求：

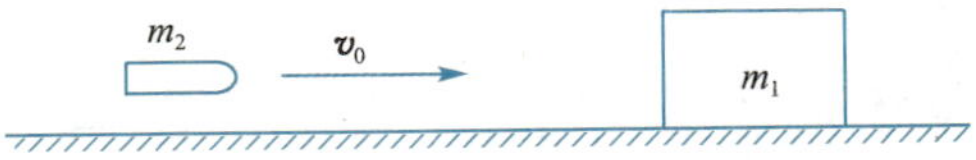

图 4-10　例 4-7 图

(1)子弹嵌入木块的距离；

(2)在地面参照系摩擦力对木块做的功；

(3)在质心系摩擦力对木块做的功。

解 (1)将木块与子弹看作一个系统。子弹与木块相互作用时，重力的作用可不计。系统在水平方向做完全非弹性碰撞。经过碰撞，子弹与木块的末速度为

$$\boldsymbol{v}_C = \frac{m_2}{m_1 + m_2}\boldsymbol{v}_0$$

在地面参照系观察，该系统的末动能为

$$\frac{1}{2}(m_1 + m_2)v_C^2 = \frac{m_2^2}{2(m_1 + m_2)}v_0^2$$

在碰撞前只有子弹相对地面运动，则系统初动能为 $\frac{1}{2}m_2 v_0^2$。经过碰撞系统的动能的增量为

$$\Delta E_k = \frac{1}{2}\left(\frac{m_2^2}{m_1 + m_2}v_0^2 - m_2 v_0^2\right) = \frac{-m_1 m_2}{2(m_1 + m_2)}v_0^2$$

在子弹与木块碰撞的过程中，只有子弹与木块之间的摩擦力（一对内力）做功，在摩擦力作用时，子弹与木块的相对位移的大小，就是子弹嵌入的距离 Δl。因相对位移的方向总与摩擦力的方向相反，所以这一对摩擦力做的功为

$$-f_m \Delta l = -\frac{m_1 m_2}{2(m_1+m_2)} v_0^2$$

由上式可解得

$$\Delta l = \frac{m_1 m_2}{2 f_m (m_1+m_2)} v_0^2$$

（2）在地面参照系观察，木块在碰撞前处于静止状态，其动能为零；碰撞后的速度为 v_C，它的动能为 $\frac{1}{2} m_1 v_C^2$。根据动能定理，作用于木块的摩擦力（一个力）对木块做的功，等于木块动能的增量，即

$$\Delta W = \frac{1}{2} m_1 v_C^2 = \frac{1}{2} \frac{m_1 m_2^2}{(m_1+m_2)^2} v_0^2$$

（3）在质心系，木块的初速度为

$$0 - v_C = -\frac{m_2}{m_1+m_2} v_0$$

碰撞后，木块相对于质心的速度为零。根据动能定理，摩擦力对木块做的功为

$$\Delta W = 0 - \frac{1}{2} m_1 \left(\frac{-m_2}{m_1+m_2} v_0\right)^2 = -\frac{1}{2} \frac{m_1 m_2^2}{(m_1+m_2)^2} v_0^2$$

4.3　刚体的转动惯量

4.3.1　转动惯量

通过先前的学习，已了解到可以通过转动惯量来量化物体对其旋转运动的惯性大小。现在，需要探讨在刚体中如何表达这种惯性大小，假设刚体由 N 个质点组成，如果将固定轴设为 z 轴并建立坐标系，那么每个质点在 z 轴方向的角动量以及外力矩都与原点无关。如果用 $\omega_z \boldsymbol{e}_z$ 表示各质点对 z 轴的角速度，那么刚体在 z 轴方向的角动量可以表示为

$$\boldsymbol{L}_z = \sum_{i=1}^{N} m_i \rho_i^2 \omega_z \boldsymbol{e}_z = \left(\sum_{i=1}^{N} m_i \rho_i^2\right) \omega_z \boldsymbol{e}_z \tag{4-36}$$

定义刚体对指定的 z 轴的转动惯量 J_z：

$$J_z = \sum_{i=1}^{N} m_i \rho_i^2 \tag{4-37}$$

则刚体在 z 轴方向的角动量可表示为

$$\boldsymbol{L}_z = J_z \omega_z \boldsymbol{e}_z \tag{4-38}$$

在刚体中，每一质点到转动轴的距离 ρ_i，取决于转动轴与刚体的相对位置。因此，转

动惯量与转动轴的相对位置有关。在确定了转动轴之后，ρ_i 不因刚体运动而变化。在这一意义上，可以说转动惯量是常量。

设刚体受到的外力矩在 z 轴方向分量为 $\boldsymbol{M}_z$（$\boldsymbol{M}_z=M_z\boldsymbol{e}_z$），则刚体绕 z 轴转动的运动方程为

$$M_z\boldsymbol{e}_z\mathrm{d}t=\mathrm{d}J_z\omega_z\boldsymbol{e}_z=J_z\mathrm{d}\omega_z\boldsymbol{e}_z \tag{4-39}$$

即

$$M_z=J_z\frac{\mathrm{d}\omega_z}{\mathrm{d}t}=J_z\beta \tag{4-40}$$

只要知道刚体的转动惯量，就可用运动方程解绕固定轴的转动问题。实际的刚体是质量连续分布的物体。式(4-37)只是给出转动惯量的计算方法，在做具体的计算时，往往需要用定积分做求和运算。

值得注意的是，式(4-40)只是特殊条件下的动量矩定理。对于比较简单的系统，只涉及一个绕固定轴转动的刚体，就可以依据式(4-40)得到系统的运动方程。否则，还需要使用动量矩定理。

例 4-8 有一长为 L、质量为 M 的均匀细杆，求它对通过中心并与杆垂直的转动轴的转动惯量。

解 以杆的中心为原点设置平行于杆的 x 轴(图 4-11)。设想按 x 坐标将杆无限细分，在坐标为 x 处、长为 $\mathrm{d}x$ 的一段杆，到转动轴的距离为 $|x|$，质量为 $M/L\,\mathrm{d}x$，转动惯量为

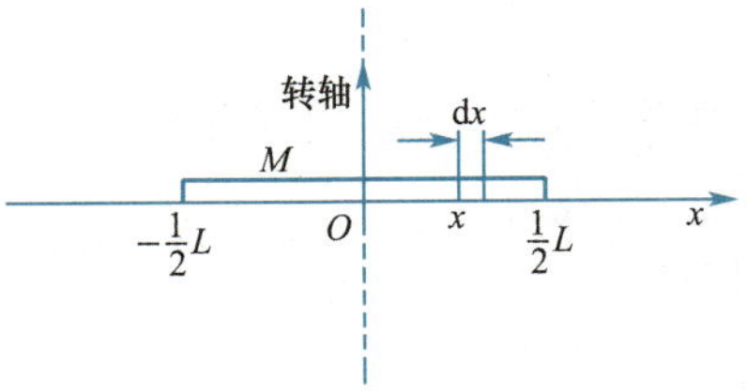

图 4-11　例 4-8 题解图

$$\mathrm{d}J_x=\frac{M}{L}x^2\mathrm{d}x$$

杆的转动惯量是各微段的转动惯量之和，即

$$J_z=\int_{-\frac{1}{2}L}^{\frac{1}{2}L}\frac{M}{L}x^2\mathrm{d}x=\frac{1}{12}ML^2$$

例 4-9 求质量为 m、半径为 R 的匀质圆盘绕垂直于质心轴的转动惯量。

解 如图 4-12 所示，将它分解成一系列内、外半径各为 r、$r+\mathrm{d}r$ 的圆环，通过积分可算得相对于过圆心 O 且与盘面垂直的转轴，转动惯量为

$$J_0=\int_0^R\left(\frac{2\pi r\,\mathrm{d}r}{\pi R^2}m\right)r^2=\frac{1}{2}mR^2$$

例 4-10 有一质量为 m、半径为 R 的均匀圆柱体，求它对于对称轴的转动惯量。

解 以对称轴为 z 轴设置极坐标(图 4-13)。按矢径将柱体划分为无限薄的同轴圆柱壳。半径为 ρ、壁厚为 $\mathrm{d}\rho$ 的壳的横截面面积为 $2\pi\rho\mathrm{d}\rho$，其质量为

$$\mathrm{d}m=m\frac{2\pi\rho}{\pi R^2}\mathrm{d}\rho=\frac{2m}{R^2}\rho\mathrm{d}\rho$$

按图取微元壳层对 z 轴的转动惯量为

$$\mathrm{d}J_z = 2\frac{m}{R^2}\rho^3\mathrm{d}\rho$$

圆柱体的转动惯量是各壳层的转动惯量之和，所以

$$J_x = \int_0^R 2\frac{m}{R^2}\rho^3\mathrm{d}\rho = \frac{1}{2}mR^2$$

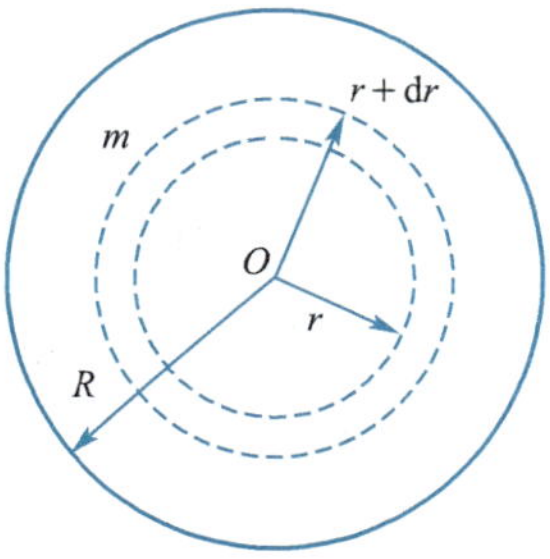

图 4-12　例 4-9 题解图

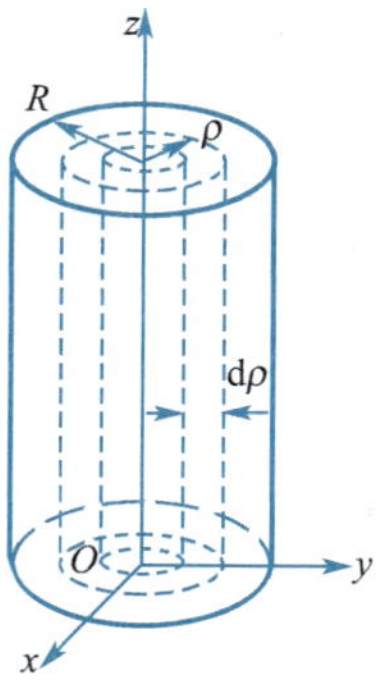

图 4-13　例 4-10 题解图

4.3.2　平行轴定理

在运用动量矩定理分析刚体运动时，质心通常被视为一个质点，其动量矩的计算相对简便。因此，只要能够确定刚体绕其质心旋转的轴线，以及刚体对此轴线的转动惯量，就可以方便地表达出刚体的动量矩。

最简单的情况是刚体绕某一惯性系中的固定轴进行旋转，如图 4-14 所示。

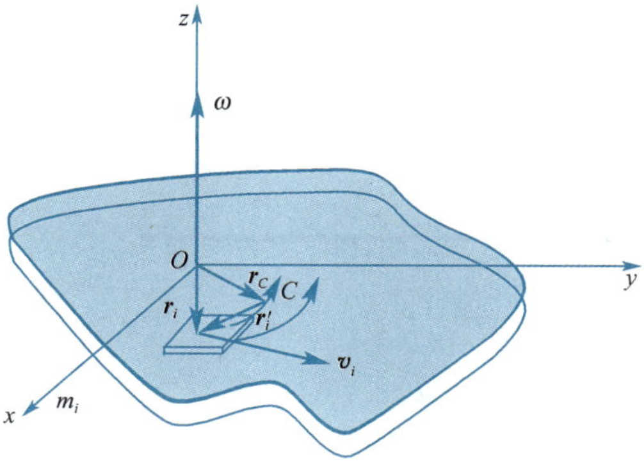

图 4-14　刚体的定轴转动

如果在图中引入一个质心，就能看出一个重要的特点。做代换：

$$\boldsymbol{r}_i = \boldsymbol{r}_C + \boldsymbol{r}'_i$$

对于 J_z，有

$$J_z = \sum m_i r_i^2 = \sum m_i \boldsymbol{r}_i \cdot \boldsymbol{r}_i = \sum m_i (\boldsymbol{r}_C + \boldsymbol{r}'_i)^2 = \sum m_i (r_C^2 + 2\boldsymbol{r}_C \cdot \boldsymbol{r}'_i + r_i'^2)$$

但是，因为$\sum m_i = M$，即平板的总质量，所以有

$$J_z = Mr_C^2 + 2\boldsymbol{r}_C \cdot \sum m_i \boldsymbol{r}'_i + \sum m_i r_i'^2$$

可以看出，上式中间那一项等于零，因为$\boldsymbol{r}'_i$是m_i相对于质心的位置矢量，从而总和$\sum m_i \boldsymbol{r}'_i = \boldsymbol{0}$。另外，最末一项就是相对于通过质心$C$点的垂直轴的转动惯量，因此得到

$$J_z = J_{C_z} + Mr_C^2 \tag{4-41}$$

上式叫作转动惯量的平行轴定理，它可表述为：刚体对固定轴的转动惯量，等于质心对该轴的转动惯量与刚体对过质心并与之平行的轴的转动惯量之和。

绕任何轴的转动惯量等于绕通过质心平行轴的转动惯量加上物体的质量乘以两轴间距离的二次方。因此

$$J = J_C + Ml^2 \tag{4-42}$$

式中，l是两轴的间距。由式(4-41)，表达式(4-35)变为

$$E_k = \frac{1}{2}J_{C_z}\omega^2 + \frac{1}{2}Mr_C^2\omega^2 \tag{4-43}$$

它可以直接解释为：转动平板的总动能等于绕它质心的转动能量(第一项)加上质心绕转轴的平动能量(第二项)。

例 4-11 如图 4-15 所示是质量为M、长为L的均匀细杆，求它对经过其端点且与之垂直的z轴的转动惯量。

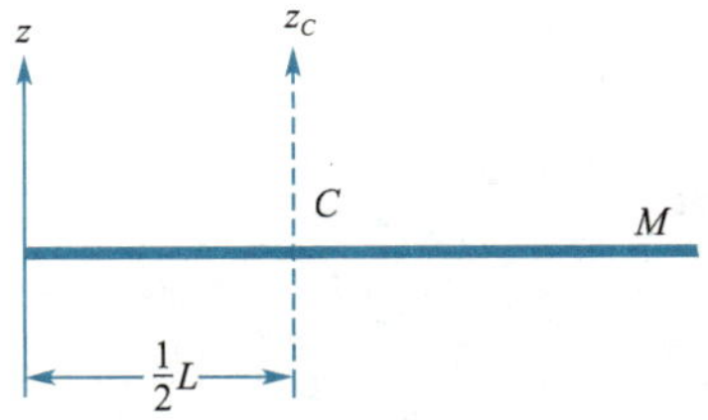

图 4-15 例 4-11 图

解 例题中，杆对过质心并与杆垂直的z_C轴的转动惯量为

$$J_{z_C} = \frac{1}{12}ML^2$$

如图所示，杆的质心到z轴的距离为$\frac{1}{2}L$。根据平行轴定理可得

$$J_z = M\left(\frac{1}{2}L\right)^2 + \frac{1}{12}ML^2 = \frac{1}{3}ML^2$$

4.3.3　垂直轴定理

再证明一个关于刚体转动惯量有用的定理。在 4.3.2 节的图 4-14 中展示了一块正在旋转的平板，并在板上标出一个有代表性的质量元 m_i。质量元 m_i 对相对于 z 轴的转动惯量 J_z 的贡献是 $m_i r_i^2$，这即是质量元与其到转轴距离的二次方的乘积。考虑绕 x 轴的转动，那么质量元 m_i 对相对于 x 轴的转动惯量所做的贡献是 $m_i y_i^2$；同样相对于 y 轴，它的贡献是 $m_i x_i^2$。因此可得

$$J_x=\sum m_i y_i^2,J_y=\sum m_i x_i^2$$

相加得到

$$J_x+J_y=\sum m_i(x_i^2+y_i^2)=\sum m_i r_i^2=J_z \tag{4-44}$$

这就证明了垂直轴定理对于薄的平面刚体是正确的，它表述为：一个平面刚体薄板相对于垂直于它的平面轴的转动惯量，等于绕平面内与垂直轴相交的任意两个正交轴的转动惯量之和。

例 4-12　图 4-16 中画出了一个长度为 a、宽度为 b 的平板，计算绕垂直通过平板质心的 z 轴的转动惯量。

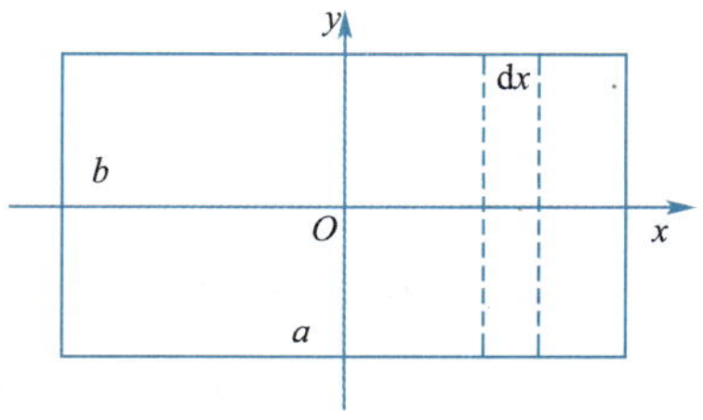

图 4-16　例 4-12 图

解　可以把平板看作是由许多窄条组成的，其中任一窄条位于距中心 x 处，宽度微元为 $\mathrm{d}x$。把每一窄条当作细杆来处理，再把各窄条的贡献加起来，就得到绕 O 的总转动惯量。

图示的窄条具有 $(\mathrm{d}x/a)m$ 的质量，并且绕位于其自身中心的垂直轴，窄条具有 $\frac{1}{12}\frac{\mathrm{d}x}{a}mb^2$ 的转动惯量。根据平行轴定理，绕位于 O 点的垂直轴，窄条对转动惯量的贡献为

$$\mathrm{d}J=\frac{\mathrm{d}x}{a}m\left(\frac{b^2}{12}+x^2\right)$$

现在，用积分把全部这类贡献相加，得到

$$J=\frac{m}{a}\int_{-a/2}^{+a/2}\left(\frac{b^2}{12}+x^2\right)\mathrm{d}x=\frac{m}{12}(a^2+b^2)$$

因为这个计算是对绕 z 轴的转动而言的，所以可把结果称为 J_z。很容易看出 J_x 和 J_y 的数值分别为

$$J_x=\frac{m}{12}b^2 \text{ 和 } J_y=\frac{m}{12}a^2$$

显然是满足垂直轴定理 $J_z=J_x+J_y$ 的。

基于上述讨论，可计算出一些常见均匀刚体的转动惯量，并在图 4-17 中进行总结。

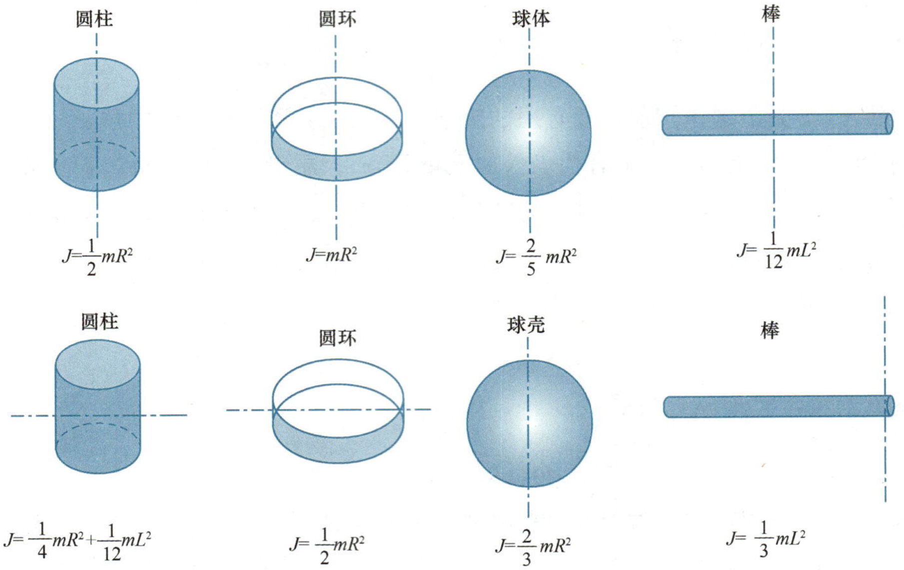

图 4-17　常见均匀刚体的转动惯量

4.4　刚体的运动

4.4.1　刚体的定轴转动

在先前探讨了单个质点的动量矩定理之后，我们将这一理论推广到质点组的情况，并利用这一扩展来深入研究如何准确描述刚体的运动。

如图 4-18 所示，$\boldsymbol{F}_A$ 和 $\boldsymbol{F}_B$ 是一组大小相等、方向相反的力，它们的作用点的位矢分别为 $\boldsymbol{r}_A$ 和 $\boldsymbol{r}_B$。这样的一对力叫作力偶。力偶的合力为零，即

$$\boldsymbol{F}_A+\boldsymbol{F}_B=\boldsymbol{0}$$

上式所表示的矢量和，是在不考虑力的作用点的情况下，将两个矢量平行地移动(保持它们的大小和方向不变)，直至两个矢尾重合于同一点，然后求得的矢量和。如果只考虑合力，那么力偶的作用就无法显现出来。

力偶的合力矩，叫作力偶矩。图 4-18 中，这一对力偶的力偶矩为

$$\boldsymbol{M}=\boldsymbol{r}_A\times\boldsymbol{F}_A+\boldsymbol{r}_B\times\boldsymbol{F}_B=(\boldsymbol{r}_A-\boldsymbol{r}_B)\boldsymbol{F}_A=\boldsymbol{r}_{AB}\times\boldsymbol{F}_A \tag{4-45}$$

上式说明力偶矩只取决于两作用点的相对位矢，与参考点无关。

接下来，将进一步探讨在质点组下动量矩定理将呈现出哪些特征。设在 N 个质点构成的质点组中，作用于第 i 个质点的合外力为 $\boldsymbol{F}_i$、合内力为 $\boldsymbol{f}_i$，则第 i 个质点的动量矩定理可以表示为

$$\boldsymbol{r}_i\times(\boldsymbol{F}_i+\boldsymbol{f}_i)\,\mathrm{d}t=\mathrm{d}(m_i\boldsymbol{r}_i\times\boldsymbol{v}_C)$$

将各质点的动量矩定理相加可得

$$\sum_{i=1}^{N}[\boldsymbol{r}_i \times (\boldsymbol{F}_i + \boldsymbol{f}_i)]\mathrm{d}t = \mathrm{d}\sum_{i=1}^{N}[m_i\boldsymbol{r}_i \times \boldsymbol{v}_i] \tag{4-46}$$

上式经过化简就可得到质点组的动量矩定理。

按照式(4-45)，如果力 $\boldsymbol{F}_A$ 和 $\boldsymbol{F}_B$ 作用于两个点，并且这两个力及 $\boldsymbol{F}_{AB}$ 在同一直线上，那么力偶矩为零矢量。根据牛顿第三运动定律，质点组内任意两个质点之间的内力总是一对力偶，并且这两个力必须在两质点连线上，它们的合力矩也必然为零矢量。因此，作用于质点组的合力矩等于外力矩之和。如果用 $\boldsymbol{M}$ 表示作用于质点组的合力矩，则：

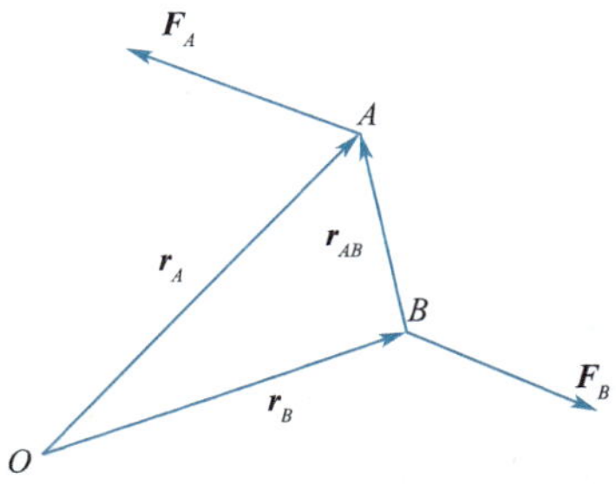

图 4-18　力偶

$$\boldsymbol{M} = \sum_{i=1}^{N}(\boldsymbol{r}_i \times \boldsymbol{F}_i)\mathrm{d}t \tag{4-47}$$

设质点组的动量矩 $\boldsymbol{L}$ 是各质点的动量矩之和：

$$\boldsymbol{L} = \sum_{i=1}^{N} m_i\boldsymbol{r}_i \times \boldsymbol{v}_i \tag{4-48}$$

所以式(4-46)可化简为

$$\boldsymbol{M}\mathrm{d}t = \mathrm{d}\boldsymbol{L} \tag{4-49}$$

以上就是质点组动量矩定理的表达式，在形式上和单个质点的动量矩定理保持一致，它可表述为：质点组动量矩的增量等于合外力矩的冲量矩。

按照动量矩定理式(4-49)，如果对于某个选定的参考点，作用于质点组的合外力矩为零，那么质点组的动量矩将是一个恒矢量。这即是通常所说的动量矩(角动量)守恒定律。

例 4-13　在无摩擦的水平支撑面上，有一系于细绳一端的小球，其质量为 m(图 4-19)，绳的另一端穿过支撑面中间的小孔。在绳的牵引下，小球以角速度 ω_0、半径 R_0 在支撑面上做圆周运动。此后，缓慢地拉绳使半径变化。已知绳的质量可不计，求半径为 R 时小球的角速度 ω。

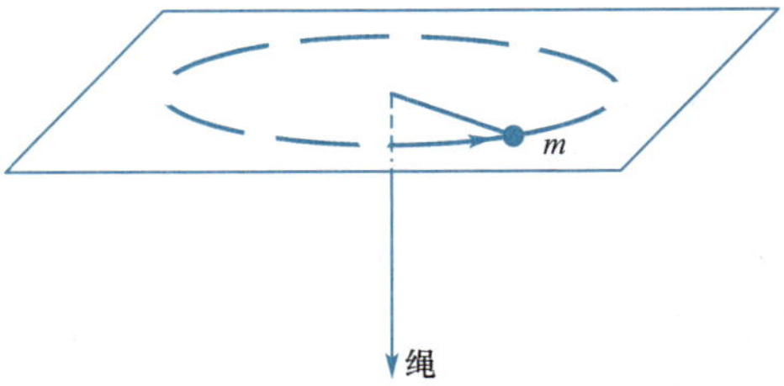

图 4-19　例 4-13 图

解　如果选小孔为参考点，把小球看作质点，它到原点的距离为 R，可以知道此时系统的合外力矩为零，因此角动量守恒，而它此时的角动量为 $mR^2\omega$，角动量的方向在铅直方向并指向上。

因角动量的初值为 $mR_0^2\omega_0$，所以有

$$mR^2\omega = mR_0^2\omega_0$$

由上式可解得

$$\omega = \left(\frac{R_0}{R}\right)^2\omega_0$$

例 4-14 在通过定滑轮的一条轻绳的两端，分别连有质量为 m_1 和 m_2 的物体(图 4-20)，滑轮是质量为 M、半径为 R 的质量均匀分布的圆盘。设绳的质量可不计，求两物体的加速度。

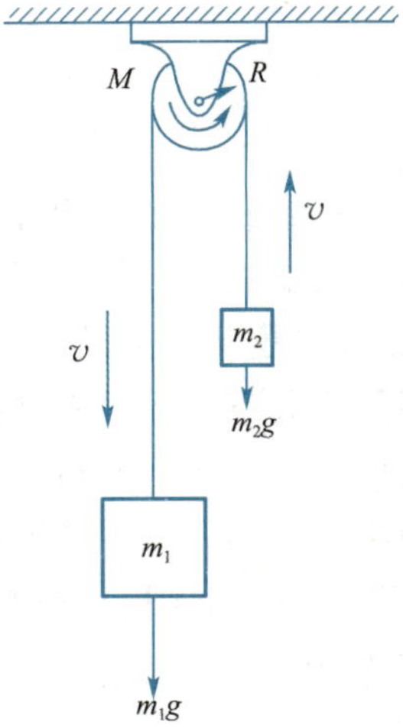

图 4-20　例 4-14 图

解 因绳的质量可不计，这个系统只含滑轮、m_1 和 m_2 三个物体。滑轮绕固定轴无摩擦地转动，m_1 和 m_2 做平动运动。不妨取滑轮中心为原点设置 z 轴，其方向垂直于纸面指向外。并由图 4-20 可知，作用于该系统的力矩为

$$\boldsymbol{M}=(Rm_1g-Rm_2g)\boldsymbol{e}_z=(m_1-m_2)Rg\boldsymbol{e}_z$$

平动的 m_1 和 m_2 以相同的速率 v 运动。它们对原点的动量矩分别为 $m_1Rv\boldsymbol{e}_z$ 和 $-m_2Rv\boldsymbol{e}_z$。因滑轮与绳之间无相对滑动，轮边缘的线速率也为v 。若设滑轮的角速度为 ω，则有

$$R\omega=v$$

因此滑轮也只有 z 轴方向的动量矩 $\boldsymbol{L}_M$：

$$\boldsymbol{L}_M=\frac{1}{2}MR^2\omega\boldsymbol{e}_z=\frac{1}{2}MRv\boldsymbol{e}_z$$

故这个系统的动量矩为

$$\boldsymbol{L}=\left(m_1+m_2+\frac{1}{2}M\right)Rv\boldsymbol{e}_z$$

利用动量矩定理得到系统的运动方程

$$(m_1-m_2)Rg\boldsymbol{e}_z\mathrm{d}t=\mathrm{d}\left(m_1+m_2+\frac{1}{2}M\right)Rv\boldsymbol{e}_z$$

由上式可解得 m_1 和 m_2 的加速度的大小为

$$a=\frac{\mathrm{d}v}{\mathrm{d}t}=\frac{m_1-m_2}{m_1+m_2+\frac{1}{2}M}g$$

例 4-15 质量为 m、半径为 R 的均匀圆板，沿倾角为 θ 的斜面无滑下滚(图 4-21)，求其质心的加速度。

解 在面上任选一点 O 作为参考点。设平行于斜面的方向的单位矢量为 $\boldsymbol{e}_\theta$，圆板绕通过质心的水平轴旋转，转轴方向的单位矢量为 $\boldsymbol{e}_z$，从而摩擦力矩为零，圆板受到的外力矩为

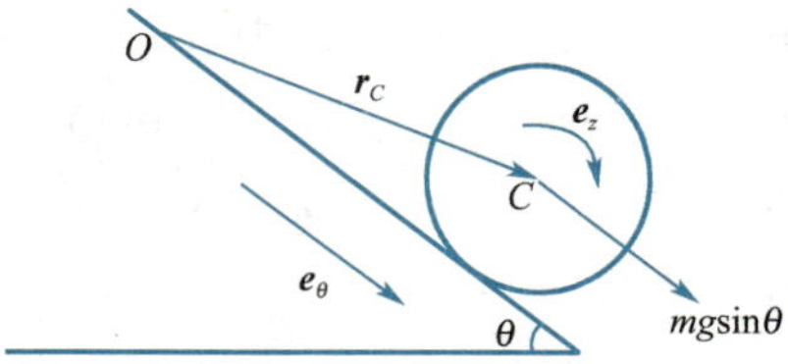

图 4-21　例 4-15 图

$$\boldsymbol{M}=\boldsymbol{r}_C\times mg\sin\theta\boldsymbol{e}_\theta=mg\sin\theta R\boldsymbol{e}_z$$

设圆板质心的速度为 $v_C\boldsymbol{e}_\theta$，则质心对 O 点的动量矩为 $mv_CR\boldsymbol{e}_z$。因圆板与斜面间无相对滑动，设圆板对质心的角速度为 ω，则有 $v_C=R\omega$。

圆板对质心的角动量为

$$\boldsymbol{L}_C=\frac{1}{2}mR^2\omega\boldsymbol{e}_z=\frac{1}{2}mv_CR\boldsymbol{e}_z$$

利用动量矩定理得到圆板的运动方程

$$mg\sin\theta R\boldsymbol{e}_z\mathrm{d}t=\mathrm{d}\left(mv_CR+\frac{1}{2}mv_CR\right)\boldsymbol{e}_z$$

由该式可解得圆板质心的加速度的大小为

$$a_C=\frac{\mathrm{d}v_C}{\mathrm{d}t}=\frac{2}{3}g\sin\theta$$

例 4-16　质量为 m，长为 l 的匀质细杆，可绕过端点 O 的水平光滑固定轴在竖直平面上自由摆动。将细杆从如图 4-22 所示的水平位置静止地释放，当摆角为 θ 时，试求：

(1)细杆旋转角速度 ω 和角加速度 β；

(2)转轴提供的沿杆长方向支持力 N_1 和垂直于杆长方向的支持力 N_2。

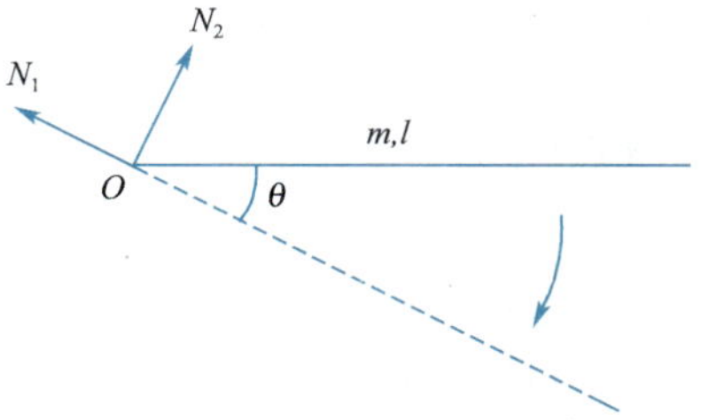

图 4-22　例 4-16 图

解　(1)向下摆动过程中，细杆机械能守恒，重力势能的减少量等于动能的增加量，有

$$mg\,\frac{l}{2}\sin\theta=\frac{1}{2}J_0\omega^2$$

$$J_0=\frac{1}{3}ml^2$$

解得

$$\omega=\sqrt{\frac{3g}{l}\sin\theta}$$

角加速度 β

$$\beta=\frac{3g}{2l}\cos\theta$$

(2)据质心运动定理，沿杆长方向有

$$N_1-mg\sin\theta=ma_C$$

$$a_C=\omega^2\,\frac{l}{2}$$

可得

$$N_1=\frac{5}{2}mg\sin\theta$$

在垂直于杆长的方向上有

$$mg\cos\theta-N_2=ma_{Ct}$$

$$a_{Ct}=\beta\,\frac{l}{2}$$

得到

$$N_2=\frac{1}{4}mg\cos\theta$$

4.4.2 刚体的平面平行运动

在定轴转动的情况下，刚体中的各个点部位在不同的平面内运动，而这些平面彼此平行。因此，可以归纳出一种被称为平面平行运动的刚体运动模式，其定义为每个点部位都在自己对应的一个平面内运动，而这些平面是相互平行的。平面平行运动的一种特例是没有转动，即纯平动，它拥有 2 个自由度。平面平行运动的另一种特例是定轴转动，即定点转动，它只有 1 个自由度。在一般情况下，平面平行运动既有平动又有绕一个轴的转动，且该轴必须垂直于这些平行平面。转轴可以是固定的，即定轴转动，也可以是平动的，例如车轮在做纯滚动时，通过轮心的转轴就是平动的。

将刚体中的每个点部位的运动投影到如图 4-23 所示的平行平面 σ 上。在平面 σ 上，刚体呈现出其二维投影图。图中的每个点既可以代表刚体的一个点部位，也可以代表刚体中的一条线部位。我们仍将这些点称为点，这样可以直接将图平面视为代表 σ 平面的一个抽象表示。

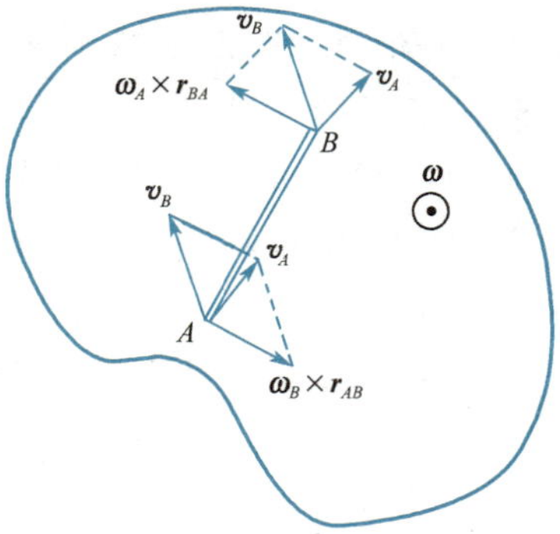

图 4-23 平面平行运动

在某时刻，刚体中 A、B 两点的速度记为$\boldsymbol{v}_A$、$\boldsymbol{v}_B$。将刚体的平面平行运动分解为随 A 点的平动和绕 A 轴的转动，转动角速度记为 $\boldsymbol{\omega}_A$，则如图 4-23 所示，应有

$$\boldsymbol{v}_B=\boldsymbol{v}_A+\boldsymbol{\omega}_A\times\boldsymbol{r}_{BA}$$

刚体的运动也可分解为随 B 点的平动和绕 B 轴的转动，转动角速度记为 $\boldsymbol{\omega}_B$，又可以有

$$\boldsymbol{v}_A=\boldsymbol{v}_B+\boldsymbol{\omega}_B\times\boldsymbol{r}_{AB}=\boldsymbol{v}_B-\boldsymbol{\omega}_B\times\boldsymbol{r}_{BA}$$

两式联立得

$$\boldsymbol{\omega}_A=\boldsymbol{\omega}_B$$

A，B 是任选的，因此刚体做平面平行运动时，相对任一转轴的角速度相同，记为 $\boldsymbol{\omega}$。当 $\boldsymbol{\omega}$ 不为零时，任何一点 M 的速度可表述为

$$\boldsymbol{v}_M=\boldsymbol{v}_A+\boldsymbol{\omega}\times\boldsymbol{r}_{MA}$$

且当 $\boldsymbol{r}_{MA}\cdot\boldsymbol{v}_A=0$ 时，$\boldsymbol{v}_M$是有可能为零的。过 A 点作正交于$\boldsymbol{v}_A$的直线 PQ，若 $\boldsymbol{\omega}$ 方向如图 4-24 所示，那么当 M 位于 AQ 段，且在 $\boldsymbol{r}_{MA}=\boldsymbol{v}_A/\boldsymbol{\omega}$ 时，有$\boldsymbol{v}_M=\boldsymbol{0}$。此时 M 点速度为零，称 M 点为该时刻刚体的瞬心。

在 σ 平面上，瞬心通常被看作一个点，而在整个刚体中，瞬心实际上是一条线。在定轴转动的情况下，刚体中瞬心的位置是恒定的。在一般情况下，瞬心的位置是会变化的。例如，当车轮在地面上进行纯滚动时，每一时刻与地面接触的点都是该时刻的瞬心，这些瞬心由车轮边缘的不同部位轮流承担。

利用三重矢积可知

$$\boldsymbol{v}_M=\mathbf{0}$$

$$-\boldsymbol{v}_A=\boldsymbol{\omega}\times\boldsymbol{r}_{MA}$$

$$-\boldsymbol{\omega}\times\boldsymbol{v}_A=\boldsymbol{\omega}\times(\boldsymbol{\omega}\times\boldsymbol{r}_{MA})=(\boldsymbol{\omega}\cdot\boldsymbol{r}_{MA})\boldsymbol{\omega}-(\boldsymbol{\omega}\cdot\boldsymbol{\omega})\boldsymbol{r}_{MA}=-\omega^2\boldsymbol{r}_{MA}$$

由刚体转动角速度 $\boldsymbol{\omega}$ 和任一点 A 的速度 $\boldsymbol{v}_A$，可确定瞬心 M 相对 A 点的位矢为

$$\boldsymbol{r}_{MA}=\boldsymbol{\omega}\times\boldsymbol{v}_A/\omega^2 \tag{4-50}$$

则在任一时刻瞬心 M 位置确定后，该时刻其他点部位 P 的速度为

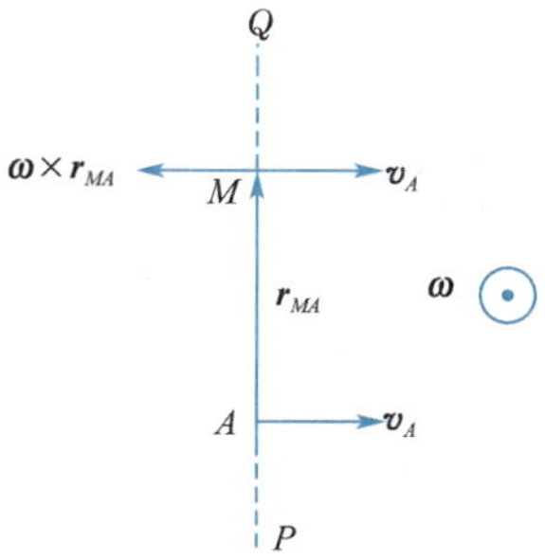

图 4-24　矢量示意图

$$\boldsymbol{v}_P=\boldsymbol{v}_M+\boldsymbol{\omega}\times\boldsymbol{r}_{PM}=\boldsymbol{\omega}\times\boldsymbol{r}_{PM} \tag{4-51}$$

也就是说，该时刻刚体的速度分布仅由绕着 M 轴的旋转速度构成。因此，从速度分布的角度来看，整个刚体相对于外部参考系的运动，可以等效为绕 M 轴的转动，因此称 M 轴为瞬时转轴，或者说 M 点是瞬时转动中心，这就是之前将 M 点称为瞬心的原因。

例 4-17　匀质细杆直立在光滑水平地面上，从静止状态释放后，因不稳定而滑行地倾倒，如图 4-25(a) 中虚线所示。试问，在细杆全部着地前，它的下端是否会跳离地面？

解　在杆体倾倒的过程中，如果没有水平方向的外力作用，质心将只有垂直向下的速度 v_C 和加速度 a_C。根据动能定理，可以计算出细杆在图 4-25(b) 所示的方位角 θ 时 v_C 的值。接着，利用 v_C 的值来求得 a_C。最后，根据质心运动定理，可以将地面对细杆下端的支持力 N 与 a_C 相联系，以确定是否可能出现支持力 N 为零的情况，这意味着细杆的下端可能会跳离地面。

设细杆质量为 m，长为 l，处于 θ 角方位时的瞬心 M 已在图中示出，有

$$v_C=\omega\left(\frac{l}{2}\sin\theta\right)$$

式中 ω 是杆的转动角速度。据动能定理有

$$mg\,\frac{l}{2}(1-\cos\theta)=\frac{1}{2}mv_C^2+\frac{1}{2}J_C\omega^2 \rightarrow J_C=\frac{1}{12}ml^2$$

可得

$$v_C^2=\frac{3gl(1-\cos\theta)\sin^2\theta}{1+3\sin^2\theta}$$

两边对 t 求导得

$$2v_Ca_C=\frac{\mathrm{d}}{\mathrm{d}\theta}\left[\frac{3gl(1-\cos\theta)\sin^2\theta}{1+3\sin^2\theta}\right]\frac{\mathrm{d}\theta}{\mathrm{d}t}=\frac{\mathrm{d}}{\mathrm{d}\theta}\left[\frac{3gl(1-\cos\theta)\sin^2\theta}{1+3\sin^2\theta}\right]\omega$$

$$\omega=\frac{2v_C}{l\sin\theta}$$

$$a_C=\frac{3g(\sin^2\theta+3\sin^4\theta+2\cos\theta-2\cos^2\theta)}{(1+3\sin^2\theta)^2}$$

地面支持力便是

$$N=mg-ma_C=\frac{3\cos^2\theta-6\cos\theta+4}{(1+3\sin^2\theta)^2}mg$$

利用函数很容易判定 $N>0$，故细杆全部着地前，杆的下端不会跳离地面。

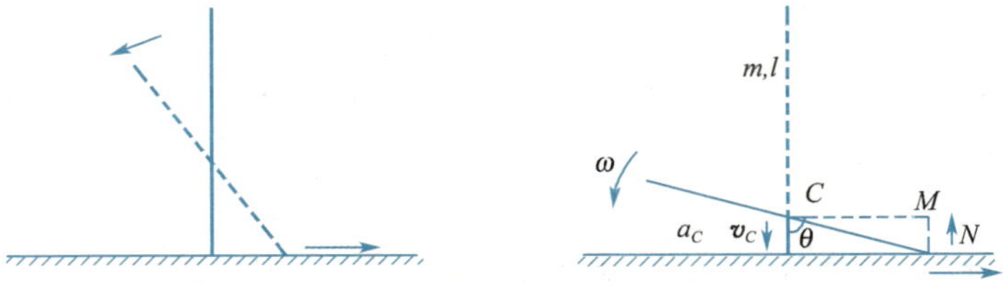

(a)例 4-17 图

(b)例 4-17 题解图

图 4-25　例 4-17 图及题解图

4.5　阅读材料

4.5.1　课程思政

在物理学的广袤领域中，刚体力学占据了一个特殊的位置。作为经典力学的一个重要分支，刚体力学研究的是在不发生形变的前提下，刚体在力作用下的运动规律。这一学科不仅是工程学、建筑学和机械设计的基础，也是理解更复杂物理系统的关键环节。

刚体力学的发展与经典力学的发展密不可分。从牛顿运动定律到拉格朗日和汉密尔顿的形式化方法，刚体力学奠定了精确描述物体运动的理论基础。无论是对单个物体的运动分析，还是对复杂机械系统的动力学研究，刚体力学提供了可靠的理论工具。然而，刚体力学并不是一个孤立的学科，它的发展依赖于整个理论力学的进步，从古代的哲学思考到现代物理学的革命性理论，刚体力学在这一过程中不断得到完善和扩展。因此，理解刚体力学的本质和应用，不仅要求我们掌握其具体的理论和公式，更需要我们放眼于整个理论力学的发展历史。

古代与中世纪的理论力学

亚里士多德(公元前 384 年—公元前 322 年)是古希腊伟大的哲学家、科学家，他的思想对西方文明的发展产生了深远影响。亚里士多德的自然哲学体系涵盖了物理学、天文学、生物学等多个领域，但他在物理学中的贡献尤其显著。他提出的“自然状态”理论认为，物体的自然状态是静止的，只有在外力作用下才会运动。这与现代力学的观点有很大不同，然而，在亚里士多德的时代，这一观点对解释物体的运动提供了一种合理的解释框架。亚里士多德还提出了“运动与媒介”的概念，即认为物体的运动依赖于介质的推动，例如，箭在空气中飞行，是因为空气不断推动它向前。这一理论在现代看来显得过时，但在当时却是对自然现象的一种合理解释。亚里士多德的物理学体系虽然在细节上存在错误，但它为后来的科学家提供了思考问题的基础，并在中世纪被视为权威学说，直到伽利略等人的工作彻底推翻了这些观点。

阿基米德(公元前 287 年—公元前 212 年)是古希腊时期最著名的科学家之一,以其在数学、物理学和工程学方面的贡献而闻名。阿基米德出生在叙拉古,他的一生大部分时间都在研究科学问题,阿基米德以卓越的智力和创造性思维著称,在力学方面的工作至今仍然是科学教育中的重要内容。阿基米德的科学研究方法主要基于实验和数学推理,这与当时以哲学思辨为主的研究方法形成了鲜明对比。他通过实验研究提出了杠杆原理,揭示了如何通过杠杆装置以较小的力量移动重物,这一原理不仅在古代建筑和工程中得到了广泛应用,也是现代机械设计的基础之一。阿基米德曾自豪地宣称"给我一个支点,我可以撬动地球",这句话生动地表达了杠杆原理的威力和他对物理学的信心。

文艺复兴与经典力学的诞生

伽利略·伽利莱(1564 年—1642 年)是文艺复兴时期意大利伟大的科学家,被誉为"现代科学之父"。他出生于意大利比萨的一个贵族家庭,早年接受了良好的教育,并展现出了对数学和物理的浓厚兴趣。伽利略在大学时期并未完成学业,但他凭借自身的才智和努力,很快在学术界崭露头角,最终成为比萨大学和帕多瓦大学的教授。伽利略著名的贡献之一是他对自由落体运动的研究。在古代和中世纪,亚里士多德的观点主导了人们对物体运动的理解,即重物下落的速度与其重量成正比。然而,伽利略通过实验发现,所有物体在没有空气阻力的情况下将以相同的速度下落,不论其质量大小。为了验证这一结论,伽利略进行了多个实验,其中最著名的是他在比萨斜塔上进行的实验,尽管这个故事的真实性存疑,但它生动地展示了伽利略的科学方法。伽利略进一步提出了惯性原理,他认为物体在没有外力作用下将保持匀速直线运动,只有在受力时才会改变运动状态。这一观点直接挑战了亚里士多德的"自然状态"理论,为牛顿的工作奠定了基础。尽管伽利略在晚年遭遇了巨大的个人困境,但他的工作对科学革命的推动作用是无可置疑的。伽利略的科学方法论,即通过实验观察与数学分析相结合的方式研究自然现象,奠定了现代科学研究的基本原则。他的工作不仅挑战了传统的权威思想,还展示了自然界的规律可以通过科学探究得到理解,这种思想激励了后来的科学家,推动了科学革命的进一步发展。

艾萨克·牛顿(1643 年—1727 年)是英国物理学家、数学家和天文学家,他的工作标志着经典力学的正式确立,并为现代科学奠定了基础。牛顿出生于英格兰林肯郡一个小农家庭,在早年生活中,牛顿表现出了对科学和数学的浓厚兴趣。尽管家庭经济条件有限,但他在剑桥大学接受了良好的教育,并在此期间开始了他的科学研究。牛顿的科学成就可以归结为三个主要领域:力学、光学和数学。在力学领域,牛顿通过整合前人如伽利略和开普勒的研究成果,提出了三大运动定律和万有引力定律,这些定律构成了经典力学的核心,为理解从物体的运动到行星的轨道提供了统一的理论框架。牛顿第一运动定律延续了伽利略的惯性原理,并将其推广为普适的物理定律,第二运动定律明确了力与物体加速度之间的关系,第三运动定律揭示了自然界中力的对称性。牛顿的著作《自然哲学的数学原理》(1687 年)是科学史上的里程碑,这本书不仅系统地阐述了牛顿的力学理论,还通过数学语言描述了自然界的规律,展示了科学方法的力量。牛顿的工作标志着科学革命的顶峰，奠定了现代物理学的基础。牛顿的一生充满了科学探索和思考，他的工作不仅彻底改变了人们对自然界的理解，也对后来的科学家产生了深远影响。牛顿的成就不仅在于他提出的具体理论，更在于他奠定了科学研究的基本方法，即通过观察、实验和数学分析来探索自然规律。

约瑟夫·路易·拉格朗日(1736年—1813年)是18世纪法国杰出的数学家之一，他在数学和力学领域的贡献深远地影响了后来的科学发展。拉格朗日出生于意大利都灵，年轻的他对数学产生了浓厚的兴趣，这使得他很快在数学界崭露头角，在20岁时被任命为都灵炮兵学校的数学教授，这一职位为他提供了良好的研究环境。此时的拉格朗日已经开始研究力学问题，他受牛顿《自然哲学的数学原理》的启发，开始思考如何将力学中的运动问题转化为数学问题进行处理。通过对力和运动关系的深入分析，拉格朗日提出了以能量为基础的力学描述方法，后来发展成为“拉格朗日力学”。拉格朗日力学与牛顿力学的不同之处在于，它不直接使用牛顿力学中的力和加速度，而是引入了“广义坐标”和“拉格朗日方程”的概念。拉格朗日方程通过最小作用量原理导出，展示了系统在满足一定条件下的最优运动路径。这一方法极大地简化了复杂系统的分析，特别是在多体问题和约束系统中具有显著优势。拉格朗日的研究不仅为理论物理学提供了新的分析工具，也为分析数学的发展开辟了新的领域。他的《分析力学》一书(1788年)系统地介绍了他的力学理论，并展示了数学在物理学中的应用潜力。这本书成了分析力学的奠基之作，对后来的物理学家和工程师产生了深远影响。

威廉·罗恩·哈密顿(1805年—1865年)是爱尔兰著名的数学家和物理学家之一，他的研究涵盖了力学、光学和代数学等多个领域。哈密顿出生于都柏林，少年时期便展现出卓越的语言天赋，能够流利掌握多种语言。然而，他最终选择了数学和物理作为毕生的研究方向，这一决定为理论物理学带来了革命性的变化。哈密顿的科学工作受到拉格朗日力学的启发，但他并不满足于现有的力学描述方法，希望通过进一步简化力学中的数学处理过程，使得复杂的物理系统能够更容易地被分析和理解。在此基础上，他提出了“哈密顿力学”的理论，这一理论成了经典力学的另一种等价表述。与拉格朗日力学相比，哈密顿力学在处理动力学对称性和守恒量方面具有显著优势。

刚体力学作为经典力学的一个重要分支，其发展史深深根植于整个理论力学的发展之中。从亚里士多德的早期思考，到牛顿的运动定律，再到拉格朗日和哈密顿形式化方法的提出，刚体力学不断从理论力学的进步中获得新的视角和方法。这一学科不仅在物理学中占据重要地位，也为工程、建筑和机械设计等应用领域提供了理论基础。

随着20世纪物理学的革命性进展，特别是相对论和量子力学的兴起，刚体力学的传统框架虽然依然有效，但也面临着新的挑战和扩展的机会。

回顾力学的发展史，可以看到，科学进步是一个持续积累与创新的过程。刚体力学的发展历程展示了这一点，同时也激励着我们在现有知识的基础上继续前行。对于今天的学生和未来的科学家来说，刚体力学不仅是一个学科，更是通往更深层次理解自然规律的一扇大门。通过这扇门，不仅可以探求物体运动的基本规律，还可以触及物理学中那些最为深奥的问题。

4.5.2　生活、生产及工程应用

猫的空中转体

当一只猫从高处掉落时，它几乎总能在空中迅速调整身体姿态，确保自己以四脚着地的方式安全落地。这一现象不仅让人感到惊奇，也引发了物理学家们的兴趣，物理学家们试图通过刚体力学原理来解释猫在空中转体的奥秘。

猫的空中转体涉及一个重要的物理学概念——角动量守恒。角动量守恒定律指出，对于一个孤立系统，如果没有外力矩作用，则系统的角动量将保持不变。猫在空中翻转时，利用了身体的灵活性和可控性。尽管整体上角动量守恒，但猫能够通过扭动身体的不同部分来改变局部的角动量，从而调整自身姿态。具体来说，猫通过弯曲和伸展身体，改变身体各部分的转动惯量，使得头部和前肢可以先转动，然后尾部和后肢再转动。通过这种分步旋转，猫可以在不违反角动量守恒定律的前提下实现空中转体。

这一现象可以通过简单的实验来模拟：用手旋转一根没有外力作用的长棒（例如体操运动员的杠铃），如果两端的质量分布不均匀，旋转的角速度会不同。同样，猫在空中通过调整身体的质量分布和旋转轴的位置，巧妙地控制了自身的转动过程。

猫的空中转体原理不仅让我们更加理解动物运动的自然之美，也为工程技术提供了启发。机器人技术中的自我调整系统，以及航天器姿态控制技术，都从这种自然现象中得到了灵感。例如，现代航天器在进入空间或进行轨道调整时，需要通过精确的姿态控制系统来保持稳定。这些系统通常利用飞轮或反作用轮来调整姿态，以保持角动量守恒。通过调整旋转部件的角速度，航天器可以在太空中实现精确的方向调整，类似于猫在空中调整姿态的过程。

此外，研究猫的空中转体还推动了仿生学的发展。科学家们通过研究猫的骨骼结构、肌肉协调性和神经系统，设计出能够在空中调整姿态的仿生机器人。这些机器人可以在跌落或跳跃时模仿猫的姿态调整机制，减少碰撞时的冲击力，从而提高安全性。

通过这一具体的生活现象，可以看到刚体力学的基本原理如何在自然界中得到应用，并如何启发人类的科技创新。

体育运动中的刚体力学

在 2024 年法国巴黎奥运会上，中国体操队取得了辉煌的成绩，总共获得了 4 枚金牌、3 枚银牌和 2 枚铜牌。其中，邹敬园在男子双杠项目中以 16.233 分的高分夺得金牌，而周雅琴则在平衡木项目中获得银牌。这些成绩不仅展示了运动员的卓越技能，也体现了人们对刚体力学原理的深刻理解和运用。

在体操项目中，旋转与平衡的掌握至关重要。邹敬园在双杠项目中的出色表现，很大程度上依赖于对转动惯量和力矩的精确控制。双杠动作要求运动员通过臂力和核心力量保持身体的平衡，并通过摆动和旋转来完成高难度动作。通过调节身体各部分的质量分布和旋转轴的位置，运动员能够精确控制转动惯量，从而影响旋转速度和姿态。同样，周雅琴在平衡木项目中的表现也离不开刚体力学的应用。平衡木上的每一个动作都要求运动员时刻保持重心的稳定，以避免跌落。通过调整四肢和躯干的姿态，运动员能够改变身体的力矩，从而在狭窄的平衡木上完成各种高难度动作。这些操作都基于对力和运动规律的深刻理解。

中国体操队在巴黎奥运会上的优异表现不仅展示了运动员的身体素质和训练水平，也反映了他们对刚体力学原理的娴熟掌握。通过科学化的训练和对物理规律的应用，他们能够在高压的比赛环境下保持冷静和稳定，最终实现卓越的竞技表现。

在巴黎奥运会上，中国跳水队创造了历史，首次包揽了 8 个跳水项目的金牌。其中，女子双人 3 米跳板的昌雅妮和陈艺文，男子双人 10 米跳台的杨昊和练俊杰，女子 10 米跳台的全红婵，男子 10 米跳台的曹缘等，都展现了世界级的跳水技术和对刚体力学的精妙运用。

跳水运动中的旋转和入水动作依赖于角动量守恒和空气阻力的精确控制。例如，全红婵在女子 10 米跳台比赛中，通过调整身体的姿态（如屈体或抱膝），控制空中的翻转速度和旋转次数。当完成空中动作后，她通过展开身体来增大转动惯量，减小旋转速度，并以最佳姿态入水，几乎没有溅起水花。

中国跳水队在巴黎奥运会上的辉煌表现再次证明了他们在这一领域的绝对优势。通过对刚体力学的深入理解和长期的科学训练，运动员们能够在高难度的比赛中稳定发挥，最终实现历史性突破，包揽所有跳水项目的金牌。

竹蜻蜓与回旋镖

竹蜻蜓是一种传统的中国儿童玩具，由轻质木材或竹子制成，其结构类似于现代直升机的旋翼。玩竹蜻蜓时，玩家用手指捻住竹蜻蜓的杆部，用力一转，竹蜻蜓便会快速旋转并升空。这种简单的玩具展示了基本的空气动力学和刚体力学原理。竹蜻蜓的升空和飞行依赖于旋翼的形状和运动。当竹蜻蜓旋转时，其旋翼与空气相互作用，产生向上的升力。根据伯努利原理，旋翼旋转时在叶片上方的空气流速更快、压力更低，而在叶片下方的空气流速较慢、压力更高。这一压力差产生了升力，使得竹蜻蜓能够克服重力向上飞行。同时，竹蜻蜓的旋转还涉及角动量守恒定律。竹蜻蜓通过旋转获得角动量，使得它在空中保持稳定的飞行姿态。当玩家停止对竹蜻蜓施力时，它仍然会由于角动量的存在而继续旋转，直到空气阻力逐渐消耗其动能。竹蜻蜓不仅是一种有趣的玩具，还是中国古代科技的象征。早在东汉时期，竹蜻蜓就已经出现，这种简单的玩具在当时被用来研究飞行原理。竹蜻蜓的原理与现代直升机的工作方式有着惊人的相似之处，它展示了人类对自然界飞行现象的早期理解和模仿。竹蜻蜓的飞行原理为现代航空技术提供了启示。直升机和无人机的设计都借鉴了竹蜻蜓的旋翼原理，通过旋转翼产生升力，实现垂直起降和悬停飞行。现代工程师在设计这些飞行器时，利用了空气动力学和刚体力学的复杂计算，确保飞行器的稳定性和效率。此外，竹蜻蜓的简单构造和飞行原理也成为教育和科普的理想工具。通过制作和玩竹蜻蜓，学生可以直观地理解飞行原理、空气动力学和旋转运动的基本概念。这种实践活动不仅能激发学习兴趣，还能帮助学生建立对物理规律的感性认识。

回旋镖是一种能够在投掷后自动返回的工具，最早由澳大利亚原住民作为狩猎工具使用。回旋镖的飞行和返回过程展示了刚体力学中的旋转运动、升力和陀螺效应。当回旋镖被投掷时，它的两个翅膀以不同的速度切割空气，由此产生不同的升力。由于回旋镖的旋转，导致其左右两边的升力不均衡，这种不对称的升力会产生一个侧向力矩，使得回旋镖逐渐偏转其飞行路径。同时，回旋镖的旋转使其产生了类似陀螺的稳定效应，这一效应帮助回旋镖在飞行过程中保持平稳，避免翻转。回旋镖返回投掷者手中的原因可以归结为这一偏转运动的积累。回旋镖在飞行过程中不断改变飞行方向，最终形成一个闭合轨迹，从而返回到投掷者的位置。回旋镖的设计和投掷技术对于成功实现这一过程至关重要。回旋镖的飞行原理为现代飞行器设计提供了有趣的参考。例如，某些无人机的设计中借鉴了回旋镖的稳定性和自旋特性，通过控制旋翼的旋转和角度，增强飞行器的稳定性和操控性。回旋镖原理的研究还对理解流体力学中的复杂流动和涡流现象提供了重要的见解。回旋镖的使用历史悠久，最早的考古发现可以追溯到数千年前。尽管回旋镖与澳大利亚原住民文化密切相关，但类似的工具在世界其他地区，如古埃及和古印度，也有发现。这种简单而有效的工具展示了人类早期对力学原理的理解和应用。回旋镖如今不仅是一种传统文化的象征，还发展成为一项竞技运动，回旋镖比赛在世界各地都很受欢迎。运动员通过精湛的投掷技巧和对空气动力学的理解，展示了回旋镖飞行的美妙艺术。

通过研究竹蜻蜓和回旋镖的飞行原理，可以更深入地理解刚体力学在自然界和人类活动中的广泛应用。这些传统玩具虽然构造简单，却蕴含着丰富的物理学原理，为现代工程和技术发展提供了宝贵的灵感。

陀螺仪及其应用

陀螺仪是一种利用角动量守恒原理来测量或维持方向的装置。它的核心组件是一个快速旋转的转子，当外界作用在其上的力矩为零时，转子的旋转轴将保持在一个固定方向上。这一特性使得陀螺仪在导航、姿态控制和稳定系统中具有广泛应用。陀螺仪的工作原理基于角动量守恒定律。对于一个旋转物体，其角动量的方向和大小在没有外力矩作用时保持不变。陀螺仪中的转子通过高速旋转获得稳定的角动量，使得其旋转轴能够抵抗外部力矩的扰动，维持原有的指向。然而，当外界施加力矩时，陀螺仪不会直接改变其旋转轴的方向，而是会发生一种被称为进动的现象。进动是指当施加一个外力矩时，陀螺仪的旋转轴并不沿力矩的方向倾斜，而是垂直于力矩方向产生缓慢的旋转运动。进动的速度与施加的力矩和陀螺的旋转角动量成正比。在实际应用中，进动现象广泛用于稳定系统，如航天器姿态控制中，通过小幅度的进动调整航天器的方向。

陀螺仪的概念最早由法国物理学家让·伯纳德·莱昂·福柯于 1852 年提出，用于验证地球自转。随着技术的进步，机械陀螺仪逐渐发展成为现代光纤陀螺仪和激光陀螺仪，这些新型陀螺仪具有更高的精度和可靠性。在现代航空、航天和海洋导航中，陀螺仪是核心部件之一。例如，飞机中的惯性导航系统通过陀螺仪和加速度计的组合，实时计算飞机的速度、位置和方向，使其能够在没有外部信号的情况下进行精确导航。

在惯性导航系统中，陀螺仪测量飞机的姿态变化，记录每个时间段内的旋转角度和方向。与加速度计测得的加速度数据结合，导航计算机能够实时推算出飞机的当前位置和运动轨迹。这种导航方式特别适用于长时间飞行和极端环境，如远洋飞行或太空任务。

在航天器的姿态控制中，进动效应尤为关键。通过控制小型陀螺的旋转方向和速度，航天器能够进行精确的方向调整。例如，利用进动来调节航天器的太阳能板朝向太阳，以最大化能量获取效率。

在现代摄影和摄像领域，陀螺稳定器（又称“云台”）已成为重要的设备。它能够有效减少拍摄过程中的抖动，确保影像稳定，尤其是在动态环境下进行拍摄时。陀螺稳定器通过内置陀螺仪感知摄像设备的微小角度变化，并通过控制电动机调整设备的角度，迅速抵消这些变化，从而保持摄像设备的稳定性。陀螺仪的快速响应和高精度测量，使得稳定器能够在极短时间内进行角度调整，确保拍摄画面的平稳流畅。当摄像设备受到外界干扰时，陀螺稳定器中的陀螺仪也可能出现微小的进动效应。通过精确控制，这种进动能够被快速调整，从而保持摄像设备的平衡。

平衡车与自平衡技术

平衡车是一种利用陀螺仪和加速度计实现自动平衡的个人交通工具。平衡车的核心在于保持垂直方向上的稳定性，这依赖于车内的电子控制系统不断感知车体的倾斜角度，并通过调整车轮的转速来保持平衡。当骑乘者站在平衡车上时，车体的倾斜角度会发生微小变化，这时内置的陀螺仪和加速度计会实时测量这些变化。陀螺仪主要用于测量车体的角速度，即车体倾斜或旋转的速率；加速度计则用于测量车体的线性加速度，即由于重力或其他外力导致的运动变化。这些传感器的数据输入控制系统后，系统会快速计算出车体的当前姿态，并通过调节车轮的转速来恢复平衡。平衡车的自平衡系统设计基于实时反馈控制原理，系统首先通过传感器收集车体的姿态信息，然后将这些数据传送至中央处理单元（CPU）。CPU 根据预设的控制算法计算出需要的车轮转速调整量，以抵消车体的倾斜或不平衡状态。在实践中，平衡车通过两个独立驱动的车轮实现左右平衡和前后稳定。当车体前倾时，控制系统会加速车轮的转动，以推动车体前进，恢复平衡；当车体后倾时，车轮减速甚至反转，防止车体向后倾倒。这种自动调节机制使得平衡车能够适应各种地形，并在不同速度下保持平稳运行。

刚体力学作为一门基础学科，在现代工程领域中具有广泛而重要的应用。无论是在航天、海洋技术领域，还是其他高科技领域，刚体力学的原理为解决复杂的工程问题提供了关键的理论支持。这些技术成就不仅推动了科技的进步，也为国家的经济发展和国防建设奠定了坚实的基础。

检测习题

一、单项选择题

1. 几个力同时作用在一具有光滑固定转轴的刚体上，若这几个力矢量和为零，则此刚体（　　）。

A. 必然不会转动　　　　B. 转速必然不变

C. 转速必然改变　　　　D. 转速可能不变，也可能改变

2. 关于刚体对轴的转动惯量，下列说法中正确的是(　　)。

A. 只取决于刚体的质量，与质量的空间分布和轴的位置无关

B. 取决于刚体的质量和质量的空间分布，与轴的位置无关

C. 取决于刚体的质量、质量的空间分布和轴的位置

D. 只取决于轴的位置，与刚体的质量和质量的空间分布无关

3. 一轻绳绕在有水平轴的定滑轮上，滑轮转动惯量为 J，绳下端挂一物体，物体所受重力为 G，滑轮角加速度为 β。若将物体去掉而以与 G 相等的力直接向下拉绳子，滑轮的角加速度将(　)

A. 不变　　B. 变小

C. 变大　　D. 如何变化无法判断

4. 花样滑冰运动员绕通过自身的竖直轴转动，开始时两臂伸开，转动惯量为 J_0，角速度为 ω_0。然后将两臂收回，使转动惯量减少为 $J_0/3$。这时运动员转动的角速度变为(　　)。

A. $\frac{\omega_0}{3}$　　B. $\frac{\omega_0}{\sqrt{3}}$　　C. $\sqrt{3}\omega_0$　　D. $3\omega_0$

5. 一水平圆盘可绕通过其中心的固定竖直轴转动，盘上站着一个人。把人和圆盘取作系统，当此人在盘上随意走动时，若忽略轴的摩擦，此系统(　　)。

A. 动量守恒　　B. 机械能守恒

C. 对转轴的角动量守恒　　D. 动量、机械能和角动量都守恒

6. 质量为 m 的小孩站在半径为 R 的水平平台边缘上。平台可以绕通过其中心的竖直光滑固定轴自由转动，转动惯量为 J，平台和小孩开始时均静止。当小孩突然以相对于地面为v 的速率在平台边缘沿逆时针转向走动时，则此平台相对地面旋转的角速度和旋转方向分别为(　　)。

A. $\omega=\frac{mR^2}{J}\left(\frac{v}{R}\right)$，顺时针　　B. $\omega=\frac{mR^2}{J}\left(\frac{v}{R}\right)$，逆时针

C. $\omega=\frac{mR^2}{J+mR^2}\left(\frac{v}{R}\right)$，顺时针　　D. $\omega=\frac{mR^2}{J+mR^2}\left(\frac{v}{R}\right)$，逆时针

7. 刚体角动量守恒的充分而必要的条件是(　　)。

A. 刚体不受外力矩的作用

B. 刚体所受合外力矩为零

C. 刚体所受的合外力和合外力矩均为零

D. 刚体的转动惯量和角速度均保持不变

8. 一圆盘绕过盘心且与盘面垂直的光滑固定轴 O 以角速度 ω 按如图 4-26 所示方向转动。若将两个大小相等方向相反但不在同一条直线的力 F 沿盘面同时作用到圆盘上，则圆盘的角速度(　　)。

A. 必然增大　　B. 必然减小

C. 不会改变　　D. 如何变化，不能确定

9. 均匀细棒 OA 可绕通过其一端 O 而与棒垂直的水平固定光滑轴转动，如图 4-27 所

示。今使棒从水平位置由静止开始自由下落，在棒摆动到竖直位置的过程中，下述说法正确的是(　　)。

A. 角速度从小到大，角加速度从大到小

B. 角速度从小到大，角加速度从小到大

C. 角速度从大到小，角加速度从大到小

D. 角速度从大到小，角加速度从小到大

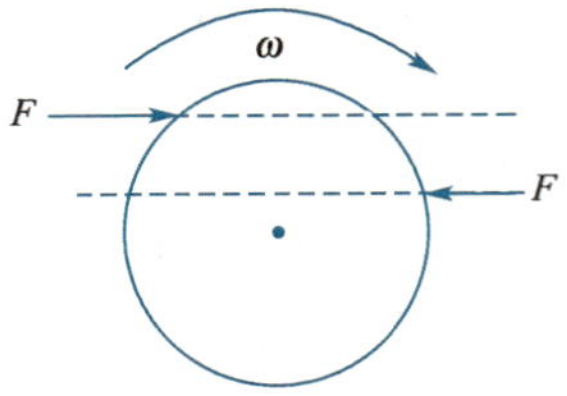

图 4-26　选择题 8 图

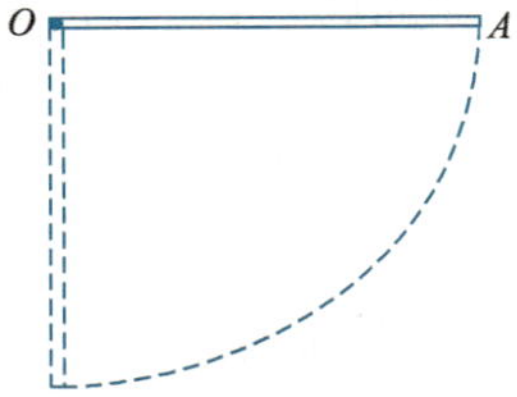

图 4-27　选择题 9 图

10. 光滑的水平桌面上，有一长为 $2L$ 质量为 m 的匀质细杆，可绕过其中点且垂直于杆的竖直光滑固定轴 O 自由转动，其转动惯量为 $mL^2/3$，起初杆静止。桌面上有两个质量均为 m 的小球，各自在垂直于杆的方向上，正对着杆的一端，以相同速率 v 相向运动，如图 4-28 所示。当两小球同时与杆的两端点发生完全非弹性碰撞后，就与杆黏在一起转动，则这一系统碰撞后的转动角速度为(　　)。

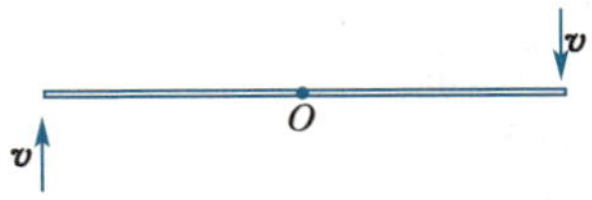

图 4-28　选择题 10 图

A. $\dfrac{2v}{3L}$　　B. $\dfrac{4v}{5L}$　　C. $\dfrac{6v}{7L}$　　D. $\dfrac{12v}{7L}$

二、填空题

1. 半径为 $R=1.5$ m 的飞轮，初角速度 $\omega_0=10$ rad/s，角加速度 $\beta=-5$ rad/s^2，则在 $t=$________ s 时角位移为 0，而此时边缘上点的线速度 $v=$________ m/s。

2. 一飞轮以 600 r/min 的转速旋转，转动惯量为 2.5 kg·m^2，现加一恒定制动力矩使飞轮在 1 s 内停止转动，则该恒定制动力矩的大小 $M=$________ N·m。

3. 一做定轴转动的物体，对转轴的转动惯量 $J=3.0$ kg·m^2，角速度 $\omega=6.0$ rad/s。现对物体加一恒定的制动力矩 $M=-12$ N·m，当物体的角速度减慢到 2.0 rad/s 时，物体已转过角度 $\Delta\theta=$________ rad。

4. 一飞轮以角速度 ω_0 绕光滑固定轴旋转，飞轮对轴的转动惯量为 J_1，另一静止飞轮突然和上述转动的飞轮啮合，绕同一转轴转动，该飞轮对轴的转动惯量为前者的 2 倍。啮合后整个系统的角速度 $\omega=$________。

三、判断题

1. 刚体在平衡状态下，所受的合外力和合外力矩都必须为零。(　　)

2. 刚体的转动惯量与其质量分布和转轴的位置有关，而与刚体的形状无关。(　　)

3. 在刚体绕固定轴转动时，刚体上任意一点的线速度与该点到转轴的距离成正比。(　　)

4. 对于任意刚体，其质心一定位于刚体的几何中心。(　　)

5. 刚体的所有点在任意时间内的速度都相同。（　）

6. 刚体在受到合外力矩为零的情况下，其角动量保持不变。（　）

7. 对于任意形状的刚体，其质心一定在物体内部。（　）

8. 如果一个刚体的质心做匀速直线运动，则刚体必定不受外力作用。（　）

9. 刚体的平动动能只与质心速度有关，与刚体的形状无关。（　）

10. 刚体的任意两点的角速度总是相同的。（　）

四、简答题

1. 试定性地说明：优秀的跳高运动员越过横竿时，其质心可以低于横竿。

2. 若一质点组由大量有自转的小球做三维有序排列组成（像晶体那样），每个小球的自转轴的方向可以是无序的，也可能在一定条件下取相同的方向。如果这个质点组各小球的质心保持静止，则质点组的动量矩是否必为零或必不为零？

3. 螺旋桨式直升机为什么尾部还需装一个螺旋桨？喷气式直升机为什么没有机尾的螺旋桨？

4. 设想将几个理想陀螺安装在一物体上，若要选这个物体为参照系，陀螺是否能提供关于这个参照系的某些参量？

五、计算题

1. 质量为 $M=0.03$ kg，长为 $l=0.2$ m 的均匀细棒，在一水平面内绕通过棒中心并与棒垂直的光滑固定轴自由转动。细棒上套有两个可沿棒滑动的小物体，每个质量都为 $m=0.03$ kg。开始时，两小物体分别被固定在棒中心的两侧且距棒中心各为 $r=0.05$ m，此系统以 $n_1=15$ r/min 的转速转动。若将小物体松开，设它们在滑动过程中受到的阻力正比于它们相对棒的速度（已知棒对中心轴的转动惯量为 $Ml^2/12$），求：

（1）当两个小物体到达棒端时，系统的角速度是多少？

（2）当两个小物体飞离棒端时，棒的角速度是多少？

2. 设想全世界所有的人都在赤道上自西向东，以接近百米世界纪录的速度跑步，试估算地球日长将增长还是缩短多少秒？已知质量为 m、半径为 R 的匀质球绕其直径以角速度 ω 旋转时，相对球心的角动量为 $2mR^2\omega/5$。

3. 已知质量为 m、半径为 R 的匀质薄球壳相对直径轴的转动惯量为 $2mR^2/3$，试求质量为 m，内、外半径分别为 R_1、R_2 的匀质球壳相对直径轴的转动惯量 J。

第5章 静电场

电是一种自然界中普遍存在的现象，是指静止或运动的电荷所产生的物理现象。我们在生活中经常发现静电现象：在干燥的春季，当你脱下毛线衣、毛料或尼龙、涤纶类化纤衣服时，就会听到“噼噼啪啪”的响声，若在晚上还可能同时看到闪烁的火花；当你的手指触及门把、水龙头、椅背等金属器物时会有电击感；穿着化纤衣服在地毯上行走，有时会有针刺般的触电感。

相对观察者静止的电荷所激发的电场，称为静电场(Electrostatic Field)，是一种客观存在的特殊物质。本章将重点讨论真空中静止电荷间的相互作用和静电场的基本性质，以及电场与导体、电介质之间的相互作用。

5.1 电荷、库仑定律

5.1.1 电荷及其性质

早期，人们对电的认识来自摩擦起电现象。在 2 500 年前，古希腊人发现，用丝绸擦拭过的琥珀竟能吸引地上的羽毛，他们称这种现象为电。在中国，东汉的哲学家王充在其所著书籍《论衡》(约公元 1 世纪，即东汉时期)中就有关于静电的记载：“顿牟掇芥”，顿牟就是琥珀，意思就是当琥珀经过摩擦后，能吸引像草芥一类的轻小物体。

大家知道，用丝绸或毛皮摩擦过的玻璃、塑料、橡胶等都能吸引轻小物体，这表明它们在摩擦后进入一种特别的状态。我们把处于这种状态的物体叫作带电体，并且说它们带了电荷。表示这个带电体带电多少的物理量称为带电量，用 Q 表示，在国际单位制(SI)中，单位为库仑，简称库，符号为 C。这些电荷只有两种，一种是正电荷，另一种是负电荷，这是 18 世纪美国人富兰克林(Franklin,1706—1790)提出的。科学上规定:与用丝绸摩擦过的玻璃棒所带的电相同的,叫作正电荷;与用毛皮摩擦过的橡胶棒带的电相同的,叫作负电荷。电荷间的相互作用规律是,带同种电荷的物体相互排斥,带异种电荷的物体相互吸引。

电现象产生的原因还得从物体的微观结构说起。人类对物质微观世界的认识,是经过科学家世世代代的研究得来的,现在已经认识到,物体是由微观粒子(主要是质子、中子和电子)构成,电子带负电,质子带有与电子等值反号的正电荷。在原子内部,原子核是相对稳定的,内部的质子不能脱离原子核而移动,而离核较远的核外电子容易受到外界的作用而脱离原子,所以起电过程中转移的都是核外电子。物体由中性原子组成时,对外表现为不带电的状态,呈电中性;当物体由于某种原因获得(失去)某些电子时便处于带电状态。呈电中性的物体失去电子则带正电,得到电子则带负电。物体带电的实质是电子的得失。

当两个物体摩擦时,核外电子运动活跃,由于不同物质的原子核束缚电子的本领不同,束缚能力强的物体在摩擦中得到电子带负电,束缚能力弱的物体在摩擦中失去电子带正电,这种现象称为摩擦起电。摩擦起电时,电荷并没有凭空产生或消失,是电子在相互摩擦的两个物质间发生了转移,所以两个相互摩擦的物质一定是同时带上性质不同的电荷,且电荷量相等;当一个带电体靠近导体时,由于电荷间相互吸引或排斥,导体中的自由电荷便会趋向或远离带电体,使导体靠近带电体的一端带异种电荷,远离带电体的一端带同种电荷,这种现象叫作静电感应,起电方式称为感应起电,本质是导体中的自由电荷在带电体作用下在导体内部发生了转移;一个物体带电时,所带电荷之间会相互排斥,如果接触另一个导体,电荷会转移到这个导体上,使这个导体也带电,这种起电方式称为接触起电。两个完全相同的金属球,带同种电荷,接触后平分原来所带电荷量的总和;带异号电荷,接触后先中和再平分。

以上三种起电方式总结出电荷守恒定律,有两种表述:(1)电荷既不能创造,也不能消失,它只能从一个物体转移到另一个物体,或者从物体的一个部分转移到另一个部分,在转移过程中,电荷的代数和不变。(2)在一个与外界没有电荷交换的系统内,无论其物理过程如何变化,系统内正、负电荷量的代数和始终保持不变,即 $\sum q_i = \mathrm{C}$。说明:一对正、负电荷的产生和湮灭与电荷守恒定律不矛盾。近代物理实验发现,一个高能光子可以产生一个正电荷和一个负电荷,一对正、负电荷可以同时湮灭,转化为光子。因为这种情况下带电粒子总是成对湮灭或产生的,两种电荷数目相等、正负相反,而光子或中子都是中性的,本身不带电,所以电荷的代数和不变。

实践证明,自然界中带电体或其他微观粒子所带的电荷量总是一个基本单元的整数倍。这就说明,带电体所带的电荷量不可能连续地取任意值,而只能取某一基本单元的整数倍值。一个质子或者一个电子的带电量就是这个基本单元,称为元电荷,用 e 表示。即 $q = \pm ne\ (n=1,2,3\cdots)$,这就是电荷量子化。认识电荷量子化的最早实验是美国物理学家密立根(Millikan,1868—1953)的著名的油滴实验(1909 年),首次测得了元电荷的电荷量为 $e = 1.602\times10^{-19}$ C,他因此(以及对光电效应的实验验证)获得了 1923 年的诺贝尔物理学奖。密立根从实验上证明了微小粒子带电量的变化不连续，但需要知道的是，在宏观电现象中电荷的不连续性表现不出来。盖尔曼(Gell-Mann，1929—2019)在1963年提出的夸克模型与电荷量子化有关，这一理论认为质子和中子都由更为基本的粒子——夸克组成，夸克带有分数电荷$\pm e/3$或$\pm 2e/3$。

5.1.2 库仑定律

观察表明，两个静止的带电体之间的作用力即静电力研究起来十分复杂，不仅与电荷的数量及相对位置有关，还依赖于带电体的大小、形状及电荷的分布情况。要用实验直接确立所有这些因素对静电力的影响是困难的。但是，当带电体之间的距离比它们自身的大小大得多，以至形状、大小及电荷的分布状况对相互作用力的影响可以忽略时，问题就会大为简化，在研究它们的相互作用时，人们把它们抽象为一种理想的物理模型——点电荷。点电荷的概念类似于力学中质点的概念。带电体能否被看作点电荷，不仅取决于本身的大小，而且取决于它们之间的距离。例如，两个半径为1 cm的带电球，当球心距离为300 m时可被看作是点电荷；当球心距离为3 cm时再看作点电荷就会带来很大误差。但是，究竟带电体的线度比距离小多少看作点电荷的误差才可被忽略，却没有一个绝对的标准，它取决于具体实际问题中所要求的精确度。点电荷可用一个几何点来标志位置，两个点电荷的距离就是标志它们位置的两个几何点之间的距离。

相对于惯性系静止的两个点电荷之间相互作用力所服从的规律，即库仑定律。库仑定律是1785年由法国物理学家库仑(Coulomb，1736—1806)确立的。他大胆假设电荷之间的静电力与物体之间的万有引力有许多相似之处，有相似的形式，他精心设计的实验中主要是研究同性电荷之间排斥力的“扭秤实验”。扭秤实验结构如图5-1所示，在银丝下端挂一横杆，杆的一端有一小球A，另一端有一平衡物C。A的旁边有一固定小球B。令A、B带同种电荷，A便会因B的排斥力而转开，直至银丝的扭力矩与A所受到的排斥力矩(静电力矩)平衡为止。

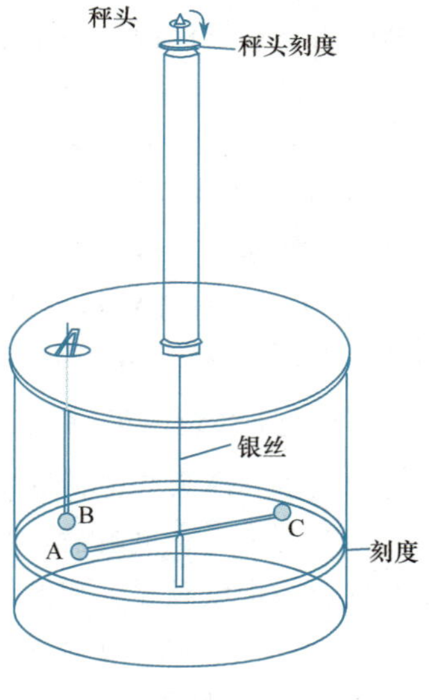

图5-1 扭秤实验

1. 关于静电力与电荷距离的平方成反比的验证实验

银丝上连着秤头，下悬着横杆，银丝扭角φ由秤头转角和横杆转角共同决定。设秤头(反向)转角为β，由秤头上的刻度读出，如图5-2(a)所示，横杆转角为α，由玻璃圆筒刻度读出，如图5-2(b)所示，则银丝扭角$\varphi=\alpha+\beta$。库仑报告了如下三组实验数据(表5-1)。第一组：在$\beta=0$时令球A、B带电，A便因B的斥力而转开，测得平衡时$\alpha=36°$，设此时两小球距离为r。第二组：沿反方向转动秤头，横杆随之转动，A向B

靠近，银丝扭角会增大，测得平衡时 $\alpha=18°$，让两球距离刚好稳定在 $\frac{r}{2}$，读出秤头转角为 $\beta=126°$，读出秤头的转角便可得到银丝此时的扭角 $\varphi=144°=4\times36°$。第三组：再次转动秤头，测得平衡时 $\alpha=8.5°$，让两球距离刚好稳定在 $\frac{r}{4}$，读出秤头转角为 $\beta=567°$，读出秤头的转角便可得到银丝此时的扭角 $\varphi=576°=4\times144°$。库仑发现这个扭角为之前的 4 倍、16 倍，由扭力矩与扭角成正比，以及两球电荷量不变，便可知静电力与距离的平方成反比。

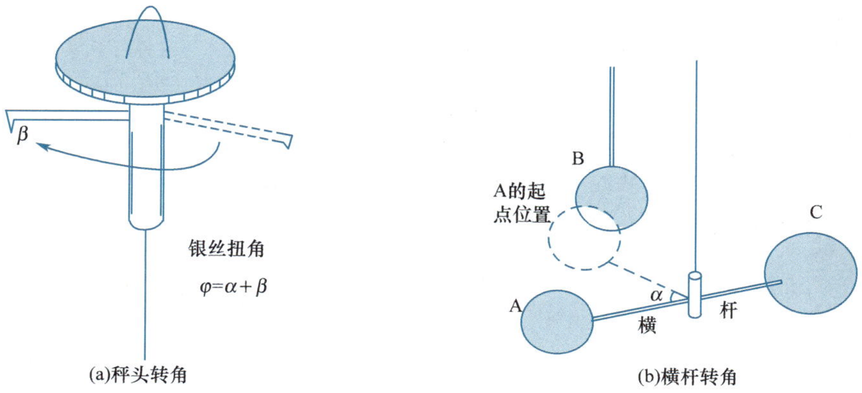

图 5-2　银丝扭角的计算

表 5-1　库仑扭秤实验数据

分组		横杆转角 α	秤头转角 β	银丝扭角 $\varphi=\alpha+\beta$
球 A、B 不带电		0°	0°	0°
球 A、B 带电荷量不变	第一组	36°	0°	36°
	第二组	18°=36°/2	126°	144°=4×36°
	第三组	8.5°≈18°/2	567°	576°=4×144°

2. 关于静电力与电荷成正比的验证实验

由于当时库仑所处的年代对电荷还未有严格定义，只有定性的概念，也就是我们可以谈到物体是否带电，却对它带电的数量无从确定。为找到静电力与电荷之间的关系，库仑令一个带电金属球与另一个完全相同的不带电金属球接触后再分开，这样每球的电荷应是原带电球的电荷的一半，这是一个十分巧妙的方法(虽然不够严格)。

以上为库仑扭秤实验，库仑定律可表述如下：真空中两个相对于惯性系静止的点电荷(场源电荷必须静止)之间的静电力(库仑力)，大小与这两个点电荷的电量乘积成正比，与它们之间距离的平方成反比，方向沿着这两个点电荷的连线。为了表示力的方向，引入表达方向的单位矢量 $\boldsymbol{e}_r$，表示由施力电荷指向受力电荷的矢径方向的单位矢量，引入后其矢量数学表达形式为

$$\boldsymbol{F}_{12}=-\boldsymbol{F}_{21}=k\frac{q_1q_2}{r_{12}^2}\boldsymbol{e}_{r12} \tag{5-1}$$

式中，$\boldsymbol{F}_{12}$ 表示 q_2 对 q_1 的作用力，$\boldsymbol{e}_{r12}$ 是施力电荷 q_2 指向 q_1 连线方向上的单位矢量(图 5-3)，若 q_1 与 q_2 同号，$q_1q_2>0$，$\boldsymbol{F}_{12}$ 与 $\boldsymbol{e}_{r12}$ 方向相同，说明同种电荷之间是斥力；若 q_1 与 q_2 异号，$q_1q_2<0$，$\boldsymbol{F}_{12}$ 与 $\boldsymbol{e}_{r12}$ 方向相反，说明异种电荷之间是引力。

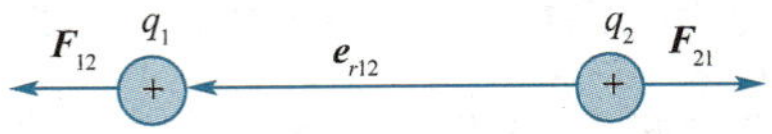

图 5-3　两个点电荷间的作用力

引入表达方向的矢量还可以用 $\boldsymbol{r}_0$ 和 $\boldsymbol{r}$ 表示由施力电荷指向受力电荷的矢径方向的单位矢量，引入后其矢量数学表达形式为

$$\boldsymbol{F}=k\frac{q_1q_2}{r^2}\boldsymbol{r}_0 \tag{5-2}$$

$$\boldsymbol{F}=k\frac{q_1q_2}{r^3}\boldsymbol{r} \tag{5-3}$$

真空中的比例系数

$$k=8.98\times10^9\ \mathrm{N\cdot m^2\cdot C^{-2}}\approx9.0\times10^9\ \mathrm{N\cdot m^2\cdot C^{-2}}$$

通常还引入真空电容率 ε_0 来代替 k，两者关系为

$$k=\frac{1}{4\pi\varepsilon_0}$$

$$\varepsilon_0=\frac{1}{4\pi k}\approx8.85\times10^{-12}\mathrm{C^2/(N\cdot m^2)}$$

则库仑定律还可写作以下两种形式

$$\begin{cases}\boldsymbol{F}=\dfrac{1}{4\pi\varepsilon_0}\dfrac{q_1q_2}{r^2}\boldsymbol{r}_0 & (5\text{-}4)\\[2ex] \boldsymbol{F}=\dfrac{1}{4\pi\varepsilon_0}\dfrac{q_1q_2}{r^3}\boldsymbol{r} & (5\text{-}5)\end{cases}$$

例 5-1　试比较氢原子中原子核与电子之间的库仑力与万有引力。氢原子核的质量为 1.67×10^{-27} kg，电子的质量为 9.1×10^{-31} kg。

解　电子的电荷为 $-e$，氢原子的原子核是质子，它的电荷为 e，设氢原子核和电子的距离为 r，根据库仑定律，得库仑力

$$F_e=\frac{e^2}{4\pi\varepsilon_0r^2} \tag*{①}$$

根据万有引力定律，得万有引力为

$$F_m=\frac{Gm_em_p}{r^2} \tag*{②}$$

m_e 为电子的质量，m_p 为质子的质量。由式①、②得

$$\frac{F_e}{F_m}=\frac{e^2}{4\pi\varepsilon_0Gm_em_p} \tag*{③}$$

把 $m_e=9.1\times10^{-31}$ kg，$m_p=1.67\times10^{-27}$ kg，$e=1.6\times10^{-19}$ C 代入式③，得

$$\frac{F_e}{F_m}=2.27\times10^{39}$$

由此可见，在微观领域中，万有引力与库仑力相比是微不足道的，可完全忽略不计。

5.1.3　静电力叠加原理

库仑定律讨论的是两个点电荷之间的静电力。实验事实指出，两个点电荷之间的静电力并不因为第三个点电荷的存在而有所改变。因此当空间中有多个点电荷（两个以上）时，作用在某一个点电荷上的总静电力等于其他点电荷单独存在时对该点电荷静电力的矢量和，这叫作静电力的叠加原理。

例 5-2　如图 5-4(a)所示，一个边长为 a 的等边三角形，三个顶点上分别固定了三个电量和符号均相同的电荷 q，为了不使它们由于斥力的作用而散开，可在三角形的中心放一符号相反的点电荷 Q，求 Q 的电荷量。

解　如图 5-4(b)所示，电荷 q 受到 $-Q$ 的吸引力 $\boldsymbol{F}_1$ 沿 Ox 轴负方向；两个 $+q$ 对它的排斥力 $\boldsymbol{F}_2$ 和 $\boldsymbol{F}_3$ 的合力沿 Ox 轴正方向（在垂直于 Ox 方向的合力为零）。

Q 作用在 q 上的力 $\boldsymbol{F}_1$ 为

$$\boldsymbol{F}_1=-\frac{Qq}{4\pi\varepsilon_0 r^2}\boldsymbol{i}$$

其余两个 $+q$ 对 q 的力 $\boldsymbol{F}_2$ 和 $\boldsymbol{F}_3$ 大小为

$$F_2=F_3=\frac{q^2}{4\pi\varepsilon_0 a^2}$$

因此，q 受到的合力为

$$F=2\times\frac{q^2}{4\pi\varepsilon_0 a^2}\cos 30°-\frac{Qq}{4\pi\varepsilon_0 r^2}$$

式中

$$r=\frac{2}{3}a\cos 30°=\frac{\sqrt{3}}{3}a$$

代入 F 的表达式，令总合力 $F=0$，得

$$Q=\frac{\sqrt{3}}{3}q$$

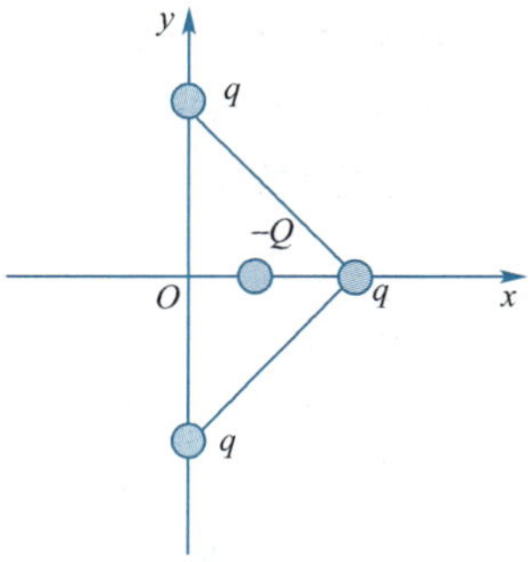

(a)例5-2图

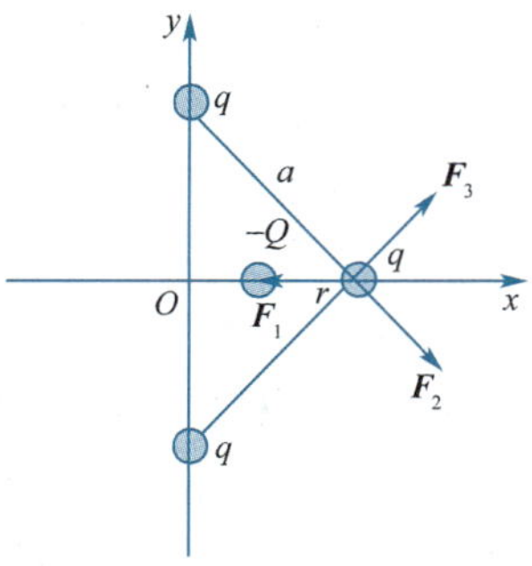

(b)例5-2题解图

图 5-4　例 5-2 图及题解图

例 5-3 如图 5-5(a)所示，两小球的质量都是 m，都用长为 l 的细绳挂在同一点，它们带有相同电量，静止时两线夹角为 2θ。设小球的半径和线的质量都可以忽略不计，求每个小球所带的电量。

解 如图 5-5(b)所示，沿细绳方向的拉力 $\boldsymbol{T}$，竖直向下的重力 $m\boldsymbol{g}$。由于静止，三力平衡，左边小球受到右边小球水平向左的静电力 $\boldsymbol{F}_e$，在竖直方向与水平方向可得

$$\begin{cases} T\cos\theta = mg \\ T\sin\theta = F_e = \dfrac{1}{4\pi\varepsilon_0}\dfrac{q^2}{(2l\sin\theta)^2} \end{cases}$$

得 $q = 2l\sin\theta\sqrt{4\pi\varepsilon_0 mg\tan\theta}$。

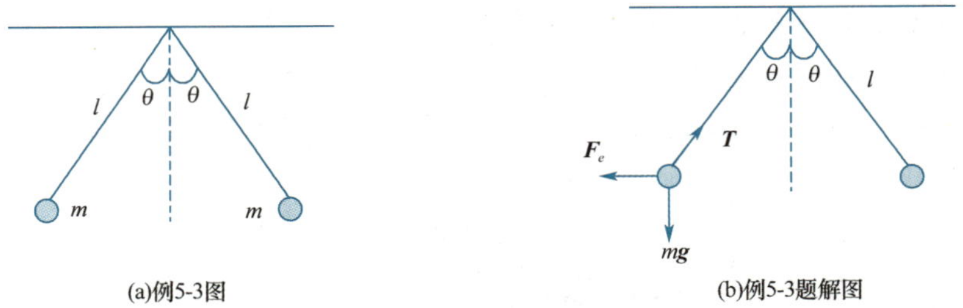

图 5-5 例 5-3 图及题解图

5.2 静电场、电场强度

5.2.1 静电场

假设有两个电荷，电荷间相互作用规律告诉我们电荷同性相斥，异性相吸，那么在这两个电荷间会产生一个吸引力或排斥力。这两个电荷之间的吸引力或排斥力究竟是透过什么样的介质作用到对方的？因为哪怕在真空当中这个力也是可以存在的，这个与我们日常生活当中的基本概念是不相符的。比如我们要推动桌子，必须把手碰到这个桌子才能把力传过去；我们要吹羽毛，必须透过空气把这个力间接传导到羽毛上。而这两个电荷处于真空当中，它们既没有直接的接触，也没有任何的物质间接地传导，那这个力究竟是怎么传播的呢？

在物理学史上，曾经有过两种观点：第一种观点是“超距作用观”，人们认为两个电荷之间的相互作用和两个物体之间的引力作用一样，都是超距作用，这种作用是无须媒质、无须时间的传递，即如图 5-6 所示，一个电荷对另一个电荷的作用力是隔着一定的空间距离直接给予的，不需要中间物体的传递，也不需要时间。第二种观点是“以太”观，人们认为这种作用是通过媒质“以太”传递的(以太绝对静止，无处不在)。

近代物理的理论和实验证明：上述两种观点都是错误的。电磁力传递虽然很快(以光速 $3.0\times10^8\ \mathrm{m\cdot s^{-1}}$ 传递)，但并非不需要时间；而“以太”也是不存在的。直到 19 世纪

30 年代，迈克尔·法拉第(Michael Faraday)提出场的观点，认为电荷周围存在着一种特殊的物质——电场，如图 5-7 所示，电荷之间的相互作用可以通过电场来传递。电场是存在于电荷周围的一种特殊物质，对处于场中的电荷有力的作用，虽与实物(电子、质子、中子构成的物质)不同，看不见也摸不着，但它与实物一样具有质量、动量和能量属性，依然对外有物质性表现。

图 5-6　电荷间的超距作用

图 5-7　法拉第场的观点

设空间存在静止点电荷 Q，则任一点的点电荷 q 必然受到来自 Q 的静电力，我们说 Q 在周围空间激发一个静电场，静电场对外界物质性具体表现在两个方面，即：

(1)静电场对落入其中的任何带电体产生作用力。

(2)当带电体在静电场中运动时，电场力会对它做功。

以上两种表现是我们研究静电场的基础，根据第一种表现可以从力的观点出发引入电场强度；根据第二种表现可以从功和能的角度引入电势。

5.2.2　电场强度

电荷可以在其周围空间激发电场，为了定量地描述电场中任一点的性质，需要引入一个物理量，该物理量能同时反映电场的强弱和方向。

由于电场对处于其中的电荷有力的作用，为了表述这一作用力的性质，可以将一试验电荷 q_0 放到电场中的不同位置，观察试验电荷 q_0 所受到的静电力的情况。为使测量精确，试验电荷必须满足以下两个条件：

(1)试验电荷 q_0 的电荷量必须足够小，使得它的置入不引起场源电荷的重新分布(否则测出来的将是重新分布后的场源电荷激发的电场)。

(2)试验电荷 q_0 的线度必须小到可被看作点电荷，以便确定场中任一点的性质。

实验表明，当把同一试验电荷 q_0 放入电场中不同点时，所受的静电力 $\boldsymbol{F}$ 的大小和方向也不同。能不能用 $\boldsymbol{F}$ 表征场点的性质呢？不能，因为 $\boldsymbol{F}$ 不但与场点有关，而且与试验电荷 q_0 有关。但在电场中任一给定点处，先后放置不同电量的试验电荷 q_0 和 $2q_0$，实验发现，试验电荷受静电力分别为 $\boldsymbol{F}$ 和 $2\boldsymbol{F}$，可以推测出试验电荷为 nq_0，受静电力为 $n\boldsymbol{F}$，即无论试验电荷 q_0 的大小和符号如何变化，比值 $\boldsymbol{F}/q_0$ 是一个确定的常矢量，与试验电荷本身无关，只与场点和试验电荷所在的位置有关，描述了电场自身的性质。由此，我们定义电场中每点的 $\boldsymbol{F}/q_0$ 叫作该点的电场强度，简称场强，用 $\boldsymbol{E}$ 表示，即

$$\boldsymbol{E}=\frac{\boldsymbol{F}}{q_0} \tag{5-6}$$

由上式可知，场强是描写电场中某点性质的矢量，其大小等于单位试验电荷在该点所受静电力的大小，其方向与正试验电荷在该点所受静电力的方向相同。在国际单位制(SI)中，$\boldsymbol{E}$ 的单位没有专门名称，一般记作 N/C，还可以写成 V/m，即伏/米。各点场强有相同大小和方向的电场叫作均匀电场(或为匀强电场)，在静电场中除了均匀电场，就是非

均匀电场。

在场中任意指定一点，就有一个确定的场强 $\boldsymbol{E}$；对同一场中的不同点，$\boldsymbol{E}$ 一般各不相同。要完整地描述整个电场，必须知道空间各点的场强分布，即求出矢量场函数 $\boldsymbol{E}=\boldsymbol{E}(\boldsymbol{r})$。

5.2.3 电场强度的计算

如果已知场源电荷的分布，那么电场强度就是唯一确定的，再根据场强的叠加原理，原则上就可求出任意电荷分布所激发的场强。下面讨论 3 种不同情况。

1. 点电荷的场强

设在真空中有一个静止的点电荷 q，求距 q 为 r 处的 P 点的电场强度。

如图 5-8 所示，以点电荷 q 所在处为原点 O，设在 P 点处放入一试验电荷 q_0，由库仑定律可知，q_0 所受的静电力为

$$\boldsymbol{F}=\frac{1}{4\pi\varepsilon_0}\frac{qq_0}{r^2}\boldsymbol{e}_r$$

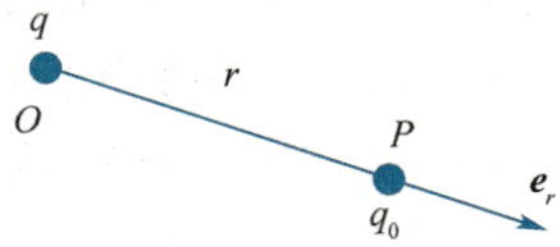

图 5-8 点电荷的场强

其中 $\boldsymbol{e}_r$ 是从 O 点到 P 点的单位矢量，再根据式(5-6)，P 点的场强为

$$\boldsymbol{E}=\frac{\boldsymbol{F}}{q_0}=\frac{1}{4\pi\varepsilon_0}\frac{q}{r^2}\boldsymbol{e}_r \tag{5-7}$$

如果 q 为正电荷，$\boldsymbol{E}$ 与 $\boldsymbol{e}_r$ 的方向相同；如果 q 为负电荷，$\boldsymbol{E}$ 与 $\boldsymbol{e}_r$ 的方向相反。由式(5-7)可知，$\boldsymbol{E}$ 的大小与距离 r 的平方成反比，随距离以平方反比减小。在以点电荷 q 为中心，以 r 为半径的球面上，各点的场强大小相等，$\boldsymbol{E}$ 的方向沿着半径向外($q>0$)或指向球心($q<0$)，这样的电场具有球对称性。

2. 点电荷系的场强

当电场是由 n 个点电荷 $q_1,q_2,\cdots,q_n$ 共同激发时，这些电荷就组成一个点电荷系。以 $\boldsymbol{F}_i$ 代表第 i 个点电荷对试验电荷 q_0 施加的静电力，$\boldsymbol{E}_i$ 代表第 i 个点电荷所在点 P 的场强，由静电力的叠加原理可知，试验电荷 q_0 在点电荷系所激发的电场中的某点 P 所受的静电力为

$$\boldsymbol{F}=\boldsymbol{F}_1+\boldsymbol{F}_2+\cdots+\boldsymbol{F}_n=\sum_{i=1}^{n}\boldsymbol{F}_i$$

两边同除 q_0 得

$$\frac{\boldsymbol{F}}{q_0}=\frac{\boldsymbol{F}_1}{q_0}+\frac{\boldsymbol{F}_2}{q_0}+\cdots+\frac{\boldsymbol{F}_n}{q_0}$$

则

$$\boldsymbol{E}=\boldsymbol{E}_1+\boldsymbol{E}_2+\cdots\boldsymbol{E}_n=\sum_{i=1}^{n}\boldsymbol{E}_i \tag{5-8}$$

可见点电荷系在某点所激发的电场强度等于每个点电荷单独存在时所激发的电场在该点的场强的矢量和，这就是电场强度的叠加原理。

若设各点电荷到 P 点的距离分别为 $r_1,r_2,\cdots,r_n$，r_i 代表第 i 个点电荷到所在点 P 的距离，指向 P 点的单位矢量分别为 $\boldsymbol{e}_{r1},\boldsymbol{e}_{r2},\cdots,\boldsymbol{e}_{rn}$，则

$$\boldsymbol{E}_1=\frac{1}{4\pi\varepsilon_0}\frac{q_1}{r_1^2}\boldsymbol{e}_{r1},\boldsymbol{E}_2=\frac{1}{4\pi\varepsilon_0}\frac{q_2}{r_2^2}\boldsymbol{e}_{r2},\cdots,\boldsymbol{E}_n=\frac{1}{4\pi\varepsilon_0}\frac{q_n}{r_n^2}\boldsymbol{e}_{rn}$$

再根据场强叠加原理，点电荷系在 P 点所激发的总电场强度为

$$\boldsymbol{E}=\boldsymbol{E}_1+\boldsymbol{E}_2+\cdots\boldsymbol{E}_n=\sum_{i=1}^{n}\boldsymbol{E}_i=\frac{1}{4\pi\varepsilon_0}\sum_{i=1}^{n}\frac{q_i}{r_i^2}\boldsymbol{e}_{ri} \tag{5-9}$$

例 5-4 两个等量异号点电荷 $+q$ 和 $-q$，当它们之间距离 l 远小于所研究的问题中涉及的距离 r 时，这一点电荷系统就称为电偶极子。由 $-q$ 指向 $+q$ 的矢量 $\boldsymbol{l}$，称为电偶极子的轴，q 与 $\boldsymbol{l}$ 的乘积定义为电偶极矩，简称电矩，用 $\boldsymbol{p}$ 表示，即

$$\boldsymbol{p}=q\boldsymbol{l}$$

试计算电偶极子轴线延长线上和轴的中垂线上任一点的场强。

解 先计算电偶极子轴线延长线上任一点 A 的场强 $\boldsymbol{E}_A$，建立如图 5-9(a)所示的坐标系，电偶极子轴线的中点 O 为坐标原点，在电偶极子的轴线延长线上任取一点 A，设 O 到 A 的距离为 $r(r\gg l)$，则 $+q$ 和 $-q$ 在 A 点激发的场强 $\boldsymbol{E}_+$ 和 $\boldsymbol{E}_-$ 分别为

$$\boldsymbol{E}_+=\frac{q}{4\pi\varepsilon_0\left(r-\frac{l}{2}\right)^2}\boldsymbol{i}\qquad \boldsymbol{E}_-=-\frac{q}{4\pi\varepsilon_0\left(r+\frac{l}{2}\right)^2}\boldsymbol{i}$$

在 A 点处，$\boldsymbol{E}_+$ 和 $\boldsymbol{E}_-$ 方向相反，总电场强度 $\boldsymbol{E}_A$ 为

$$\boldsymbol{E}_A=\boldsymbol{E}_++\boldsymbol{E}_-=\frac{q}{4\pi\varepsilon_0}\left[\frac{1}{\left(r-\frac{l}{2}\right)^2}-\frac{1}{\left(r+\frac{l}{2}\right)^2}\right]\boldsymbol{i}=\frac{2qrl}{4\pi\varepsilon_0 r^4\left(1-\frac{l}{2r}\right)^2\left(1+\frac{l}{2r}\right)^2}\boldsymbol{i}$$

因为 $r\gg l$，$\boldsymbol{p}=q\boldsymbol{l}=ql\boldsymbol{i}$，所以

$$\boldsymbol{E}_A=\frac{1}{4\pi\varepsilon_0}\frac{2ql}{r^3}\boldsymbol{i}=\frac{1}{4\pi\varepsilon_0}\frac{2\boldsymbol{p}}{r^3}$$

$\boldsymbol{E}_A$ 的方向沿 x 轴的正向，与电偶极矩的 $\boldsymbol{p}$ 的方向相同。

再计算电偶极子轴的中垂线上任一点 B 的场强 $\boldsymbol{E}_B$，建立如图 5-9(b)所示的坐标系，设 O 到 B 的距离为 $r(r\gg l)$，则 $+q$ 和 $-q$ 分别在 B 点激发的场强 $\boldsymbol{E}_+$ 和 $\boldsymbol{E}_-$ 的大小相等，矢量式分别为

$$\boldsymbol{E}_+=-\frac{q}{4\pi\varepsilon_0\left(r^2+\frac{l^2}{4}\right)}\cos\alpha\boldsymbol{i}+\frac{q}{4\pi\varepsilon_0\left(r^2+\frac{l^2}{4}\right)}\cos\alpha\boldsymbol{j}$$

$$\boldsymbol{E}_-=-\frac{q}{4\pi\varepsilon_0\left(r^2+\frac{l^2}{4}\right)}\cos\alpha\boldsymbol{i}-\frac{q}{4\pi\varepsilon_0\left(r^2+\frac{l^2}{4}\right)}\cos\alpha\boldsymbol{j}$$

故

$$\boldsymbol{E}_B=\boldsymbol{E}_++\boldsymbol{E}_-=-2\frac{q}{4\pi\varepsilon_0\left(r^2+\frac{l^2}{4}\right)}\cos\alpha\boldsymbol{i}=-\frac{ql}{4\pi\varepsilon_0\left(r^2+\frac{l^2}{4}\right)^{\frac{3}{2}}}\boldsymbol{i}$$

因为 $r\gg l$，则 $\left(r^2+\frac{l^2}{4}\right)^{\frac{3}{2}}\approx r^3$，且 $\boldsymbol{p}=q\boldsymbol{l}=ql\boldsymbol{i}$，所以

$$\boldsymbol{E}_B=-\frac{ql}{4\pi\varepsilon_0 r^3}\boldsymbol{i}=-\frac{\boldsymbol{p}}{4\pi\varepsilon_0 r^3}$$

$\boldsymbol{E}_B$ 的方向沿 x 轴的负向，与电偶极矩的 $\boldsymbol{p}$ 的方向相反。

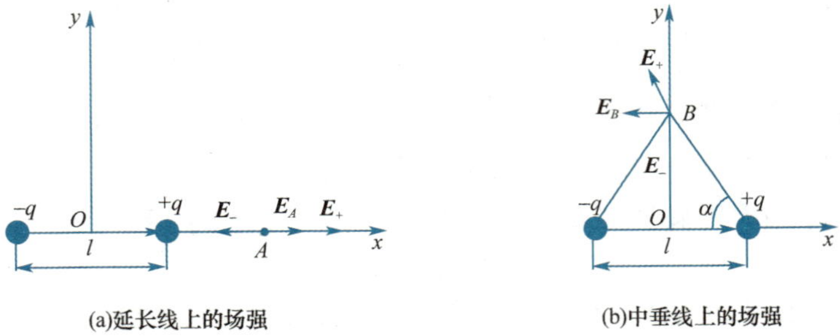

图 5-9　电偶极子的场强

3. 有限连续带电体的场强

我们来讨论电荷连续分布时场强的计算，宏观物体的电荷来自组成物体的微观粒子的电荷，电荷的量子化告诉我们微观看来电荷分布是不连续的。然而，如果我们只关心宏观电学，我们惯用的手法是对电荷分布做“宏观抹开”处理，即忽略掉微观起伏，认为电荷连续地分布在宏观物体上。可以认为这个带电体是由无限个极小的电荷元组成，每个电荷元就可以当作点电荷来处理，每个电荷元 $\mathrm{d}q$ 在电场中某一 P 点处所激发的场强为

$$\mathrm{d}\boldsymbol{E}=\frac{1}{4\pi\varepsilon_0}\frac{\mathrm{d}q}{r^2}\boldsymbol{e}_r \tag{5-10}$$

根据叠加原理，整个带电体在一 P 点处所激发的总场强等于所有 $\mathrm{d}\boldsymbol{E}$ 的矢量和，由于带电体上的电荷是连续分布的，所以式(5-9) 的求和符号 $\sum$ 换成积分符号 $\int$，则

$$\boldsymbol{E}=\int\mathrm{d}\boldsymbol{E}=\frac{1}{4\pi\varepsilon_0}\int\frac{\mathrm{d}q}{r^2}\boldsymbol{e}_r \tag{5-11}$$

上式中，积分遍布整个带电体，$\mathrm{d}q$ 的计算视电荷的具体分布情况而定。

(1)如果电荷连续均匀分布在某一个体积内，就称为体分布。为了描述电荷的分布，可以引入电荷体密度 ρ 的概念，在带电体内任取一点，在该点周围取一包含该点的体积元 ΔV，设该体积元所包含的电荷量为 Δq，则该点的体密度 ρ 定义为

$$\rho=\lim_{\Delta V\to 0}\frac{\Delta q}{\Delta V}=\frac{\mathrm{d}q}{\mathrm{d}V}$$

为精确反映电荷分布的宏观不均匀性，ΔV 取得越小越好，然而 ΔV 又必须包含足够多的带电粒子，避免电荷分布的微观起伏暴露出来。这种宏观看起来很小、微观看起来很大的体积元称为无限小体积元，这个概念是由荷兰物理学家洛伦兹(Lorentz)提出的。

计算带电体激发的场强时，可分成许多小体积元 $\mathrm{d}V$，小体积元内的电荷就是电荷元 $\mathrm{d}q$，由上式可知电荷元 $\mathrm{d}q=\rho\mathrm{d}V$。

(2)如果电荷连续均匀分布在某一极薄的表面层，当场点与其距离远大于表面层厚度 h 时，可忽略掉厚度而认为电荷分布在几何曲面上，抽象为带电面(面模型)，就称为面分布。可以引入电荷面密度 σ 的概念，在曲面上某点周围取一面元 ΔS，设该面元所包含的

电荷量为 Δq，则该点的面密度 σ 定义为

$$\sigma=\lim_{\Delta V\to 0}\frac{\Delta q}{\Delta S}=\frac{\mathrm{d}q}{\mathrm{d}S}\mathrm{d}S$$

计算带电面激发的场强时，可分成许多小面元 $\mathrm{d}S$，小面元内的电荷就是电荷元 $\mathrm{d}q$，由上式可知电荷元 $\mathrm{d}q=\sigma\mathrm{d}S$。

(3)如果电荷连续均匀分布在某条极细的直线上，当场点与直线的距离远大于棒的直径时，可忽略掉粗细而认为电荷分布在几何曲线上，抽象为带电线(线模型)，就称为线分布。可以引入电荷线密度 λ 的概念，在曲线上某点周围取一线元 Δl，设该长度所包含的电荷量为 Δq，则该点的线密度 λ 定义为

$$\lambda=\lim_{\Delta V\to 0}\frac{\Delta q}{\Delta l}=\frac{\mathrm{d}q}{\mathrm{d}l}$$

计算带电线激发的场强时，可分成许多小线元 $\mathrm{d}l$，小线元内的电荷就是电荷元 $\mathrm{d}q$，由上式可知电荷元 $\mathrm{d}q=\lambda\mathrm{d}l$。

因此，根据带电体上电荷的分布情况，代入式(5-11)，电场强度可改写为

$$\begin{aligned}\boldsymbol{E}&=\frac{1}{4\pi\varepsilon_0}\iiint\frac{\rho\mathrm{d}V}{r^2}\boldsymbol{e}_r\\ \boldsymbol{E}&=\frac{1}{4\pi\varepsilon_0}\iint\frac{\sigma\mathrm{d}S}{r^2}\boldsymbol{e}_r\\ \boldsymbol{E}&=\frac{1}{4\pi\varepsilon_0}\int\frac{\lambda\mathrm{d}l}{r^2}\boldsymbol{e}_r\end{aligned}\tag{5-12}$$

例 5-5　真空中有一均匀带电细棒，长度为 l，总电量为 q，求细棒延长线上距离带电直线端点为 a 的 P 点的场强。

解　选取如图 5-10 所示的坐标轴，取 Ox 轴为正向。P 点到带电细棒右端距离为 a，在均匀带电细棒上取 $\mathrm{d}x$，到坐标原点 O 处距离为 x，它所带的电荷量为 $\mathrm{d}q=\lambda\mathrm{d}x=\frac{q}{l}\mathrm{d}x$。

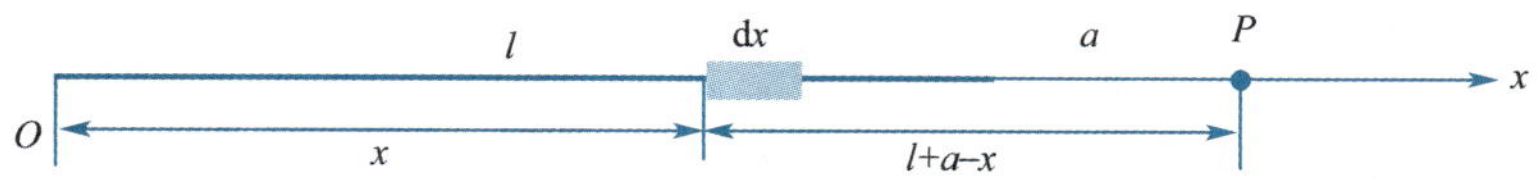

图 5-10　均匀带电细棒外任一点的场强

电荷元 $\mathrm{d}q$ 在 P 点产生的电场强度 $\mathrm{d}\boldsymbol{E}$ 方向沿着 Ox 轴正向，大小为

$$\mathrm{d}E=\frac{\lambda\mathrm{d}x}{4\pi\varepsilon_0(l+a-x)^2}$$

整个均匀带电细棒在 P 点产生的电场强度大小为

$$\begin{aligned}E&=\int_0^l\frac{\lambda\mathrm{d}x}{4\pi\varepsilon_0(l+a-x)^2}=\frac{\lambda}{4\pi\varepsilon_0}\frac{1}{l+a-x}\Bigg|_0^l\\ &=\frac{q}{4\pi\varepsilon_0 a(l+a)}\end{aligned}\tag{5-13}$$

考虑到方向，有 $\boldsymbol{E}=\dfrac{q}{4\pi\varepsilon_0 a(l+a)}\boldsymbol{i}$，其中 $\boldsymbol{i}$ 是 x 轴正向单位矢量。

例 5-6 真空中有一均匀带电直线，长度为 l，电荷线密度为 λ，求距直线距离为 a 的 P 点的场强。设 P 点和直线两端的连线与直线之间的夹角分别为 θ_1 和 θ_2。

解 选取如图 5-11 所示的坐标轴，在直线上距离原点为 x 处取一长度为 $\mathrm{d}x$ 的电荷元 $\mathrm{d}q$，则 $\mathrm{d}q=\lambda\mathrm{d}x$，$P$ 点到 $\mathrm{d}q$ 的距离为 r，$\mathrm{d}q$ 在 P 点的电场强度 $\mathrm{d}\boldsymbol{E}$ 为

$$\mathrm{d}\boldsymbol{E}=\frac{1}{4\pi\varepsilon_0}\frac{\lambda\mathrm{d}x}{r^2}\boldsymbol{e}_r$$

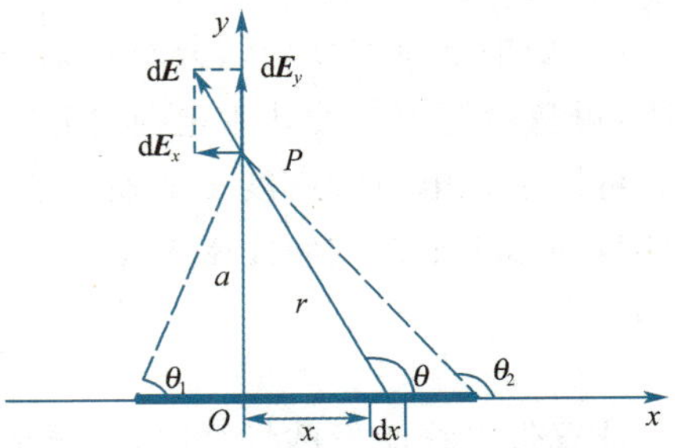

图 5-11 均匀带电直线外任一点的场强

式中，$\boldsymbol{e}_r$ 是从 $\mathrm{d}x$ 指向 P 点的单位矢量。设 $\mathrm{d}\boldsymbol{E}$ 与 x 轴之间的夹角为 θ，则 $\mathrm{d}\boldsymbol{E}$ 沿 Ox 轴和 Oy 轴的两个分量分别为

$$\mathrm{d}E_x=\mathrm{d}E\cos\theta=\frac{1}{4\pi\varepsilon_0}\frac{\lambda\mathrm{d}x}{r^2}\cos\theta$$

$$\mathrm{d}E_y=\mathrm{d}E\sin\theta=\frac{1}{4\pi\varepsilon_0}\frac{\lambda\mathrm{d}x}{r^2}\sin\theta$$

在以上两式中，都有多个变量 x、r、θ，因此要统一变量，可都统一用 θ 表示，从图 5-11 可知

$$x=a\cot(\pi-\theta)=-a\cot\theta \quad \mathrm{d}x=a\csc^2\theta\mathrm{d}\theta$$

$$r=\frac{a}{\sin(\pi-\theta)}=a\csc\theta \quad r^2=a^2\csc^2\theta$$

所以

$$\mathrm{d}E_x=\mathrm{d}E\cos\theta=\frac{\lambda}{4\pi\varepsilon_0 a}\cos\theta\mathrm{d}\theta$$

$$\mathrm{d}E_y=\mathrm{d}E\sin\theta=\frac{\lambda}{4\pi\varepsilon_0 a}\sin\theta\mathrm{d}\theta$$

将上列两式分别积分

$$E_x=\int\mathrm{d}E_x=\int_{\theta_1}^{\theta_2}\frac{\lambda}{4\pi\varepsilon_0 a}\cos\theta\mathrm{d}\theta=\frac{\lambda}{4\pi\varepsilon_0 a}(\sin\theta_2-\sin\theta_1)$$

$$E_y=\int\mathrm{d}E_y=\int_{\theta_1}^{\theta_2}\frac{\lambda}{4\pi\varepsilon_0 a}\sin\theta\mathrm{d}\theta=\frac{\lambda}{4\pi\varepsilon_0 a}(\cos\theta_1-\cos\theta_2)$$

由 E_x 和 E_y 即可表达出总场强 $\boldsymbol{E}$ 的大小：

$$E=\sqrt{E_x^2+E_y^2}=\frac{\lambda}{4\pi\varepsilon_0 a}\sqrt{2-2\cos(\theta_2-\theta_1)}$$

其方向可用 $\boldsymbol{E}$ 与 Ox 轴的夹角 θ 表示

$$\theta=\arctan\frac{E_y}{E_x}=\arctan\frac{\cos\theta_1-\cos\theta_2}{\sin\theta_2-\sin\theta_1}$$

(1)如果 P 在中垂线上，在图 5-11 中，取关于 O 点对称的完全相同的两个电荷元，它们在场点 P 激发的场强在 x 轴的分量大小相等，方向相反，相互抵消。因此场强在 x、y 轴方向上的分量为

$$E_x=\int \mathrm{d}E_x=\int_{\theta_1}^{\theta_2}\frac{\lambda}{4\pi\varepsilon_0 a}\cos\theta\,\mathrm{d}\theta=0$$

$$E_y=\int \mathrm{d}E_y=\int_{\theta_1}^{\theta_2}\frac{\lambda}{4\pi\varepsilon_0 a}\sin\theta\,\mathrm{d}\theta=\frac{\lambda}{2\pi\varepsilon_0 a}\cos\theta_1$$

中垂线上各点的场强均沿 y 轴方向，也就是垂直于带电直线方向。

(2)如果均匀带电直线足够长，也就是带电直线的长度远大于场点到带电直线的距离，带电直线可看作无限长，即 $\theta_1=0,\theta_2=\pi$，那么

$$E_x=0$$

$$E_y=\frac{\lambda}{2\pi\varepsilon_0 a}\tag{5-14}$$

若 $\lambda>0$，则 $E_y>0$，$\boldsymbol{E}$ 的方向沿 y 轴正方向(垂直带电直线向外)，若 $\lambda<0$，则 $E_y<0$，$\boldsymbol{E}$ 的方向沿 y 轴负方向(垂直带电直线向内)；大小与 P 点到带电直线的距离成反比，并且到带电直线距离相等的点，场强大小都相等，我们称这样的电场具有轴对称性。

例 5-7　真空中有一均匀带电圆环，半径为 R，带电量为 q，试计算圆环轴线上任一点 P 的场强。

解　建立如图 5-12 所示坐标轴，设 P 点到环心的距离为 x，并在环线上任取一长度为 $\mathrm{d}l$ 的电荷元 $\mathrm{d}q$，到 P 点距离为 r，则 $\mathrm{d}q=\lambda\,\mathrm{d}l=\frac{q}{2\pi R}\mathrm{d}l$。

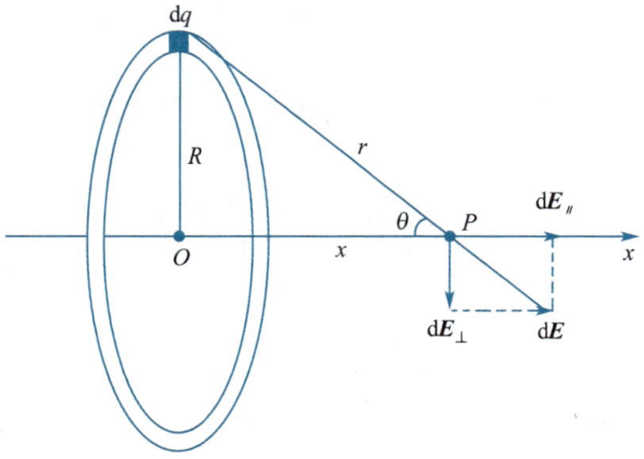

图 5-12　均匀带电圆环轴线上的场强

电荷元 $\mathrm{d}q$ 在 P 点产生的场强

$$\mathrm{d}\boldsymbol{E}=\frac{1}{4\pi\varepsilon_0}\frac{q}{2\pi R}\frac{\mathrm{d}l}{r^2}\boldsymbol{e}_r$$

$\boldsymbol{e}_r$ 是从 $\mathrm{d}q$ 指向 P 点的单位矢量，将 $\mathrm{d}\boldsymbol{E}$ 分解为平行于 x 轴的分量 $\mathrm{d}\boldsymbol{E}_{/\!/}$ 和垂直于 x 轴的分量 $\mathrm{d}\boldsymbol{E}_{\perp}$，根据对称性，同一直径两端相等的电荷元，其在 P 点产生的电场强度在垂直于 x 轴方向的分量总是大小相等，方向相反，所以可以相互抵消。故 P 点的总场强是沿轴线方向即平行于 x 轴方向的分量之和，即

$$E=\int \mathrm{d}E_{/\!/}=\int \mathrm{d}E\cos\theta=\oint \frac{1}{4\pi\varepsilon_0}\frac{q}{2\pi R}\frac{\mathrm{d}l}{r^2}\cos\theta$$

$$=\frac{1}{4\pi\varepsilon_0}\frac{q}{r^2}\cos\theta$$

从图中几何关系可知 $\cos\theta=\frac{x}{r}$，$r=(R^2+x^2)^{\frac{1}{2}}$，代入上式得

$$E=\frac{1}{4\pi\varepsilon_0}\frac{qx}{(R^2+x^2)^{\frac{3}{2}}} \tag{5-15}$$

当 $q>0$ 时，$\boldsymbol{E}$ 的方向沿 x 轴的正方向；当 $q<0$ 时，$\boldsymbol{E}$ 的方向沿 x 轴的负方向。当 $x=0$ 时，即在圆环中心处，$E=0$；当 $x\gg R$ 时，$x^2+R^2\approx x^2$，则式(5-15)可近似写作

$$E\approx\frac{1}{4\pi\varepsilon_0}\frac{q}{x^2}$$

与点电荷所激发的电场强度相同，这时可以把带电圆环视为一个点电荷，这说明点电荷具有相对性。

例 5-8 真空中有一均匀带电薄圆盘，半径为 R，电荷面密度为 σ，试计算圆盘轴线上任一点 P 的场强。

解 带电薄圆盘可以看成一个带电圆面，如图 5-13 所示，可以把薄圆盘看成由无数个带电同心细圆环构成，在圆盘上任取一半径为 r，宽度为 $\mathrm{d}r$ 的细圆环，带电量为 $\mathrm{d}q$，则

$$\mathrm{d}q=\sigma\mathrm{d}S=\sigma 2\pi r\,\mathrm{d}r$$

根据式(5-15)，可得该圆环在轴线上任意一点 P 产生的场强大小为

$$\mathrm{d}E=\frac{1}{4\pi\varepsilon_0}\frac{x\,\mathrm{d}q}{(r^2+x^2)^{\frac{3}{2}}}=\frac{x\sigma 2\pi r\,\mathrm{d}r}{4\pi\varepsilon_0(r^2+x^2)^{\frac{3}{2}}}$$

由于圆盘上各带电细圆环在 P 点产生的场强方向均相同，所以整个带电圆盘在 P 点产生的场强大小为

$$E=\int\mathrm{d}E=\int_0^R\frac{x\sigma 2\pi r\,\mathrm{d}r}{4\pi\varepsilon_0(r^2+x^2)^{3/2}}=\int_0^R\frac{\sigma x}{2\varepsilon_0}\frac{r\,\mathrm{d}r}{(r^2+x^2)^{3/2}}$$

$$=\frac{\sigma}{2\varepsilon_0}\left[1-\frac{1}{\sqrt{1+(R/x)^2}}\right] \tag{5-16}$$

电场强度 $\boldsymbol{E}$ 的方向与圆盘垂直，当 $\sigma>0$ 时，$\boldsymbol{E}$ 的方向沿 x 轴的正方向，当 $\sigma<0$ 时，$\boldsymbol{E}$ 的方向沿 x 轴的负方向。

当 R/x 很大时，圆盘变为无限大平面，则上式变为

$$E=\frac{\sigma}{2\varepsilon_0} \tag{5-17}$$

这就是“无限大”均匀带电平面两侧的场强公式，这表明无限大均匀带电平面激发的

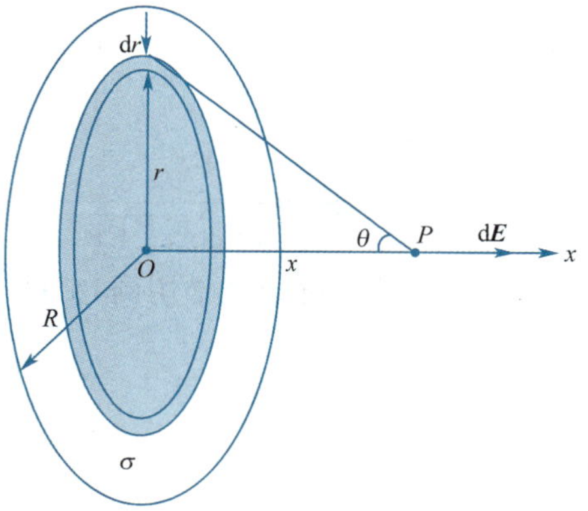

图 5-13　均匀带电薄圆盘轴线上的场强

场强与距离 x 无关，在平面两侧的电场是匀强电场。由于 $\boldsymbol{E}$ 是 R/x 的单调函数，所以 R/x 越大，精确度越高，即把带电圆盘看作无限大带电平面所导致的误差小。

当 R/x 很小时，利用泰勒公式把式(5-16)右边方括号中的第二项展开，可得

$$\frac{1}{\sqrt{1+(R/x)^2}}=\left[1+\left(\frac{R}{x}\right)^2\right]^{-\frac{1}{2}}=1-\frac{1}{2}\left(\frac{R}{x}\right)^2+\frac{3}{8}\left(\frac{R}{x}\right)^4-\cdots$$

注意到，$R/x\ll 1$，略去 $(R/x)^4$ 及其以上的项，得

$$\frac{1}{\sqrt{1+(R/x)^2}}\approx 1-\frac{1}{2}\left(\frac{R}{x}\right)^2$$

代入式(5-16)，可得

$$E\approx\frac{\sigma R^2}{4\varepsilon_0 x^2}=\frac{qR^2}{4\varepsilon_0 x^2\pi R^2}=\frac{1}{4\pi\varepsilon_0}\frac{q}{x^2}\tag{5-18}$$

上式与点电荷场强公式一致，可见，只要 R/x 足够小，此时圆盘可看成一个点电荷。同一个带电圆盘，当场点离得很远时可被看作点电荷，当场点在圆盘附近时则可看作无限大带电平面。

例 5-9　*如图 5-14 所示，真空中有一电荷面密度为 σ 的无限大均匀带电平面，挖去一个半径为 R 的圆面，设挖去圆面后平面上电荷仍然均匀分布，试计算圆面轴线上离圆心 O 为 x 的 P 点处的场强。*

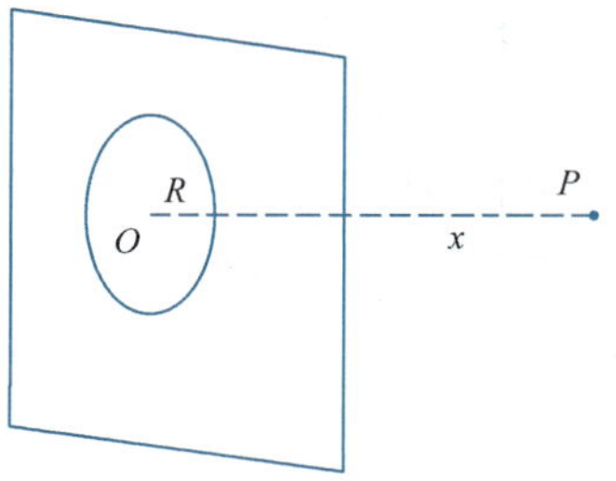

图 5-14　轴线上的场强

解　设无限大均匀带电平面的场强为 E，均匀带电圆面在轴线上 P 点处的场强为 E_1，所求的场强为 E_2。根据场强叠加原理，有

$$E=E_1+E_2$$

即

$$E_2=E-E_1$$

由式(5-16)、(5-17)知

$$E_1=\frac{\sigma x}{2\varepsilon_0}\left[\frac{1}{x}-\frac{1}{\sqrt{x^2+R^2}}\right],\quad E=\frac{\sigma}{2\varepsilon_0}$$

得

$$E_2=E-E_1=\frac{\sigma x}{2\varepsilon_0\sqrt{x^2+R^2}}$$

方向沿轴线，场强叠加原理在计算场强中经常用到，它可以给计算带来很大方便。

5.2.4 力偶矩

两个等值异号而且相距很近的点电荷组成一个电偶极子。所谓很近，是指场点到这两个点电荷的距离比两个点电荷之间的距离远得多。讨论电偶极子在外电场中所受到的影响，外电场就是指除了电偶极子以外的所有电荷激发的电场，我们只讨论均匀外电场的情况。

如图 5-15 所示，组成电偶极子的两个点电荷在均匀外电场中受到的电场力等大反向，受到的合外力为零。合外力为零，力偶矩也为零吗？一般情况下，两个电场力的作用线不在一条直线上，也就是不重合，电偶极子将会受到一个力偶矩，其大小为

$$M=F_+\frac{l}{2}\sin\theta+F_-\frac{l}{2}\sin\theta=Fl\sin\theta$$

其中 l 是电偶极子两个点电荷之间的距离，θ 为从 $-q$ 指向 $+q$ 的连线与场强之间的夹角，力偶矩方向为垂直于纸面指向外。从 $-q$ 到 $+q$ 作长为 l 的 $\boldsymbol{l}$，则力偶矩 $\boldsymbol{M}$ 可以用矢量叉乘的形式表示为

$$\boldsymbol{M}=q\boldsymbol{l}\times\boldsymbol{E} \tag{5-19}$$

定义

$$\boldsymbol{p}\equiv q\boldsymbol{l} \tag{5-20}$$

则

$$\boldsymbol{M}=\boldsymbol{p}\times\boldsymbol{E} \tag{5-21}$$

式(5-20)中定义的 $\boldsymbol{p}$ 叫作电偶极子的电偶极矩，简称电矩。式(5-21)说明，力偶矩由外电场 $\boldsymbol{E}$ 和电偶极矩 $\boldsymbol{p}$ 共同决定。在相同的外电场 $\boldsymbol{E}$ 下，两个电偶极子可以有不同的 q 和 $\boldsymbol{l}$，但只要 $\boldsymbol{p}$ 相等，受到的力偶矩 $\boldsymbol{M}$ 必定相等。如图 5-16 所示，力偶矩 $\boldsymbol{M}$ 力图使电偶极子的电偶极矩 $\boldsymbol{p}$ 转到外电场 $\boldsymbol{E}$ 一致的方向，只有当 $\boldsymbol{p}$ 与 $\boldsymbol{E}$ 平行或反向平行时受到的力偶矩才为零，此时，电偶极子才处于稳定的状态。注意，$\boldsymbol{p}$ 与 $\boldsymbol{E}$ 平行的状态是稳定平衡状态，反向平行是不稳定平衡状态，也就是说任何微小的扰动都可以使其偏离这一状态。

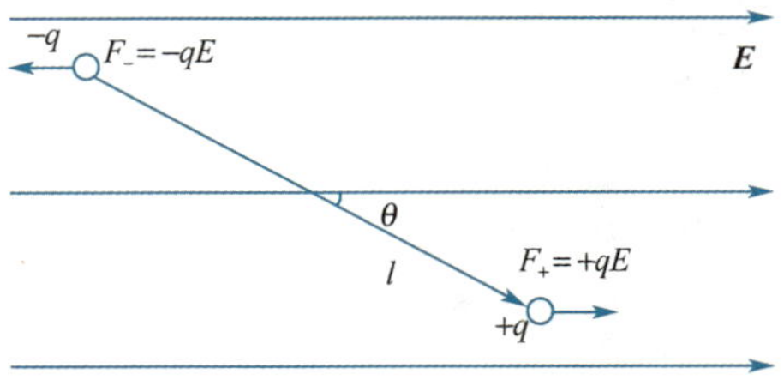

图 5-15 当 $\boldsymbol{l}$ 与有 $\boldsymbol{E}$ 夹角时，合力矩不为 0

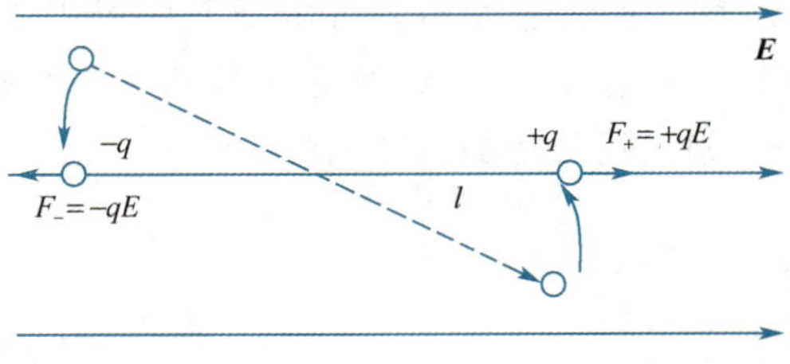

图 5-16 合力矩使得电偶极子的 $\boldsymbol{p}$ 转到 $\boldsymbol{E}$ 一致的方向

5.3　高斯定理及应用

5.3.1　电场线

为了形象描述电场在空间的分布情况，可在电场中作小箭头，如图 5-17 所示，使其方向和长度表示电场的方向和大小。但是这种做法有缺陷，一是不能表示无限点的场强，二是电场中的箭头太多，杂乱又不清晰。为改善这一情况，我们人为地引入一系列假想的曲线，用曲线代替箭头，这样的线就叫电场线。如图 5-18 所示，改成曲线后，之前用箭头长度表示电场大小的优势就没有了，为使电场线不仅能反映出某点场强的方向，还可以表示某处场强的大小，可对电场线做如下规定，如图 5-19 所示。

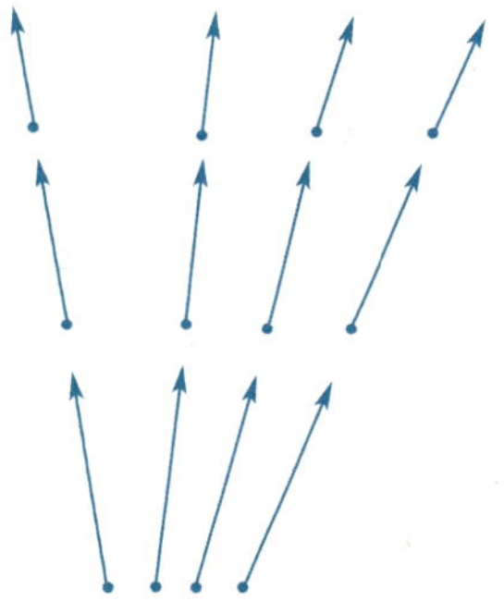

图 5-17　用箭头表示电场

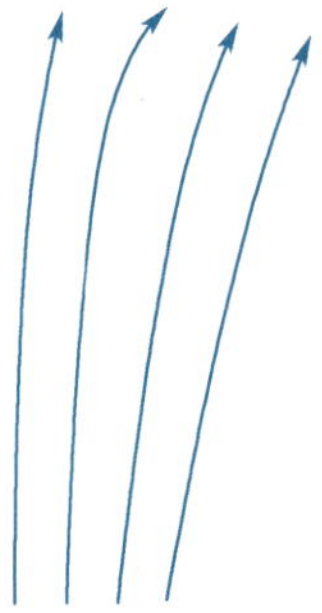

图 5-18　用电场线表示电场

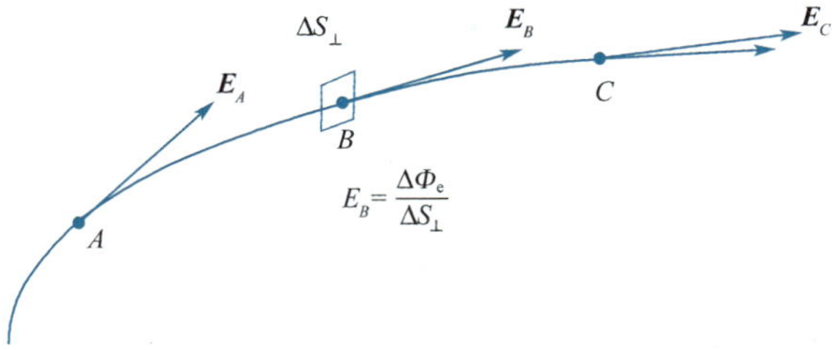

图 5-19　电场的大小和方向表示

（1）方向：电场线上每一点的切线方向都与该点电场强度 $\boldsymbol{E}$ 的方向一致。

（2）大小：在电场中任一点处，通过垂直于电场强度 $\boldsymbol{E}$ 的单位面积 $\Delta S_\perp$ 的电场线条数的数目 $\Delta\Phi_e$ 等于该点处的场强大小。

$$E=\frac{\Delta\Phi_e}{\Delta S_\perp} \tag{5-22}$$

也就是说，电场中任一处的电场强度的大小与电场线的疏密有关，电场线密集的地方，电场强度大；电场线稀疏的地方，电场强度小。

我们可以把电场线的概念推广到一般矢量场 $\boldsymbol{a}$ 而得到 $\boldsymbol{a}$ 的场线（或 $\boldsymbol{a}$ 线）。今后我们会遇到许多矢量场，比如电位移 $\boldsymbol{D}$，相应就有 $\boldsymbol{D}$ 线。矢量场的场线有一些共同的性质，但也因服从不同规律而有不同的性质。

如图 5-20 所示是几种常见静电场的电场线，观察可得出，静电场的电场线具有如下性质：

(1)电场线发自正电荷(或无穷远)，止于负电荷(或无穷远)，在没有电荷的地方不中断。

(2)电场线不会构成闭合曲线。

(3)任何两条电场线永远不会相交，因为某一点的电场强度(简称场强)方向是唯一确定的，如果电场线相交，该点的场强方向将无法唯一确定。

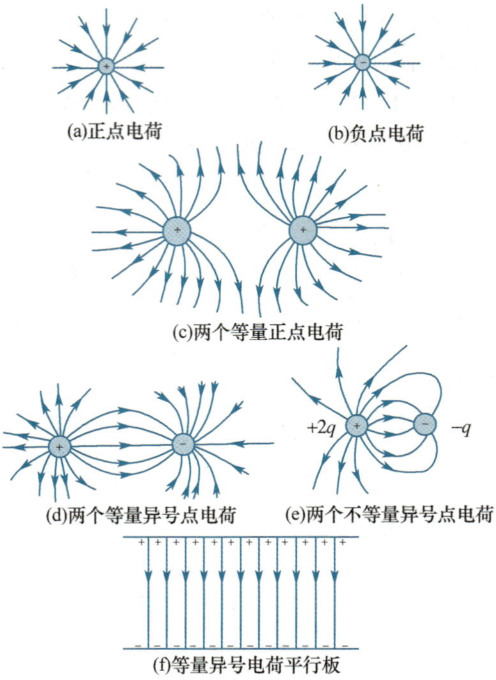

图 5-20　几种常见单静电场的电场线

5.3.2　电场强度通量

通量是一个描述场的物质性的重要物理量，其概念最初是在流体力学中引入的。在任意电场中，取一个假想的面，定义通过电场中任一给定曲面的电场线条数，称为通过该面的电场强度通量，简称电通量或 $\boldsymbol{E}$ 通量，用符号 Φ_e 表示。电通量是标量。

(1)若在均匀电场中，假设平面 S 与电场 $\boldsymbol{E}$ 垂直，如图 5-21(a)所示，由式(5-22)得通过该平面 S 的电通量为

$$\Phi_e = ES_{\perp} = ES \tag{5-23}$$

假设平面 S 与电场 $\boldsymbol{E}$ 不垂直，有一定夹角 θ，如图 5-21(b)所示，可引入面积矢量 $\boldsymbol{S}$，其方向为平面的正法线方向，可用单位矢量 $\boldsymbol{e}_n$ 表示，大小为平面的面积 S。那么 θ 就可以看成 $\boldsymbol{e}_n$ 与 $\boldsymbol{E}$ 之间的夹角，平面 S 在垂直于 $\boldsymbol{E}$ 的方向上的投影为 $S_{\perp} = S\cos\theta$。由电场线特点可知，通过平面 S 的电通量等于通过面积 $S_{\perp}$ 的电通量，则由式(5-23)得通过与 $\boldsymbol{E}$

方向不垂直的平面 S 的电通量为

$$\Phi_e = ES_{\perp} = ES\cos\theta = \boldsymbol{E}\cdot\boldsymbol{S} \tag{5-24}$$

其中面积矢量 $\boldsymbol{S}=S\boldsymbol{e}_n$，表明在电通量计算中面是有方向概念的。

(2)若在非均匀电场中，电场通过的几何面为非闭合曲面 S，如图 5-21(c)所示，这种情况下，式(5-24)不能使用。计算通过曲面 S 的电通量，按照微元法的思想，可把曲面无限分割，分成无限多个小面元 $\mathrm{d}S$，每个小面元 $\mathrm{d}S$ 可看作平面，每个面元矢量为 $\mathrm{d}\boldsymbol{S}$，通过面元上的电场强度 $\boldsymbol{E}$ 可看成是均匀的，设 $\mathrm{d}\boldsymbol{S}$ 法线单位矢量 $\boldsymbol{e}_n$ 与该处的电场强度 $\boldsymbol{E}$ 夹角为 θ，则通过面元 $\mathrm{d}\boldsymbol{S}$ 的电通量为

$$\mathrm{d}\Phi_e = E\cos\theta\,\mathrm{d}S = \boldsymbol{E}\cdot\mathrm{d}\boldsymbol{S}$$

那么，通过整个曲面 S 的电通量为通过所有面元 $\mathrm{d}\boldsymbol{S}$ 的电通量的总和，求定积分得

$$\Phi_e = \int_S \mathrm{d}\Phi_e = \int_S \boldsymbol{E}\cdot\mathrm{d}\boldsymbol{S} \tag{5-25}$$

当 S 为闭合曲面时，式(5-25)可写成

$$\Phi_e = \oint_S \mathrm{d}\Phi_e = \oint_S \boldsymbol{E}\cdot\mathrm{d}\boldsymbol{S} \tag{5-26}$$

需要说明的是，对非闭合曲面，面元法线的正方向可以取曲线的任一侧；对闭合曲面，闭合曲面将空间分成内、外两部分，规定面元的法线方向由曲面内指向曲面外为正。如图 5-21(d)所示，若电场线由闭合曲面内部向外穿出，$0<\theta<\frac{\pi}{2}$，为锐角，$\cos\theta>0$，电通量为正；反之，若电场线由闭合曲面外部向内穿入，$\frac{\pi}{2}<\theta<\pi$，为钝角，$\cos\theta<0$，电通量为负。

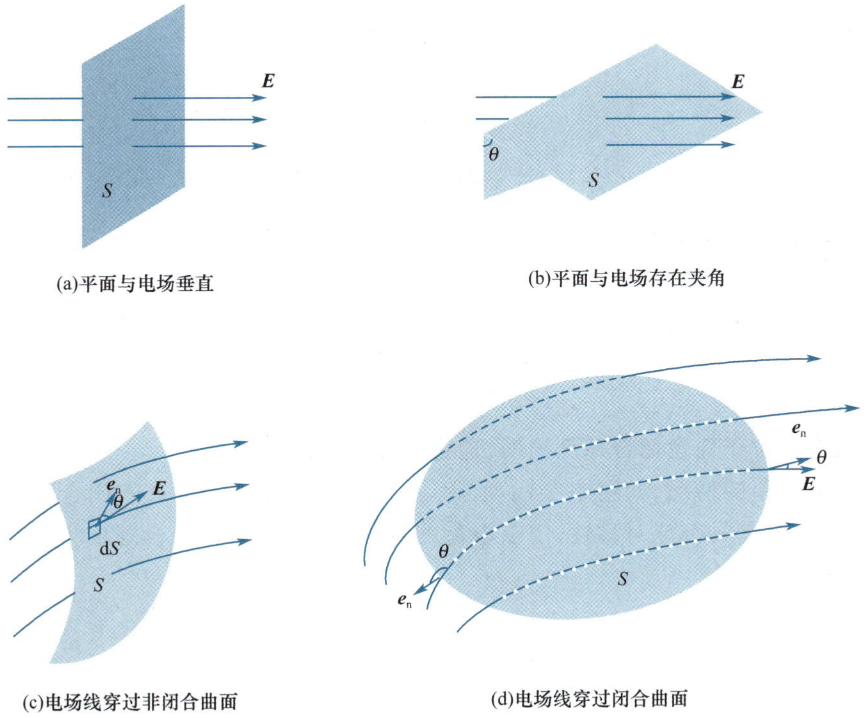

图 5-21 静电场中穿过面的电通量

通量的概念可以推广到任意矢量场 $\boldsymbol{a}$，通过场中任一面元矢量 $\mathrm{d}\boldsymbol{S}$ 的 $\boldsymbol{a}$ 通量定义为 $\mathrm{d}\Phi_a=\boldsymbol{a}\cdot\mathrm{d}\boldsymbol{S}$，有限非闭合曲面 S 的 $\boldsymbol{a}$ 通量则定义为 $\Phi_a=\int_S\boldsymbol{a}\cdot\mathrm{d}\boldsymbol{S}$，闭合曲面 S 的 $\boldsymbol{a}$ 通量则定义为 $\Phi_a=\oint_S\boldsymbol{a}\cdot\mathrm{d}\boldsymbol{S}$。

例 5-10 如图 5-22 所示，一电场强度为 $\boldsymbol{E}$ 的匀强电场中有一个三棱柱，求通过三棱柱的电场强度通量。

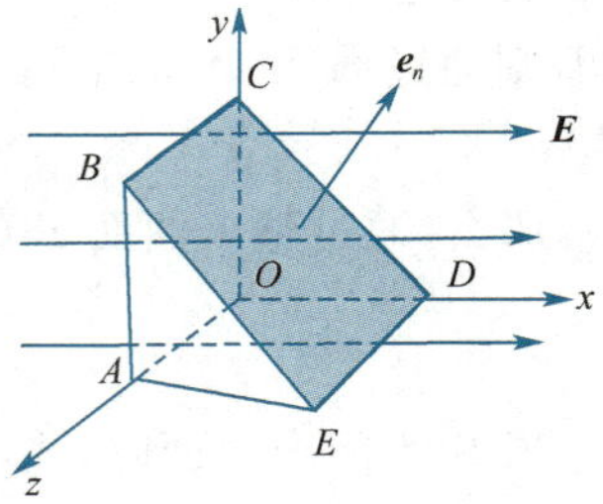

图 5-22 三棱柱

解 三棱柱的表面是一个闭合曲面，由 5 个平面构成，设 $ABCOA$ 所围的面积为 S_1，$ABEA$ 和 $OCDO$ 所围的面积为 S_2 和 S_3，$AODEA$ 和 $BCDEB$ 所围的面积为 S_4 和 S_5，通过 S_1，S_2，S_3，S_4，S_5 的电场强度通量分别为 Φ_{e1}，Φ_{e2}，Φ_{e3}，Φ_{e4}，Φ_{e5}，故通过闭合曲面的电场强度通量为

$$\Phi_e=\Phi_{e1}+\Phi_{e2}+\Phi_{e3}+\Phi_{e4}+\Phi_{e5}$$

面 S_1 的正法线方向与 $\boldsymbol{E}$ 方向之间的夹角为 π，故

$$\Phi_{e1}=ES_1\cos\pi=-ES_1$$

面 S_2、S_3 和 S_4 的正法线方向均与 $\boldsymbol{E}$ 垂直，故

$$\Phi_{e2}=\Phi_{e3}=\Phi_{e4}=\int_S\boldsymbol{E}\cdot\mathrm{d}\boldsymbol{S}=0$$

面 S_5 的正法线矢量 $\boldsymbol{e}_n$ 与 $\boldsymbol{E}$ 的夹角为 $\theta(0<\theta<\pi/2)$，故

$$\Phi_{e5}=\int_{S_5}\boldsymbol{E}\cdot\mathrm{d}\boldsymbol{S}=E\cos\theta S_5$$

又因为 $$S_5\cos\theta=S_1$$

所以 $$\Phi_{e5}=ES_1$$

故 $$\Phi_e=\Phi_{e1}+\Phi_{e2}+\Phi_{e3}+\Phi_{e4}+\Phi_{e5}=-ES_1+ES_1=0$$

5.3.3 静电场的高斯定理

进一步讨论通过闭合曲面的电通量和闭合曲面内所包围的电荷之间的量值关系，通过库仑定律和电场强度叠加原理可以得出一个表征静电场性质的基本定理——高斯定理。

1. 当点电荷位于任意闭合球面内时，通过闭合球面的电通量

先讨论最简单的情况，如图 5-23(a)所示，点电荷 q 位于半径为 r 的闭合球面 S 的球心处，点电荷的电场具有球对称性，由点电荷的场强公式可知，在闭合球面上任一点的电场强度大小为

$$E=\frac{q}{4\pi\varepsilon_0 r^2}$$

电场强度的方向沿半径呈辐射状，在球面上任取一面积元 $\mathrm{d}S$，该处的场强方向与 $\mathrm{d}S$

的法向单位矢量 $\boldsymbol{e}_n$ 方向相同，则电场强度 $\boldsymbol{E}$ 与面积元 $\mathrm{d}\boldsymbol{S}$ 之间的夹角 $\theta=0°$，所以通过闭合球面上任一面积元 $\mathrm{d}\boldsymbol{S}$ 的电通量为

$$\mathrm{d}\Phi_e=\boldsymbol{E}\cdot\mathrm{d}\boldsymbol{S}=E\mathrm{d}S\cos0°=E\mathrm{d}S$$

则通过整个闭合球面的电通量为

$$\Phi_e=\oint_S\boldsymbol{E}\cdot\mathrm{d}\boldsymbol{S}=\oint_S E\mathrm{d}S=\oint_S\frac{q}{4\pi\varepsilon_0 r^2}\cdot\mathrm{d}S$$

$$=\frac{q}{4\pi\varepsilon_0 r^2}\oint_S\mathrm{d}S=\frac{q}{4\pi\varepsilon_0 r^2}4\pi r^2=\frac{q}{\varepsilon_0}$$

这一结论说明，通过闭合球面的电通量与闭合球面的半径 r 无关，只与闭合球面所包围的电荷量 q 有关，当 q 为正电荷时，$\Phi_e>0$，表示电场线穿出球面；当 q 为负电荷时，$\Phi_e<0$，表示电场线穿入球面。如图 5-23(b)所示，如果以点电荷 q 为球心作 3 个同心球面，通过各球面的电通量都为$\frac{q}{\varepsilon_0}$。

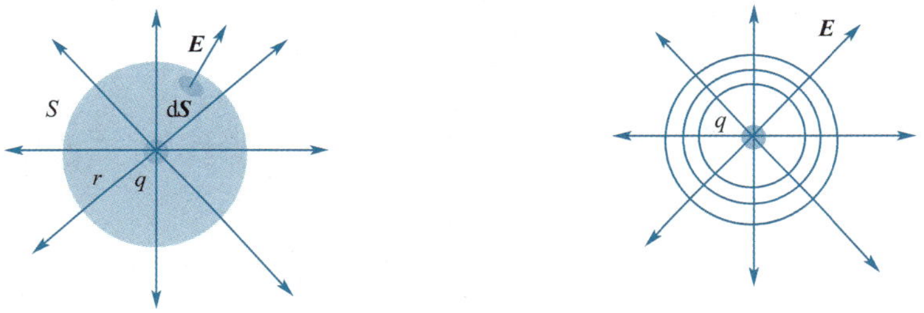

(a)点电荷q位于闭合球面中心　　(b)以点电荷q为球心的同心球面

图 5-23　通过以点电荷为球心的闭合球面上的电通量图

2. 当点电荷位于任意闭合曲面内时，通过闭合曲面的电通量

如图 5-24 所示，如果包围点电荷 q 的闭合曲面 S_2 为任一形状，或者 q 不位于球面 S_1 的中心，则根据电通量的定义可知，通过任意闭合曲面的电通量等于通过该曲面的电场线的条数。由于电场线在无电荷处不中断，是连续的，会一直延伸到无限远处，因此只要 S_1 和 S_2 之间没有电荷，穿过 S_1 和 S_2 的电通量必然相等，即

$$\Phi_{e1}=\Phi_{e2}=\frac{q}{\varepsilon_0}$$

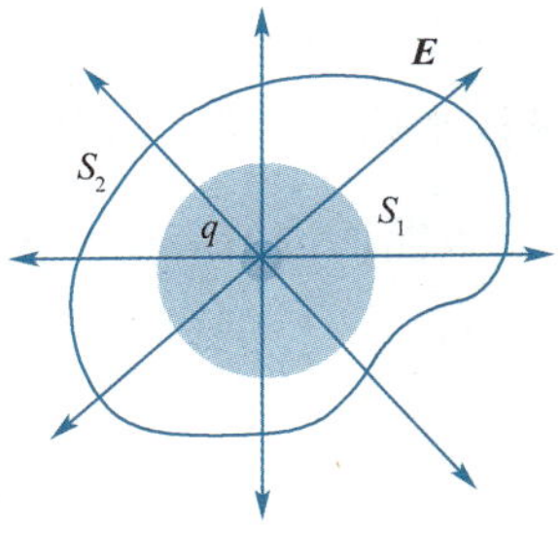

图 5-24　通过任一形状曲面的电通量

这一结论说明，通过闭合曲面的电通量只与闭合曲面所包围的电荷量 q 有关，与点电荷在闭合曲面内的位置及闭合曲面的形状无关。这个电荷就是电场的源头。当 q 为正电荷时，$\Phi_e>0$，电荷就是电场线的源头；当 q 为负电荷时，$\Phi_e<0$，电荷就是电场线的尾部。

3. 当点电荷位于任一闭合曲面外时，通过闭合曲面的电通量

如图 5-25 所示，当点电荷 q 在闭合曲面 S 之外时，由电场线的连续性可知，进入该闭合曲面的电场线等于穿出该闭合曲面的电场线，电场线穿入时 $\Phi_e>0$，电场线穿出时

$\Phi_e<0$，正负刚好抵消，所以通过该曲面 S 总的电通量为

$$\Phi_e=\oint_S \boldsymbol{E}\cdot \mathrm{d}\boldsymbol{S}=0$$

点电荷位于闭合曲面外，也就是说闭合曲面内没有电场的源头和尾部，因此通过该闭合曲面的电通量为零。

4. 任意点电荷系存在时，通过任一闭合曲面的电通量

如图 5-26 所示，在点电荷系的电场中，有一任意闭合曲面 S，其内包含电荷 q_1、q_2、q_3、q_4，其外包含 q_5、…、q_i、…、q_n 由场强叠加原理可得通过闭合曲面 S 的电通量为

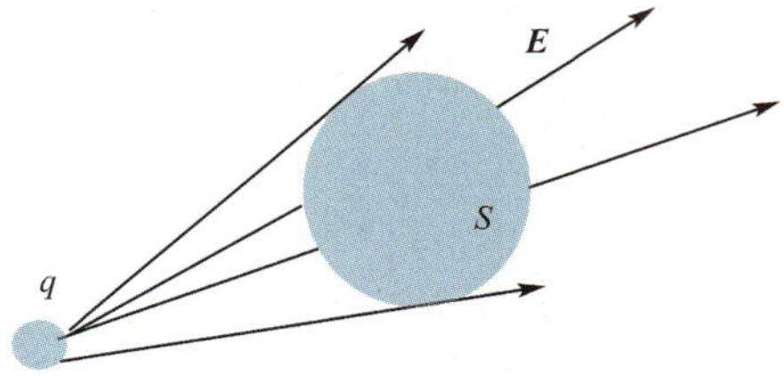

图 5-25　点电荷在闭合曲面外的电通量

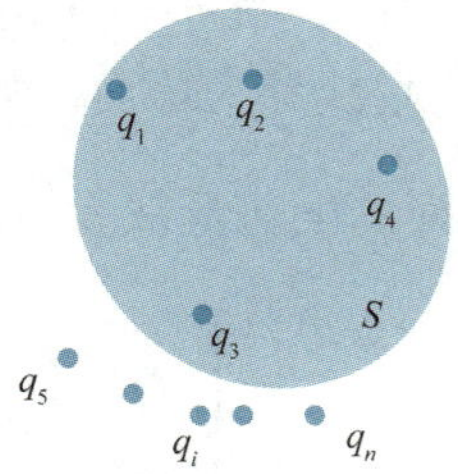

图 5-26　多个点电荷穿过任意闭合曲面的电通量

$$\Phi_e=\Phi_{e1}+\Phi_{e2}+\cdots+\Phi_{en}=\sum_{i=1}^{n}\Phi_{ei}$$

其中，Φ_{ei} 为 q_i 产生的电场通过闭合曲面的电通量，对此可做如下讨论：当 q_i 在闭合曲面内时，$\Phi_{ei}=\dfrac{q_i}{\varepsilon_0}$；当 q_i 在闭合曲面外时，$\Phi_{ei}=0$。故总的电通量可表示为

$$\Phi_e=\sum_{i=1}^{n}\Phi_{ei}=\frac{1}{\varepsilon_0}\sum_{i=1}^{n}q_{i内}$$

从以上四种情况，综合讨论可归纳出：在静电场中，通过任一闭合曲面 S 的电通量 Φ_e，等于该曲面内所有电荷量的代数和 $\sum q_i$ 的 $\dfrac{1}{\varepsilon_0}$ 倍，与闭合曲面外的电荷无关，其数学表达式可写为

$$\Phi_e=\oint_S \boldsymbol{E}\cdot \mathrm{d}\boldsymbol{S}=\frac{1}{\varepsilon_0}\sum_{i=1}^{n}q_{i内} \tag{5-27}$$

式中，闭合曲面 S 称为高斯面，这就是表征静电场性质的高斯定理。

由高斯定理可知，当 $\sum q_{i内}>0$ 时，即闭合曲面内的净电荷为正电荷时，则 $\Phi_e>0$，表示电场线从正电荷发出，并穿出该闭合曲面，所以正电荷可以看作静电场的源头；当 $\sum q_{i内}<0$ 时，即闭合曲面内的净电荷为负电荷时，则 $\Phi_e<0$，电场线穿入闭合曲面，并终止于负电荷，所以负电荷可以看作静电场的尾部。因此，高斯定理说明了电场线起于正电荷，止于负电荷，即静电场是有源场。

对高斯定理的理解，还有必要说明以下两点：

(1) 在高斯定理的数学表达式(5-27)中,右端 $\sum q_{i内} > 0$ 是闭合曲面内所有电荷量的代数和(图 5-26 中的 q_1、q_2、q_3、q_4),高斯定理揭示了静电场的有源性,说明通过闭合曲面的电通量只与闭合曲面内的电荷有关,闭合曲面外的点电荷对整个闭合曲面上的电通量没有贡献;左端 $\Phi_e = \oint_S \boldsymbol{E} \cdot d\boldsymbol{S}$ 为电场强度在高斯面上的积分,式中的电场强度 $\boldsymbol{E}$ 是指曲面上任一点的场强,它是由空间中所有电荷在闭合曲面上任一点共同激发的。也就是说,闭合曲面外的点电荷只对电场强度有贡献。

(2) 虽然高斯定理是建立在库仑定律的基础上,但库仑定律是从电荷间的作用来反映电场的性质,因此只适用于静电场;而高斯定理将电通量和场源电荷联系起来,不仅适用于静电场,还适用于变化的电场,比库仑定律的范围更广。两者在使用上分工不同,库仑定律解决从电荷分布求场强的问题,高斯定理则使我们能从场强求出电荷分布,比如说求某点的电荷体密度 ρ。

5.3.4　高斯定理的应用

在一般情况下,当电荷分布一定时,原则上可由库仑定律求得各点的场强,但计算往往比较复杂,用高斯定理只能很容易地求出通过任一闭合曲面的电通量,而不能确定电场的具体分布。但当空间中的电荷分布具有某种高度特殊的对称性(轴对称、球对称、面对称)时,场强的计算可以由于使用高斯定理而大为简化。用高斯定理计算场强分布,关键在于对称性的分析和高斯面的选取。

在应用高斯定理去求解场强时,场强分布必须具有对称性,下面列出具体步骤:

(1) 对称性分析。分析电荷的分布具有的对称性,得出电场强度分布的对称性规律。

(2) 合适高斯面的选取。这一步是求解场强的关键。根据电场强度的对称性分布,分析场强的大小和方向,选取合适的高斯面。合适的高斯面具有的特点为,第一点,所研究的场点应在高斯面上;第二点,为计算方便,至少有一个面要满足面上的各点的电场强度 $\boldsymbol{E}$ 大小相等、方向与该面处处垂直;第三点,对无法满足第二点要求的面,应满足场强方向与该面处处平行。

(3) 求出电通量。计算式(5-27)左边,即通过高斯面的电通量为

$$\Phi_e = \oint_S \boldsymbol{E} \cdot d\boldsymbol{S} = \oint_S E\,dS = E\oint_S dS = ES$$

(4) 求出场强大小。计算式(5-27)右边,即高斯面包围的电荷量代数和为

$$\frac{1}{\varepsilon_0}\sum_{i=1}^{n} q_{i内}$$

左边等于右边,场强的大小为

$$E = \frac{1}{\varepsilon_0 S}\sum_{i=1}^{n} q_{i内}$$

需要特别说明的是,若电荷分布不具有高度对称性,在一般情况下,由已知电荷分布求电场的问题可用库仑定律和叠加原理解决而不能单独用高斯定理解决。这一事实说

明，高斯定理只从一个面反映静电场的性质，要想全面掌握静电场的性质还需借助另一个定理——环路定理(见 5.4 节)，这两个定理结合起来，原则上可以解决静电场的一切问题。

下面通过举例来说明如何利用高斯定理求出场强。

例 5-11 一半径为 R 的均匀带电球面，所带电荷量为 q，求该球面的电场分布。

解 (1) 对称性分析。由于电荷沿球面均匀分布，具有球对称性，故电场分布具有球对称性，均匀带电球面的电荷分布与点电荷有所区别，但具有相同的对称性，均匀带电球面激发的电场也具有球对称性。

(2) 合适高斯面的选取。根据球对称性的特点，所选取的高斯面应为同心球面。选择球面内、外任一处 P 点，求它的场强，选取过 P 点，r 为半径与带电球面同心的闭合球面为高斯面，如图 5-27 所示。这个高斯面上的电场强度大小处处相等，方向与该面处处垂直。

(3) 求出电通量。计算式(5-27) 左边，即通过高斯面的电通量为

$$\Phi_e = \oint_S \boldsymbol{E} \cdot \mathrm{d}\boldsymbol{S} = \oint_S E \cdot \mathrm{d}S = E\oint_S \mathrm{d}S = E \cdot 4\pi r^2$$

这个结论适用于球面内、外的情况。

(4) 求出场强大小。半径 R 将空间分成两部分，这部分计算分两种情况。

$r > R$ 时，球面外部任一点 P 的场强，作如图 5-27(a) 所示的高斯面，计算式(5-27) 右边，即此高斯面内包围的电荷为

$$\sum_i q_{i内} = q$$

由高斯定理得，左边等于右边

$$E \cdot 4\pi r^2 = \frac{q}{\varepsilon_0}$$

均匀带电球面外任一点 P 处的电场强度大小为

$$E = \frac{q}{4\pi\varepsilon_0 r^2}$$

方向沿径向方向，其矢量式为

$$\boldsymbol{E} = \frac{q}{4\pi\varepsilon_0 r^2}\boldsymbol{e}_r \quad (r > R)$$

此结论表明均匀带电球面外场强的分布情况，与点电荷的场强分布相同。说明在均匀带电球面外，可以认为球面上的所有电荷都集中在球心，即球面可以看成一个点电荷。

$r < R$ 时，球面内部任一点 P 的场强，作如图 5-27(b) 所示的高斯面，计算式(5-27) 右边，即此高斯面内包围的电荷为

$$\sum_i q_i = 0$$

由高斯定理得，左边等于右边

$$E \cdot 4\pi r^2 = 0$$

均匀带电球面内任一点 P 处的电场强度大小为

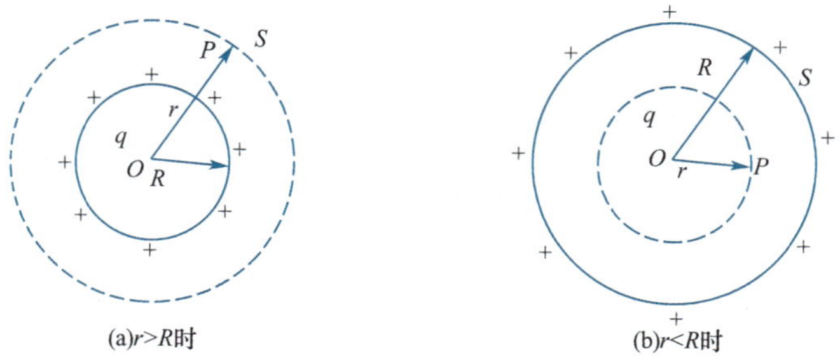

图 5-27　均匀带电球面的电场分布

$$E=0\quad(r<R)$$

此结论表明，均匀带电球面内的场强处处为零。

综上所述，均匀带电球面内、外的电场大小分布为

$$E=\begin{cases}0 & (r<R)\\ \dfrac{q}{4\pi\varepsilon_0 r^2} & (r>R)\end{cases}\tag{5-28}$$

球外电场强度的方向沿径向。

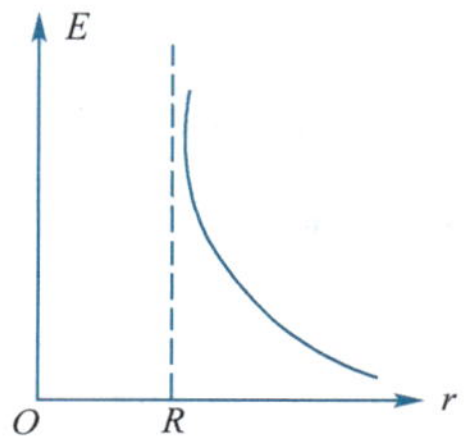

图 5-28　均匀带电球面的电场强度曲线图

根据上述结果可以画出 $E(r)$ 曲线图，如图 5-28 所示，从图中可以看出，在球面上（$r=R$）电场强度不连续，场强在球面上发生了突变。

例 5-12　一半径为 R 的均匀带电球体，所带电荷量为 q，求该球体的电场分布。

解　(1)对称性分析。由于电荷沿球体均匀分布，具有球对称性，故电场分布具有球对称性，均匀带电球体的电荷分布与点电荷有所区别，但具有相同的对称性，均匀带电球体激发的电场也具有球对称性。

(2)合适高斯面的选取。根据球对称性的特点，所选取的高斯面应为同心球面。选择球体内外任一处 P 点，求它的场强，选取过 P 点，r 为半径与带电球体同心的闭合球面为高斯面，如图 5-29 所示。这个高斯面上的电场强度大小处处相等，方向与该面处处垂直。

(3)求出电通量。计算式(5-27)左边，即通过高斯面的电通量为

$$\Phi_e=\oint_S \boldsymbol{E}\cdot d\boldsymbol{S}=\oint_S E\cdot dS=E\oint_S dS=E\cdot 4\pi r^2$$

这个结论适用于球体内、外的情况。

(4) 求出场强大小。半径 R 将空间分成两部分，这部分计算分两种情况。

$r>R$ 时，球体外部任一点 P 的场强，作如图 5-29(a) 所示的高斯面，计算式(5-27) 右边，即此高斯面内包围的电荷为

$$\sum_i q_{i内}=q$$

由高斯定理得，左边等于右边

$$E \cdot 4\pi r^2 = \frac{q}{\varepsilon_0}$$

均匀带电球体外任一点 P 处的电场强度大小为

$$E = \frac{q}{4\pi\varepsilon_0 r^2}$$

方向沿径向方向，其矢量式为

$$\boldsymbol{E} = \frac{q}{4\pi\varepsilon_0 r^2}\boldsymbol{e}_r \quad (r > R)$$

此结论表明均匀带电球体外场强与球面外场强的分布情况相同，与点电荷的场强分布相同。说明在均匀带电球体外，可以认为球体上的所有电荷都集中在球心，即球体可以看成一个点电荷。

$r \leqslant R$ 时，求球体内部任一点 P 的场强，作如图 5-29(b) 所示的高斯面，计算式(5-27)右边，即此高斯面内包围的电荷为

$$\sum_i q_{i内} = \frac{q}{\frac{4}{3}\pi R^3} \cdot \frac{4}{3}\pi r^3 = \frac{qr^3}{R^3}$$

由高斯定理得，左边等于右边

$$E \cdot 4\pi r^2 = \frac{1}{\varepsilon_0}\frac{qr^3}{R^3}$$

均匀带电球体内任一点 P 处的电场强度大小为

$$E = \frac{1}{4\pi\varepsilon_0}\frac{qr}{R^3}$$

方向沿径向方向，其矢量式为

$$\boldsymbol{E} = \frac{1}{4\pi\varepsilon_0}\frac{qr}{R^3}\boldsymbol{e}_r \quad (r \leqslant R)$$

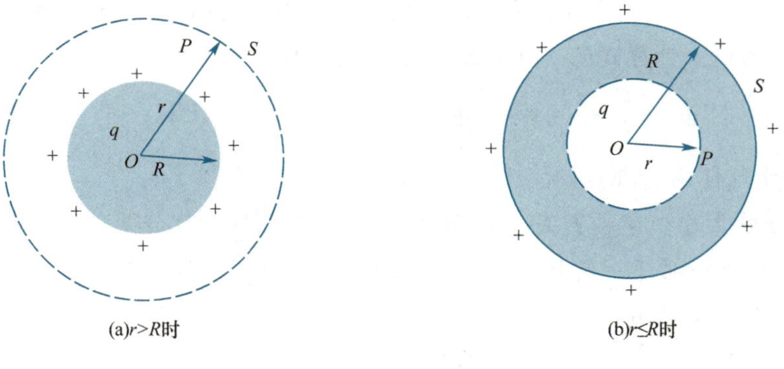

图 5-29　均匀带电球体的电场分布

综上所述，均匀带电球体内、外的电场大小分布为

$$\boldsymbol{E}=\begin{cases}\dfrac{q}{4\pi\varepsilon_0 r^2}\boldsymbol{e}_r & (r>R)\\[2ex] \dfrac{1}{4\pi\varepsilon_0}\dfrac{qr}{R^3}\boldsymbol{e}_r & (r\leqslant R)\end{cases} \tag{5-29}$$

球体内外电场强度的方向均沿径向。

根据上述结果可以画出 $E(r)$ 曲线图，如图 5-30 所示，可以看出，在球体内（$r\leqslant R$），E 随 r 线性增加，在 $r=R$ 处，E 达到最大值；在球体外（$r>R$），$E\propto\dfrac{1}{r^2}$，均匀带电球体外的电场可理解为电荷全部集中在球心处点电荷的电场。

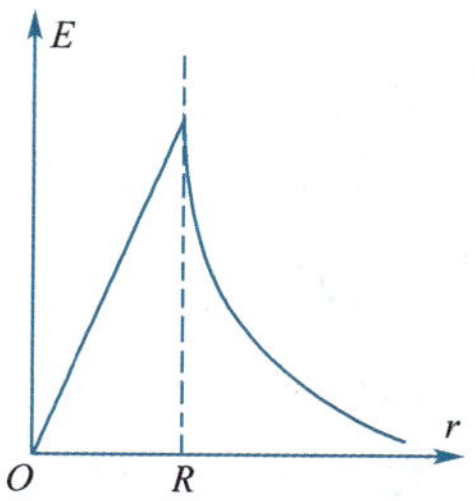

图 5-30　均匀带电球体的电场强度曲线图

例 5-13　求无限长均匀带电直线的电场强度分布，其线密度为 $\lambda(\lambda>0)$。

解　(1) 对称性分析。由于均匀带电直线无限长，电荷分布具有轴对称性，所以产生的电场强度方向垂直于直线，沿径向呈轴对称分布，即与直线距离相等的各点，电场强度的大小相等，方向垂直于直线，呈辐射状。

(2) 合适高斯面的选取。根据轴对称性的特点，所选取的高斯面应为同轴闭合圆柱面。如图 5-31 所示，过空间任一点 P，作以直线为轴线，P 到轴线的垂直距离 r 为半径、高为 l 的圆柱体闭合面为高斯面。

(3) 求出电通量。计算式(5-27) 左边，即通过高斯面的电通量为

$$\Phi_e=\oint_S \boldsymbol{E}\cdot d\boldsymbol{S}=\int_{上底}\boldsymbol{E}\cdot d\boldsymbol{S}+\int_{侧面}\boldsymbol{E}\cdot d\boldsymbol{S}+\int_{下底}\boldsymbol{E}\cdot d\boldsymbol{S}$$

由于电场强度 $\boldsymbol{E}$ 的方向与圆柱的上下底面平行，故

$$\Phi_{e上底}=\Phi_{e下底}=0$$

因此

$$\Phi_e=\Phi_{e侧面}=\int_{侧面}\boldsymbol{E}\cdot d\boldsymbol{S}=E\int_{侧面}dS=E\cdot 2\pi rl$$

(4) 求出场强大小。作如图 5-31 所示的高斯面，计算式(5-27) 右边，即此高斯面内包围的电荷为

$$\sum_i q_{i内}=\lambda l$$

由高斯定理得，左边等于右边

$$E\cdot 2\pi rl=\frac{1}{\varepsilon_0}\lambda l$$

无限长均匀带电直线任一点 P 处的电场强度大小为

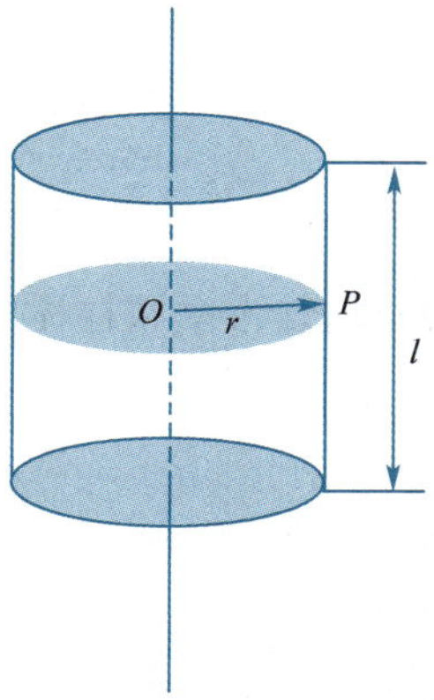

图 5-31　无限长均匀带电直线的电场分布

$$E=\frac{\lambda}{2\pi\varepsilon_0 r} \tag{5-30}$$

由上述结论可知，无限长均匀带电直线外某点处的电场强度与该点距离带电直线的垂直距离 r 成反比，与电荷线密度 λ 成正比。

例 5-14 求无限长均匀带电圆柱体(上、下表面半径为 R)的电场强度分布，带电圆柱体单位长度上的带电量为 λ。

解 例 5-13 讨论无限长带电直线的电场，式(5-30)告诉我们该带电直线的电场分布具有轴对称性，到其距离相等的点，场强大小都相等，直线外每点的场强均沿与带电直线相垂直的方向。

(1)对称性分析。无限长均匀带电圆柱体与带电直线的电荷分布的对称性是相同的，都具有轴对称性，其场强分布也必然具有轴对称性，也就是在与圆柱轴线距离相等的同轴圆柱面上的点，场强大小都相等，沿与轴线垂直的方向。

(2)合适高斯面的选取。根据轴对称性的特点，所选取的高斯面应为同轴闭合圆柱面。如图 5-32 所示，取圆柱体任一点 P 到轴线的距离为 r，以轴线为轴，过 P 点作半径为 r，高为 h 的闭合圆柱面为高斯面。

(3)求出电通量。计算式(5-27)左边，即通过高斯面的电通量为

$$\Phi_e=\oint_S \boldsymbol{E}\cdot d\boldsymbol{S}=\int_{上底}\boldsymbol{E}\cdot d\boldsymbol{S}+\int_{侧面}\boldsymbol{E}\cdot d\boldsymbol{S}+\int_{下底}\boldsymbol{E}\cdot d\boldsymbol{S}$$

因为上、下底面的场强方向与各点所在面平行，所以穿过上、下底面的电通量为 0，即 $\int_{上底}\boldsymbol{E}\cdot d\boldsymbol{S}=0$，$\int_{下底}\boldsymbol{E}\cdot d\boldsymbol{S}=0$，侧面的场强大小处处相等，且场强方向与各点所在面处处垂直，则有

$$\Phi_e=\oint_S \boldsymbol{E}\cdot d\boldsymbol{S}=\int_{侧面}\boldsymbol{E}\cdot d\boldsymbol{S}=2E\pi rh$$

这个结论适用于整个无限长均匀带电圆柱体的空间。

(4) 求出场强大小。半径 R 将空间分成两部分，计算分两种情况。

$r>R$ 时，求圆柱体外部任一点 P 的场强，作如图 5-32(a) 所示的高斯面，计算式(5-27) 右边，即此高斯面内包围的电荷为 λh，由高斯定理得，左边等于右边

$$2E\pi rh=\frac{1}{\varepsilon_0}\lambda h$$

无限长均匀带电圆柱体外任一点 P 处的电场强度大小为

$$E=\frac{\lambda}{2\pi\varepsilon_0 r}$$

此结论表明，无限长均匀带电圆柱体外任一点的场强与将电荷集中在轴线上的无限长均匀带电直线在该点激发的场强相同。说明在无限长均匀带电圆柱体外，可以认为圆柱体上的所有电荷都集中在轴线上，即圆柱体可以看成直线。

$r \leqslant R$ 时，求圆柱体内部任一点 P 的场强，作如图 5-32(b) 所示的高斯面，计算式 (5-27) 右边，即此高斯面内包围的电荷为 Q'，即

$$Q' = \frac{\lambda h}{\pi R^2 h} \pi r^2 h = \frac{r^2}{R^2} \lambda h$$

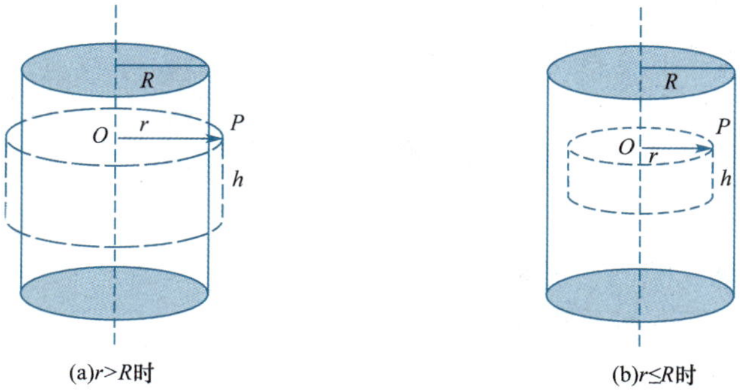

图 5-32　无限长均匀带电圆柱体的电场分布

由高斯定理得，左边等于右边

$$2E\pi rh = \frac{1}{\varepsilon_0} \frac{r^2}{R^2} \lambda h$$

无限长均匀带电圆柱体内任一点 P 处的电场强度大小为

$$E = \frac{\lambda r}{2\pi\varepsilon_0 R^2}$$

综上所述，无限长均匀带电圆柱体内、外的电场大小分布为

$$E = \begin{cases} \dfrac{\lambda}{2\pi\varepsilon_0 r} & (r > R) \\ \dfrac{\lambda r}{2\pi\varepsilon_0 R^2} & (r \leqslant R) \end{cases} \tag{5-31}$$

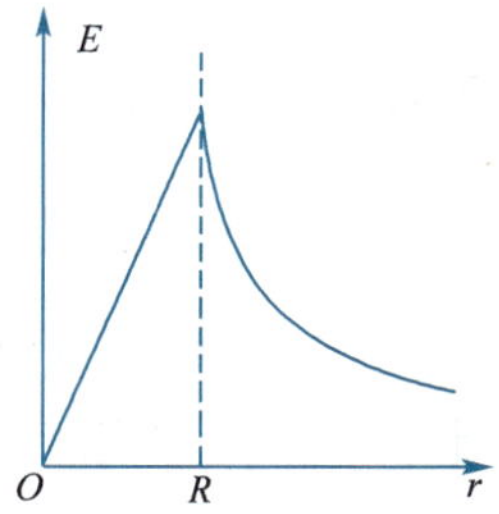

图 5-33　无限长均匀带电圆柱体的电场强度曲线图

圆柱体内外电场强度的方向均沿与轴线相垂直。

根据上述结果可以画出 $E(r)$ 曲线图，如图 5-33 所示，可以看出，在球体内($r \leqslant R$)，E 随 r 线性增加，在 $r=R$ 处，E 达到最大值；在球体外($r>R$)，$E \propto \dfrac{1}{r}$，无限长均匀带电圆柱体外的电场可理解为电荷全部集中在轴线处无限长均匀带电直线的电场。

例 5-15　求无限大均匀带电平面的电场强度分布，其电荷面密度为 $\sigma(\sigma>0)$。

解　(1)对称性分析。由于均匀带电平面无限大，所以电荷分布具有面对称性，如图 5-34 所示，电荷关于垂线 OP 对称(O 点为任一场点 P 到平面连线的垂足)，无限大均匀带电平面相当于由无数多以 OP 为轴的均匀带电圆环组成，每个圆环在 P 点激发的场强方向均与带电平面相垂直，均匀带电平面整体在 P 点激发的场强方向与平面垂直，故

其激发的场强关于平面对称，即距离带电平面两侧相同点的电场强度 $\boldsymbol{E}$ 大小相等，方向垂直于平面并指向外侧。

(2)合适高斯面的选取。根据面对称性的特点，所选取的高斯面应为底面平行于带电平面的圆柱面。如图 5-34 所示，过空间任一场点 P，和平面另一侧对称的点 P' 作一圆柱形的高斯面，P 和 P' 分别位于圆柱的两个底面上。

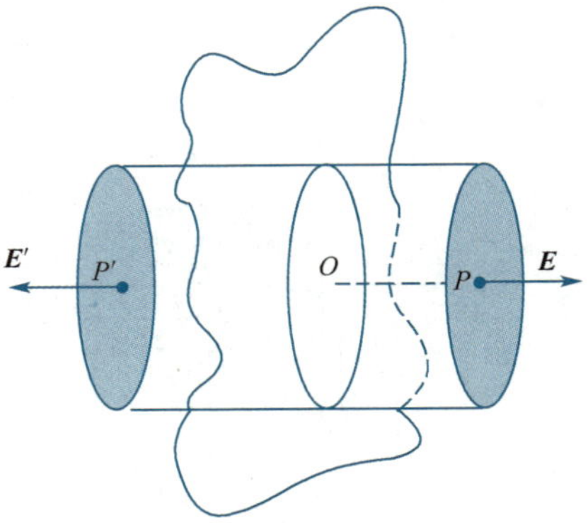

图 5-34　无限大均匀带电平面电场分布

(3)求出电通量。计算式(5-27)左边，即通过高斯面的电通量为

$$\Phi_e=\Phi_{e左底}+\Phi_{e右底}+\Phi_{e侧面}$$

由于电场强度 $\boldsymbol{E}$ 的方向与圆柱的侧面平行，因此通过侧面的电通量为

$$\Phi_{e侧面}=0$$

而电场强度 $\boldsymbol{E}$ 的方向与圆柱的左、右底面垂直，若用 S 表示圆柱底面的面积，则

$$\Phi_e=\Phi_{e左底}+\Phi_{e右底}=ES+ES=2ES$$

(4)求出场强大小。作如图 5-34 所示的高斯面，计算式(5-27)右边，即此高斯面内包围的电荷为

$$\sum_i q_{i内}=\sigma S$$

由高斯定理得，左边等于右边

$$2ES=\frac{1}{\varepsilon_0}\sigma S$$

无限大均匀带电平面任一点 P 处的电场强度大小为

$$E=\frac{\sigma}{2\varepsilon_0} \tag{5-32}$$

当 $\sigma>0$ 时，场强方向垂直于带电平面向外；当 $\sigma<0$ 时，场强方向垂直于带电平面向内。此结果说明，无限大均匀带电平面两侧的电场是均匀电场，方向垂直于带电平面。

5.4　静电场的环路定理、电势

之前我们从静电场的物质性表现第一方面——静电场对落入其中的任何带电体产生作用力的角度引入电场强度来描述电场分布，本节从静电场的物质性表现第二方面——当带电体在静电场中运动时，电场力会对它做功的特点出发引入电势的概念。

5.4.1　电场力做功

电场对处于其中的电荷有力的作用,因此当电荷在电场中发生移动时,电场力要对其做功。如图 5-35 所示,设空间 O 点位置上有一电荷量为 Q 的点电荷,在 Q 激发的电场中将一试验电荷 q_0 从 A 点(径矢为 $\boldsymbol{r}_A$)经过任意路径 APB 移动到达 B 点(径矢为 $\boldsymbol{r}_B$),下面计算在此过程中,电场力对电荷 q_0 做功。

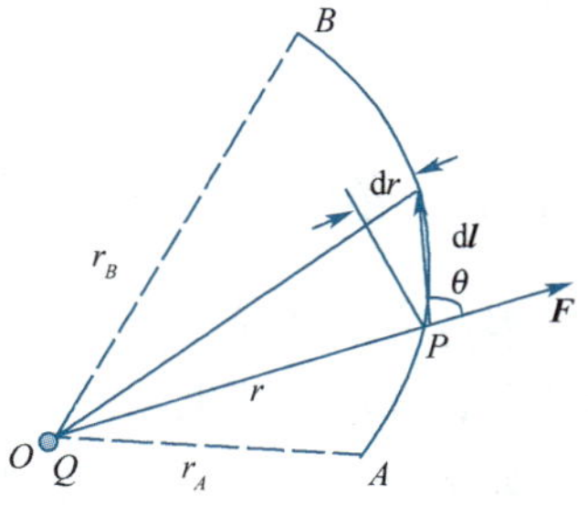

图 5-35　电场力做功的计算

在路径上任一点附近取一元位移 $\mathrm{d}\boldsymbol{l}$,试验电荷 q_0 在 $\mathrm{d}\boldsymbol{l}$ 上受到的电场力为 $\boldsymbol{F}=q_0\boldsymbol{E}$,$\theta$ 为 $\boldsymbol{F}$ 与 $\mathrm{d}\boldsymbol{l}$ 的夹角,电场力在 $\mathrm{d}\boldsymbol{l}$ 上对电荷 q_0 做的元功为

$$\mathrm{d}W=\boldsymbol{F}\cdot\mathrm{d}\boldsymbol{l}=q_0E\mathrm{d}l\cos\theta$$

由图 5-35 可知,$\mathrm{d}l\cos\theta=\mathrm{d}r$,所以

$$\mathrm{d}W=q_0E\mathrm{d}r=q_0\frac{1}{4\pi\varepsilon_0}\frac{Q}{r^2}\mathrm{d}r$$

当 q_0 从 $A\to B$,电场力对电荷 q_0 做功为

$$W_{AB}=\int_A^B\mathrm{d}W=\frac{Qq_0}{4\pi\varepsilon_0}\int_{r_A}^{r_B}\frac{\mathrm{d}r}{r^2}=\frac{Qq_0}{4\pi\varepsilon_0}\left(\frac{1}{r_A}-\frac{1}{r_B}\right)\tag{5-33}$$

式中 r_A,r_B 分别表示路径的起点和终点到场源电荷 Q 的距离。式(5-33)说明,在点电荷 Q 激发的电场中,电场力对试验电荷 q_0 做的功只与电荷 q_0 的始末位置有关,与所选择的路径无关。

如果电场是由空间中多个点电荷(Q_1,Q_2,…,Q_n)激发的,将试验电荷 q_0 从 A 点经过任意路径 APB 移动到 B 点,下面计算在此过程中,电场力对电荷 q_0 做功。

试验电荷 q_0 在电场中受到的合电场力为

$$\boldsymbol{F}=\boldsymbol{F}_1+\boldsymbol{F}_2+\cdots+\boldsymbol{F}_n=\sum_{i=1}^{n}\boldsymbol{F}_i$$

由于合力做的功等于各个分力做的功的代数和,所以电场力所做的功为

$$\begin{aligned}W&=W_1+W_2+\cdots+W_i+\cdots+W_n\\&=\int_{r_{1A}}^{r_{1B}}\boldsymbol{F}_1\cdot\mathrm{d}\boldsymbol{l}+\int_{r_{2A}}^{r_{2B}}\boldsymbol{F}_2\cdot\mathrm{d}\boldsymbol{l}+\cdots+\int_{r_{nA}}^{r_{nB}}\boldsymbol{F}_n\cdot\mathrm{d}\boldsymbol{l}\\&=\frac{Q_1q_0}{4\pi\varepsilon_0}\left(\frac{1}{r_{1A}}-\frac{1}{r_{1B}}\right)+\frac{Q_2q_0}{4\pi\varepsilon_0}\left(\frac{1}{r_{2A}}-\frac{1}{r_{2B}}\right)+\cdots+\frac{Q_nq_0}{4\pi\varepsilon_0}\left(\frac{1}{r_{nA}}-\frac{1}{r_{nB}}\right)\\&=\frac{q_0}{4\pi\varepsilon_0}\sum_{i=1}^{n}Q_i\left(\frac{1}{r_{iA}}-\frac{1}{r_{iB}}\right)\end{aligned}$$

电场力对试验电荷 q_0 做的功为

$$W=W_1+W_2+\cdots+W_n=\frac{Qq_0}{4\pi\varepsilon_0}\sum_{i=1}^{n}\left(\frac{1}{r_{iA}}-\frac{1}{r_{iB}}\right)\tag{5-34}$$

式中 r_{iA},r_{iB} 分别表示场源电荷 Q_i 到路径的起点 A 和终点 B 的距离。上式说明,在点电荷系激发的电场中,电场力对试验电荷 q_0 做的功也只与电荷 q_0 的始末位置有关,与所选

择的路径无关。

对于不是由点电荷、点电荷系激发的静电场，也不难证明上述结论同样适用。由于任何静电场都可以看作是点电荷系中各点电荷的电场的叠加，因而得出结论：试验电荷在任何静电场中移动时，电场力所做的功只与这个试验电荷的大小以及路径的起点和终点的位置有关，而与路径无关。这是静电场的一个重要性质，叫作有势性。具有有势性的场叫作势场。

5.4.2 静电场的环路定理

静电力做功只与始末位置有关，与中间路径无关这一结论说明静电力属于保守力，静电场是保守场。静电场的保守性还可以用另一种表示形式来表达。

如图 5-36 所示，设试验电荷 q 从电场中 a 点出发，经过路径 $L_1(acb)$ 到达 b 点，再由 b 点经过路径 $L_2(bda)$ 到达 a 点。在整个过程中，电场力做的功为

$$W=q\oint_L \boldsymbol{E}\cdot \mathrm{d}\boldsymbol{l}=q\int_{L_1(acb)}\boldsymbol{E}\cdot \mathrm{d}\boldsymbol{l}+q\int_{L_2(bda)}\boldsymbol{E}\cdot \mathrm{d}\boldsymbol{l}$$

$$=q\int_{L_1(acb)}\boldsymbol{E}\cdot \mathrm{d}\boldsymbol{l}-q\int_{L_2(adb)}\boldsymbol{E}\cdot \mathrm{d}\boldsymbol{l}$$

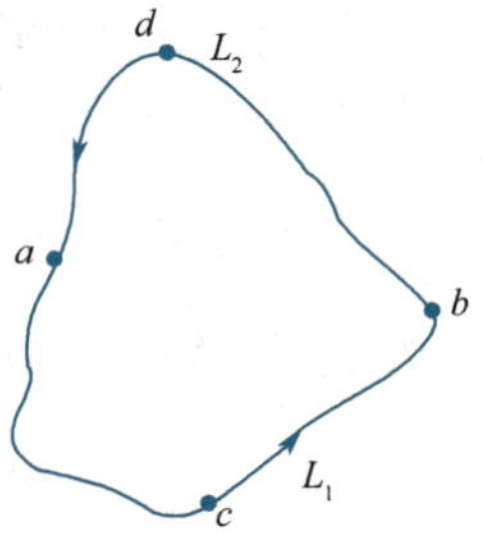

图 5-36 电场力沿闭合路径做功

因静电力做功与路径无关，所以上式值为零，即

$$W=q\oint_L \boldsymbol{E}\cdot \mathrm{d}\boldsymbol{l}=0$$

因为 $q\neq 0$，所以

$$\oint_L \boldsymbol{E}\cdot \mathrm{d}\boldsymbol{l}=0 \tag{5-35}$$

式(5-35)左边是电场强度 $\boldsymbol{E}$ 沿任意闭合路径 L 的环路积分，称为电场强度 $\boldsymbol{E}$ 的环流，由此可知，在静电场中，电场强度 $\boldsymbol{E}$ 的环流恒为零，这反映了静电场基本特性的又一个规律，称为静电场的环路定理。

上述结论说明，静电场力做功与路径无关的另一种表述形式就是静电场环流为零。换句话说，就是任何力场，只要具备环流为零的特性，就叫作保守力场。

用环路定理不难证明电场线的性质(2)——电场线不会构成闭合曲线。用反证法证明，设有一条电场线构成闭合曲线，沿着这条曲线计算积分 $\oint_L \boldsymbol{E}\cdot \mathrm{d}\boldsymbol{l}$ 时，因为每点的方向与场强方向相同，所以 $\oint_L \boldsymbol{E}\cdot \mathrm{d}\boldsymbol{l}=\oint_L E\mathrm{d}l>0$，与环路定理 $\oint_L \boldsymbol{E}\cdot \mathrm{d}\boldsymbol{l}=0$ 矛盾，所以电场线不会构成闭合曲线，是非闭合曲线，不能形成漩涡，所以静电场是无旋场。

高斯定理和环路定理都是由库仑定律及叠加原理推出的静电场的基本定理，前者为 $\boldsymbol{E}$ 对电场中任一闭合曲面的电通量只与闭合曲面内的电荷有关，后者为 $\boldsymbol{E}$ 沿电场中任一闭合曲线的环流为零。高斯定理说明静电场是一个有源场，环路定理说明静电场是无旋保守力场。因此，静电场是有源无旋的保守力场。

5.4.3 电势及电势的计算

1. 电势能

类比力学中保守力场引入势能的概念，由于静电场是保守场，因此也可以引入电势能的概念，即试验电荷在静电场中某点具有电势能。类比重力做功等于相应重力势能增量的负值，当试验电荷 q 从电场中 a 点移动到 b 点时，静电力对试验电荷 q 做功等于相应电势能增量的负值，即

$$W_{ab}=q\int_a^b \boldsymbol{E}\cdot \mathrm{d}\boldsymbol{l}=-(E_{pb}-E_{pa})=E_{pa}-E_{pb} \tag{5-36}$$

式中 E_{pa}，E_{pb} 分别为试验电荷 q 在 a 点和 b 点的电势能。电场力做正功时，$W_{ab}>0$，$E_{pa}>E_{pb}$，电势能减少；电场力做负功时，$W_{ab}<0$，$E_{pa}<E_{pb}$，电势能增加。

电势能和重力势能类似，电势能的差值是绝对的，但在某一点的电势能却是相对量，它的大小与势能零点的选取有关，为了确定在某一点的电势能，必须选取一个势能零点，势能零点的选取原则上任意，即 q 在 a 点的电势能为

$$E_{pa}=q\int_a^{\text{势能零点}} \boldsymbol{E}\cdot \mathrm{d}\boldsymbol{l}$$

如选择 b 点为势能零点，即 $E_{pb}=0$，则 q 在 a 点的电势能为

$$E_{pa}=q\int_a^b \boldsymbol{E}\cdot \mathrm{d}\boldsymbol{l} \tag{5-37}$$

当场源电荷局限在有限大小的空间内时，为了方便，常选择无穷远处为势能零点，即规定 $E_{p\infty}=0$，则 q 在 a 点的电势能为

$$E_{pa}=q\int_a^\infty \boldsymbol{E}\cdot \mathrm{d}\boldsymbol{l} \tag{5-38}$$

上式表明，试验电荷 q 在电场中 a 点的电势能在数值上等于将试验电荷由 a 点移到无穷远处时电场力所做的功。

需要注意的是，与其他形式的势能相同，电势能是试验电荷和电场的相互作用能，是电荷与电场所构成的系统共有的。

2. 电势

从式(5-38)可看出，电势能 E_{pa} 不仅与电场性质及位置有关，还与试验电荷 q 有关，因此它不能反映静电场的性质。但是电势能 E_{pa} 与试验电荷 q 的比值 $\dfrac{E_{pa}}{q}$ 与 q 无关，仅仅取决于场强的分布及位置。因而将用比值 $\dfrac{E_{pa}}{q}$ 描述电场中 a 点的性质的物理量，称为电场中 a 点的电势，用 U_a 表示：

$$U_a=\frac{E_{pa}}{q}=\frac{W_{a\infty}}{q}=\int_a^\infty \boldsymbol{E}\cdot \mathrm{d}\boldsymbol{l} \tag{5-39}$$

这是电势与场强的积分关系，由式(5-39)可知，电场中某点的电势，在数值上等于单位正电荷在该点处的电势能；或等于将单位正电荷从该点移到无限远时电场力所做的功。

电势是标量,在国际单位制(SI)中,其单位为伏特,符号为 V。

静电场中任意 a、b 两点电势之差称为电势差,也叫电压,用 U_{ab} 表示

$$U_{ab}=U_a-U_b=\int_a^{\infty}\boldsymbol{E}\cdot\mathrm{d}\boldsymbol{l}-\int_b^{\infty}\boldsymbol{E}\cdot\mathrm{d}\boldsymbol{l}=\int_a^{b}\boldsymbol{E}\cdot\mathrm{d}\boldsymbol{l} \tag{5-40}$$

上式表明,静电场中任意 a、b 两点的电势差等于把单位正电荷从 a 点移到 b 点时电场力所做的功。

对式(5-40),可做进一步计算得

$$W_{ab}=W_a-W_b=q\int_a^{b}\boldsymbol{E}\cdot\mathrm{d}\boldsymbol{l}=qU_{ab} \tag{5-41}$$

式(5-41)表明,将点电荷 q 从 a 点移到 b 点时电场力所做的功 W_{ab} 等于 q 与电势差 U_{ab} 的乘积,这是静电场中计算电场力做功的另一种算法。

需要说明的是,电势是一个相对量,电场中某一点的电势与电势零点的选取有关,但电势差是绝对的,与电势零点无关。电势零点的选择是任意的,只要在同一问题中选定一个零点,电势就有确定的意义。对有限带电体,通常选无限远为电势零点,但是当场源电荷的分布延至无穷远时,再取无穷远处为电势零点会遇到积分不收敛的情况导致无法确定电势,这种情况下,可以在电场中另选任一合适的电势零点。在工程技术中,取大地、仪器外壳等为电势零点。

3. 电势的计算

电势的计算一般有两种方法:一是按照定义式 $U_a=\int_a^{\text{势能零点}}\boldsymbol{E}\cdot\mathrm{d}\boldsymbol{l}$ 进行计算,这种方法通常用于已知电场的分布,或者可以用高斯定理等方法求出电场分布;二是采用电势叠加原理求出任意电荷分布的电势,下面就这两种方法做出进一步的讨论。

(1) 点电荷电场中电势的分布

根据式(5-39),取无穷远处作为电势零点,选取电场线的方向 $\boldsymbol{e}_r$ 作为积分路径为最便于计算的路径,点电荷 Q 的电场中,距离点电荷为 r 的任一 a 点的电势为

$$U_a=\int_a^{\infty}\boldsymbol{E}\cdot\mathrm{d}\boldsymbol{r}=\int_a^{\infty}\frac{1}{4\pi\varepsilon_0}\frac{Q}{r^2}\boldsymbol{e}_r\cdot\mathrm{d}\boldsymbol{r}=\frac{Q}{4\pi\varepsilon_0}\int_a^{\infty}\frac{1}{r^2}\mathrm{d}r=\frac{Q}{4\pi\varepsilon_0 r} \tag{5-42}$$

式(5-42)表明点电荷电场的电势分布具有球对称性,与点电荷相同距离的点的电势相同。电势的正负取决于场源电荷的电性。当场源电荷 $Q>0$ 时,电场中各点的电势为正,离点电荷越远处电势越低,无限远处电势为零;当场源电荷 $Q<0$ 时,电场中各点的电势为负,离点电荷越远处电势越高,无限远处电势为零。

(2) 点电荷系电场中电势的分布

设空间中的场源电荷是由分布在有限区域内的点电荷系 Q_1、Q_2、…、Q_n 组成,则该空间中某一点 a 点的电势,在取 $U_{\infty}=0$ 时,可由以下公式计算求得:

根据场强叠加原理,该点电荷系在 a 点激发的场强为各个点电荷在该点激发的场强的矢量和,即

$$E = E_1 + E_2 + \cdots + E_n = \sum_{i=1}^{n} E_i$$

由电势的定义得，空间中某点 a 的电势为

$$\begin{aligned} U_a &= \int_a^\infty (E_1 + E_2 + \cdots + E_n) \cdot dl \\ &= \int_a^\infty E_1 \cdot dl + \int_a^\infty E_2 \cdot dl + \cdots + \int_a^\infty E_n \cdot dl \\ &= U_1 + U_2 + \cdots + U_n = \sum_{i=1}^{n} U_i \end{aligned} \tag{5-43}$$

上式表明，在静电场中某点的电势等于各点电荷单独存在时产生的电场在该点的电势代数和，这就是电势叠加原理。

设电场中某点 a 到场源电荷 Q_1、Q_2、…、Q_n 的距离分别为 r_1、r_2、…、r_n，则 a 点的电势为

$$U_a = \sum_{i=1}^{n} \frac{Q_i}{4\pi\varepsilon_0 r_i} = \frac{1}{4\pi\varepsilon_0} \sum_{i=1}^{n} \frac{Q_i}{r_i} \tag{5-44}$$

式中 r_i 为计算点 a 到场源电荷 Q_i 的距离。

例 5-16　求电偶极子电场中任一点的电势（电偶极子之间距离为 l，电偶极矩为 $\boldsymbol{p}$）。

解　在电偶极子电场中任取一点 P，P 点到电偶极子连线中点的距离为 $r(r \geqslant l)$，建立坐标系，如图 5-37 所示。则由点电荷电势公式可得

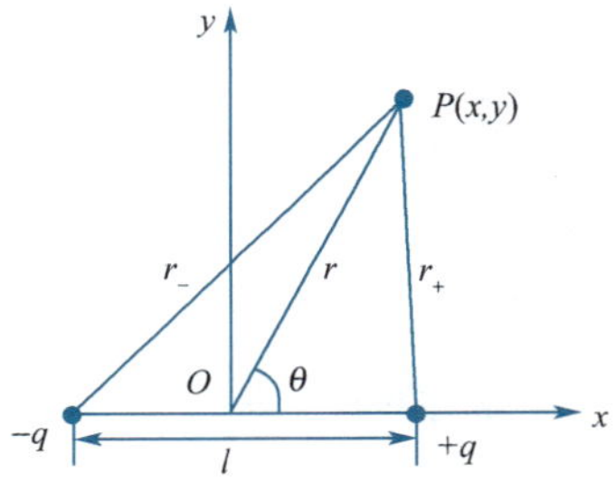

图 5-37　电偶极子的电势

$$U_P = U_+ + U_- = \frac{1}{4\pi\varepsilon_0}\frac{q}{r_+} + \frac{1}{4\pi\varepsilon_0}\frac{-q}{r_-} = \frac{q}{4\pi\varepsilon_0}\frac{(r_- - r_+)}{r_+ r_-}$$

由于 $r \geqslant l$，由图 5-37 可知：

$$r_+ r_- \approx r^2 \quad r_- - r_+ \approx l\cos\theta$$

$$U_P \approx \frac{q}{4\pi\varepsilon_0}\frac{l\cos\theta}{r^2} = \frac{P\cos\theta}{4\pi\varepsilon_0 r^2} = \frac{\boldsymbol{p} \cdot \boldsymbol{r}}{4\pi\varepsilon_0 r^3}$$

式中 θ 为电偶极子中心 O 与场点 P 的连线与 x 轴的夹角。

(3)电荷连续分布的带电体电场中电势的分布

对于电荷连续分布的有限大小的带电体，涉及激发的电场中某点 a 处电势的求解问题时，可以把连续带电体看成由无数个电荷元 dq 构成，在取 $U_\infty = 0$ 时，每个电荷元的电场中在 a 点的电势为

$$dU_a = \frac{dq}{4\pi\varepsilon_0 r}$$

根据电势叠加原理，可求出在整个带电体的电场中 a 点的电势为

$$U_a = \int_V dU_a = \int_V \frac{dq}{4\pi\varepsilon_0 r} \tag{5-45}$$

式中 r 为 a 点到电荷元 dq 的距离，V 是电荷连续分布的带电体的体积。

例 5-17 如图 5-38 所示，为一沿 x 轴放置的长度为 l 的均匀带电细棒，其中电荷线密度为 λ。求坐标原点 O 处的电势(取无穷远处为电势零点)。

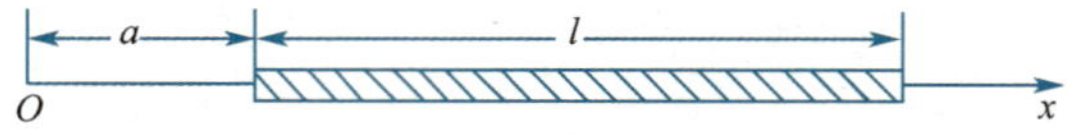

图 5-38 求原点处的电势

解 如图 5-39 所示，在均匀带电细棒上取 dx 到坐标原点 O 处距离为 x，它所带的电荷量为 $dq=\lambda dx$。

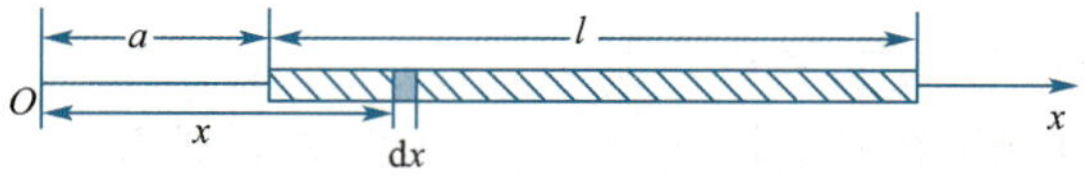

图 5-39 原点处的电势的计算

电荷元 dq 的电场中坐标原点 O 处的电势为

$$dU_O=\frac{dq}{4\pi\varepsilon_0 x}$$

根据电势叠加原理，可求出在整个均匀带电细棒的电场中 a 点的电势为

$$U_O=\int\frac{dq}{4\pi\varepsilon_0 x}=\int_a^{a+l}\frac{\lambda}{4\pi\varepsilon_0 x}dx$$

$$=\frac{\lambda}{4\pi\varepsilon_0}\int_a^{a+l}\frac{1}{x}dx=\frac{\lambda}{4\pi\varepsilon_0}\ln\frac{a+l}{a}$$

例 5-18 计算均匀带电圆环轴线上任意一点 P 的电势，圆环半径为 R，所带电荷量为 q(取无穷远处为电势零点)。

解 如图 5-40 所示，选取圆环轴线为 x 轴，环心为原点，设 P 点到原点距离为 x。在圆环上任取一段长为 dl 的电荷元，它所带的电荷量为 $dq=\lambda dl=\frac{q}{2\pi R}dl$，离 P 点的距离为 r，$r=\sqrt{R^2+x^2}$。

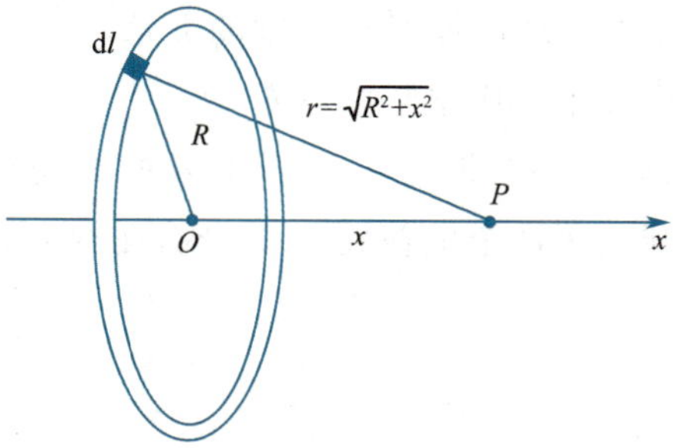

图 5-40 均匀带电圆环轴线处的电势

电荷元 dq 的电场中 P 点处的电势为

$$dU_P=\frac{dq}{4\pi\varepsilon_0 r}=\frac{q\,dl}{8\pi^2\varepsilon_0 R\sqrt{R^2+x^2}}$$

根据电势叠加原理，可求出在整个均匀带电圆环轴线上任意一点 P 的电势：

$$U_P=\int dU_P=\int_0^{2\pi R}\frac{q\,dl}{8\pi^2\varepsilon_0 R\sqrt{R^2+x^2}}=\frac{q}{4\pi\varepsilon_0\sqrt{R^2+x^2}}$$

当 P 点距离圆环相当远时，即 $x\gg R$，$U_P=\frac{q}{4\pi\varepsilon_0 x}$。这与点电荷电势公式一样，即在求远离带电圆环处的电势时，可以把该带电圆环看作点电荷。

例 5-19　求半径为 R，带电量为 q 的均匀带电球面电场中的电势分布。

解　由高斯定理求得均匀带电球面激发的场强大小为

$$E=\begin{cases}0 & (r<R)\\ \dfrac{q}{4\pi\varepsilon_0 r^2} & (r>R)\end{cases}$$

取无穷远处为电势零点，由于 $\boldsymbol{E}$ 是沿着 $\boldsymbol{r}$ 方向，因此选择沿 $\boldsymbol{r}$ 方向为积分路径，在电场中任选一点 a，a 点到球心的距离为 r，则根据电势的定义式，有

$$U_a=\int_a^{\infty}\boldsymbol{E}\cdot d\boldsymbol{r}=\int_r^{\infty}E\cdot dr$$

当 $r<R$ 时，即球面内任一点 a，由于电场强度分布函数经过两个区间，这两个区间的场强函数关系不同，故对电势积分时需分作两段，注意到电势在带电面上无突变，便有

$$\begin{aligned}U_a&=\int_a^{\infty}\boldsymbol{E}\cdot d\boldsymbol{r}=\int_r^{R}E_1\cdot dr+\int_R^{\infty}E_2\cdot dr\\&=0+\int_R^{\infty}\frac{q}{4\pi\varepsilon_0 r^2}\cdot dr\\&=\frac{q}{4\pi\varepsilon_0 R}\end{aligned}$$

当 $r\geqslant R$ 时，即球面外任一点 a，则：

$$U_a=\int_a^{\infty}\boldsymbol{E}\cdot d\boldsymbol{r}=\int_r^{\infty}E\cdot dr=\int_r^{\infty}\frac{q}{4\pi\varepsilon_0 r^2}\cdot dr=\frac{q}{4\pi\varepsilon_0 r}$$

所以，均匀带电球面的电场中电势分布为

$$U_a=\begin{cases}\dfrac{q}{4\pi\varepsilon_0 R} & (r<R)\\ \dfrac{q}{4\pi\varepsilon_0 r} & (r\geqslant R)\end{cases}$$

这个结论说明，一个均匀带电球面在球外任一点的电势和一个点电荷的电势相同，也就是说一个均匀带电球面在远处可以看成全部电荷集中于球心的点电荷；在球面内任一点的电势都相同，等于球面上的电势，故均匀带电球面及其内部是电势相等的区域。电势 U 随距离 r 的变化关系如图 5-41 所示。

例 5-20 如图 5-42 所示，两个半径分别为 R_A 和 R_B 的同心均匀带电球面。内球面 A 带电 q_A，外球面 B 带电 q_B。求：(1)同心球面电场中的电势分布；(2)两球面的电势差。

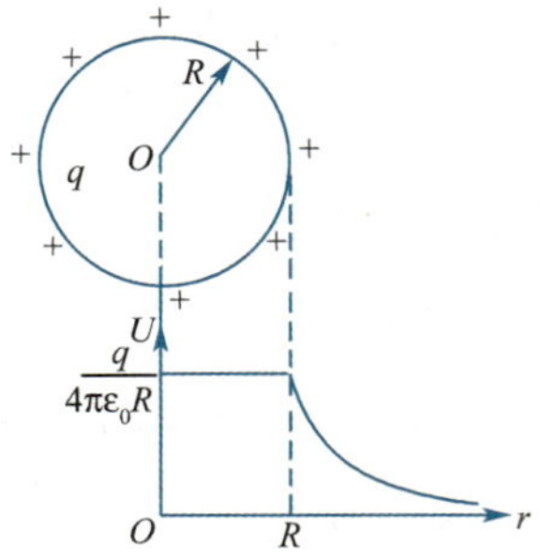

图 5-41　均匀带电球面的电势分布

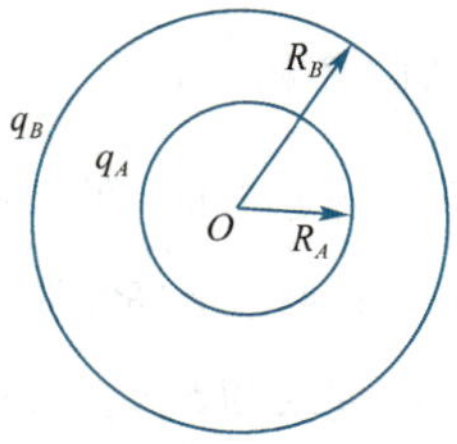

图 5-42　两个同心均匀带电球面

解　(1)求电势分布

方法 1　用电势的定义求解

由高斯定理求得同心均匀带电球面激发的场强大小为

$$E=\begin{cases}0 & (r<R_A)\\ \dfrac{q_A}{4\pi\varepsilon_0 r^2} & (R_A<r<R_B)\\ \dfrac{q_A+q_B}{4\pi\varepsilon_0 r^2} & (r>R_B)\end{cases}$$

当 $r<R_A$ 时，即 A 球面内任一点 a，由于电场强度分布函数跨越三个区间，故对电势积分时需要分区域进行积分

$$\begin{aligned}U_a&=\int_a^{\infty}\boldsymbol{E}\cdot d\boldsymbol{r}=\int_r^{R_A}E_1\cdot dr+\int_{R_A}^{R_B}E_2\cdot dr+\int_{R_B}^{\infty}E_3\cdot dr\\&=0+\int_{R_A}^{R_B}\frac{q_A}{4\pi\varepsilon_0 r^2}\cdot dr+\int_{R_B}^{\infty}\frac{q_A+q_B}{4\pi\varepsilon_0 r^2}\cdot dr\\&=\frac{q_A}{4\pi\varepsilon_0}\left(\frac{1}{R_A}-\frac{1}{R_B}\right)+\frac{q_A+q_B}{4\pi\varepsilon_0 R_B}\\&=\frac{q_A}{4\pi\varepsilon_0 R_A}+\frac{q_B}{4\pi\varepsilon_0 R_B}\end{aligned}$$

当 $R_A<r<R_B$ 时，即 A、B 球面之间任一点 a，由于电场强度分布函数跨越两个区间，故对电势积分时需分区域积分：

$$\begin{aligned}U_a&=\int_a^{\infty}\boldsymbol{E}\cdot d\boldsymbol{r}=\int_r^{R_B}E_2\cdot dr+\int_{R_B}^{\infty}E_3\cdot dr\\&=\int_r^{R_B}\frac{q_A}{4\pi\varepsilon_0 r^2}\cdot dr+\int_{R_B}^{\infty}\frac{q_A+q_B}{4\pi\varepsilon_0 r^2}\cdot dr\\&=\frac{q_A}{4\pi\varepsilon_0}\left(\frac{1}{r}-\frac{1}{R_B}\right)+\frac{q_A+q_B}{4\pi\varepsilon_0 R_B}\end{aligned}$$

$$=\frac{q_A}{4\pi\varepsilon_0 r}+\frac{q_B}{4\pi\varepsilon_0 R_B}$$

当 $R_B \leqslant r$ 时，即 B 球面上和外任一点 a，则

$$U_a=\int_a^{\infty}\boldsymbol{E}\cdot \mathrm{d}\boldsymbol{r}=\int_r^{\infty}E_3\cdot \mathrm{d}r=\int_r^{\infty}\frac{q_A+q_B}{4\pi\varepsilon_0 r^2}\cdot \mathrm{d}r=\frac{q_A+q_B}{4\pi\varepsilon_0 r}$$

方法 2　用电势叠加原理

当 $r<R_A$ 时，即 A 球面内任一点 a，此时的电势应是 A 球面内的电势和 B 球面内的电势叠加，则

$$U_a=U_{A内}+U_{B内}=\frac{q_A}{4\pi\varepsilon_0 R_A}+\frac{q_B}{4\pi\varepsilon_0 R_B}$$

当 $R_A \leqslant r<R_B$ 时，即 A、B 球面之间任一点 a，此时的电势应是 A 球面外的电势和 B 球面内的电势叠加，则

$$U_a=U_{A外}+U_{B内}=\frac{q_A}{4\pi\varepsilon_0 r}+\frac{q_B}{4\pi\varepsilon_0 R_B}$$

当 $R_B \leqslant r$ 时，即 B 球面上和外任一点 a，此时的电势应是 A 球面外的电势和 B 球面外的电势叠加，则

$$U_a=U_{A外}+U_{B外}=\frac{q_A+q_B}{4\pi\varepsilon_0 r}$$

所以，两个均匀同心带电球面电场的电势分布为

$$U_a=\begin{cases}\dfrac{q_A}{4\pi\varepsilon_0 R_A}+\dfrac{q_B}{4\pi\varepsilon_0 R_B} & (r<R_A)\\[2ex] \dfrac{q_A}{4\pi\varepsilon_0 r}+\dfrac{q_B}{4\pi\varepsilon_0 R_B} & (R_A\leqslant r<R_B)\\[2ex] \dfrac{q_A+q_B}{4\pi\varepsilon_0 r} & (r\geqslant R_B)\end{cases}$$

(2) 根据电势差定义式(5-40)，可求得 A、B 两球面的电势差为

$$U_{AB}=U_A-U_B=\int_A^B\boldsymbol{E}\cdot \mathrm{d}\boldsymbol{l}=\int_{R_A}^{R_B}\frac{q_A}{4\pi\varepsilon_0 r^2}\cdot \mathrm{d}r$$

$$=\frac{q_A}{4\pi\varepsilon_0}\left(\frac{1}{R_A}-\frac{1}{R_B}\right)$$

5.4.4　等势面

静电场中电势相等的点组成的曲面叫作等势面。如均匀带电球面外的电场中，任一点的电势为 $U=\dfrac{q}{4\pi\varepsilon_0 r}$，它的等势面是与均匀带电球面共球心的同心球面；均匀带电无限大平面的电场的等势面是与带电面平行的平面。

等势面有一个重要性质，就是等势面与电场线总是处处正交。用反证法证明，假定在电场中 A 点上等势面与电场线不垂直，如图 5-43 所示，即等势面的切平面与电场线夹角

$\theta \neq \frac{\pi}{2}$。令试验电荷 q_0 从 A 点沿等势面做一元位移 $\mathrm{d}l$ 到 B 点，由于 $\theta \neq \frac{\pi}{2}$ 及 $E \neq 0$，故电场力所做的功为

$$\mathrm{d}W = q_0 \boldsymbol{E} \cdot \mathrm{d}\boldsymbol{l} = q_0 E \cos\theta \mathrm{d}l = q_0 (U_A - U_B) \neq 0$$

即 $U_A \neq U_B$，A 与 B 电势不同。这就与等势面的定义相矛盾。

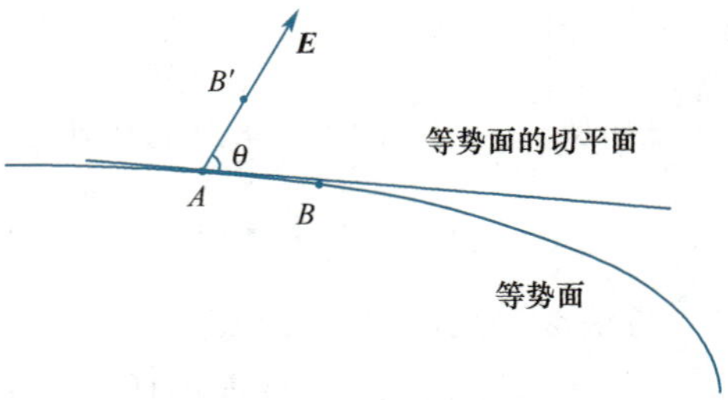

图 5-43 用反证法证明等势面的性质

正电荷 q_0 沿着任意静电场的电场线上的元位移 $\mathrm{d}l$ 从 A 点移动到 B' 点，由于场强 $\boldsymbol{E}$ 与 $\mathrm{d}\boldsymbol{l}$ 方向相同，故电场力做功为

$$\mathrm{d}W' = q_0 \boldsymbol{E} \cdot \mathrm{d}\boldsymbol{l} = q_0 E \mathrm{d}l \cos 0° = q_0 E \mathrm{d}l = q_0 (U_A - U_{B'}) > 0$$

即 $U_A > U_{B'}$，说明电场线总是指向电势降落的方向。

为直观反映电场的强弱，在作等势面时，做一个规定：电场中任意两个相邻等势面的电势差为常量，这个常量越小等势面越密，越能精确描述电场。按照该规定作等势面，电场强度较强的区域，等势面较密；电场强度较弱的区域，等势面较疏。因此，与电场线类似，等势面的疏密程度可以反映场强的大小。

电场强度与电势是描述静电场的两个基本物理量，场强反映电场力的性质，电势反映电场能的性质。电势的定义式反映了静电场中场强与电势的积分关系。另外，场强与电势还有微分关系，该微分关系说明一点的场强与该点的电势变化率，而不是该点的电势本身有关。从一点的电势不足以确定该点的场强。特别是，电势为零的点的场强可以非零；反之，在某点的区域内电势为常量，该点的场强必然为零。

5.5 静电场中的导体和电介质

本节讨论有金属导体、电介质存在时的各种静电学问题。讨论前，对几个常用术语给出明确定义。有净电荷的导体叫作带电导体，没净电荷的导体叫作中性导体。与其他物体距离足够远的导体叫作孤立导体。这里的“足够远”指的是其他物体的电荷在我们所关心的场点上激发的场强小到可以忽略不计。

5.5.1 导体的静电平衡

1. 静电平衡

金属导体在电结构方面有一个很重要的特征就是其内部存在大量自由电子，当导体不带电也不受电场力作用时，它们时刻做无规则的微观运动（热运动），整个导体呈电中性。当这些自由电子在电场力的作用下时，还要在热运动基础上附加一种有规则的定向运动，形成电流，这一运动将会改变导体上的电荷的分布；这种电荷分布的改变，反过来又

会影响导体内部和周围电场的分布，因此，当电场中有导体存在时，电荷分布和电场分布相互影响、相互制约。这种在外电场的作用下，导体内部自由电荷发生定向移动，引起导体上正、负电荷重新分布，使导体处于带电状态的现象，叫作静电感应。静电感应现象中，导体表面重新分布的电荷叫作感应电荷。金属导体的静电感应过程如图 5-44 所示。

如图 5-44(a)所示，将一块中性金属导体板放入一匀强外电场 $\boldsymbol{E}_0$ 中，电场方向水平向右。电场力引起导体内部正、负电荷的重新分布，在导体两端出现等量异号的电荷，这就是静电感应现象。

如图 5-44(b)所示，内部电子在电场力的作用下，电子将向左逆着外电场的方向做宏观定向移动，于是在导体的两侧出现等量异号电荷，导体左端带负电，右端带正电。这些正、负电荷在导体内部建立起一个附加电场，其场强 $\boldsymbol{E}'$ 方向和外电场 $\boldsymbol{E}_0$ 的方向相反。这样，根据场强叠加原理，导体内部的场强 $\boldsymbol{E}$ 是这两个场强之和，即

$$\boldsymbol{E}=\boldsymbol{E}_0+\boldsymbol{E}'$$

由于附加电场 $\boldsymbol{E}'$ 方向和外电场 $\boldsymbol{E}_0$ 的方向相反，即

$$E=E_0-E'$$

开始时 $\boldsymbol{E}'<\boldsymbol{E}_0$，即还不能抵消外电场的时候，导体内的场强 $\boldsymbol{E}$ 方向向右，自由电子将一直做向左的定向移动，从而使 $\boldsymbol{E}'$ 增大，直至 $E'=E_0$，完全抵消外电场，即导体内合场强 $E=E_0-E'=0$ 时，自由电子的宏观定向运动才完全停止，如图 5-44(c)所示。

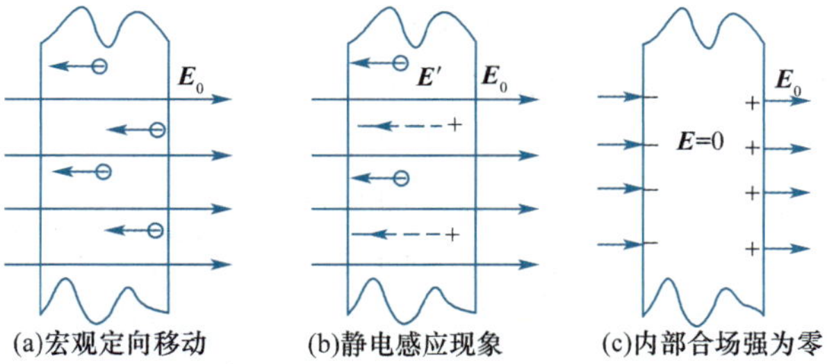

图 5-44　金属导体的静电感应过程

当导体内部场强处处为零时，导体中任意的自由电子所受到的静电力也为零，此时电子将不再做定向移动，电荷重新分布现象也随之结束。我们把这种导体内部和表面均没有电荷做定向移动(没有电流)的状态，称为导体处于静电平衡状态。虽然导体内的自由电子量很大，但静电感应的时间大约为 10^{-8} s，所以在处理静电场中的导体问题时，总是讨论导体已达到静电平衡状态的情况。导体处于静电平衡状态所满足的条件叫静电平衡条件。显然，导体的静电平衡状态需同时满足两个条件：

(1)导体内部各点场强处处为零。如果导体内电场 $\boldsymbol{E}$ 不是处处为零，则在 $\boldsymbol{E}$ 不为零的地方，自由电子将在电场力的作用下做定向运动，就不是静电平衡状态。请注意这一条件只当导体内部电子除静电力外不受其他力时才成立。如果电子还受到其他力(统称为非静电力)，条件就应该改为导体内部的电子所受到的合力为零。

(2)在导体表面附近的电场强度与导体表面处处垂直。如果表面附近电场有切线方向的分量，则将使表面层电子沿导体表面做定向运动，这也不是静电平衡状态。

由上述静电平衡条件还可以推出，静电平衡时，导体是一个等势体，导体表面是一个

等势面。导体内或表面任意两点总可被一条在导体内部的连续曲线所联结。线上各点场强为零保证从一点沿该线到另一点的线积分为零,因此两点电势相等。

2. 静电平衡时导体的电荷分布

(1)实心导体内部没有净电荷,净电荷只能分布于导体表面。

如图 5-45 所示,在导体内任取一点 P,围绕 P 点作一很小的高斯面 S,根据高斯定理

$$\oint_S \boldsymbol{E} \cdot \mathrm{d}\boldsymbol{S} = \frac{1}{\varepsilon_0}\sum q_{i内}$$

由于导体达到静电平衡状态时,内部场强处处为零导致通过高斯面的电通量为零,故 $\sum q_{i内}=0$,即导体内部无净电荷。但以上证明不适用于导体表面,因为围绕表面一点所作的高斯面再小也总是有一部分在导体外部,而导体外的场强可以非零。事实上,对于带电导体来说,其电荷既然不能存在于内部,就只能分布于表面。即使是中性导体,其表面也可以由于外界的影响出现电荷。我们在讨论导体处于静电平衡状态下时,往往应关心电荷在表面上的分布情况,即表面各点的电荷面密度 σ。

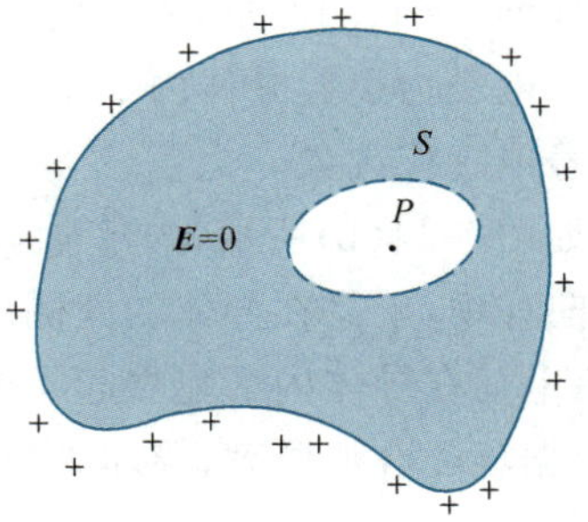

图 5-45 实心导体静电平衡时内部无净电荷

(2) 导体表面附近的点的场强大小与导体表面对应点的电荷面密度成正比。

场强在带电面上有突变(见 5.3.4 节的例题 5-11),所以不谈导体表面的场强而谈导体外紧靠导体表面的各点的场强。如图 5-46 所示,在导体外紧靠表面处任选一点 P,过 P 点作与导体表面平行的微小面元 ΔS_1,以 ΔS_1 为底作与表面垂直的扁圆柱形闭合高斯面,其另一个底面 ΔS_2 在导体内部,ΔS 是高斯面在导体表面上截出的面积。P' 点是导体表面与 P 正对的点,两底面均与导体表面的面元 ΔS 平行且无限靠近,有 $\Delta S_1=\Delta S=\Delta S_2$。侧面 ΔS_3 与 ΔS 垂直。

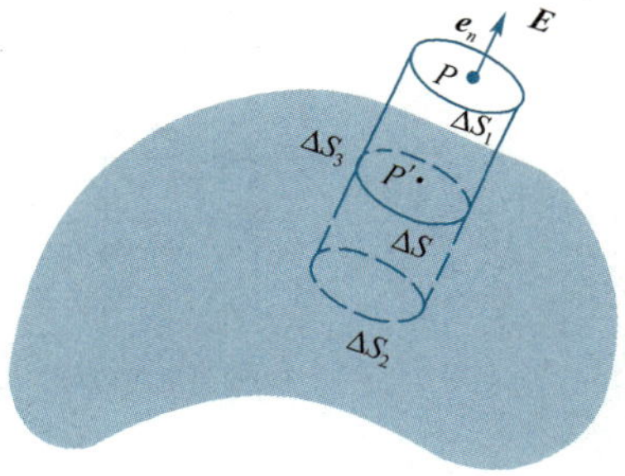

图 5-46 带电导体表面附近的场强

通过该闭合高斯面的电通量:

$$\Phi_e = \Phi_{e上} + \Phi_{e侧} + \Phi_{e下} = \oint_{\Delta S_1} \boldsymbol{E} \cdot \mathrm{d}\boldsymbol{S} + \oint_{\Delta S_2} \boldsymbol{E} \cdot \mathrm{d}\boldsymbol{S} + \oint_{\Delta S_3} \boldsymbol{E} \cdot \mathrm{d}\boldsymbol{S}$$

由于导体内部场强为零,表面电场强度与导体表面垂直,故圆柱侧面与电场强度方向平行,通过下底面 ΔS_2 和侧面 ΔS_3 的电通量均为零,则通过闭合高斯面的电通量为

$$\Phi_e = \oint_{\Delta S_1} E \cdot \mathrm{d}S = E\Delta S$$

闭合高斯面包围的电荷量为 $\sigma\Delta S$,所以

$$E\Delta S = \frac{\sigma\Delta S}{\varepsilon_0}$$

P 点场强大小为

$$E=\frac{\sigma}{\varepsilon_0} \text{ 或 } \boldsymbol{E}=\frac{\sigma}{\varepsilon_0}\boldsymbol{e}_n \tag{5-46}$$

更明确地可以写成

$$\boldsymbol{E}(P)=\frac{\sigma(P')}{\varepsilon_0}\boldsymbol{e}_n \tag{5-47}$$

上式中，σ 是导体表面与 P 正对的一点 P' 的电荷面密度，$\boldsymbol{e}_n$ 是导体表面的单位法向矢量。当 $\sigma>0$ 时，$\boldsymbol{E}$ 垂直表面向外；当 $\sigma<0$ 时，$\boldsymbol{E}$ 垂直表面向内。即导体表面附近一点 P 的场强与表面上对应点 P' 的电荷面密度成正比。需要注意的是，P 点的场强不只是高斯面内电荷 $\sum q_{i内}=\sigma\Delta S$ 的贡献，还是该导体表面全部电荷以及场中所有带电体的电荷所贡献的合场强。这与式(5-47) 中 $\boldsymbol{E}(P)$ 只与 $\sigma(P')$ 有关看似是矛盾的，可用一个例子解释其他地方的电荷是如何影响 $\boldsymbol{E}(P)$ 的值的。如图 5-47(a) 所示的 A 是一个孤立金属球，电荷在球面上均匀分布，面密度为 σ_0。由式(5-47) 知球面附近任一点的场强均为 $E=\frac{\sigma}{\varepsilon_0}$。将一个带负电荷的点电荷 B 放在 A 附近，它激发的电场使自由电子做宏观移动，使它与 B 在球面内的合场强为零。这时球面电荷分布不可能均匀，否则球内合场强不会为零。B 的引入改变了 A 的电荷分布，如图 5-47(b) 所示。设现在金属球某点的电荷面密度为 σ'，其附近场强按照式(5-46) 可知将变成 $E'=\frac{\sigma'}{\varepsilon_0}$。可见，其他地方的电荷可以通过影响导体表面上各点的面密度来间接影响其附近的场强。

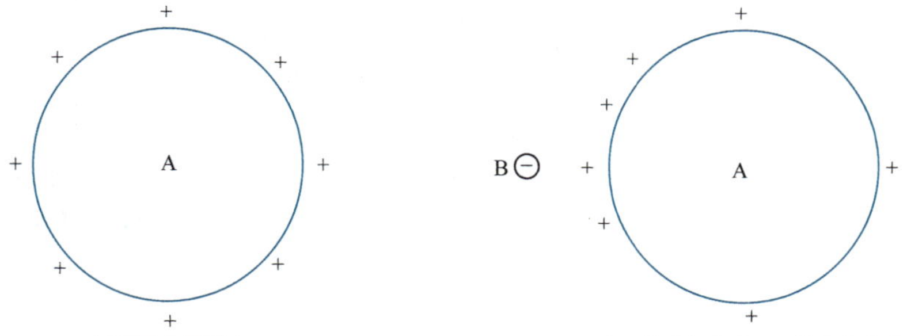

(a)孤立金属球A　　(b)B的引入改变了A的电荷分布

图 5-47　金属球表面的面密度及其附近的场强同受外界影响，但两者关系不变

虽然导体表面各点的电荷面密度 σ 与其附近场强 $\boldsymbol{E}$ 的关系不变，不受外界影响，但 σ 与 $\boldsymbol{E}$ 可以一同受外界影响。

(3)孤立导体处于静电平衡时，它表面处的电荷面密度和各处表面的曲率有关。

图 5-47 的例子说明，电荷在导体表面的分布不仅与导体的形状有关，还与导体周围的其他物体有关。只有孤立导体的电荷分布才由自身的形状及电荷总量决定。孤立导体表面某处的电荷面密度与该处表面曲率之间一般并不存在单一的函数关系。大致说来，如图 5-48 所示，孤立导体表面凸出而尖锐的部分如 A 处(曲率半径愈小，曲率愈大)，电荷面密度 σ 越大；表面比较平坦的部分如 B 处(曲率半径较小，曲率较大)，电荷面密度 σ 较小；表面向里凹进去的部分，如 C 处(曲率为负)，电荷面密度更小。对于球形导体由于各部分曲率相同，故球面电荷均匀分布。由式(5-47)可知，靠近导体表面附近处电场强度分

布也与 σ 分布相似，尖端处电场强度大，平坦处电场强度次之，凹进去处电场强度最弱。

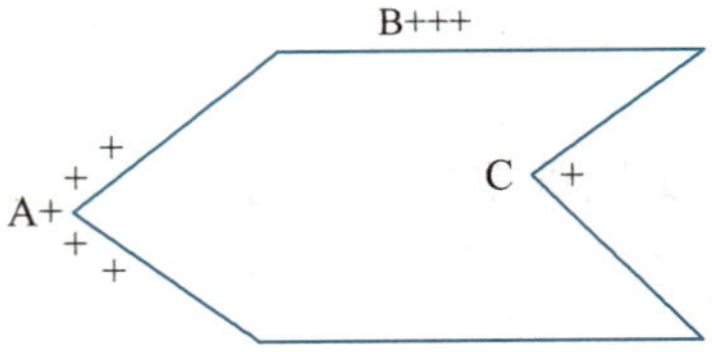

图 5-48　孤立导体的电荷分布

上述结论在生活中应用非常广。如尖端放电：由于导体尖端附近电荷面密度非常大，其周围的电场强度就极强，当强到一定程度时就会使附近的空气发生电离，产生大量带电粒子。其中和导体尖端异号的离子，被吸引到尖端上，与导体上的电荷发生中和；而和导体尖端同号的离子，受到排斥作用而加速离开尖端，形成高速离子流，即通常所说的“电风”。这种使得空气被“击穿”而发生的放电现象就称为尖端放电。

尖端放电现象如果出现在一些高压设备上或者高压输电网上，会导致高压电极上电荷的丢失，造成电能损失。在黑暗中可以看到尖端附近隐隐地笼罩着一层光晕，叫作电晕。高压输电线附近的电晕效应会损耗能量并干扰电视信号，所以输电导线的表面要做得尽量光滑，高压设备的零部件必须做得十分光滑，并尽量做成球面，以避免尖端放电。

另一方面，在很多情况下尖端放电也可加以利用，静电除尘、静电植绒、静电喷漆、火花放电设备的电极、感应起电机的喷电针尖、静电加速器等都是应用例子。讲到尖端放电的应用时往往会提及电学早期发展史的一个杰作——避雷针，它是由富兰克林(Franklin)首创的。在雷雨天气，高楼上空出现带电云层时，避雷针和高楼顶部都被感应上大量电荷，由于避雷针针头是尖的，该位置的电荷面密度较大，附近的电场强度较强。所以，当云层上电荷较多时，避雷针与云层之间会产生高压，使得中间空气很容易被击穿，成为导体。这样，带电云层与避雷针形成通路，而避雷针又是接地的，避雷针就可以把云层上的电荷导入大地，良好接地装置引导强大的雷电流顺利入地，雷云的电荷在不造成破坏的情况下得以释放，使其不对高层建筑构成危险，保证了它的安全。需要注意的是，避雷针在安装过程中一定要正确接地，否则错误的安装更危险会成为“引雷针”。避雷针的保护范围是以它为轴的一个圆锥形区域，为拓宽保护范围还可安置双支避雷针甚至多支避雷针。此外，为了使远距离架空电线免遭雷击，后来又发展出避雷线，它是平行于(而又高于)被保护电线的接地导线，作用与避雷针相同。

例 5-21　在如图 5-49 所示的静电感应现象中，A 是带正电 q 的点电荷，B 是中性导体，试论证 B 左端的感应负电荷绝对值 q' 小于 q。

证　依据电场线性质(1)，导体 B 左端的负电荷处一定有电场线的终止。这些电场线的来源有三种可能：

第一种是带正电 q 的点电荷 A，第二种是 B 右端的正电荷，第三种是无限远。用反证法排除第二、三种可能。假定止于 B 左端的电场线来自 B 右端的正电荷，依据电场线的性质(2)，同一条电场线不能有电势相等的点，于是 B 的左右两端电势不等，这就与导体处于静电平衡状态下是等势体这一结论相矛盾。可见，第二种可能性不成立，如图 5-49(a)所示。

再假定止于 B 左端的电场线来自无限远，依据电场线的性质(2)，有 $U_\infty > U_B$。另一方面，B 右端的正电荷发出的电场线既然不止于 B 左端的负电荷，就只能止于无限远，有

$U_{\infty}<U_B$，这与 $U_{\infty}>U_B$ 相矛盾。可见，第三种可能性也不成立。

再依据电场线性质(1)的定量表述，如图 5-49(b)所示，止于 B 左端的场线条数正比于 q'，来自 A 的场线条数正比于 q，终止的条数只能小于或等于发出的条数，所以 $q \geqslant q'$。

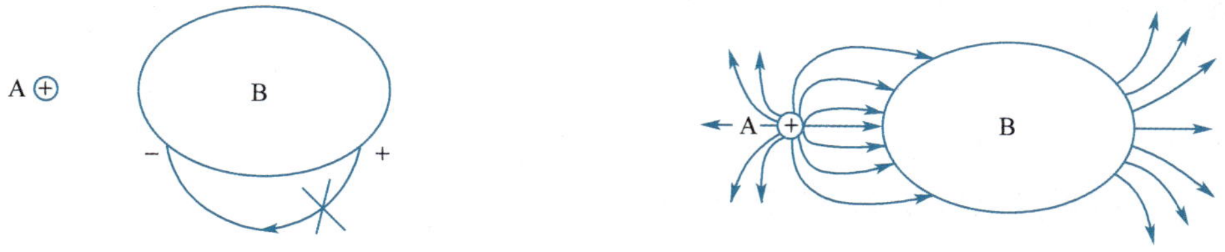

(a) 一条场线不能起止于同一导体　　(b) 止于B的场线全部来自A

图 5-49　例 5-21 图

施感电荷发出的场线通常有一些不终止于 B 的左端，故通常 $q>q'$。只有在很特殊的条件下，才出现 $q=q'$。

例 5-22　在一个电量为 Q 的金属球附近有一个电量为 q 的点电荷。已知球的半径为 R，点电荷到球心的距离为 l，如图 5-50 所示，求金属球的电势(取无穷远处为电势零点)。

解　因金属球为等势体，只需求得球心 O 点的电势 U_O。以 S 代表球面，σ' 代表 S 上的电荷面密度。有

$$U_O=\frac{q}{4\pi\varepsilon_0 l}+\oint_S \frac{\sigma' \mathrm{d}S}{4\pi\varepsilon_0 R}=\frac{q}{4\pi\varepsilon_0 l}+\frac{1}{4\pi\varepsilon_0 R}\oint_S \sigma' \mathrm{d}S$$

$$=\frac{q}{4\pi\varepsilon_0 l}+\frac{Q}{4\pi\varepsilon_0 R}$$

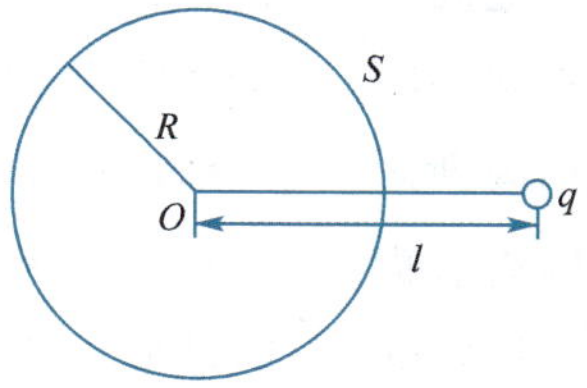

图 5-50　例 5-22 图

例 5-23　在一个接地的金属球附近有一个电量为 q 的点电荷。已知球的半径为 R，点电荷到球心的距离为 l，如图 5-51 所示，求金属球表面感应电荷的总电量 q'(取无穷远处为电势零点)。

解　因为金属球表面感应电荷不是均匀分布的，无法直接求场强，求感应电荷在金属球上其他点(除了球心 O)的电势也很困难，故突破口是求球心 O 点的电势。球心 O 点的电势是由点电荷 q 和球面上感应电荷 q' 共同产生的。以 S 代表球面，σ' 代表 S 上的电荷面密度。

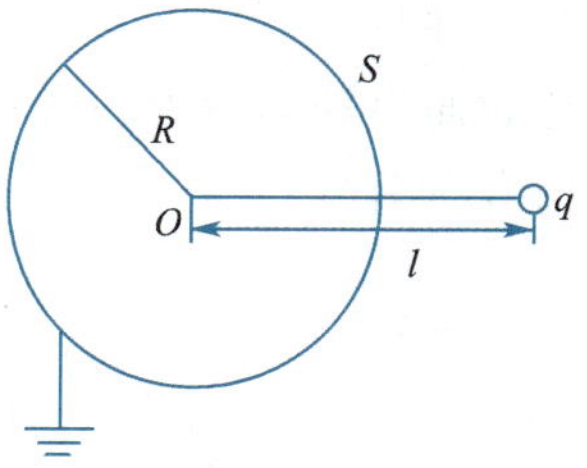

图 5-51　例 5-23 图

点电荷 q 的电场中球心 O 点的电势为

$$\frac{q}{4\pi\varepsilon_0 l}$$

球面上感应电荷 q' 的电场中球心 O 点的电势为

$$\oint_S \frac{\sigma' \mathrm{d}S}{4\pi\varepsilon_0 R}=\frac{1}{4\pi\varepsilon_0 R}\oint_S \sigma' \mathrm{d}S=\frac{q'}{4\pi\varepsilon_0 R}$$

所以，球心 O 点的电势 U_O：

$$U_O=\frac{q}{4\pi\varepsilon_0 l}+\frac{q'}{4\pi\varepsilon_0 R}$$

由于金属球接地，电势为零，所以球心 O 点的电势为零，即 $U_O=0$，可得金属球表面感应电荷的总电量 q' 为

$$q'=-\frac{R}{l}q$$

5.5.2 空腔导体和静电屏蔽

放在静电场中的导体，电场会因导体电荷的重新分布而改变。基于此，可以根据需要人为地选择导体的形状来改造电场。这种改造应用很广。静电平衡时，导体内部的场强为零这一特点在工程技术上常用作静电屏蔽。用空腔导体可以实现静电屏蔽，下面分两种情况来讨论静电平衡时空腔导体的静电场和电荷分布。

(1)空腔导体内部无电荷的情况

如图 5-52(a)所示，将腔内无电荷的空腔导体放置于静电场中，我们在空腔导体内外表面之间取一高斯面 S，将空腔包围起来。由于 S 完全处在导体的内部，导体达到静电平衡状态时，内部场强处处为零，S 面上电场强度处处为零，故通过高斯面的电通量为零。根据高斯定理，高斯面内电荷的代数和为 0，即 $\sum q_{i内}=0$，因为腔内无带电体，所以导体空腔内表面上无净电荷，所带电荷只能分布于导体表面。腔内无电荷，在腔内不可能有电场线的起止点，因此腔内不可能有电场线，也就是空腔内场强为零，导体和空腔都是等势区域。

(2)空腔导体内部有电荷的情况

如图 5-52(b)所示，将腔内有 $+q$ 带电体的空腔导体放置于静电场中，我们在空腔导体内、外表面之间取一高斯面 S，由于静电感应，在导体平衡时，空腔内表面感应出和带电体等量异号电荷 $-q$，腔内电场线起于带电体 $+q$，止于内表面上的感应电荷 $-q$。同时腔体外表面出现和带电体等值同号电荷 $+q$，使得导体外的物体受到影响，则空腔内、外表面均有电荷分布。

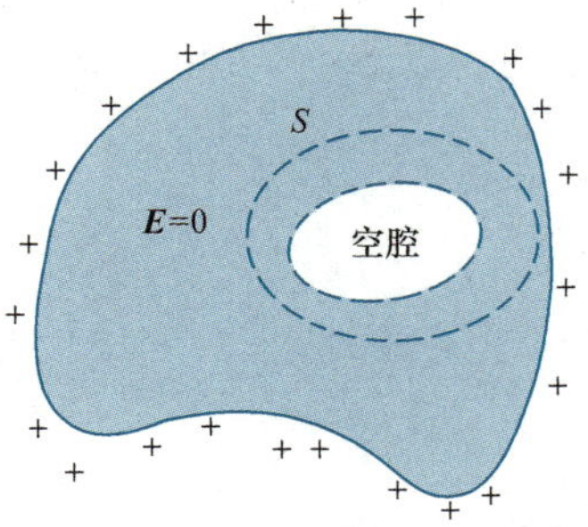

(a) 空腔导体内部无电荷

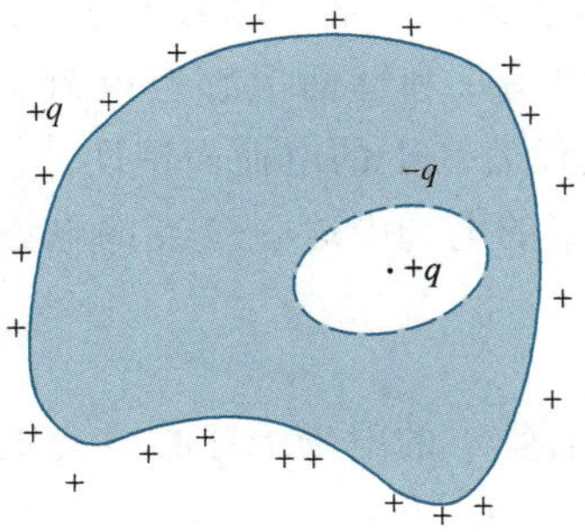

(b) 空腔导体内部有电荷

图 5-52 静电平衡时电荷分布在导体表面

由前面的知识可知，当导体处于静电平衡状态时，导体内部场强处处为零。利用这一

规律，就可以将空腔导体放入静电场中，从而达到屏蔽外电场的作用。

1. 用空腔导体屏蔽外电场

如图 5-53 所示，将一空腔导体放入外电场时，外电场只能影响空腔导体外表面的电荷分布，导体内部没有净电荷，场强处处为零。这就说明可以用空腔导体来屏蔽外电场，使空腔内部导体不受外电场的影响。

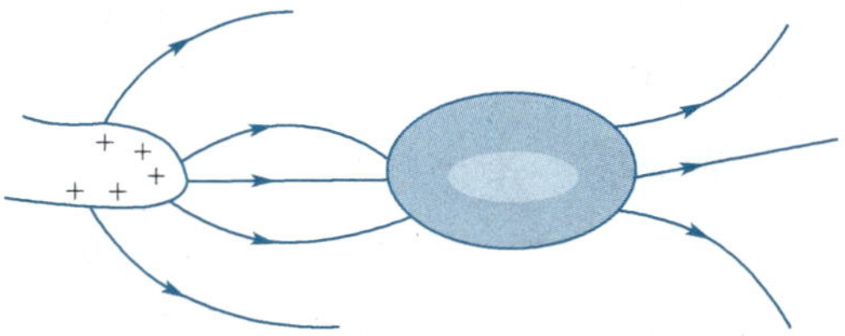

图 5-53　用空腔导体屏蔽外电场

2. 空腔导体外表面接地，屏蔽导体内部电荷对外界的影响

如图 5-54(a)所示，在空腔导体内部放一带电体 q，则由于静电感应，空腔内表面带等量异号电荷，导体外表面带等量同号电荷，此时导体外表面的电荷对外界电场的分布有影响。如果将导体外表面接地，如图 5-54(b)所示，外表面的电荷将与大地中的电荷中和，从而使导体外表面不带电，空腔内带电体产生的电场线将全部终止于内表面上的异号感应电荷，从而消除了空腔导体内部带电体对外电场的影响。为了证明这一点，只需证明接地导体外部空间不能存在场线。由于导体壳是等势体，同一场线不能起于导体外表面某点而止于该表面另一点。同样，因为无限远区域场强为零，整个区域是等势区，同一场线也不能起于无限远而止于无限远。可见，接地导体外部如果有电场线，只能是起于外表面而止于无限远或相反。然而，将导体外表面接地时这也是不可能的，因为这时有 $U_{壳}=U_{地}=U_{\infty}$。

应注意的是，接地线的存在只提供导体外表面与地交换电荷的可能性，并不保证外表面的电荷密度在任何情况下都为零，并不总是导体一接地，电荷就流光。当外部有带电体时，导体外表面仍是有电荷的。

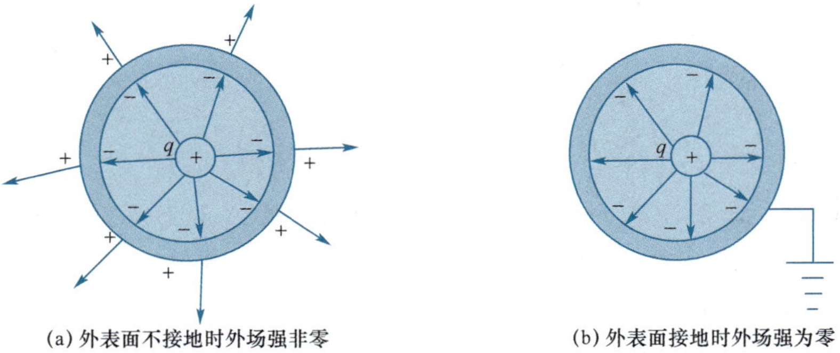

(a) 外表面不接地时外场强非零　　(b) 外表面接地时外场强为零

图 5-54　接地空腔导体的屏蔽作用

综上所述，在静电平衡状态下，空腔导体内部的带电体不受外电场的影响；接地空腔导体内部的带电体对外场无影响。这种现象称为静电屏蔽。

静电屏蔽技术在电子工业领域应用很广。例如，为了避免外界电场对一些精密仪器的干扰，常常把某些精密仪器外面加上金属罩。在实际中，常用编织得非常紧密的金属网来代替金属壳。例如，在高压设备周围罩上接地的金属栅网，以使高压带电体不影响外界；传送弱信号的电缆线外面经常会包一层金属丝编织的屏蔽线，如电视机的公用天线、收音机的内路线。高压线上作业的工人，穿上用金属丝编织的屏蔽衣服鞋帽，就可以安全实施高压带电作业。

例 5-24 有一内外半径分别为 R_1 和 R_2 的导体球壳，现将一半径为 r 的导体球放入球壳的球心处，小球和球壳分别带电 q 和 Q，求：

(1)小球的电势及球壳内、外表面的电势；

(2)小球与球壳的电势差；

(3)若球壳接地，小球与球壳的电势差。

解 (1)由于静电感应，球壳内、外表面分别感应出 $-q$ 和 $+q$ 的电荷，则球壳外表面带电 $Q+q$。

由电势叠加原理可知

$$U_{小球}=\frac{q}{4\pi\varepsilon_0 r}-\frac{q}{4\pi\varepsilon_0 R_1}+\frac{Q+q}{4\pi\varepsilon_0 R_2}=\frac{1}{4\pi\varepsilon_0}\left(\frac{q}{r}-\frac{q}{R_1}+\frac{Q+q}{R_2}\right)$$

$$U_{内壳}=\frac{q}{4\pi\varepsilon_0 R_1}-\frac{q}{4\pi\varepsilon_0 R_1}+\frac{Q+q}{4\pi\varepsilon_0 R_2}=\frac{1}{4\pi\varepsilon_0}\frac{Q+q}{R_2}$$

$$U_{外壳}=\frac{q}{4\pi\varepsilon_0 R_2}-\frac{q}{4\pi\varepsilon_0 R_2}+\frac{Q+q}{4\pi\varepsilon_0 R_2}=\frac{1}{4\pi\varepsilon_0}\frac{Q+q}{R_2}$$

说明球壳内、外表面电势相等。

(2)小球与球壳的电势差

$$U_{小球}-U_{球壳}=\frac{1}{4\pi\varepsilon_0}\left(\frac{q}{r}-\frac{q}{R_1}+\frac{Q+q}{R_2}\right)-\frac{1}{4\pi\varepsilon_0}\frac{Q+q}{R_2}=\frac{1}{4\pi\varepsilon_0}\left(\frac{q}{r}-\frac{q}{R_1}\right)$$

(3)若球壳外表面接地，则球壳外表面电荷消失，两球的电势分别为

$$U_{小球}=\frac{q}{4\pi\varepsilon_0 r}-\frac{q}{4\pi\varepsilon_0 R_1}=\frac{q}{4\pi\varepsilon_0}\left(\frac{1}{r}-\frac{1}{R_1}\right)$$

$$U_{内壳}=U_{外壳}=0$$

两球的电势差依然为

$$U_{小球}-U_{球壳}=\frac{1}{4\pi\varepsilon_0}\left(\frac{q}{r}-\frac{q}{R_1}\right)$$

例 5-25 如图 5-55 所示，长宽相等的金属平板 A 和 B 在真空中平行放置(对齐)，板间距离比长宽小得多。分别令每板带 q_A 及 q_B 的电荷，求每板表面的电荷面密度。

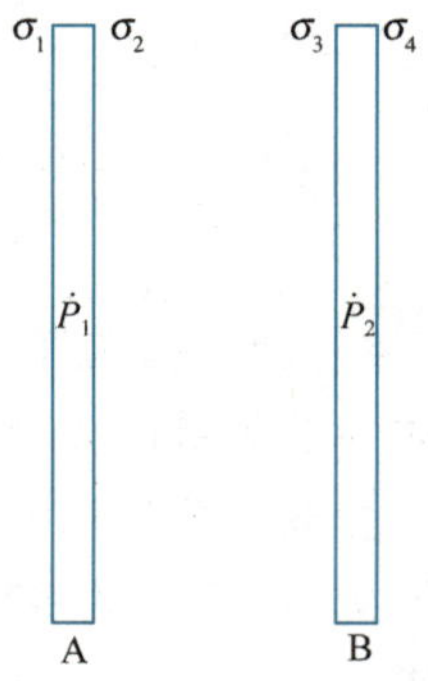

图 5-55 例题 5-25 图

解 在计算有导体存在时的静电场分布时，首先要根据静电平衡条件和电荷守恒定律，确定导体上新的电荷分布，然后由新的电荷分布求电场的分布。

静电平衡时电荷只分布在板的表面上。由于板的长度比距离大得多，可近似把板看成无限大。忽略边缘效应，由对称性可知两板四个平行的表面上电荷是均匀分布的，面密度从左往右依次记作 σ_1、σ_2、σ_3 和 σ_4。在 A 板内取一点 P_1，根据之前求得的公式，四个无限大带电平面在 P_1 的合场强大小为

$$E=\frac{\sigma_1}{2\varepsilon_0}-\frac{\sigma_2}{2\varepsilon_0}-\frac{\sigma_3}{2\varepsilon_0}-\frac{\sigma_4}{2\varepsilon_0}$$

静电平衡时导体内部场强为零，即 $\sigma_1-\sigma_2-\sigma_3-\sigma_4=0$。再在 B 板内取一点 P_2，类似地，四个无限大带电平面在 P_2 的合场强大小为

$$\sigma_1+\sigma_2+\sigma_3-\sigma_4=0$$

故

$$\sigma_1=\sigma_4 \quad \sigma_2=-\sigma_3$$

设每个平行面的面积为 S，由电荷守恒定律可得

$$q_A=\sigma_1 S+\sigma_2 S \quad q_B=\sigma_3 S+\sigma_4 S$$

四式联立，解得

$$\sigma_1=\sigma_4=\frac{q_A+q_B}{2S} \quad \sigma_2=-\sigma_3=\frac{q_A-q_B}{2S}$$

以上结果可用来讨论两种极端情况：

(1)设 $q_A=-q_B$，对平板电容器充电就是这种情况，得

$$\sigma_1=\sigma_4=0 \quad \sigma_2=-\sigma_3=\frac{q_A}{S}$$

说明电荷只分布于两板内侧平行表面上，即两板内壁。

(2)设 $q_A=q_B$，得

$$\sigma_1=\sigma_4=\frac{q_A}{S} \quad \sigma_2=-\sigma_3=0$$

说明电荷只分布于两板外侧平行表面上，即两板外壁。

5.5.3　电介质的极化

电场既可以存在于真空之中，也可以存在于实物介质内部。导体的引入对静电场有很大的影响。例如，在充电后脱离电源的平板电容器中插入金属板 P，如图 5-56 所示，会使电容器的电压下降。前面指出金属导体能够影响电场的关键原因在于导体内部的自由电子在电场作用下重新分布。电介质内部是没有自由电子的，将电介质放入静电场中，电场是否就能够不受到影响呢？回答是不是的。我们用玻璃板代替金属板 P 重做这个实验，同样可从静电计指针的下降看到电容器电压的下降，只是程度要弱一些。要解释这一现象，就要认识电介质的微观结构及其在电场作用下的变化。

电介质通常指电阻率很大、导电能力很差的物质，俗称绝缘体，比如，塑料、橡胶、玻璃、丝绸、陶瓷、云母等。电介质是由电中性分子构成的。所谓电中性，指分子中所有电荷的代数和为零。但从微观角度看，分子中各微观带电粒子在位置上并不重合，因而电荷代数和为零并不意味着分子在电场作用下没有反应。为讨论电介质在电场中的行为，必须弄清楚它的电中性分子在电场作用下有什么变化以及这些变化反过来对电场产生什么影响。

电介质内部的自由电子少到可以忽略的程度。可以说，由于存在分子内在力约束，电介质分子中的带电粒子不能发生宏观运动，因此这些电荷被称为束缚电荷。然而这些粒

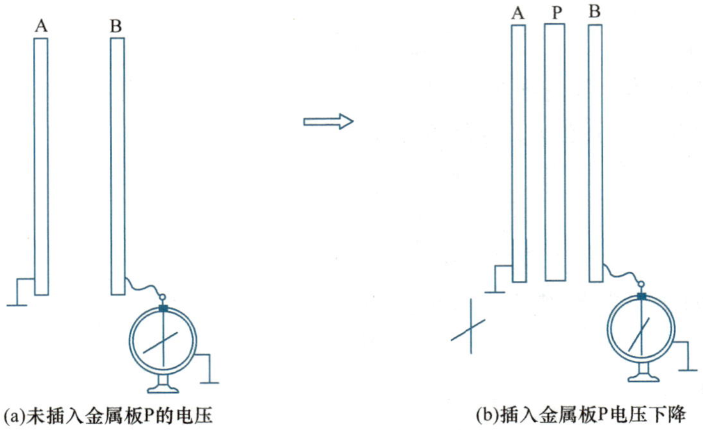

图 5-56　插入金属板后电压下降

子在外电场的作用下仍然有微观运动，而且这种微观运动将会激发附加电场，从而影响总电场。电中性分子内部的带电粒子往往很多，带电粒子中的正、负电荷都不集中在一点，每个粒子的运动所激发的附加电场都要研究，是很复杂的。但是，在远大于分子线度的距离处观察，也就是当场点到分子的距离能够远大于分子自身线度时，整个电中性分子激发的电场就可以近似采用一种“重心模型”来进行计算，即可以认为分子中所有正电荷的影响与一个单独的正电荷等效，这个等效正电荷的位置称为分子的正电荷等效中心。同理，每个分子的全部负电荷也有一个相应的负电荷等效中心。

在无外电场的情况下，若分子的正、负电荷等效中心不相重合，这样一对距离极近的等值异号的正、负点电荷称为分子的等效电偶极子，存在固有的分子电偶极矩。像水、盐酸、一氧化碳、二氧化硫、有机玻璃、环氧树脂和聚氯乙烯等介质分子就有这种分子偶极子，因而这一类介质叫作有极分子电介质。还有如氦气、氢气、二氧化碳等另一类电介质，其分子的正、负电荷等效中心重合，不存在固有的分子电偶极矩，叫作无极分子电介质。

在外电场的作用下，无论是无极分子还是有极分子都要发生变化，这种变化叫作电介质的极化，极化分为位移极化和取向极化两种，以下为具体介绍。

1. 无极分子电介质的极化

当把无极分子电介质放入外电场 $\boldsymbol{E}_0$ 中，分子的正、负电荷中心在外电场的电场力作用下发生相对位移，形成电偶极子，其电偶极矩 $\boldsymbol{P}$ 的方向与外电场方向一致，如图 5-57 所示。对于无极分子电介质，由于每个分子都成为电偶极子，使得在与外电场垂直的电介质两个侧面上分别出现正、负电荷，这些正、负电荷是和分子连在一起的，不能在电介质里自由移动，也不能脱离电介质而独立存在。无极分子在外电场的作用下由于正、负电荷中心发生位置的变化而产生的极化叫位移极化。这种由于极化在介质表面产生的电荷既可以称为束缚电荷，也可以称为极化电荷。

2. 有极分子电介质的极化

有极分子电介质在没有外电场时，每个分子就已存在固有的电偶极矩。但由于分子在做无规则的热运动，各个分子电偶极矩的方向总是杂乱无章的，电偶极矩的矢量和为零，宏观上不显电性。在外电场 $\boldsymbol{E}_0$ 作用下，每个分子电偶极子都受到力偶矩的作用，使得电偶极矩产生转向外电场方向的取向作用使介质带电，如图5-58所示。如果所有有极分子的电偶极矩都这样取向，这将是一种非常强烈的极化，其强度将非常可观，不过，由于分子的无规则热运动的干扰，各分子的电偶极矩方向与完全一致相比是差得很远的。显然，外电场越强，各电偶极矩转向外电场方向的程度就越大，分子电偶极矩的排列越趋向整齐。有极分子在外电场中发生偏转而产生的极化叫取向极化。有极分子电介质，在与外电场垂直的电介质的两个侧面上也会出现极化电荷。实际上，有极分子电介质在电场作用下除了发生取向极化外还要发生位移极化，只是在通常情况下比取向极化弱得多。然而，当电场以很高的频率变化时，分子由于惯性较大，难以跟上电场的变化，取向极化将大为减弱。

两类电介质极化的微观机制虽不相同，但宏观上都在介质表面上出现极化电荷，宏观结果都是一样的，所以当从宏观研究电介质的极化时，无须进行区分。

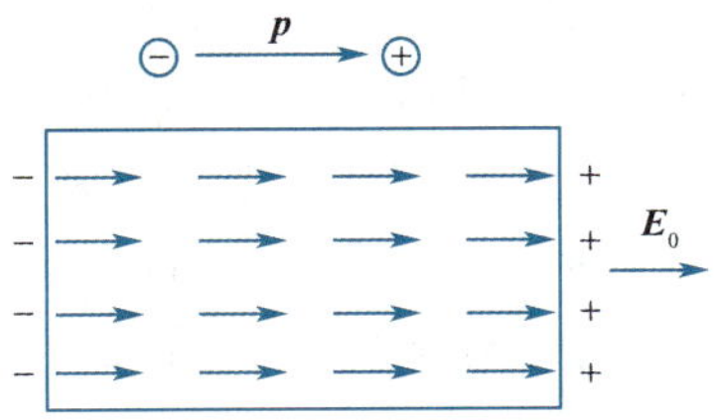

图5-57　无极分子电介质的位移极化

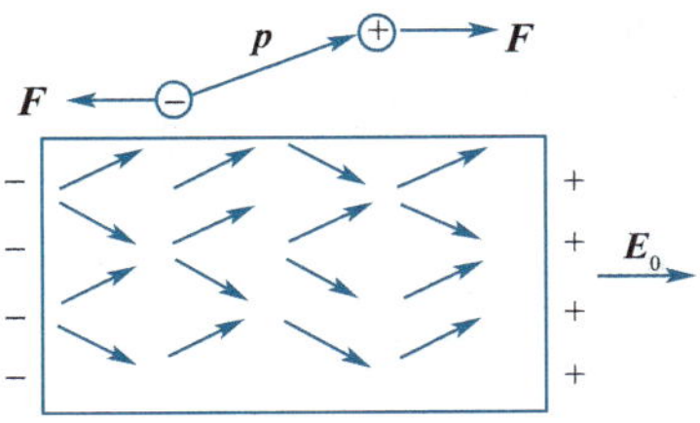

图5-58　有极分子电介质的位移极化

5.5.4　有电介质时的高斯定理

1. 极化强度

极化强度是定量描写电介质极化程度的物理量。在电介质中取物理无限小体积ΔV，它包含n个中性分子。先看极化前的情况，如果是无极分子，每个分子的电偶极矩为零，ΔV内所有分子电偶极矩的矢量和显然为零。如果是有极分子，虽然极化前每个分子的电偶极矩不为零，但由于各分子电偶极矩的方向杂乱无章，ΔV内所有分子电偶极矩的矢量和仍然为零。再看极化后的情况，如果是无极分子，每个分子都将出现一个与外电场同方向的电偶极矩，因此ΔV内所有分子的电偶极矩矢量和不再为零，并且与外电场同向。如果是有极分子，其电偶极矩将在外电场的作用下发生一定程度的取向，于是ΔV内全部分子的电偶极矩矢量和也是一个与外电场同向的非零矢量。综上所述，不论是哪一种电介质，极化总是意味着ΔV内分子电偶极矩矢量和从零变为非零，而且很显然，极化程度越高这个矢量和越大。因此可以考虑用这个矢量和作为极化程度的描写。但是，在同一极化程度下，这个矢量和显然还与ΔV的大小有关，并且ΔV越大矢量和也越大。可以用这个矢量和与ΔV的比值作为极化程度的描写。于是有如下定义：电介质中单位体积内分子电偶极矩的矢量和称为极化强度矢量，记作$\boldsymbol{P}$，即

$$\boldsymbol{P}=\frac{\sum \boldsymbol{P}_i}{\Delta V}$$

式中$\boldsymbol{P}_i$代表ΔV内第i个分子的电偶极矩，求和遍及ΔV内的所有分子。在国际单位制

(SI)中的单位是库仑每平方米(C/m^2)。极化强度从定义开始就是宏观矢量场,谈及极化强度的微观值是没有意义的。如果电介质中各点的极化强度相同,则称介质是均匀极化的。

实验表明,多数电介质中每点的极化强度 $\boldsymbol{P}$ 与该点场强 $\boldsymbol{E}$ 有如下关系

$$\boldsymbol{P}=\varepsilon_0\chi\boldsymbol{E} \tag{5-48}$$

其中 χ 是正数,反映电介质每点的宏观性质,叫作电介质的极化率。上式表明每点的 $\boldsymbol{P}$ 必与该点的 $\boldsymbol{E}$ 方向相同,而且,不管方向如何,同一大小的 $\boldsymbol{E}$ 总要在自己的方向上引起同一大小的 $\boldsymbol{P}$。或者说,$\boldsymbol{P}$ 与 $\boldsymbol{E}$ 的关系与方向无关,所以满足式(5-48)的电介质称为各向同性电介质。如果每点的 χ 还与 $\boldsymbol{E}$ 无关,则称为各向同性的线性电介质。对同一点,χ 是一个常数,但不同点的 χ 值可以不同,如果各点的 χ 都相同的电介质称为均匀电介质。

2. 电介质中的场强

导体问题之所以复杂,是由于自由电子在电场作用下重新分布,结果出现的宏观电荷反过来又影响电场。电介质虽然没有自由电子,但由电介质极化而产生的极化电荷也要产生电场,由极化电荷产生的电场称为附加电场,用 $\boldsymbol{E}'$ 表示,这就改变了原来的电场,反过来又使极化情况发生变化。如此互相影响,最后达到平衡。平衡时,空间每点的场强都可分为两部分,根据场强叠加原理,电介质的总场强 $\boldsymbol{E}$ 等于外电场 $\boldsymbol{E}_0$ 与附加电场 $\boldsymbol{E}'$ 的矢量和,有

$$\boldsymbol{E}=\boldsymbol{E}_0+\boldsymbol{E}'$$

附加电场与外电场方向相反,削弱原来的电场。应该明确指出,式(5-48)$\boldsymbol{P}=\varepsilon_0\chi\boldsymbol{E}$ 中的场强必须理解为总场强 $\boldsymbol{E}$ 而不是自由电荷的场强 $\boldsymbol{E}_0$。

实验表明,在无限大各向同性均匀电介质中,任意点的场强与该处的外电场成正比,即

$$\boldsymbol{E}=\frac{1}{\varepsilon_r}\boldsymbol{E}_0 \tag{5-49}$$

式中,ε_r 为介质的相对介电常数,其与真空介电常数 ε_0 的乘积称为介质的介电常数,用 ε 表示,关系为 $\varepsilon=\varepsilon_0\varepsilon_r$。

一般来说,电介质内部的场强计算是比较复杂的,我们研究简单情况,以充满各向同性均匀介质的平行板电容器为例,研究介质内部的电场。设电容器两极板的电荷面密度分别为 $+\sigma_0$ 和 $-\sigma_0$,介质表面的极化电荷面密度为 $+\sigma'$ 和 $-\sigma'$,不计边缘效应,自由电荷产生的场强为

$$E_0=\frac{\sigma_0}{\varepsilon_0}$$

极化电荷产生的场强为

$$E'=\frac{\sigma'}{\varepsilon_0}$$

可得介质内的场强为

$$E=E_0-E'=\frac{\sigma_0}{\varepsilon_0}-\frac{\sigma'}{\varepsilon_0}$$

由上式可以看出，在介质内部，合场强 E 总是小于自由电荷产生的场强 E_0，代入式(5-49)可以解得

$$\sigma' = \left(1 - \frac{1}{\varepsilon_r}\right)\sigma_0 \tag{5-50}$$

上式表明，极化电荷面密度 σ' 是极板上自由电荷面密度 σ_0 的 $1-\dfrac{1}{\varepsilon_r}$ 倍。

3. 电介质中的高斯定理

在有电介质的情况下，总电场 $\boldsymbol{E}$ 包括自由电荷产生的电场 $\boldsymbol{E}_0$ 和极化电荷产生的电场 $\boldsymbol{E}'$，所以，要把自由电荷和极化电荷同时考虑在内，真空中静电场的高斯定理仍然成立，有电介质时高斯定理的表达式为

$$\oint_S \boldsymbol{E} \cdot \mathrm{d}\boldsymbol{S} = \frac{1}{\varepsilon_0}(q_0 + q') \tag{5-51}$$

其中 q_0 和 q' 分别为闭合面所围区域内的自由电荷和极化电荷。由于极化电荷的求解比较复杂，直接给出极化电荷与极化强度的关系 $q' = -\oint_S \boldsymbol{P} \cdot \mathrm{d}\boldsymbol{S}$，把其代入式(5-51)，得

$$\oint_S \boldsymbol{E} \cdot \mathrm{d}\boldsymbol{S} = \frac{1}{\varepsilon_0}\left(q_0 - \oint_S \boldsymbol{P} \cdot \mathrm{d}\boldsymbol{S}\right)$$

或

$$\oint_S (\varepsilon_0 \boldsymbol{E} + \boldsymbol{P}) \cdot \mathrm{d}\boldsymbol{S} = q_0 \tag{5-52}$$

引入一个辅助性矢量，令

$$\boldsymbol{D} = \varepsilon_0 \boldsymbol{E} + \boldsymbol{P} \tag{5-53}$$

式中，$\boldsymbol{D}$ 为电位移矢量，单位为库/米^2($\mathrm{C/m^2}$)，式(5-52)改写成

$$\oint_S \boldsymbol{D} \cdot \mathrm{d}\boldsymbol{S} = q_0 \tag{5-54}$$

上式叫作静电场中有电介质时的高斯定理，简称 $\boldsymbol{D}$ 的高斯定理。把真空看作电介质的特殊情况，因其 $\boldsymbol{P}=0$，由式(5-53)知 $\boldsymbol{D}=\varepsilon_0\boldsymbol{E}$，式(5-54)便还原为真空中的高斯定理。

式(5-54)不包含极化电荷，出现了与 $\boldsymbol{P}$ 有关的矢量场 $\boldsymbol{D}$。这种处理的好处在于，对于某些有对称性的场，可以方便地根据自由电荷 q_0 的分布求 $\boldsymbol{D}$，进而求 $\boldsymbol{E}$。按照 $\boldsymbol{D}$ 的定义，要由 $\boldsymbol{D}$ 求得 $\boldsymbol{E}$，还需要知道 $\boldsymbol{P}$，但因 $\boldsymbol{P}$ 与 $\boldsymbol{E}$ 有 $\boldsymbol{P}=\varepsilon_0\chi\boldsymbol{E}$ 的关系，代入式(5-53)$\boldsymbol{D}=\varepsilon_0\boldsymbol{E}+\boldsymbol{P}$ 得

$$\boldsymbol{D} = \varepsilon_0(1+\chi)\boldsymbol{E} \tag{5-55}$$

可见，只要知道电介质的极化率 χ，便可由 $\boldsymbol{D}$ 求得 $\boldsymbol{E}$。

上式说明电介质中任一点的 $\boldsymbol{D}$ 与该点的 $\boldsymbol{E}$ 方向相同，大小成正比，比例系数 $\varepsilon_0(1+\chi)$ 只与该点的电介质性质 χ 有关，叫作电介质的介电常数，记作 ε，即

$$\varepsilon = \varepsilon_0(1+\chi) \tag{5-56}$$

把真空看作电介质的特殊情况，其 $\chi=0$，$\varepsilon=\varepsilon_0$。可见，$\varepsilon_0$ 就是真空的介电常数。电介质的介电常数 ε 与真空的介电常数 ε_0 之比叫作该电介质的相对介电常数，记作 ε_r，即

$$\varepsilon_r=\frac{\varepsilon}{\varepsilon_0}=1+\chi \tag{5-57}$$

对任何电介质(不含真空和金属),由 $\chi>0$ 得 $\varepsilon_r>1$,即 $\varepsilon>\varepsilon_0$。

常见电介质的相对介电常数 ε_r 见表 5-2。

把式(5-57)代入式(5-55)得

$$\boldsymbol{D}=\varepsilon\boldsymbol{E}=\varepsilon_0\varepsilon_r\boldsymbol{E} \tag{5-58}$$

这是描写各向同性线性电介质中同一点的 $\boldsymbol{D}$ 与 $\boldsymbol{E}$ 之间关系的重要公式。

表 5-2　常见电介质的相对介电常数

电介质	相对介电常数 ε_r	电介质	相对介电常数 ε_r
真空	1	玻璃	5～10
空气	1.000 590	普通陶瓷	5.7～6.8
聚乙烯	2.3	电木	7.6
聚苯乙烯	2.6	氧化钽	11.6
纸	3.5	水	78
云母	3.7～7.5	二氧化钛	100
油	4.5	钛酸钡	10^2～10^4

5.6　电容、电容器

5.6.1　孤立导体的电容

当一个导体单独存在,其周围无任何导体和带电体或电介质(或其他导体和带电体与该导体相距无穷远)时,该导体可看作孤立导体(见 5.5 小节开头)。若要使大小、形状不同的导体具有相同的电势,必须给予它们不同的带电量。这表示大小、形状不同的导体具有不同的容纳电量的本领。理论和实验表明,孤立导体的带电量与它的电势成正比,即

$$q\propto U$$

那么 q 与 U 的比值反映的正是导体容纳电量的本领,故孤立导体的电容的定义为

$$C=\frac{q}{U} \tag{5-59}$$

式中,q 为孤立导体的带电量,U 为电势。电容是表征导体容纳电荷能力的物理量,其物理意义是:使导体升高单位电势所需要的电荷量。在 SI 中,电容的单位是法拉,记作 F。实际中法拉太大,故常以它的 10^{-6} 倍甚至 10^{-12} 倍为单位,分别叫作微法(μF)及皮法(pF),其换算关系如下:

$$1\ \text{pF}=10^{-6}\ \mu\text{F}=10^{-12}\ \text{F}$$

例如真空中,有一个半径为 R 的孤立导体球,现在来研究它的电容。设孤立导体球的带电量为 q,由对称性可知,在静电平衡时其电荷均匀分布在导体表面,由高斯定理可

知，导体内的场强为零，导体外的场强为

$$E=\frac{q}{4\pi\varepsilon_0 r^2}$$

根据电势的定义，可以求出导体的电势为

$$U=\int_R^{\infty}\boldsymbol{E}\cdot \mathrm{d}\boldsymbol{l}=\int_R^{\infty}\frac{q}{4\pi\varepsilon_0 r^2}\mathrm{d}r=\frac{q}{4\pi\varepsilon_0 R}$$

由电容定义可得，导体的电势为

$$C=\frac{q}{U}=4\pi\varepsilon_0 R \tag{5-60}$$

由上述结果可以看出，孤立导体的电容 C 只与导体的大小、形状及周围介质有关，而与它是否带电无关。如果把地球作为孤立导体球，可以算出它的电容约为 670 μF，可见，孤立导体容纳电量的本领是有限的。

5.6.2 电容器的电容

1. 电容器的电容

实际上，很难存在孤立导体，一个导体的周围总会有其他物体存在。当有其他导体或电介质存在时，该导体的电势不仅与自身所带电量有关，还与周围导体的形状、位置及带电量有关。电荷量 q 和电势 U 之间的线性关系就不复存在，因而式(5-59)只适用于孤立导体。为了消除其他导体的影响，可以利用静电屏蔽的原理设计出靠得很近的、中间充满电介质的两个导体组合，将两个导体组合起来构成一对导体系，使该导体系不受周围导体的影响，这样的导体系称为电容器。顾名思义，电容器就是能够有效地存储电荷的装置。

通常的电容器都是由等值异号的导体所组成，两个导体称为电容器的极板，导体间充满电介质。实验证明，当两导体板 A、B 带有等量异号电荷 $+q$ 和 $-q$ 时，两极板之间的电势差与极板所带电量成正比，电容器的电容定义式为

$$C=\frac{q}{U_A-U_B}=\frac{q}{U_{AB}} \tag{5-61}$$

式中，q 是两个导体所带的电量，U_A 和 U_B 分别为两个导体的电势。电容与两导体板的形状、大小、相对位置及电介质有关，而与导体板是否带电无关。在实际应用的电容器中，对其屏蔽性的要求并不太高，只要求从一个极板发出的电场线全部终止于另一个极板上即可。

上式说明，为使电容器电压升高，就要给它提供电荷，也就是充电。电容的物理意义就是使电压升高一个单位所需的电荷。

如图 5-59 所示是电容器充电的例子。设开关接通前电容器电荷为零，因而电压也为零，如图 5-59(a)所示。开关接通后，电子从电池负极流到电容器右板内壁，而左板内壁的电子则流到电池正极，于是两板内壁出现等值异号的电荷，如图 5-59(b)所示，这就是充电。若断开开关并用导线接通两板，两板的电压及电荷就变为零，这叫作放电。

如果将该导体系中另一导体移到无穷远处，并取无穷远处为电势零点，则电容器的电容变为

$$C=\frac{q}{U_A-0}=\frac{q}{U_A}$$

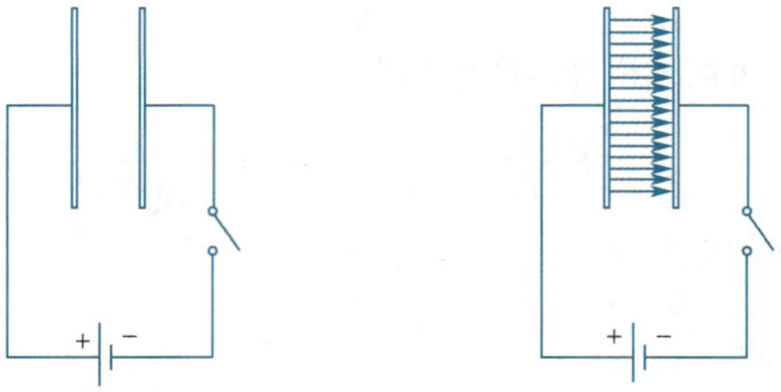

图 5-59　电容器充电

这个结论与孤立导体的电容结论相同，说明孤立导体可以和无穷远处的另一个导体组成电容器。

2. 电容器电容的计算

电容器是重要的电器元件，使用时经常在极板间充上介质，以提高电容器的电容。通过实验测量，结论是介质中的电容是真空电容的 ε_r 倍。生活中常见的电容器有平行板电容器、圆柱形电容器和球形电容器，下面我们计算这三种典型电容器的电容。

(1)平行板电容器

平行板电容器由两块大小相同、相互平行且彼此靠得很近的金属板组成。如图 5-60 所示，设两个金属板带等值异号的电荷 q，两板的面积均为 S，两极板之间为真空，距离为 d。

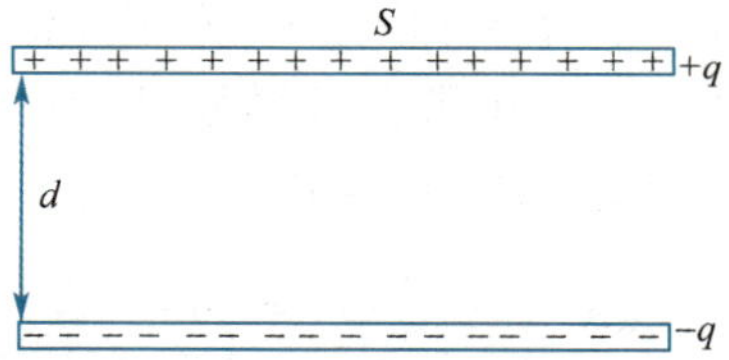

图 5-60　平行板电容器

不考虑边缘效应，两极板间的电场可以看作匀强电场，则两板间的场强大小为

$$E=\frac{\sigma}{\varepsilon_0}=\frac{q}{\varepsilon_0 S}$$

两板间的电势差为

$$U_A-U_B=\int_A^B \boldsymbol{E}\cdot \mathrm{d}\boldsymbol{l}=Ed=\frac{q}{\varepsilon_0 S}d$$

根据电容器电容的定义式得

$$C=\frac{q}{U_A-U_B}=\frac{\varepsilon_0 S}{d} \tag{5-62}$$

上式说明，平行板电容器的电容 C 和极板的面积 S 成正比，和两极板间的距离 d 成反比。因此，可以通过改变极板相对面积的大小或改变极板间距离的方法来获得可变电容。

如果两极板间充满介电常数为 ε 的电介质，那么，有介质的平行板电容器的电容为

$$C=\frac{q}{U_A-U_B}=\frac{\varepsilon S}{d} \tag{5-63}$$

(2)圆柱形电容器

一个金属圆柱和一个与它同轴的金属圆柱壳的组合叫作球形电容器，如果两柱距离比其长度小得多，就构成圆柱形电容器。设圆柱形电容器由两个同轴金属圆柱面 A、B 组成，中间是真空，设两圆柱面的半径分别为 R_A 和 R_B，柱长均为 $l(l\geqslant R_B-R_A)$，带电量为 q，不考虑边缘效应，如图 5-61 所示。

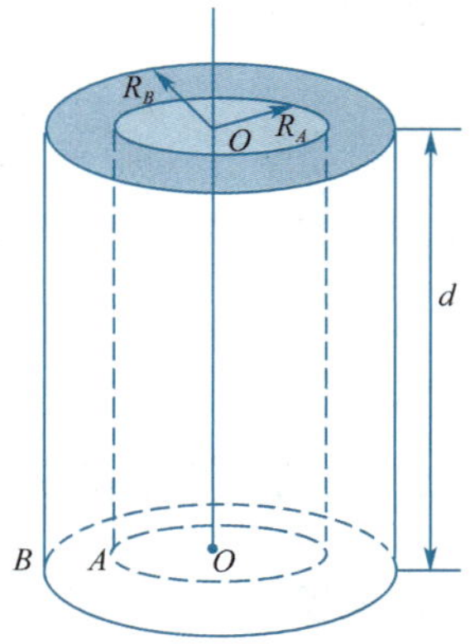

图 5-61 圆柱形电容器

由高斯定理求得两圆柱面间的场强为

$$E=\frac{\lambda}{2\pi\varepsilon_0 r}=\frac{q}{2\pi\varepsilon_0 rl}$$

两圆柱面间的电势差为

$$U_A-U_B=\int_{R_A}^{R_B}\boldsymbol{E}\cdot\mathrm{d}\boldsymbol{r}=\int_{R_A}^{R_B}\frac{q}{2\pi\varepsilon_0 rl}\mathrm{d}r=\frac{q}{2\pi\varepsilon_0 l}\ln\frac{R_B}{R_A}$$

根据电容器电容的定义式得

$$C=\frac{q}{U_A-U_B}=\frac{2\pi\varepsilon_0 l}{\ln\dfrac{R_B}{R_A}} \tag{5-64}$$

上式说明，圆柱形电容器的电容 C 和圆柱面的长度成正比，和两圆柱面半径比值的自然数对数成反比。

如果两极板间充满介电常数为 ε 的电介质，那么，有介质的圆柱形电容器的电容为

$$C=\frac{q}{U_A-U_B}=\frac{2\pi\varepsilon l}{\ln\dfrac{R_B}{R_A}} \tag{5-65}$$

(3)球形电容器

一个金属球和一个与它同心的金属球壳的组合叫作球形电容器，如图 5-62 所示。设两球壳的半径分别为 R_A 和 R_B，中间为真空，带电量为 q。可由静电屏蔽及对称性得出电荷在内球外壁和外球内壁均匀分布，两壁电荷等值异号，两球间的电场线总是呈均匀辐射状的。

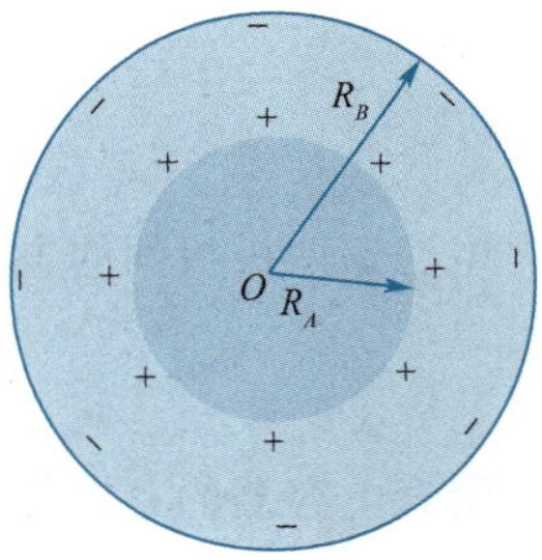

图 5-62 球形电容器

由高斯定理求得两球面间的场强为

$$E=\frac{q}{4\pi\varepsilon_0 r^2}$$

方向沿径向向外，因此两球壳间的电势差为

$$U_A-U_B=\int_{R_A}^{R_B}\boldsymbol{E}\cdot\mathrm{d}\boldsymbol{r}=\int_{R_A}^{R_B}\frac{q}{4\pi\varepsilon_0 r^2}\mathrm{d}r$$

$$=\frac{q}{4\pi\varepsilon_0}\left(\frac{1}{R_A}-\frac{1}{R_B}\right)$$

$$=\frac{q}{4\pi\varepsilon_0}\frac{R_B-R_A}{R_AR_B}$$

根据电容器电容的定义式，球形电容器的电容为

$$C=\frac{q}{U_A-U_B}=\frac{4\pi\varepsilon_0R_AR_B}{R_B-R_A} \tag{5-66}$$

如果两极板间充满介电常数为 ε 的电介质，那么，有介质的球形电容器的电容为

$$C=\frac{q}{U_A-U_B}=\frac{4\pi\varepsilon R_AR_B}{R_B-R_A} \tag{5-67}$$

5.6.3 电容器的连接

电容器作为常用的电子元件，在实际使用过程中经常会遇到电容值或者电容的耐压能力不能满足使用要求，这时就需要把几个电容器连接起来，几个电容器可以用导线按一定规律连接成为电容器组。常见的电容器连接方式有两种：串联和并联。现分别讨论如下：

1. 电容器的串联

如图 5-63 所示表示 n 个电容器的串联，设它们的电容值分别为 $C_1,C_2,\cdots,C_n$，组合后的等效电容为 C。其中 U 代表两端间的电压，充电后，设 A 端接电池正极，各流入电容器组的电荷 q 全部进入第一个电容器的左板，其右板由于静电感应而带 $-q$，几个电容器两极板都带有等量异号的电荷 $+q$ 和 $-q$。

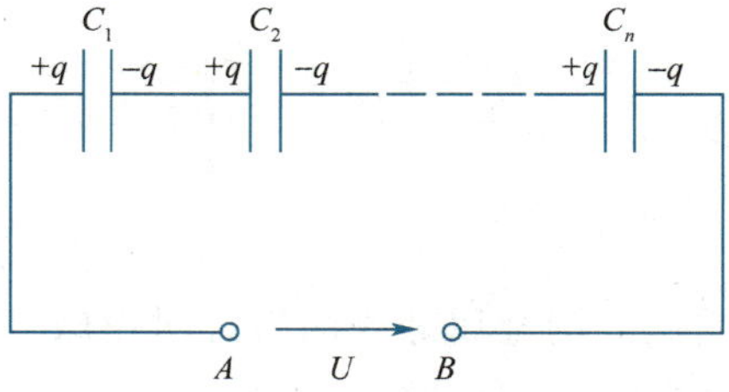

图 5-63　电容器的串联

电容器两极板间的电势差分别为 $U_1,U_2,\cdots,U_n$，则

$$U_1=\frac{q}{C_1},U_2=\frac{q}{C_2},\cdots,U_n=\frac{q}{C_n}$$

组合电容器的总电势差为

$$U=U_1+U_2+\cdots+U_n=q\left(\frac{1}{C_1}+\frac{1}{C_2}+\cdots+\frac{1}{C_n}\right)$$

由电容的定义式知

$$C=\frac{q}{U}=\frac{q}{q\left(\frac{1}{C_1}+\frac{1}{C_2}+\cdots+\frac{1}{C_n}\right)}=\frac{1}{\frac{1}{C_1}+\frac{1}{C_2}+\cdots+\frac{1}{C_n}}$$

因此

$$\frac{1}{C}=\frac{1}{C_1}+\frac{1}{C_2}+\cdots+\frac{1}{C_n}=\sum_{i=1}^{n}\frac{1}{C_i} \tag{5-68}$$

式(5-68)说明串联电容器的等效电容的倒数等于每个分电容的倒数之和。

2. 电容器的并联

如图 5-64 所示表示 n 个电容器的并联，设它们的电容值分别为 $C_1,C_2,\cdots,C_n$，组合后的电容器组的等效电容为 C。充电后，由于每个电容器都直接连接在电源两端，因此每对电容器两极板间的电势差都相同，可以设为 U。

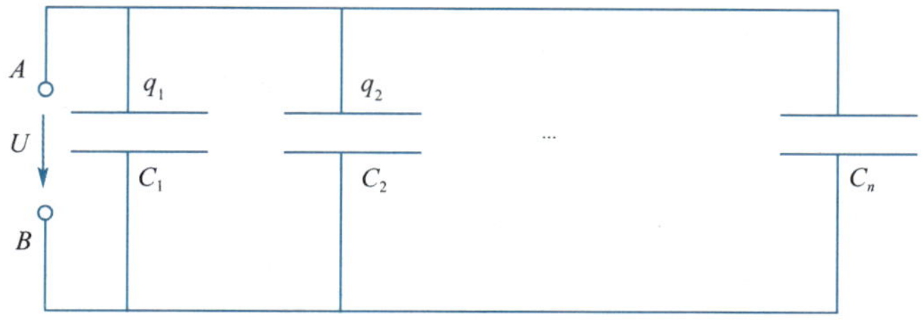

图 5-64 电容器的并联

每个电容器极板上的电荷量分别为 $q_1,q_2,\cdots,q_n$，则

$$q_1=C_1U,q_2=C_2U,\cdots,q_n=C_nU$$

组合电容器的总电荷量为

$$q=q_1+q_2+\cdots+q_n=U(C_1+C_2+\cdots+C_n)$$

由电容的定义式 $C=\frac{q}{U}$ 知

$$C=\frac{U(C_1+C_2+\cdots+C_n)}{U}=C_1+C_2+\cdots+C_n$$

因此

$$C=C_1+C_2+\cdots+C_n=\sum_{i=1}^{n}C_i \tag{5-69}$$

式(5-69)说明并联电容器的等效电容等于每个分电容之和。

以上结果表明，当多个电容器并联时，可以得到较大的电容量，但由于此时每个电容器都是并联在电源两端的，因此电容器组所承受的电势差和每个电容器单独使用时一样，也就是说并联只能增大电容量，不能提高电容器的耐压能力。当多个电容器串联时，串联电容器组的等效电容比电容器组中任何一个电容器的电容都要小，但由于总电压分配到各个电容器上，所以电容器组的耐压能力比每个电容器都提高了。在实际应用中，应根据具体情况选择串联、并联或者它们的组合。

5.7 阅读材料

5.7.1 课程思政

在物理学的研究中，静电学占据了一个重要的位置。作为电磁学的一个重要分支，静电学是研究“静止电荷”的特性及规律的一门学科，是电学的领域之一。

静电学的定性时代

1. 中国古代及古希腊的研究

我国是世界文明古国之一，在古代书籍中有许多电现象的记载。公元前20年左右，西汉末期的《春秋纬·考异邮》中就有记载，说经过摩擦的玳瑁(一种跟龟相似的海生爬行动物的甲壳)可以吸引微小的物体(音若)。东汉时期王充在《论衡》中进一步记述了这一现象：“顿牟(琉瑁)掇芥，磁石引针”。中国晋朝的张华的《博物志》中有“今人梳头，解著衣，有随梳解结，有光者，亦有咤声”，记载了梳子与头发摩擦而起电，外衣与不同质料的内衣摩擦起电的现象。

古希腊是西方静电学的发源地。在古希腊的文献中记载了一些电磁现象。公元前600年左右，古希腊哲学家泰勒斯(约公元前624—公元前546)曾研究过磁石的磁现象，但一不小心，自己穿的丝绸衣服擦到了琥珀，他发现衣服竟然能带起一些细小的颗粒状物体。这引起了他的注意，并把这个现象给记录了下来。柏拉图(公元前427—前347)曾提到“关于琥珀和磁石的吸引是观察到的奇事”，表明公元前三百多年古希腊人就发现了琥珀吸引小物体的现象。我国古代和古希腊关于电的知识，都是由经验得出的，比较零散，而且在一千多年的时间里进展很少。

2. 静电学的开展

(1)吉尔伯特最先系统研究电现象

英国女王伊丽莎白一世有个老御医，叫威廉·吉尔伯特(1544—1603)。他在从事医学工作之余，潜心研究磁现象和摩擦起电现象。他是第一位通过实验对电现象和磁现象进行系统研究的人，有许多重要发现。

他首先确定琥珀的吸引和磁石的吸引是两种不同的现象。磁石本身就具有吸引力，而琥珀则要经过摩擦；磁石只能吸引有磁性的物体，而摩擦过的琥珀则能吸引任何小物体。他试图寻找还有哪些可以摩擦起电的物体，他把这些物体叫“摩擦起电物体”，把摩擦不起电的物体称为“非摩擦起电物体”。吉尔伯特利用各种物质做了许多摩擦起电的实验，他发现除琥珀外，金刚石、硫黄、水晶、蓝宝石、玻璃、云母、硬树脂、岩盐等，摩擦后也能吸引小物体。

吉尔伯特根据希腊文琥珀引入“电”(Electric)一词。这就是西文中“电”的词根的来源。为了确定一种物质是不是带电体，他发明了第一个可供实验用的验电器，用一根极细的金属棒，中心平衡在一个尖端上，可以自由转动，因为棒很轻很轻，当摩擦后带电的物体靠近时，它会因被吸引而转动。

(2)奥托·格里克的摩擦起电机

德国马德堡市市长奥托·格里克(1602—1686)是一个多才多艺的工程师。他重复泰勒斯和吉尔伯特的实验，试图发现更多的摩擦起电物体。当他把带电的物体靠近金属时，金属开始被吸引，后来又排斥，于是他发现了电的排斥现象。

1660 年，他发明了第一台可产生大量电荷的摩擦起电机，为进一步研究电创造了条件。格里克的摩擦起电机是把一个足球那样大小的硫黄球沿直径穿孔，插入铁轴，水平安装在座架上，使球能绕铁轴转动。转动时，把干手掌放在球上，手与球发生摩擦，从而产生电。格里克用这个摩擦起电机做了许多有趣的实验，通过实验观察到物体放电时的电火花。后来牛顿对它做了改进，用玻璃球代替硫黄球，制成摩擦起电机。以后又有人不断改进摩擦起电机，利用它做各种实验，产生新奇的电现象，特别是产生巨大的火花，引起世人惊奇。新奇的实验和发现，使得 18 世纪 40 年代整个德国社会都对电现象感兴趣，许多人出于好奇心，购买摩擦起电机做实验，作为娱乐，也大大地普及了电学知识。

值得一提的是，该市长还利用自己发明的抽气机做过一个著名的实验——马德堡半球实验，证明了大气压的存在，有人说证明了亚里士多德提出的“上帝厌恶真空”的观点。

(3)弗朗西斯·豪克斯比的静电计

1709 年，英国皇家学会成员弗朗西斯·豪克斯比(1660—1713)发明了世界上第一个静电计。他把弯曲的稻草挂在绝缘的金属棒的一端，发现当带电体接近时稻草会因排斥而张开，张开的角度大小就是刻度。由此可见，高大上的东西并非都是空中楼阁，原来也可以这么贴近生活。

(4)斯蒂芬·格雷发现电的传导

英国人斯蒂芬·格雷(1666—1736)，生于英国一个手工艺家庭，精于工艺，晚年对电学实验很感兴趣，连续进行了三年研究，最重要的贡献是 1720 年发现了导体与非导体之分，并在 9 年后，发现了电传导：电荷可以从一个物质传导至另外一个物质。只有一些物质会传导电荷，其中，金属的能力最为优良，从而证实了电荷不是依附于别的物体存在，而是独立存在的一种“物质”，那时被称为“电流体”。

为了研究电究竟能传到多远的距离，格雷用木棍、麻线、钓鱼竿等做过多次实验，最长的达 650 英尺(约 200 m)。实验中，为了把用来传电的麻绳悬挂起来，曾用丝线和铜丝悬挂麻绳，结果发现用铜丝时，电就不能沿麻绳传导了，猜想可能是电通过铜丝和铁钉跑掉了。进一步实验后他发现，电通过金属比通过丝绸更容易传导，因此，把电容易通过的物体叫作导电体，比如金属；而把电难以通过的物体叫作非导电体，如丝线。格雷还以人为对象做过一个很有趣的实验，把实验对象用粗绳水平吊起来，用摩擦过的带电玻璃管去接触实验对象的手臂，实验对象的手和身体便能吸引羽毛和铜屑，这表明人体也是导电体。

(5)查尔斯·堵费的研究

1733 年，查尔斯·堵费重复了斯蒂芬·格雷的实验。他把导体绝缘起来，发现导体也可以摩擦起电。他认为吉尔伯特把物体分为“摩擦起电物体”和“非摩擦起电物体”是不对的，并认为任何物质只要绝缘起来之后都可带电。他在做实验时，发现用丝绸摩擦的玻璃棒会和同样的玻璃棒排斥，同时又和毛皮摩擦过的琥珀相吸引，而在接触时抵消。他把电荷分为两种：玻璃电和琥珀电。这两种电会彼此相互抵消。这就是后来电荷正负性的雏形。当玻璃与丝巾相摩擦时，玻璃会生成玻璃电；当琥珀与毛皮相摩擦时，琥珀会生成琥珀电，这一理论称为电的双流体理论。使用一根带电丝线，就可以知道物质到底拥有玻璃电还是琥珀电。拥有玻璃电的物质会排斥带电丝线，拥有琥珀电的物质会吸引带电丝线。

(6)杜菲发现电有两种

法国科学家杜菲(1698—1739)在巴黎科学院从事化学研究，因受到格雷研究成就的鼓舞，从 1732 年开始也进行电学研究，结果发现了电有两种。

从古代直到吉尔伯特研究电磁现象，人们只知道电的吸引现象。1629 年意大利学者卡比奥(1586—1650)发现，摩擦带电的琥珀吸引小物体到它上面后，又把小物体排斥开去，后来许多学者研究这一现象，并提出各种假说解释它。一百多年后，杜菲先研究摩擦起电和电的传导，做了许多实验，得出的结论为，除金属和软材料外的所有物体都能摩擦起电；导体必须用绝缘体架起来才能带电；物体是否带电跟颜色没有关系。

杜菲研究电的排斥现象时，用摩擦带电的玻璃管吸引金箔，发现金箔接触玻璃管后被排斥开。他认为这是两者接触时玻璃管把电传给了金箔，然后就排斥它。杜菲用羊毛摩擦过的树脂棒靠近被带电玻璃棒排斥的金箔，使他大为惊奇的是，金箔不被树脂棒排斥，而是被吸引。经过大量实验，杜菲终于确定电有两种，其中一种他称之为玻璃电(就是现在所说的正电)，另一种称之为附脂电(现在所说的负电)。这两种电的特点是，它们自己互相排斥，彼此互相吸引。

(7)莱顿瓶的出现及影响

据说大约在 1746 年，莱顿大学的一位教授马森布罗克(1692—1761)在做实验的时候，不小心把一枚带电钉子掉落在玻璃瓶里，他以为钉子上的电很快就会跑光，就徒手拿出来，没想到手被电了。他重复这样的实验，发现把带电的物体放到玻璃瓶中就不会跑电了。他利用这个原理，制成了人类第一个电容器——莱顿瓶。一个内外壁都贴有锡箔(作为内外导体)的玻璃瓶就可充当莱顿瓶。这个在后来被称为“电容”的东西，走进了实验室。从此，实验中要用静电时，就不用和鲜豆浆一样现磨现做了。

莱顿瓶能使人受到电击的现象，引起了人们的好奇，当时的人们用莱顿瓶做电击示范表演成了一种娱乐游戏。最出色的一次表演是法国电学家诺莱特在巴黎圣母院前进行的。他请 700 名修道士手拉手排列起来，让排在头者手拿莱顿瓶，排在尾者手握莱顿瓶的引线。当他让莱顿瓶通过他们放电时，整个队伍突然同时跳了起来，在场观众被惊得目瞪口呆。这一表演显示了电的巨大威力。

莱顿瓶出现后，有人便用它到处表演电学实验，并越过大洋传到了美国，富兰克林(1706—1790)就是在 1746 年看了从苏格兰到英国的史宾斯博士表演的莱顿瓶实验后，开始研究电学的。当时富兰克林已经 40 岁，在事业上有所成就，成为社会名流。他看了史宾斯表演的电学实验后，感到极新鲜，又惊又喜。富兰克林从 1750 年起用莱顿瓶做过许多实验和演示，例如，他让若干人手拉手围成一圈，当其中两人把拉着的手分开并各自握住莱顿瓶的一极时，每个参与者都感受到了电击！他在研究的时候，还为后人留下一把钥匙，1751 年，他发现莱顿瓶放电会将钢针磁化，正是这把小钥匙，开启了电磁学的大门。据说在 1780 年前后欧洲人还曾用莱顿瓶所储存的静电荷来治疗牙痛。

(8)富兰克林的风筝实验

富兰克林做了很多实验，他也认为电荷分为两种。1747 年，他认为摩擦后的玻璃棒带正电，而摩擦的琥珀带负电。这样认为是正确的，但玻璃棒也可以说成负电，而琥珀为正电。如果真是这样的话，那么后来发现的电子带的电就要命名为正电，而原子核则带负电。

当时伦敦皇家学会会员柯林孙赠给富兰克林的图书馆一根玻璃管和用以做实验的说明书，富兰克林就用它进行实验。后来富兰克林又在自己的玻璃厂中制作实验工具。他开始做电学实验后，根据自己所观察到的现象，想到闪电和电火花是同一种东西，猜想闪电是带电的云大量放电产生的。他想到用风筝把雷雨云中的电直接引下来做实验。他用丝手帕糊了个风筝，风筝上安装一根尖铁丝用来引云中的电，铁丝与放风筝的麻线连接在一起，麻线的下端系一段丝带和一把金属钥匙。钥匙作为导体，以备引出电来。放风筝时手握丝带，以防电通过身体受到伤害。1752 年 7 月，在一个雷雨天，46 岁的富兰克林带着 21 岁的儿子来到牧场，把风筝放到天上有闪电的云层中。他观察到麻线上的小纤维都竖立了起来，跟摩擦产生电的效果一样；他用手指靠近钥匙，立即有电火花从手指上闪现；他在风筝上固定一根尖尖的金属线，然后电通过淋湿的风筝线被导入莱顿瓶。当金属线被闪电击中时，莱顿瓶不断产生火花。当莱顿瓶收集了电荷之后，对电荷进行研究，他确定了电荷是被玻璃瓶存储起来的，他使莱顿瓶充电，再放电，产生的效果跟摩擦产生的电完全相同。这就是著名的富兰克林费城风筝实验，它清楚地证明了雷电就是一种放电现象，使人类对电的认识前进了一大步。富兰克林的实验是很危险的，德国一位科学家在类似实验中被电死了。在此特别声明：创意实验，请勿模仿。此外，他发现尖尖的物体最容易“吸引”电。当富兰克林收到这个莱顿瓶的时候，他在房顶上竖立一根尖杆来试验空气和云的带电极性和特征。这个实验使他得到了一个偶然的收获，他发现了尖杆接地后能防止雷击，这就是避雷针。避雷针在最初发明与推广应用时，教会曾把它视为不祥之物，说是装上了富兰克林的这种东西，不但不能避雷，反而会引起上帝的震怒而遭到雷击，但在费城等地，拒绝安置避雷针的一些高大教堂在大雷雨中相继遭受雷击，而比教堂更高的建筑物由于已装上避雷针，在大雷雨中安然无恙。

静电学的定量时代

(1)库仑的库仑定律

卡文迪许(1731—1810)的扭秤实验非常成功，其亮点在于他采用了发光镜。在那个年代，卡文迪许并不是唯一一位用扭秤做实验的人。当时法国也有一位科学家用扭秤做实验。这位科学家做实验的目的是测量当时时髦的带电体之间的吸引力与斥力。这位科学家叫库仑(1736—1806)。他的实验比卡文迪许晚了好几年，虽然都是叫扭秤实验，但是他的灵感来源于参与法国政府悬赏改良航海用的指南针，当时指南针由于摩擦力的缘故会出现不准确的情况。他发现用头发丝把磁针悬挂起来，会减小磁针与转盘的摩擦力，就会使指南针更加精确。由此他还算出转动角度和扭力成正比，从而确立弹性扭转定律。在根据这些比例关系精心设计的实验中，主要是研究同性电荷之间排斥力的“扭秤实验”。

库仑定律是1785年确立的，由于当时库仑所处的年代对电荷还未有严格定义，只有定性的概念，也就是说，人们可以谈到物体是否带电，却对它带电的数量无从确定。为找到静电力与电荷之间的关系，库仑令一个带电金属球与另一个完全相同的不带电的金属球接触后再分开，这样每球的电荷应是原带电球的电荷的一半，这是一个十分巧妙的方法(虽然不够严格)。这个实验比卡文迪许的要轻松一点，毕竟电荷之间的吸引力比万有引力大多了，所以不需要细微的刻度，但是同样也设置精巧。刚开始库仑将其放入真空的玻璃罩中，现在已经证实了在均匀的空气中也可以。

(2)约瑟夫·汤姆孙发现电子

剑桥大学卡文迪许实验室的约瑟夫·汤姆孙(1856—1940)早年在一所小型私立学校接受教育，从小就对科学感兴趣，其最初的目标是成为一名工程师。他主要从事气体放电、电磁学、原子结构等方面的研究。汤姆孙对待教学非常认真。他认为教学本身对科学研究有帮助，通过教学，往往能重新审视原本认为理所当然的观点。他从不要求进入新研究领域的人从阅读已有文献开始，相反，汤姆孙认为科学研究是首先澄清自己的观点，再去查阅他人的科研成果，从而不受任何假设的影响。1897年，观察到阴极射线会因为电场或磁场而偏转，他推论阴极射线是由带负电的粒子所组成，后来称为电子。从阴极射线的偏转，他计算出电子的电荷质量比，因此获得了1906年的诺贝尔物理学奖。1904年，汤姆孙创立了原子的葡萄干布丁模型，又称梅子布丁模型、枣糕模型：原子的结构被类比于梅子布丁，负电荷(梅子)分散于正电荷的圆球(布丁)。该模型于1909年被欧尼斯特·卢瑟福的卢瑟福散射实验推翻。卢瑟福提出卢瑟福模型：大多数的质量和正电荷都集中于一个很小的区域(原子核)，电子则包围在原子核区域的外面。

(3)罗伯特·密立根的油滴实验

美国物理学家罗伯特·密立根(1868—1953)出生于美国伊利诺伊州莫里森，是实验物理学家、美国艺术与科学院院士、美国国家科学院院士和1923年诺贝尔物理学奖得主。主要从事电学、光学和分子物理学领域的研究。1909年，做了一个著名实验，称为油滴实验，可以准确地测量出电子的电荷量。密立根用水珠平衡法测量电子电荷，得 $e=4.65\times 10^{-10}$ esu。1909年12月至1910年5月，密立根与他的一名学生弗雷切尔用油(或甘油和汞)做了近200颗油滴的平衡实验。他们宣称，在所有情况下油滴从空气中捕获的电荷都是最小电荷的整数倍。综合所有数据，并对斯托克斯定律进行修正，得到电子电荷的平均值 $e=4.891\times 10^{-10}$ esu。1910年以后，密立根在油滴平衡法的基础上，改进了实验方法，并进一步研究斯托克斯定律的有效性，做了修正，1913年宣布油滴测定电子电荷实验完成，得到电子电荷的数值为 $e=(4.774\pm 0.009)\times 10^{-10}$ esu。汤姆孙和学生约翰·汤森德使用电解的离子气体来将过饱和水蒸气凝结，经过测量带电水珠粒的电荷量，也得到了相似结果。1911年，亚伯兰·约费使用带电金属微粒，独立地得到了同样的结果。

5.7.2 生活、生产及工程应用

静电场是一种由静电荷产生的电场，它可以在空间中传播，并且可以影响周围的物体。静电场的应用广泛，涵盖的领域有环境保护、工业生产、安全防护和医疗。

环境保护

静电场可以用来检测物体。它可以用来检测物体的位置、大小和形状，这对于工业生产和科学研究都非常有用。例如，它可以用来检测空气中的微粒，以便更好地控制空气质量。

静电除尘是利用尖端放电原理进行除尘工作的一种方法。在工厂烟囱中加入两个电极，一边是烟囱管，另一边是一根粗裸导线，通过加强其中的电场，使煤粉颗粒带上电离出的电子，进而被正电极吸引并除去。此外，静电除尘器内部形成的强电场可使空气分子电离，形成正、负离子，这些离子与烟粒相遇，使烟粒带上正、负电荷，在电场作用下沉积在玻璃筒壁和中心铜线上。例如在高压线屏蔽中，静电吸附用于减少空气中的尘埃，从而提供更清洁、更安全的工作和居住环境。

静电吸附是尖端放电的一个重要应用。它利用静电场产生的电势差，使带电粒子或物质被吸附到某一特定位置。这种技术常用于空气净化、静电复印和静电喷涂等领域。例如，在空气净化中，静电吸附可以捕获空气中的微小颗粒，如尘埃和细菌，从而提高空气质量。

尖端放电在空气净化方面得到应用。尖端放电技术可产生高能电子，这些电子与空气中的氧气和水分子发生碰撞，从而产生大量的活性氧和羟基自由基。这些活性物质具有很强的氧化能力，可以有效地分解和去除空气中的有害物质，如甲醛、苯、氨等。此外，尖端放电还可以杀灭空气中的细菌和病毒，从而达到空气净化的目的。

环境监测中，静电对传感器的精确度产生了干扰。为了确保监测数据的准确性和可靠性，静电屏蔽措施被广泛应用。这种屏蔽技术能够有效地减少或消除静电对传感器的影响，从而提供更为准确的环境数据，如大气污染和气象情况。

静电复印机和打印机是利用静电正、负电荷能互相吸引的原理制成的。静电图像不直接在复印纸上形成，而是先在一种由硒光导材料构成的硒鼓上形成，通过显影，让墨粉吸附在静电图像上，再转印到复印纸上，成为文字图画的复印品。复印纸即使是普通的纸张，也能复印出来，不需要像直接复印法时纸张需经带静电处理，所以显得十分方便。它的使用能够减少纸张的消耗，节约资源，推动绿色环保。

工业生产

在工业生产领域，静电场的应用也十分重要。静电场可以用来控制物体的运动。它可以用来控制物体的速度、方向和位置，这对于工业生产和机器人技术都非常有用。例如，它可以用来控制机器人的运动，以便实现自动化生产。

磁流体发电机利用尖端放电的机理来获得稳定的离子气体源。这种发电机包括两个强电极板，其形状类似于钉子板，这种设计增强了电离输入气体的能力，从而产生持续的

离子气体流。这种稳恒的离子气体源是磁流体发电机工作的关键,它确保了发电机能够持续、稳定地产生电能。

尖端放电在电力设备中主要用于消除静电。静电是由于摩擦或其他原因产生的静止电荷,在电力设备中可能导致电火花、电弧或其他电气故障。尖端放电通过在设备上设置尖端电极,利用尖端附近的强电场来引发局部放电,从而中和或减少设备上的静电荷。这种方法不仅有助于防止电气故障,还能延长电力设备的使用寿命。

静电喷漆是利用静电吸附的原理进行涂装的技术。当带电粒子在静电力的作用下定向移动时,它们会被吸附在电极上。这一原理在喷漆过程中得到应用,使得涂料粒子被均匀地吸附在工件表面,从而实现高效、均匀的涂装。这种方法不仅提高了涂装效率,还确保了涂层的质量和均匀性。

防静电屏蔽袋是专为静电敏感产品设计的包装袋,用于确保产品在运输、销售和使用过程中不受强电场和强带电体的影响。由于静电敏感产品周围经常存在强电场和带电体,使用防静电屏蔽袋可以有效地减少或消除静电对产品的损害。因此,各大厂家纷纷生产和销售这种特殊的包装袋,以满足市场对静电防护的需求。

实际中可根据需要选用电容器并联或串联。为了增大电容,收音机的调谐电容器由很多平行板电容器并联而成,纸质电容器则用两张长条形锡箔夹以薄纸卷成,相当于许多圆柱形电容器的并联。另一方面,电容器串联时虽然电容减小,却可以提高耐压能力,即承受外加电压的能力。每个电容器的电压都有一个界限,超过这个界限时内部场强过大,使导体间的空气或绝缘材料变成导体以至于损坏电容器,这种现象叫作击穿。

安全防护

避雷针是利用尖端放电原理避免雷击的设施。当带电的雷雨云接近建筑物时,由于静电感应,金属棒上会出现与云层相反的电荷。这些电荷通过尖端放电不断向大气释放,中和空气中的电荷,从而避免雷击。避雷针必须保持尖端的尖锐和接地通路的良好,以确保其有效工作。

避雷网是静电屏蔽在避雷方面的重要应用。随着科技的发展,避雷网在防止外界电场干扰方面发挥着越来越重要的作用。例如,电子仪器设备外部的金属罩、通信光缆和有线电视信号线外部的金属丝等,都是为了防止外界电场干扰而采取的屏蔽措施。避雷网通常由直径不小于 8 cm 的镀锡圆钢构成,焊接在预留的支架上,支架高度一般在 10～15 cm。当屋顶面积很大时,除了周边的一圈避雷带,中间部分也会设置避雷网。

高压带电作业中,操作人员需穿戴由金属丝网布制成的均压服,以进入强电场区进行检修。这种均压服起到静电屏蔽的作用,将人体与强电场隔绝。当高压线与均压服之间发生电火花放电时,两者达到等电势,确保操作人员在等电势区内工作安全无虞。此外,电子设备中的接地金属罩壳和无线电设备厂的屏蔽室都采用了类似的静电屏蔽原理,确保设备正常运行并避免外界干扰。

高压线屏蔽主要涉及静电吸附原理的应用。在高压线屏蔽中，静电吸附被用来减少或消除高压线上的静电荷，从而防止因静电引起的电磁干扰和安全隐患。

防静电工作服是为了保护工作人员在强电场中的安全而设计的。在电的时代，静电成了一个不可忽视的问题，尤其是对于那些长时间处于高电场环境的工作人员。我国企业采用先进的混纺技术，织造出含有导电纱的布料，这种布料的导电性能非常稳定，并且不会因为洗涤而改变。这种材质的防静电工作服不仅能有效屏蔽外部电场的侵害，还具有很长的寿命，从而确保工作人员的身体健康。

强电体要接地是为了确保安全。以变压器为例，其内部在工作时会产生强大的电场，这对周围的人群和其他带电体或金属物构成潜在威胁。为了防止电场对外部空间和路过的人群造成危险，变压器的金属外壳被接地。这样，强大的电场就被限制在金属壳内，对外部空间不再有电场影响。除了变压器，其他强带电体也应遵循这一原则，确保安全。

医疗领域

静电场可以用来治疗疾病。它可以用来改善血液循环，促进新陈代谢，增强免疫力，减少炎症，改善神经系统功能，修复心脏功能等。它还可以用来治疗头痛、肩痛、腰痛等疼痛症状。在医疗领域的应用主要包括放射治疗和粒子植入治疗、电击除颤、电刺激治疗、空气净化和消毒、医疗影像设备的成像增强等；可用于清洁手术室及设备，减少空气中的微尘对手术环境及患者的影响，通过产生电场和电流，杀灭空气中的细菌和病毒，提高空气质量，保障医疗环境的卫生安全。

总之，静电场的应用非常广泛，不仅在环保、工业、安全和医疗领域发挥重要作用，还有很大的潜力待挖掘。继续深入研究静电场的应用，将有助于推动技术创新，改善人们的生活质量，并为社会发展做出更大的贡献。

检测习题

一、单项选择题

1. 关于点电荷的说法，正确的是（　　）。

A. 只有体积很小的带电体，才能作为点电荷

B. 体积很大的带电体一定不能看作点电荷

C. 点电荷一定是电量很小的电荷

D. 两个带电的金属小球，不一定能将它们作为电荷集中在球心的点电荷处理

2. 将不带电的导体 A 和带有负电荷的导体 B 接触后，在导体 A 中的质子数（　　）。

A. 增加　　B. 减少　　C. 不变　　D. 先增加后减少

3. 关于电场线的说法，正确的是（　　）。

A. 电场线的方向，就是电荷受力的方向

B. 正电荷在只有电场力作用下一定沿电场线运动

C. 电场线越密的地方，同一电荷所受电场力越大

D. 静电场的电场线不可能是闭合的

4. 下列关于高斯定理的说法正确的是(　　)。

A. 如果高斯面上 $\boldsymbol{E}$ 处处为零,则面内未必无电荷

B. 如果高斯面上 $\boldsymbol{E}$ 处处不为零,则面内必有净电荷

C. 如果高斯面内无电荷,则高斯面上 $\boldsymbol{E}$ 处处为零

D. 如果高斯面内有净电荷,则高斯面上 $\boldsymbol{E}$ 处处不为零

5. 下列说法正确的是(　　)。

A. 电场强度为零处,电势一定为零。电势为零处,电场强度一定为零

B. 电势较高处电场强度一定较大,电场强度较小处电势一定较低

C. 带正电的物体电势一定为正,带负电的物体电势一定为负

D. 静电场中任一导体上电势一定处处相等

6. 下列说法正确的是(　　)。

A. 闭合曲面上各点电场强度都为零时,曲面内一定没有电荷

B. 闭合曲面上各点电场强度都为零时,曲面内电荷的代数和必定为零

C. 闭合曲面的电通量为零时,曲面上各点的电场强度必定为零

D. 闭合曲面的电通量不为零时,曲面上任意一点的电场强度都不可能为零

7. 一平行板电容器的两个极板分别与一电源的正负极相连,在保持开关闭合的情况下,将电容器两极板间的距离增大,则电容 C、电量 Q 和极板间的电场强度 $\boldsymbol{E}$ 的变化情况是(　　)。

A. C、Q、$\boldsymbol{E}$ 都逐渐增大　　B. C、Q、$\boldsymbol{E}$ 都逐渐减小

C. C、Q 逐渐减小,$\boldsymbol{E}$ 不变　　D. C、$\boldsymbol{E}$ 逐渐减小,Q 不变

8. 点电荷 Q 被曲面 S 所包围,从无穷远处引入另一点电荷 q 至曲面外一点,如图 5-65 所示,则引入前后,(　　)。

A. 曲面 S 的电场强度通量不变,曲面上各点场强不变

B. 曲面 S 的电场强度通量变化,曲面上各点场强不变

C. 曲面 S 的电场强度通量变化,曲面上各点场强变化

D. 曲面 S 的电场强度通量不变,曲面上各点场强变化

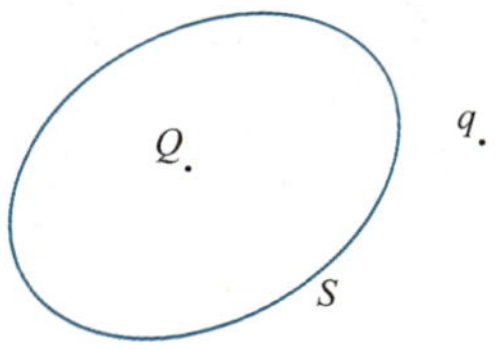

图 5-65　选择题 8 图

9. 在电场中的导体内部的(　　)。

A. 电场和电势均为零　　B. 电场和电势均为零

C. 电势和表面电势相等　　D. 电势低于表面电势

10. 两个同心均匀带电球面,半径分别为 R_a 和 R_b($R_a<R_b$),所带电荷分别为 Q_a 和 Q_b,设某点与球心相距 r,当 $R_a<r<R_b$ 时,该点的电场强度的大小为(　　)。

A. $\dfrac{1}{4\pi\varepsilon_0}\dfrac{Q_a+Q_b}{r^2}$　　B. $\dfrac{1}{4\pi\varepsilon_0}\dfrac{Q_a-Q_b}{r^2}$

C. $\dfrac{1}{4\pi\varepsilon_0}\left(\dfrac{Q_a}{r^2}+\dfrac{Q_b}{R_b^2}\right)$　　D. $\dfrac{1}{4\pi\varepsilon_0}\dfrac{Q_a}{r^2}$

11. C_1 和 C_2 两个电容器,其上分别标明 200 pF(电容量)、500 V(耐压值)和 300 pF、1 200 V,把它们串联起来,在两端加上 1 000 V 电压,则(　　)。

A. C_1 被击穿，C_2 不被击穿　　B. C_2 被击穿，C_1 不被击穿

C. 两者都被击穿　　D. 两者都不被击穿

12. 导体 A 接地方式如图 5-66 所示，将带电为 $+Q$ 的导体 B 靠近导体 A，则导体 A(　　)。

A. 带正电　　B. 带负电

C. 不带电　　D. 左边带正电，右边带负电

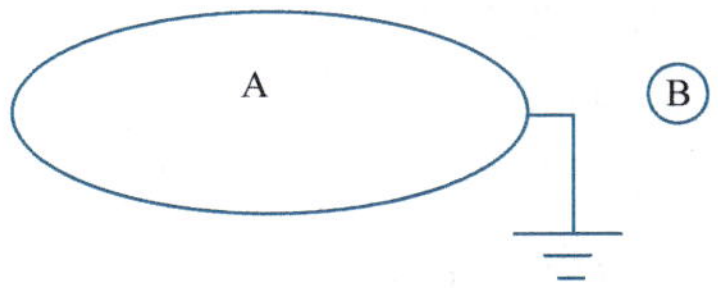

图 5-66　选择题 12 图

13. 高斯定理中的电场强度 $\boldsymbol{E}$ 是由下述哪些电荷激发的(　　)。

A. 高斯面内的电荷　　B. 高斯面外的电荷

C. 空间所有的电荷　　D. 高斯面上的电荷

14. 两个放在绝缘架上的相同金属球相距 d，球的半径比 d 小得多，分别带 q 和 $3q$ 的电荷量，相互作用的斥力为 $3\boldsymbol{F}$。现将这两个金属球接触，然后分开，仍放回原处，则它们的相互斥力将变为(　　)。

A. 0　　B. $\boldsymbol{F}$　　C. $3\boldsymbol{F}$　　D. $4\boldsymbol{F}$

15. 下列哪个单位是电势的单位(　　)。

A. C(库仑)　　B. F(法拉)　　C. V(伏特)　　D. A(安培)

16. 以下说法中正确的是(　　)。

A. 摩擦起电是因为电荷的转移，感应起电是因为产生电荷

B. 把质子或电子叫元电荷

C. 物体带电 $+1.60\times10^{-9}$ C，这是因为该物体得到了 1.0×10^{-10} 个电子

D. 不论是摩擦起电还是感应起电，都是电荷的转移

17. 下列描述错误的是(　　)。

A. 丝绸与玻璃棒互相摩擦后，丝绸带负电荷

B. 富兰克林提出电荷有两种，正电荷和负电荷

C. 库仑通过油滴实验测出了元电荷

D. 任何带电体所带电荷量只能取某一基本电量的整数倍

18. 以下静电场知识说法中正确的是(　　)。

A. 元电荷实际上是指电子本身

B. 物体所带的电荷量可以为任意实数

C. 元电荷的值通常取作 $e=1.602\times10^{-19}$ C

D. 电荷量 e 的数值最早是由库仑实验测得

19. 半径为 R，带电量为 q 的均匀带电球面外任意一点($r>R$)的电势为(　　)。

A. 0　　B. $\dfrac{q}{4\pi\varepsilon_0 R}$　　C. $\dfrac{q}{4\pi\varepsilon_0 r^2}$　　D. $\dfrac{q}{4\pi\varepsilon_0 r}$

20. 一点电荷 q 位于正三棱锥中心，通过锥体每一个表面的电通量是(　　)。

A. $\dfrac{q}{6\varepsilon_0}$　　B. $\dfrac{q}{4\varepsilon_0}$　　C. $\dfrac{q}{8\varepsilon_0}$　　D. $\dfrac{q}{3\varepsilon_0}$

二、填空题

1. 在静电场中，电势不变的区域，场强必定为________。

2. 一个点电荷 q 放在立方体中心，则穿过某一表面的电通量为________，若将点电荷由中心向外移动至无限远，则总的电通量将________。

3. 两个点电荷甲和乙同处于真空中

(1)甲的电量是乙的 4 倍，则甲对乙的作用力是乙对甲的作用力的________倍。

(2)若把每个电荷的电量都增加为原来的 2 倍，那么它们之间的相互作用力变为原来的________倍。

(3)保持原电荷电量不变，将距离增为原来的 3 倍，那么它们之间的相互作用力变为原来的________倍。

(4)保持其中一电荷的电量不变，另一个电荷的电量变为原来的 4 倍，为保持相互作用力不变，则它们之间的距离应变为原来的________倍。

(5)把每个电荷的电量都增大为原来的 4 倍，那么它们之间的距离必须变为原来的________倍，才能使其间的相互作用力不变。

4. 在 x 轴上有两个点电荷，一个带正电荷 Q_1，另一个带负电荷 Q_2，且 $Q_1=2Q_2$，用 E_1、E_2 表示这两个点电荷所产生的场强的大小，则在 x 轴上，$E_1=E_2$ 的点共有________个，其中________处的合场强为零，________处的合场强为 $2E_2$。

5. 一平板电容器，两板间充满各向同性均匀电介质，已知相对介电常量为 ε_r。若极板上的自由电荷面密度为 σ，则介质中电位移的大小 $D=$________，电场强度的大小 $E=$________。

6. 一导体外充满相对介电常量为 ε_r 的均匀电介质，若测得导体表面附近电场强度大小为 E，则导体球面上的自由电荷面密度为 $\sigma=$________。

7. 如图 5-67 所示，在坐标 $-l$ 处放置点电荷 $-q$，在坐标 $+l$ 放置 $+q$，在 Ox 轴上取点 P，其坐标 $x\geqslant l$，则 P 点电场强度 E 的大小为________。

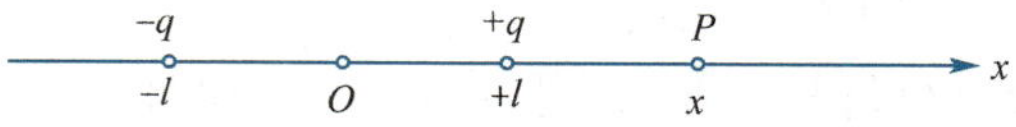

图 5-67　填空题 7 图

8. 如图 5-68 所示，一点电荷 $q=10^{-9}$ C，A、B、C 三点分别与点电荷 q 相距为 10 cm、20 cm、30 cm。若选 B 点电势为零，则 A 点电势为________，C 点的电势为________。

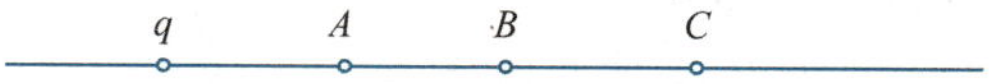

图 5-68　填空题 8 图

9. 一点电荷 q 位于正立方体中心，通过立方体每一个表面的电通量是________。

10. 大小相同的金属小球，所带电量的值分别为 Q_1、Q_2，且 $Q_1=\frac{1}{3}Q_2$，把 Q_1、Q_2 放在相距较远的两点，它们间的作用力大小为 F，若使两球相接触后再分开放回原位置，求它们间作用力的大小________。

11. 电荷量为 q 的点电荷在 r 处的电场强度大小为________。

12. 静电场的电势是________，电势能是________（填“相对的”或“绝对的”）。电介质在静电场中发生极化，分为________极化和取向极化。半径为 R，带电量为 q 的均匀带电球面，在球面外距离球心为 r 处电场强度大小为________。静电场环路定理的公式是________，静电力做功的特点是________。

13. 真空中，静电场的高斯定理说明静电场是________场；电场线是非闭合曲线，静电场又是________场。（选填“有旋”或“无旋”）

14. 电场线起始于________电荷（填“正”或“负”），且沿着电场线的方向，电势不断________（填“降低”或“升高”）。

15. 在静电场中，电场线沿任意闭合路径的线积分为________。

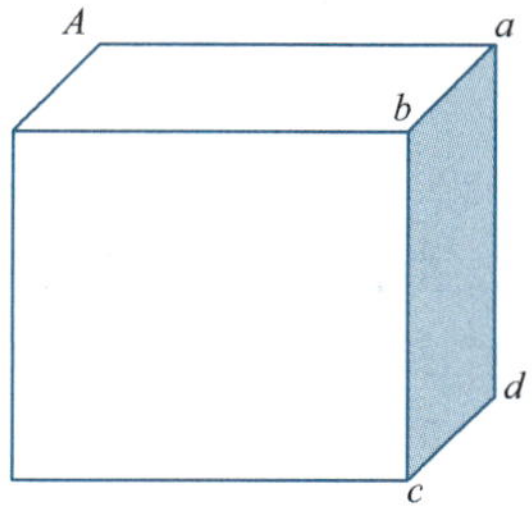

图 5-69 填空题 16 图

16. 如图 5-69 所示，一点电荷 q 位于正立方体的 A 角上，则通过侧面 $abcd$ 的电场强度通量为________。

三、判断题

1. 静电场中任意两条电场线都不相交，也不会形成闭合曲线。（ ）
2. 在静电场中，电场强度的环流恒为零。（ ）
3. 电容器串联可以增大电容量，耐压能力不变。（ ）
4. 静电场中的高斯定理仅适用于具有特定对称性的电场。（ ）
5. 避雷针是利用尖端放电的原理来避雷的。（ ）
6. 感应起电是产生了电荷。（ ）
7. 电场是真实存在的，而电场线是为描述电场分布而引入的一个理想模型。（ ）
8. 在静电场中，电势相等的地方，场强不一定相等。（ ）
9. 静电平衡时，导体内部没有净电荷，净电荷只分布在导体的外表面。（ ）
10. 静止电荷对运动电荷的作用仍满足库仑定律，不因运动而不同。（ ）
11. 静电平衡时，导体内部没有净电荷，净电荷只分布在导体的外表面。（ ）
12. 空腔导体起到屏蔽外部空间的电场变化对腔内的影响。（ ）
13. 若闭合曲面 S 上各点的场强为零时，则 S 面内必定未包围电荷。（ ）
14. 空腔内有带电体的空腔导体可以屏蔽腔内电场的变化对外部空间的影响。（ ）

四、简答题

1. 静电场的电场线特性有哪些？
2. 为什么在无电荷的空间里电场线不能相交？
3. 请简述真空中静电场中高斯定理的文字内容和数学表达式。
4. 请简述真空中静电场中环路定理的文字内容和数学表达式。
5. 高压带电作业服应设计为绝缘的还是金属的？并说明原因。
6. 简述当导体达到静电平衡时，需同时满足的两个条件。
7. 雷雨天气，避雷针为什么能保护建筑物不被雷击？请简述其原理。
8. 请简述精密仪器外面安装金属罩子的原理。

五、计算题

1. 如图 5-70 所示，A、B 为体积可忽略的带电小球，$Q_A=2\times10^{-8}$ C，$Q_B=-2\times10^{-8}$ C，A、B 相距 3 cm。在水平外电场作用下，A、B 保持静止，悬线都沿竖直方向。试求：

(1)外电场的场强大小和方向；

(2)A、B 中点处总电场的场强大小和方向。

2. 如图 5-71 所示，用细的塑料棒弯成半径为 50 cm 的圆环，两端间空隙为 2 cm，电量为 3.12×10^{-9} C 的正电荷均匀分布在棒上，求圆心处电场强度的大小和方向。

3. 半径 $R_1=0.05$ m，带电量 $q=3\times10^{-8}$ C 的金属球，被一同心导体球壳包围，球壳内半径 $R_2=0.07$ m，外半径 $R_3=0.09$ m，带电量 $Q=-2\times10^{-8}$ C。试求距球心 r 处的 P 点的场强与电势。(1)$r=0.10$ m；(2)$r=0.06$ m；(3)$r=0.03$ m。

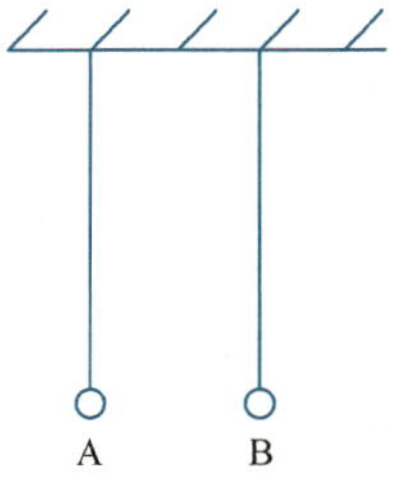

图 5-70　计算题 1 图

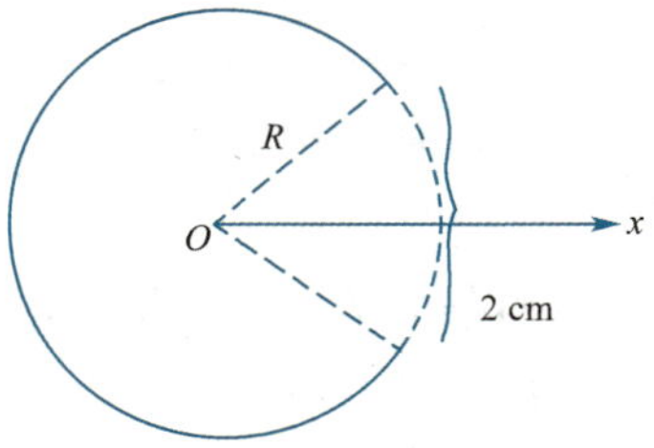

图 5-71　计算题 2 图

4. 设在半径为 R 的球体内，其电荷为球对称分布，电荷体密度为

$$\rho=kr \quad (0\leqslant r\leqslant R)$$
$$\rho=0 \quad (r>R)$$

其中 k 为一常量。试用高斯定理求电场强度 $\boldsymbol{E}$ 与 r 的函数关系。

5. 设匀强电场的电场强度 $\boldsymbol{E}$ 与半径 R 的半球面对称轴平行，如图 5-72 所示。求通过此半球面的电场强度通量。

6. 人体的某些细胞壁两侧带有等量的异号电荷。设某细胞壁厚为 5.2×10^{-9} m，两表面所带面电荷密度为 $\pm5.2\times10^{-3}$ C/m^2，内表面为正电荷，如果细胞壁物质的相对电容率为 6.0，求：

(1)细胞壁内的电场强度；

(2)细胞壁两表面间的电势差。

7. 均匀带电圆环，半径为 R，电荷为 q，求其轴线上任一点电势。

8. 半径分别为 a 和 b 的两个金属球，它们的间距比本身线度大得多，今用一细导线将两者相连接，并给系统带上电荷 Q，求：

(1)每个球上分配到的电荷是多少？

(2)按电容定义式，计算此系统的电容。

9. 一空气平行板电容器，两极板面积均为 S，板间距离为 d(d 远小于极板线度)，在两极板间平行地插入一面积也是 S、厚度为 d'($d'<d$)的金属片，试求：

(1)电容 C 等于多少？

(2)金属片放在两极板间的位置对电容值有无影响？

10. 如图 5-73 所示，在一带电量为 Q 的导体球外，同心地包有一各向同性均匀电介质球壳，其相对电容率为 ε_r，壳外是真空，求在距离球心 O 为 r 的壳外点 P 处的场强和电位移大小。

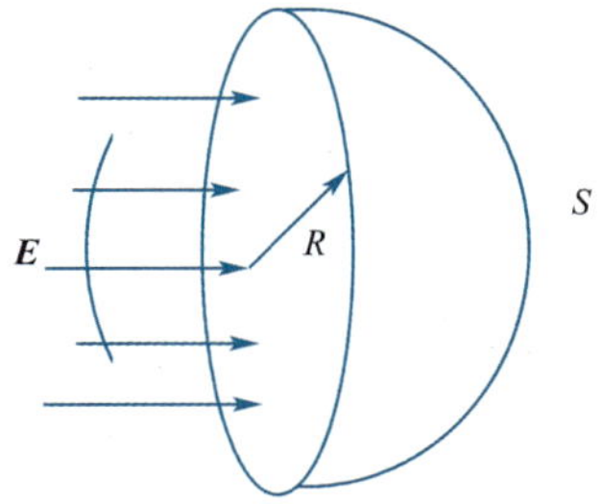

图 5-72　计算题 5 图

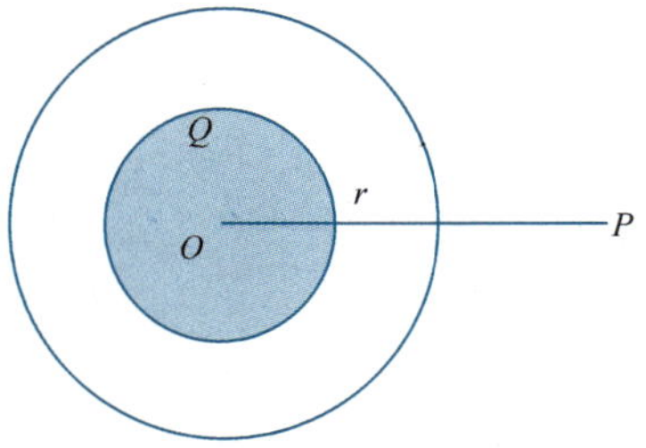

图 5-73　计算题 10 图

第6章 热力学

热力学作为一门单独的学科，其建立过程非常漫长，甚至能够追溯到古希腊对于热本质的争论。同时，热力学是一门涵盖知识面广、使用领域宽、包含丰富理论的学科，与力学、电磁学、光学被称为经典物理的四大支柱。当今，能量的转化及运用成为人们关注的焦点，其涉及的技术和效率问题，在热力学的方法中能找到解决之道，应用价值颇高。在本章，我们主要研究物质的热运动和热现象的宏观规律，揭示物质的热力学性质。

6.1 理想气体的宏观描述

6.1.1 热力学系统

与热现象相关的对象都是热学研究的领域，由于物质间的联系非常紧密，所以为研究问题的方便，通常将某部分物质单独区分出来作为研究对象，这些由大量微观粒子组成的宏观物质称为热力学系统，简称系统。在研究一个热力学系统的热现象规律时，不仅要注意系统内部的各种因素，同时也要关注外部环境对系统的影响。一般将与系统发生相互作用的外部环境称为外界。例如讨论对象为容器内的气体时，气体为系统，而容器的器壁为外界。

根据热力学系统和外界之间能量和物质的交换情况，可将热力学系统分为三种，分别是：孤立系统，即系统和外界之间没有能量交换，也没有物质交换；封闭系统，即系统和外界之间只有能量交换，没有物质交换；开放系统，即系统和环境之间既有能量交换，又有物质交换。在本章我们所研究的热力学系统通常为一个气体系统，对固体和液体系统的热力学问题不做介绍。

6.1.2　气体状态参量

为描述物体的状态，常采用一些表示物体相关性质的物理量作为描述状态的参数，这类物理量称为状态参量。在力学中，我们常用位矢和速度来描述物体机械运动的状态，位矢和速度就是两个力学状态参量。在讨论由大量做热运动的分子构成的理想气体状态时，常用体积 V（几何量），压强 p（力学量）和热力学温度 T（热学量）来描述热力学系统的状态，并把这几个物理量称为气体状态参量，它们都是宏观量。下面简单介绍气体的 3 个状态参量。

1. 体积

由于热运动的影响，容器中的气体总是分散在容器中的各个空间部分，因此气体的体积也就是气体所能充满容器的体积。换言之，气体体积是气体所能达到的空间，并非气体分子本身的体积总和。这是因为气体分子间的距离大约是分子直径的 10 倍，分子的大小相对分子间的空隙来说很小，所以可把气体分子视为质点，由于分子间的作用力很弱，可认为气体分子除了相互碰撞或跟器壁碰撞外，不受力而做直线运动，因此气体充满它能达到的整个空间。在国际单位制中，气体的单位是立方米（m^3），日常生活和生产中也用升（L），$1\ m^3 = 10^3\ L$。

2. 压强

气体的压强是大量气体分子频繁碰撞器壁而产生的，等于容器壁上单位面积所受的正压力，即 $p = F/S$。需要注意的是，分子撞击容器壁是陆陆续续的，所以压强是个统计平均量，如果说某个气体分子或者某几个气体分子的压强是多少，这是没有意义的。

在国际单位制（SI）中，压强的单位是帕斯卡（Pa），日常生活和生产中常用的压强单位还有标准大气压（atm）、厘米汞柱（cm Hg）等，它们之间关系为

$$1\ \text{atm（标准大气压）} = 76\ \text{cm Hg} = 1.013 \times 10^5\ \text{Pa}$$

3. 温度

温度是用来表示物体冷热程度的物理量，其与物体内部大量分子热运动的剧烈程度密切相关。温度的数值表示方法称为温标，常用的有热力学温标和摄氏温标两种。热力学温标是建立在热力学第二定律的基础上的，用热力学温标表示的温度称为热力学温度，是国际单位制的 7 个基本单位之一，用符号 T 表示，单位是开尔文（K），1987 年第 18 届国际计量大会上决议：一切温度的测量最终都应以热力学温标为准。在日常生活和生产中，常用摄氏温标，其确定的温度称为摄氏温度，用符号 t 表示，单位为摄氏度（℃），两者之间的关系为

$$T = 273.15 + t$$

气体温度是气体分子运动的度量，具有无量纲、传导性、膨胀性等特性，并与分子速度分布、碰撞频率、平均自由程和热扩散等分子运动现象密切相关，在本章后续将对温度的本质做出解释。

这里拓展一下，在描述一个系统的状态时，可以采用温度、压强、体积、密度、黏度等这些宏观性质来描述，这些宏观性质可分为两类：

强度性质：此类型的性质没有加和性，即数值大小与系统的数量多少无关，仅取决于

系统本身的特征。例如系统 A 的温度是 20℃，系统 B 的温度也是 20℃，则由 A 和 B 混合后组成的系统温度仍然是 20℃，而不是 40℃，因此，温度属于强度性质。除此之外，密度、压强等也属于强度性质。

广度性质：广度性质与强度性质不一样，其数值与系统的数量成正比，即数量越多则此性质的值越大。例如系统 A 的体积为 2 L，系统 B 的体积为 3 L，则由 A 和 B 混合后组成的系统体积为两系统的体积总和 5 L，因此体积属于广度性质。除此之外，广度性质还有物质的量、内能、质量等。

6.1.3 平衡态

平衡态是热学的一个基本概念，也是一个理想状态。要研究热力学系统的性质，首先得认识它所处的状态，热力学系统根据所处状态的不同可分为平衡态和非平衡态。例如，一容器由隔板分开，一边充有气体，另一边为真空，若把隔板打开，气体将自由地流入真空的一边，这种现象称为自由膨胀。在发生自由膨胀的过程中，系统中各处压强不尽相同，且随时间发生改变，此时容器中的气体处于非平衡态。若该容器中的气体经过足够长的时间，则其各部分的性质将趋于一致且不再发生任何宏观变化，此时系统就处于平衡态。因此，在不受外界影响的条件下，热力学系统的宏观性质（状态参量）不随时间变化的状态称为平衡态。

实际上，并不存在完全不受外界影响，宏观性质绝对保持不变的孤立系统，因此平衡态是一个理想状态，是在一定条件下对实际情况的抽象与近似。平衡态虽然在宏观上平静，但在微观上仍然是大量粒子在无规则地不停运动，因此气体的平衡态只是一种动态平衡。一定质量的气体处于平衡态时，其状态可用一组 p、V、T 值来表示，由于这三者之间存在一定关系，因此任何一个平衡态都可用 p-V 图上一个确定的点来表示。不同的平衡态与 p-V 图上不同的点对应，如图 6-1 所示的点 $A(p_1, V_1, T_1)$ 和点 $B(p_2, V_2, T_2)$ 分别表示初、末两个不同的平衡态。

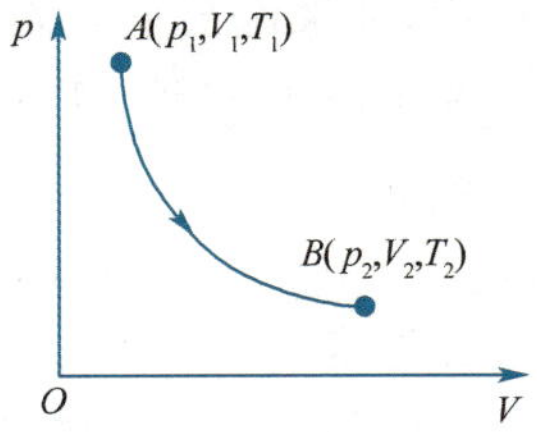

图 6-1 平衡态和准静态过程

对于孤立系统而言，其虽然满足“不受外界影响”的条件，但不存在真正的孤立系统，所以，若系统和外界之间没有物质交换，虽有能量交换但是我们可以忽略其能量交换的情况，则也可认为外界对系统不产生影响。

6.1.4 准静态过程

热力学系统从某个平衡态过渡到另一个平衡态时必须要经过的历程称为一个热力学过程，简称过程。一个实际的热力学过程从初态到末态要经历许多中间过程，这些中间状态都为非平衡态，在此过程中没有确定的参量，无法用系统本身的状态参量来描述过程的变化。因此，为能够运用系统处于平衡态的宏观性质来研究热力学过程的规律，我们引入了准静态过程的概念。

若热力学过程中，一个平衡态经过一系列变化后到达另一平衡态，在此过程中，其中间状态可看作平衡态，则此过程被称为准静态过程，否则为非准静态过程。显然，准静态过程是一种理想过程，在实际中并不存在，但在许多情况下，可近似地把实际热力学过程当作准静态过程来处理。如果一个热源的温度为 T_1，为使热源的温度由 T_1 上升到 T_2 的过程是一个准静态过程，可如此操作：借助温度与 T_1 非常相近的热源作为中间热源，此中间热源的温度分别为 T_1、$T_1+\mathrm{d}T$、$T_1+2\mathrm{d}T$、…、$T_2-2\mathrm{d}T$、$T_2-\mathrm{d}T$、T_2，其中 $\mathrm{d}T$ 为非常小的温差。首先将温度为 T_1 的热源与温度为 $T_1+\mathrm{d}T$ 的热源相接触，使系统的温度上升到 $T_1+\mathrm{d}T$，之后再将温度为 $T_1+\mathrm{d}T$ 的热源与温度为 $T_1+2\mathrm{d}T$ 的热源相接触，使系统温度上升为 $T_1+2\mathrm{d}T$，此后同样的操作进行无限次，可使系统的温度最终上升到 T_2。由于热量的传递是在 $\mathrm{d}T$ 温度差下进行的，因此温度上升的过程无限接近于准静态过程，如图 6-2 所示。

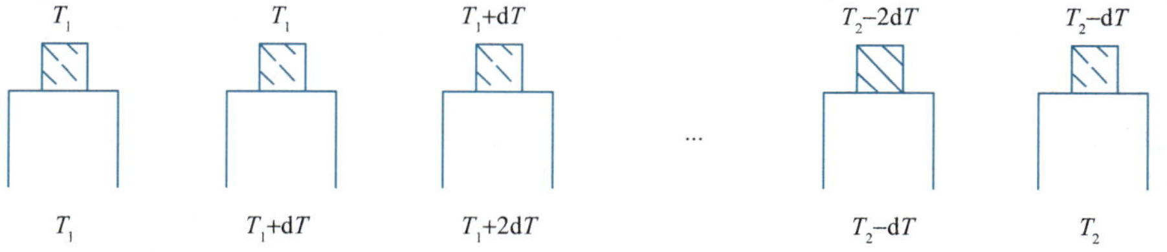

图 6-2 一组有微小温差的恒温热源

准静态过程在 p-V 图上可用一条曲线来表示，如在图 6-1 中，点 A 和点 B 之间的曲线就是从初态 A 到末态 B 的准静态过程，其中箭头方向为过程进行的方向，曲线 AB 上每一个点都代表一个平衡态。

6.1.5 热力学过程分类

热力学系统从一个状态变到另一个状态时，其一些性质（如 p、V、T 等）会发生变化，这些变化成为系统所历经的过程。系统状态发生变化时，某性质的改变不同，则称系统的过程也不同，按照过程发生的条件，将过程分为以下四类：

等体过程：系统状态发生变化时，其始态和终态的体积相等，且变化过程中也维持此体积不变。如在容器中加热一定量的气体，使其温度上升，但体积不发生变化。

等压过程：系统状态发生变化时，其始态和终态的压强相等，且变化过程中也维持此压强不变。如在压力恒定的容器中，物质的体积发生变化，但压强保持不变。常见于生活中的一些过程，如加热气体使其膨胀、活塞上升等。

等温过程：系统状态发生变化时，其始态和终态的温度相等，且变化过程中也维持此温度不变。等温过程常见于热力学实验和工业生产中，例如加热一定量的水使其达到沸腾状态。

绝热过程：系统状态发生变化的过程中，与外界之间不进行热量交换，可看作没有能量交换的过程，例如快速压缩气体或迅速膨胀的过程。

6.2 热力学第零定律和第一定律

6.2.1 理想气体状态方程

当一定质量的气体处于平衡态时，表现为密度均匀、压强均匀以及温度均匀，即可以通过压强 p、体积 V 和温度 T 之间的关系表示平衡态。实验证明，在密度不太高，温度不太低（与室温相比）和压强不太高（与大气压相比）时，气体会很好地遵守玻意耳定律、盖-吕萨克定律和查理定律。对不同的气体，此三个定律有不同的适用范围，基于此将实际气体理想化，提出理想气体的定义，认为理想气体无条件满足这三大定律，因此把理想气体的 p、V、T 之间的关系称为理想气体状态方程。

理想气体状态方程是由气体的三条实验定律推出的，对于处于平衡态的某种理想气体，其状态方程为

$$pV=\frac{m}{M}RT \tag{6-1}$$

式(6-1)称为克拉伯龙方程。其中，m 为理想气体质量，M 为理想气体摩尔质量，单位为千克每摩尔(kg/mol)，R 为普适气体常量，数值为 8.314 J/(mol·K)。

理想气体状态方程还可写为其他形式，式(6-1)中，$\frac{m}{M}$ 为气体的摩尔数 ν，因此理想气体状态方程可写为

$$pV=\nu RT \tag{6-2}$$

利用 $\nu=\frac{N}{N_A}$（N 为理想气体包含的分子数，N_A 为阿伏伽德罗常量，$N_A=6.02\times10^{23}$ mol^{-1}），玻尔兹曼常数 $k=\frac{R}{N_A}=1.38\times10^{-23}$ J/K，分子数密度 $n=\frac{N}{V}$，则理想气体状态方程可表示为

$$p=\frac{N}{V}\frac{R}{N_A}T=nkT \tag{6-3}$$

式(6-3)指明了平衡态下理想气体各个状态参量之间的定量关系。在常温常压下，大多数实际气体，特别是那些不易液化的气体，都可近似看作理想气体。且在压强越低、温度越高时，这种近似的准确度越高，因此研究理想气体的状态方程具有重要意义。

例 6-1 试计算 1 m^3 任何气体在标准状态下的分子数密度。

解 在标准状态下，压强 $p=1.013\times10^5$ Pa，热力学温度 $T=273.15$ K，由式(6-3)可得

$$n=\frac{p}{kT}=\frac{1.013\times10^5}{1.38\times10^{-23}\times273.15}\ \text{m}^{-3}=2.687\times10^{25}\ \text{m}^{-3}$$

6.2.2　热力学第零定律

事实证明，若一个物体 A 有确定的状态，用另一个物体 C 与之发生热接触，之后 A、C 处于热平衡状态。此外，另一物体 B 也与物体 C 有热接触，从而也处于热平衡状态，则可以说物体 A 和物体 B 热接触也必然会处于热平衡状态，如图 6-3 所示。换言之，若两个热力学系统中的每一个都与第三个热力学系统处于热平衡状态，则它们彼此也必定处于热平衡状态，这一结论称为热力学第零定律。在同一热平衡状态的物体有共同的宏观性质，即冷热程度一样，这个宏观性质即为温度，热力学第零定律的实质可以说是指明了状态函数——温度的存在，即温度是判定一个系统是否与其他系统互为热平衡的标志。

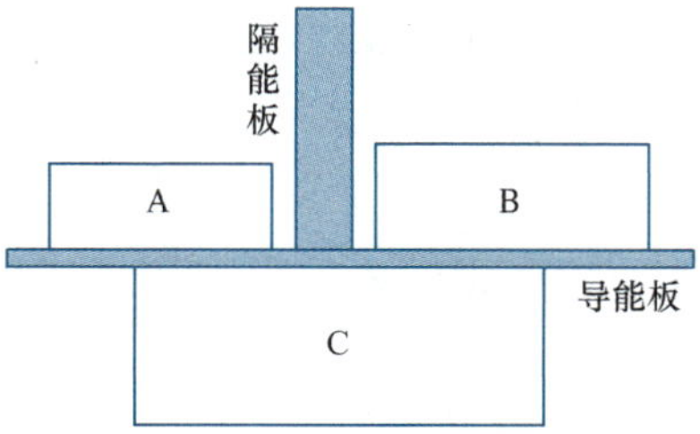

图 6-3　热平衡实验

6.2.3　热量与功

对于热的认识，有过很长时间的探索，现在已有了对热的正确判断。在物质运动中，热是其中的一种表现方式，热总是与系统内大量粒子的无规则运动相联系，粒子无规则运动的幅度越大，则温度越高，反之则温度越低。如果有两个温度不同的系统相接触，由于各子系统中粒子无规则运动的幅度不相同，则它们之间会通过相互碰撞而发生能量的交换，由此方式传递或交换的能量就叫作热。

对于热量有如下定义：系统和环境之间因为温度的不同而交换或者传递的那部分能量叫作热量，符号为 Q。同时规定，若系统从环境中吸收热量，则 $Q>0$，相反，若系统向环境释放热量，则 $Q<0$。

在热力学系统中，系统和外界之间的能量交换有多种形式，我们将除了热之外系统和外界之间交换能量的其他形式称为功，其符号为 W。若系统对外界做功，则 $W>0$，相反若外界对系统做功，则 $W<0$。热与功都是能量传递的方式，它们的单位都是焦耳(J)。

功的形式有很多种，如体积功、表面功、机械功、电功等。体积功指的是由于系统的体积发生变化而与外界交换的那一部分功，除体积功之外的其他形式的功均称作非体积功。

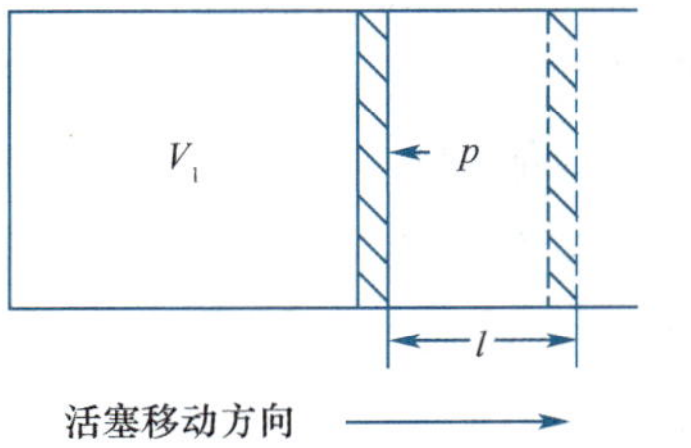

图 6-4　气体克服恒定外压做功

设有一个带活塞的气缸，气缸内部充有某气体，如图 6-4 所示。若活塞的面积为 S，活塞外界的压强为 p，等压条件下气缸中的气体克服恒定外压 p 膨胀，缓慢地推动活塞向右移动的距离为 $\mathrm{d}l$，气缸在膨胀前后的体积变化为 $\mathrm{d}V$，即此系统从状态 1 经过准静态过程变化到状

态 2，若忽略活塞的质量以及活塞在推动过程中与气缸壁之间的摩擦，在此过程中，气体所做的元功为 dW，即

$$dW = pS\,dl = p\,dV \tag{6-4}$$

若系统经过无限次上述过程推动活塞向右运动，系统的体积从 V_1 变到 V_2，则系统对外界所做功为

$$W = \int dW = \int_{V_1}^{V_2} p\,dV \tag{6-5}$$

例 6-2 现有 3 mol 某理想气体，在恒定外压 1.0×10^5 Pa 的条件下，从 25℃、2.0×10^6 Pa 的状态膨胀到 25℃、2.0×10^5 Pa 的状态，试求此膨胀过程中的功。

解 由题可知，此过程是一个恒外压膨胀过程，由式(6-4)可得

$$W = p(V_2 - V_1) = p\left(\frac{\nu RT}{p_2} - \frac{\nu RT}{p_1}\right)$$

$$= 1.0\times10^5\ \text{Pa}\times3\ \text{mol}\times8.314\ \text{J}\cdot\text{mol}\cdot\text{K}^{-1}\times(273+25)\ \text{K}\times\left(\frac{1}{2.0\times10^5\ \text{Pa}} - \frac{1}{2.0\times10^6\ \text{Pa}}\right)$$

$$= 3\ 344.7\ \text{J}$$

6.2.4 热力学第一定律

物质均有一定的能量，一个系统的能量包含其整体运动的动能、在外力场中的势能、热力学能。热力学能指的是系统内部各形式能量的总和，因此热力学能也称为内能，用符号 U（单位 J）表示，包含系统内各个粒子（如分子、原子、离子等）运动的平动能、转动能、振动能等，也包含各个粒子相互作用的吸引能或排斥能等。

热力学系统从一个状态变化至另一个状态时，其内能的变化表示为 ΔU。每个状态的系统都应该有一个确定的内能值，由于系统内部粒子运动的复杂性，所以没办法确定某状态下系统的内能值，但是由于系统内能的变化 ΔU 与系统经过的途径没有关系，只与系统变化前后的始态和终态有关，即内能是系统状态的单值函数，因此我们可以确定内能的变化 ΔU。

在一封闭系统中，热力学系统从状态 1 经过准静态过程变化到状态 2，过程中系统从外界吸收的热量为 Q，外界对系统所做的功为 W，系统在不同的状态内能的变化量为 $\Delta U = U_2 - U_1$，根据能量守能定律，可知此时系统内能变化为

$$Q = U_2 - U_1 + W = \Delta U + W \tag{6-6}$$

式(6-6)即为热力学第一定律的数学表达式。热力学第一定律表明，系统从外界吸收的热量，一部分使系统的内能增加，另一部分用于系统对外做功。显然，它是包括热现象在内的能量转化和守恒定律。

如果系统从外界吸热则 $Q>0$，放热则 $Q<0$；$\Delta U>0$ 表示系统内能增加，内能减小时 $\Delta U<0$；系统对外界做正功则 $W>0$，$W<0$ 表示外界对系统做正功。若系统的状态变化非常小，则热力学第一定律的微分表达式为

$$dQ = dU + dW \tag{6-7}$$

如果研究的系统是气体(只有体积功),则热力学第一定律可写为

$$Q=\Delta U+\int_{V_1}^{V_2} p\,\mathrm{d}V \tag{6-8}$$

在热力学第一定律建立之前,人们幻想造出这样一个机器,它既不需要外界给予能量,其自身的能量也不会减少,但却能源源不断地向外界做功(输出能量),人们把这样一个假想的机器称为第一类永动机,但事与愿违,这样的机器长时间内都没有制成。一直到热力学第一定律建立之后,人们才意识到这样的一个机器是不可能制成的,因为这样的机器明显与能量守恒定律是矛盾的,因此热力学第一定律的另一种表述为“第一类永动机是不可能制成的”。

热力学第一定律是人类通过大量的实践总结出来的,它不需要任何理论的证明,从第一定律推导出来的结论,还未发现与事实不相符的情况。

例 6-3　一个封闭系统中充满某气体,此系统从外界吸收的热量为 50 J,同时对环境所做的功为 20 J,试计算此系统热力学能的变化。

解　由热力学第一定律 $Q=\Delta U+W$ 可得

$$\Delta U=Q-W=50\ \text{J}-20\ \text{J}=30\ \text{J}$$

例 6-4　一系统由如图 6-5 所示的 A 态沿 ABC 到达 C 态时,吸收了 360 J 的热量,同时对外做功 136 J。

(1)如果沿 ADC 进行,则系统做功为 52 J,这时系统吸收了多少热量?

(2)当系统由 C 态沿曲线 CA 返回 A 态时,如果是外界对系统做功 94 J,则这时系统是吸热还是放热?热量传递是多少?

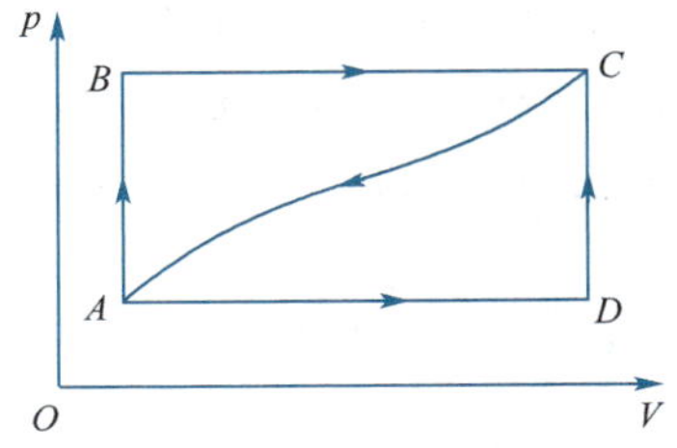

图 6-5　例 6-4 图

解　依题意,系统在 ABC 过程中,吸热 $Q=360$ J,做功 $W=136$ J,据热力学第一定律,从 A 到 C 系统的内能变化是

$$\Delta U=U_C-U_A=Q-W=360\ \text{J}-136\ \text{J}=224\ \text{J}$$

(1)如果沿 ADC 进行,系统做功 $W_1=52$ J,内能增量为 $\Delta U=U_C-U_A=224$ J,根据热力学第一定律,有

$$Q_1=\Delta U+W_1=224\ \text{J}+52\ \text{J}=276\ \text{J}$$

这里 $Q_1>0$,表明在过程 ADC 中系统吸热 276 J。

(2)热力学系统由 C 态沿曲线 CA 返回 A 态时,系统做功 $W_2=-94$ J,内能增量为 $\Delta U=U_A-U_C=-224$ J,根据热力学第一定律得

$$Q_2=\Delta U+W_2=-224\ \text{J}-94\ \text{J}=-318\ \text{J}$$

这里,$Q_2<0$,表明在此过程中系统放热 318 J。

例 6-5　一定量理想气体经历一准静态的膨胀过程,体积从 1 m^3 增大到 2 m^3,在此过程中,压强与体积之间的变化关系满足 $p=\alpha V^2$,求此膨胀过程中理想气体所做的功(已知 $\alpha=5.05\times10^5\ \text{Pa/m}^6$)。

解 由式(6-5)可得系统对外界做的总功

$$W=\int \mathrm{d}W=\int_{V_1}^{V_2} p\,\mathrm{d}V=\int_1^2 \alpha V^2\,\mathrm{d}V=\frac{1}{3}\alpha V^3\Big|_1^2=1.18\times10^6\ \mathrm{J}$$

6.3 典型热力学过程

热力学第一定律表明了系统的状态变化前后热量、功以及内能之间的关系，对于气体、固体或者液体的系统都适用，本节我们将讨论理想气体在准静态过程中关于热力学第一定律的应用。

6.3.1 等体过程

若有一气缸，内充有理想气体，现保持活塞不动，使气缸与一组温差非常小的热源相接触，使理想气体的温度逐步升高，从而压强增大，但是此过程中保持气缸的体积不发生变化，如图 6-6 所示，这样的准静态过程即为等体过程。在等体过程中，由于体积不变，$\mathrm{d}V=0$，则 $\mathrm{d}W=0$，由热力学第一定律可得 $\mathrm{d}U=\mathrm{d}Q_V$。对于有限次变化，有

$$\Delta U=U_2-U_1=Q_V \tag{6-9}$$

式中，Q_V 为等体过程中的热量，下标 V 表示该过程中体积不变。

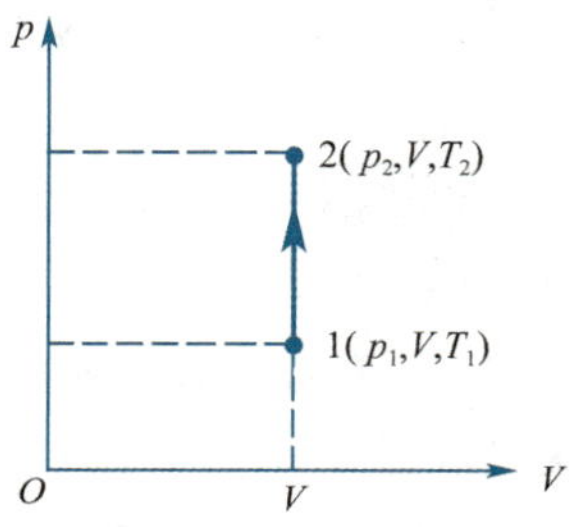

图 6-6 等体过程的 p-V 图

为计算此部分热量，要引入摩尔等体热容的定义，即 1 mol 气体在没有化学变化和相变化且系统体积不变时，系统的温度升高 1 K 时放出或者吸收的热量，符号为 $C_{V,m}$，单位为 J/(mol・K)。

因此，若某气体发生等体过程，质量为 m，温度的改变量为 $\mathrm{d}T$，则此时气体的热量改变量为

$$\mathrm{d}Q_V=\nu C_{V,m}\,\mathrm{d}T \tag{6-10}$$

因此，等体过程中内能的变化量为

$$\mathrm{d}U=\mathrm{d}Q_V=\nu C_{V,m}\,\mathrm{d}T \tag{6-11}$$

对于有限次变化，有

$$\Delta U=U_2-U_1=\int_{T_1}^{T_2}\nu C_{V,m}\,\mathrm{d}T=\nu C_{V,m}(T_2-T_1) \tag{6-12}$$

由式(6-12)可知，在等体过程中系统吸收的热量全部用来增加系统的内能。

6.3.2 等压过程

若一气缸内充有理想气体，使气缸不断地与一系列恒温热源发生接触(此热源之间的

温度差非常小)，过程中保持活塞受到的外力恒定。结果是气体获得了微量的热量，温度稍有增大，气缸内气体对活塞的压强也稍有增加，因此活塞有一微量的位移。因为气体的体积膨胀，压强降低，因而气体在膨胀过程中的压强不变，如图 6-7 所示，此准静态过程即为等压过程。等压过程因压强不变，因此 $dp=0$。

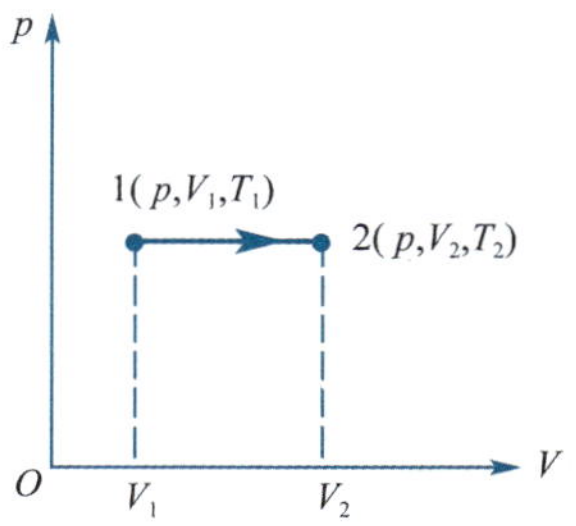

图 6-7 等压过程的 p-V 图

若上述过程中理想气体的体积从 V 变到 $V+dV$，温度从 T 升高到 $T+dT$，则此过程中气体做功为 $dW=p\,dV$，依据理想气体状态方程，则气体做的功可表示为

$$dW=p\,dV=\nu R\,dT \tag{6-13}$$

依据热力学第一定律，则系统热量的变化为

$$dQ_p=dU+\nu R\,dT \tag{6-14}$$

式中，Q_p 为等压过程中的热量，下标 p 表示过程中压强不变。

若系统变化前后的状态分别为(p,V_1,T_1)和(p,V_2,T_2)，如图 6-7 所示，则气体所做功为

$$W=\int_{T_1}^{T_2}\nu R\,dT=\nu R(T_2-T_1) \tag{6-15}$$

等压过程中系统的热量变化为

$$Q_p=U_2-U_1+\nu R(T_2-T_1) \tag{6-16}$$

与摩尔等体热容的定义类似，我们把没有化学变化、相变化以及气体压强不变时，1 mol 气体温度的改变量为 1 K 时热量的变化称为摩尔定压热容，符号为 $C_{p,m}$，单位为 J/(mol·K)。由其定义可得气体定压热量的微小变化量的表达式为

$$dQ_p=\nu C_{p,m}\,dT \tag{6-17}$$

又因 $U_2-U_1=\dfrac{m}{M}C_{V,m}(T_2-T_1)$，将其代入式(6-16)可得

$$C_{p,m}=C_{V,m}+R \tag{6-18}$$

上式即为迈耶公式。

将式(6-18)代入式(6-16)可得系统吸收的热量为

$$Q_p=\nu C_{p,m}(T_2-T_1) \tag{6-19}$$

由式(6-14)可知，对于等压膨胀过程，系统吸收的热量一部分用于增加系统的内能，一部分用于对外做功。

例 6-6　1 mol 单原子理想气体从 300 K 加热到 550 K，求在下列两种过程中，理想气体分别吸收了多少热量？增加了多少内能？对外做了多少功？已知单原子的自由度 i 为 3。

(1)体积保持不变；

(2)压强保持不变。

解　(1)等体过程中对外做功 $W=0$，则由热力学第一定律得 $Q=\Delta U$，所吸收热量为

$$Q_V=\Delta U=\frac{m}{M}C_{V,m}(T_2-T_1)=\nu\frac{i}{2}R(T_2-T_1)$$

$$=\frac{3}{2}\times 8.31\times(550-300)\text{J}=3\ 116.25\ \text{J}$$

(2)由于等压过程中 $Q_p=\frac{m}{M}C_{p,m}(T_2-T_1)=\nu\frac{i+2}{2}R(T_2-T_1)$，所以吸收的热量为

$$Q_p=\frac{5}{2}\times 8.31\times(550-300)\text{J}=5\ 193.75\ \text{J}$$

又因为 $\Delta U=\frac{m}{M}C_{V,m}(T_2-T_1)$，则内能增加为

$$\Delta U=\frac{3}{2}\times 8.31\times(550-300)\text{J}=3\ 116.25\ \text{J}$$

由热力学第一定律，$Q=\Delta U+W$，可得理想气体对外做功为

$$W=Q_p-\Delta U=5\ 193.75\ \text{J}-3\ 116.25\ \text{J}=2\ 077.5\ \text{J}$$

6.3.3 等温过程

若某变化过程中系统的温度保持不变，则此过程为等温过程，有 $\mathrm{d}T=0$。对于理想气体，其内能仅仅是温度 T 的函数，所以在等温过程中，理想气体的内能恒定不变，即 $\mathrm{d}U=0$，如图 6-8 所示。

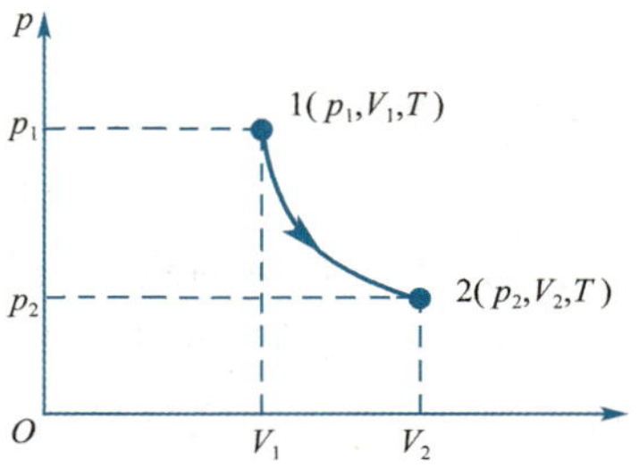

图 6-8 等温过程的 p-V 图

一定量理想气体的物质的量为 $\frac{m}{M}$，在温度为 T 时发生等温过程，系统的体积由 V_1 变到 V_2，在此过程中，由于气体的物质的量不变，温度 T 不变，因此有 $p_1V_1=p_2V_2$，则对外做功为

$$W=\int_{V_1}^{V_2}p\,\mathrm{d}V=\int_{V_1}^{V_2}\frac{p_1V_1}{V}\mathrm{d}V=p_1V_1\int_{V_1}^{V_2}\frac{1}{V}\mathrm{d}V=p_1V_1\ln\frac{V_2}{V_1}\tag{6-20}$$

又因理想气体状态方程 $pV=\frac{m}{M}RT$，所以做功为

$$W=\nu RT\ln\frac{V_2}{V_1}=\nu RT\ln\frac{p_1}{p_2}\tag{6-21}$$

由热力学第一定律得，在无限小的等温过程中有

$$\mathrm{d}Q_T=\mathrm{d}W$$

在有限等温过程中

$$Q_T=W=\nu RT\ln\frac{V_2}{V_1}=\nu RT\ln\frac{p_1}{p_2}\tag{6-22}$$

由式(6-22)知，在等温膨胀过程中，系统从外界吸收的热量全部转化为对外所做的功。

例 6-7 1 mol 理想气体初态为(p_0,V_0),分别计算在等温和等压过程中系统体积膨胀至 $3V_0$ 时系统对外界做的功。

解 依据理想气体状态方程 $p_0V_0=\nu RT_0$,可得系统的初始温度为 $T_0=\dfrac{p_0V_0}{\nu R}$

在等温过程中:$pV=\nu RT_0\rightarrow p=\dfrac{RT_0}{\nu V}$,则

$$W_T=\int_{V_0}^{3V_0}p\,\mathrm{d}V=\int_{V_0}^{3V_0}\frac{RT_0}{V}\mathrm{d}V=RT_0\ln3=p_0V_0\ln3$$

在等压过程中:$p=p_0$,则

$$W_p=\int_{V_0}^{3V_0}p_0\,\mathrm{d}V=p_0(3V_0-V_0)=2p_0V_0$$

$W_T\neq W_p$,说明系统对外所做的功与具体的热力学过程有关。

6.3.4 绝热过程

若某气体系统的状态变化过程中,系统与外界没有热量的交换,此系统称为绝热系统,在 p-V 图上画出的关系曲线称为绝热线,如图 6-9 所示。实际中,完全绝热的系统是不存在的,一般将变化过程中热量来不及交换的过程近似地看作绝热过程,如内燃机的爆炸过程等。

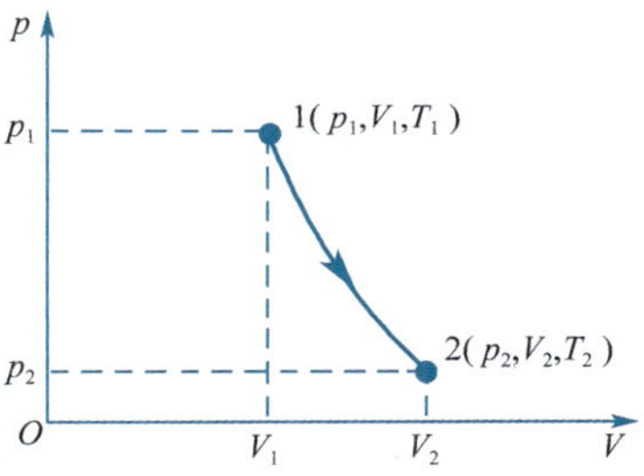

图 6-9 绝热过程的 p-V 图

绝热过程中系统与外界没有热量交换,因此 $\mathrm{d}Q=0$,由热力学第一定律得 $\mathrm{d}Q=\mathrm{d}U+\mathrm{d}W=\mathrm{d}U+p\,\mathrm{d}V=0$,即 $\mathrm{d}U=-\mathrm{d}W=-p\,\mathrm{d}V$,又因为式(6-11),有 $p\,\mathrm{d}V=-\nu C_{V,m}\mathrm{d}T$。由理想气体状态方程 $pV=\nu RT$,对两边同时取微分得

$$p\,\mathrm{d}V+V\mathrm{d}p=\nu R\,\mathrm{d}T$$

结合以上两式得

$$p\,\mathrm{d}V+V\mathrm{d}p=-\frac{pR\,\mathrm{d}V}{C_{V,m}}$$

又因为 $R=C_{p,m}-C_{V,m}$,上式可变形为 $V\mathrm{d}p+\gamma p\,\mathrm{d}V=0$,对其两边同时积分可得绝热过程方程:

$$pV^{\gamma}=C_1 \tag{6-23}$$

式(6-23)称为泊松方程。其中,γ 为热容比,$\gamma=\dfrac{C_{p,m}}{C_{V,m}}$,$C_1$ 为常数。

由式(6-23)可得其另两种形式

$$V^{\gamma-1}T=C_2 \tag{6-24}$$

$$p^{\gamma-1}T^{-\gamma}=C_3 \tag{6-25}$$

若某理想气体的系统从(p_1,V_1)经过绝热过程变到(p_2,V_2),系统所做功为

$$W=\int_{V_1}^{V_2} p\,\mathrm{d}V=\int_{V_1}^{V_2}\frac{pV^{\gamma}}{V^{\gamma}}\mathrm{d}V=\frac{p_1V_1-p_2V_2}{\gamma-1} \tag{6-26}$$

例 6-8 1 mol 氧气，温度 300 K 时体积为 $V_1=2\times10^{-3}\ \mathrm{m}^3$，试求下面两种过程中(图 6-10)，外界对氧气所做的功。

(1)绝热膨胀至体积 $V_2=2\times10^{-2}\ \mathrm{m}^3$；

(2)等温膨胀至体积 V_2 后，又等体冷却至(1)膨胀后同样的温度。

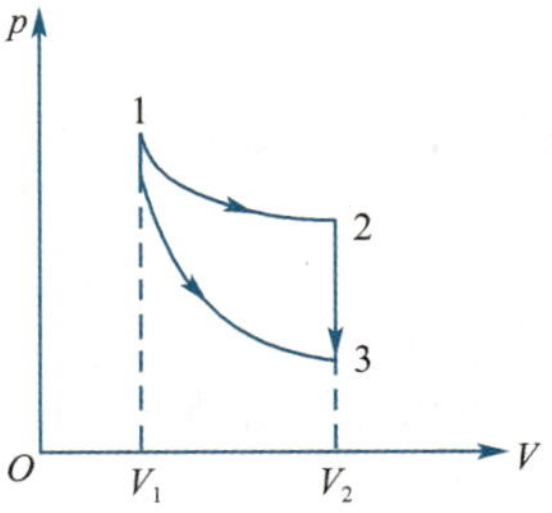

图 6-10 例 6-8 图

解 题中系统的变化过程中，1→2 是等温线，1→3 是绝热线。

(1)绝热过程中，刚性双原子分子 $\gamma=\frac{7}{5}$，由 $T_1V_1^{\gamma-1}=T_3V_2^{\gamma-1}$ 得

$$T_3=T_1\left(\frac{V_1}{V_2}\right)^{\gamma-1}=300\times(0.1)^{0.4}\ \mathrm{K}=119\ \mathrm{K}$$

绝热过程中，外界做功等于氧气对外做体积功的负值，则

$$W_{外}=-W_{氧}=\Delta U=\frac{5}{2}\times8.31\times(119-300)\mathrm{J}=-3.76\times10^3\ \mathrm{J}$$

(2)第二个过程(1→2→3)，此过程只有等温过程的功(1→2)，所以可得

$$W_{外}=-W_{氧}=-RT\ln\frac{V_2}{V_1}=-8.31\times300\times\ln10\ \mathrm{J}=-5.74\times10^3\ \mathrm{J}$$

6.4 循环过程和卡诺循环

6.4.1 循环过程

在实际生产过程中，热和功需要连续不断地转换，即需要进行循环。若一个物质系统从某种状态开始，经过一系列的变化过程之后又回到了原来的初始状态，则此过程称为循环过程，简称循环。在 p-V 图上，循环过程为一个闭合的曲线。如果循环按顺时针方向进行叫作正循环，即为热机的工作原理；沿逆时针方向进行的则叫逆循环，即为制冷机的工作原理。循环过程中的物质称为工作物质，简称工质。如内燃机、蒸汽机，它们的本质是通过循环来实现热功转换，在整个过程中的工质为气体。

由于工质的内能变化值只与系统的始末状态有关，而循环过程的始末状态为同一个状态，因此，循环过程有一个重要的特征，即内能没有发生改变，$\Delta U=0$。

这里以正循环为例阐述，如图 6-11(a)所示，沿着 $a\to b\to c\to d\to a$ 的路径变化，也就是热机的工作原理。在 abc 的分过程中，系统膨胀对外做功 W_1，其数值由 abc 曲线下的面积表示，如图 6-11(b)所示。在 cda 分过程中，外界压缩系统，系统对外做功 $-W_2$，数值上等于 cda 曲线下的面积，如图 6-11(c)所示。在一次循环中，系统对外界做的净功为

$W=W_1-W_2>0$，数值上等于曲线包围的面积，如图 6-11(d)所示。与此同时，系统将在此循环过程中，从外界吸收热量 Q_1，放出热量 Q_2；反之，在逆循环过程中，系统对外做的净功为过程曲线 $adcba$ 所包围的面积，$W<0$。

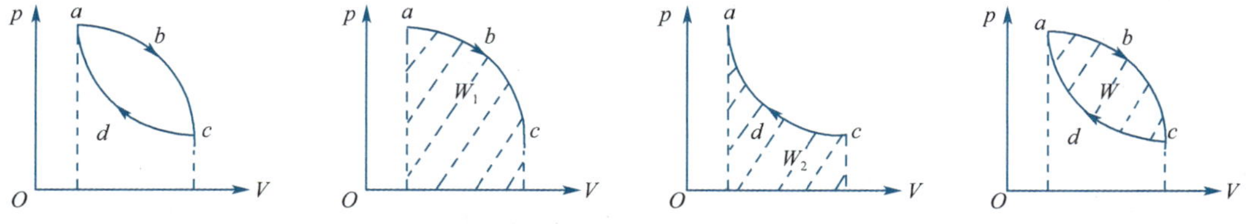

(a) 正循环路径　(b) 系统膨胀对外做功数值面积大小示意图　(c) 外界压缩系统做功数值面积大小示意图　(d) 系统对外界做的净功数值面积大小示意图

图 6-11　正循环过程

6.4.2　卡诺循环和卡诺热机

在实际生产中，关于热功转化的效率问题一直是人们关心的焦点。循环的种类很多，究竟哪种循环的效率最高？最大效率是多少？1824 年，法国年轻的工程师卡诺提出了一种工质只在两个恒温热源间交换热量的准静态理想循环，并从理论上证明了它的效率最高，这种循环称为卡诺循环，按卡诺循环工作的热机称为卡诺热机。

卡诺循环是指工质在两个恒定热源之间工作的一种循环过程，两个热源一个为高温热源，一个为低温热源。卡诺循环包括四个过程，均为准静态过程，四个过程中两个为等温过程，两个为绝热过程，工质不受限制。为研究问题方便，假设工质为理想气体，如图 6-12 所示。

如图 6-12(a)所示，曲线 ab 和 cd 表示两条等温线，温度分别为 T_1 和 T_2，曲线 bc 和 da 为两条绝热曲线。

从 a 点出发，工质沿 $abcda$ 闭合曲线做一个正循环过程，在整个循环过程中，可以用热量来表示热机的效率问题。

$a\to b$ 是一个等温膨胀过程，气缸内气体在等温过程中，体积由 V_1 增大到 V_2，从 T_1 热源吸取的热量为

$$Q_1=\nu RT_1\ln\frac{V_2}{V_1}\tag{6-27}$$

$c\to d$ 是一个等温压缩过程，在此过程中，气体的体积从 V_3 缩小到 V_4，向低温热源 T_2 释放的热量为

$$Q_2=\nu RT_2\ln\frac{V_3}{V_4}\tag{6-28}$$

$b\to c$ 是一个绝热膨胀过程，体积由 V_2 增大到 V_3，温度从 T_1 降低到 T_2。$d\to a$ 是一个绝热压缩过程，体积由 V_4 缩小到 V_1，温度从 T_2 增大到 T_1。又因 $b\to c$、$d\to a$ 均是绝热过程，由绝热过程方程，即式(6-23)～式(6-25)，可得

$$\frac{V_2}{V_1}=\frac{V_3}{V_4}\tag{6-29}$$

如图 6-12(b)所示,在一个循环中,气体从高温热源取得的热量为 Q_1,根据热力学第一定律,气体将取得的热量的一部分 Q_2 传给低温热源,剩余的一部分热量对外做功,因此有 $W=Q_1-Q_2$,热机的效率为

$$\eta=\frac{W}{Q_1}=\frac{Q_1-Q_2}{Q_1}=1-\frac{Q_2}{Q_1} \tag{6-30}$$

或

$$\eta=1-\frac{Q_2}{Q_1}=1-\frac{\nu RT_2\ln\frac{V_3}{V_4}}{\nu RT_1\ln\frac{V_2}{V_1}}=1-\frac{T_2}{T_1} \tag{6-31}$$

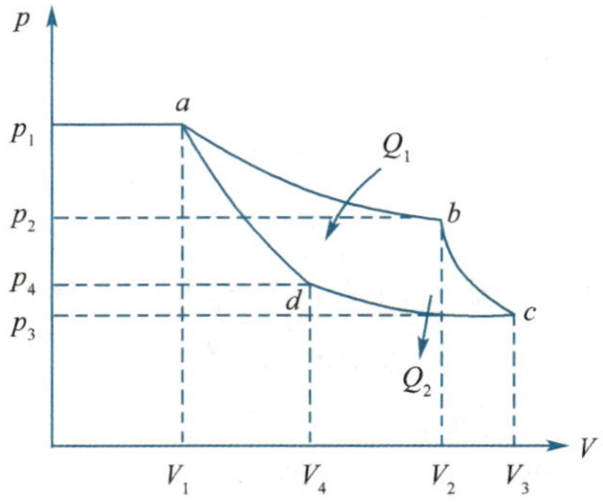

(a)p-V图

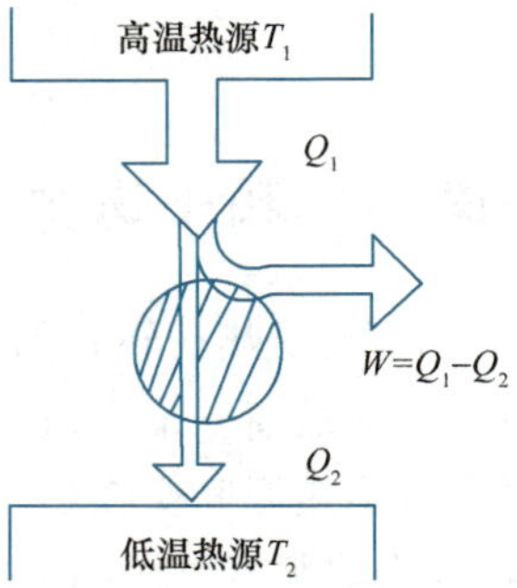

(b)工作原理

图 6-12 热机 p-V 图及工作原理图

从上式可知,理想气体准静态卡诺热机的效率只由两个高、低温热源的温度决定,而与气体种类无关。另外可知,热机的实际效率不可能达到 100%,而热机实际能达到的最大效率是多少的问题,促进了热力学第二定律的建立。同时,由式(6-31)可知,提高卡诺热机效率的一种方式是增大 T_1,降低 T_2,然而 T_2 一般为环境温度,降低难度很大,成本很高,所以生活和生产中常见做法是提高高温热源的温度 T_1。表 6-1 中列出了几种常见热机的效率。

表 **6-1** 常见热机的效率

热机名称	效率
蒸汽机	约 15%
汽油机	约 25%
柴油机	约 40%
燃气轮机	约 45%
液体燃料火箭	约 48%

6.4.3 制冷机与制冷系数

对于同一个系统,若从 a 点出发,沿着闭合曲线 $adcba$ 做一个循环过程,此过程与热机的正循环过程恰好相反,则为逆循环。此过程中气体从低温热源吸收热量 Q_2,向高温

热源放出的热量为 Q_1，由于热量不可能自发地由低温物体传递到高温物体，因此在此过程中受到外界对其所做功为 W，如图 6-13 所示。系统从低温热源吸取热量使得低温热源的温度更低，达到制冷的效果，所以此过程是制冷机的原理，此卡诺机为制冷机。

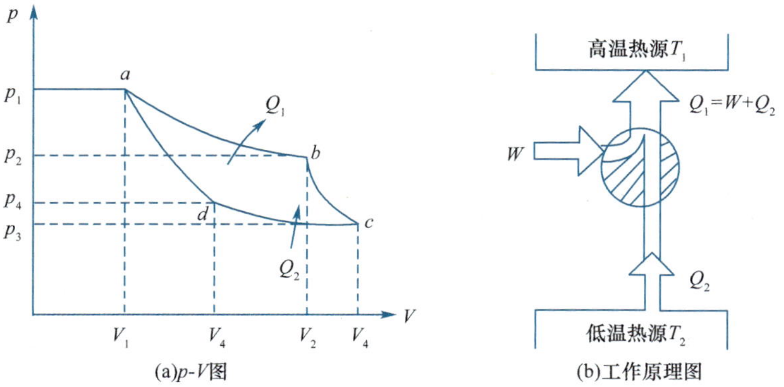

图 6-13 制冷机 p-V 图及工作原理图

一般地，用制冷机从低温热源吸取的热量与所消耗的净功的比值来衡量制冷机的制冷效果，此比值称为制冷系数，即

$$\varepsilon=\frac{Q_2}{W} \tag{6-32}$$

如果制冷机的工质是理想气体，且做逆向卡诺循环，那么与热机效率的推导类似，则制冷系数可表示为

$$\varepsilon=\frac{Q_2}{Q_1-Q_2}=\frac{T_2}{T_1-T_2} \tag{6-33}$$

可见，制冷系数表示对系统做单位功时可从低温热源吸走多少热量，显然 ε 越大，制冷效果就越好。需要注意的是，热机的效率总是小于 1，而制冷机的制冷系数可能小于 1，也可能大于 1。如空调的制冷系数可以达到 3 或更高，这表明每消耗一个单位的电能可以产生 3 倍于此的冷量。

例 6-9 有一工质为理想气体的卡诺机，工作在 $t_1=127$℃和 $t_2=27$℃两个热源之间。

(1)若卡诺机做热机，从高温热源处吸热 1 200 J，则其热机效率是多少？应向低温热源放热多少？

(2)若卡诺机做制冷机，从 27℃的热源吸热 1 200 J，则其制冷系数是多少？应向高温热源放热多少？

解 (1)由卡诺热机的效率式(6-31)有

$$\eta=1-\frac{T_2}{T_1}=1-\frac{27+273}{127+273}=25\%$$

同时，由式(6-31)有$\frac{Q_2}{Q_1}=\frac{T_2}{T_1}$，则热机向低温热源放热

$$Q_2=\frac{T_2}{T_1}Q_1=\frac{3}{4}\times 1\ 200\ \text{J}=900\ \text{J}$$

(2)由制冷机制冷系数式(6-33)有

$$\varepsilon=\frac{T_2}{T_1-T_2}=\frac{300}{400-300}=3$$

则制冷机应向高温热源放热

$$Q_1=\frac{T_1}{T_2}Q_2=\frac{4}{3}\times 1\ 200\ \text{J}=1\ 600\ \text{J}$$

例 6-10 有一个卡诺制冷机，从一个低温热源(温度−10℃)吸取热量，向一个高温热源(温度 30℃)放热，制冷机的功率为 20 kW，求每分钟向高温热源放出的热量。

解 高温热源的热力学温度为 $T_1=300$ K，低温热源的热力学温度为 $T_2=263$ K，则有

$$\varepsilon=\frac{T_2}{T_1-T_2}=\frac{263}{303-263}=6.575$$

制冷机每分钟做功 $W=20\times 1\ 000\times 60=1.2\times 10^6$ J

每分钟从低温热源吸热 $Q_2=\varepsilon W=\frac{263}{40}\times 1.2\times 10^6\ \text{J}=7.89\times 10^6$ J

每分钟向高温热源放热 $Q_1=Q_2+W=7.89\times 10^6\ \text{J}+1.2\times 10^6\text{J}=9.09\times 10^6$ J

例 6-11 如图 6-14 所示，一定质量的理想气体，从状态 a 出发经历一循环过程，又回到状态 a。设气体为双原子分子气体，试求：

(1)各过程中的热量、内能改变以及所做的功；

(2)该循环的效率。

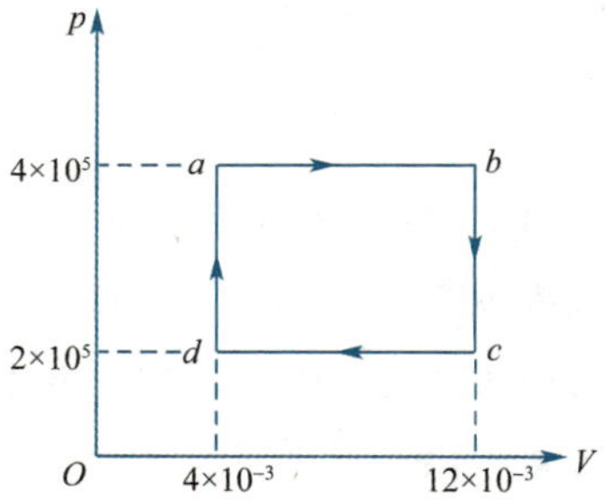

图 6-14 例 6-11 图

解 分析该循环中每一过程内能的改变，可用公式 $\Delta U=\nu C_{V,m}\Delta T$ 计算；做功大小就剩曲线下面所对应的面积；最后利用热力学第一定律 $Q=\Delta U+W$ 计算热量。

(1)从 $a\to b$ 过程，有 $W_{ab}=p(V_b-V_a)=4\times 10^5\times 8\times 10^{-3}\ \text{J}=3.2\times 10^3$ J

$$\Delta U_{ab}=\nu C_{V,m}(T_b-T_a)=\frac{5}{2}R(T_b-T_a)=\frac{5}{2}(p_bV_b-p_aV_a)=8\times 10^3\ \text{J}$$

$$Q_{ab}=\Delta U_{ab}+W_{ab}=11.2\times 10^3\ \text{J}$$

从 $b\to c$ 过程，有 $W_{bc}=0$，$Q_{bc}=\Delta U_{bc}=-6\times 10^3$ J

从 $c\to d$ 过程，有 $W_{cd}=-1.6\times 10^3$ J，$\Delta U_{cd}=-4\times 10^3$ J，$Q_{cd}=-5.6\times 10^3$ J

从 $d \to a$ 过程，有 $W_{da}=0, Q_{da}=\Delta U_{da}=2\times10^3$ J

(2)根据热机效率公式，有

$$\eta=\frac{W}{Q_1}=\frac{W_{ab}+W_{bc}+W_{cd}+W_{da}}{Q_{ab}+Q_{da}}=\frac{1.6\times10^3}{13.2\times10^3}\times100\%=12.12\%$$

6.5　热力学第二定律和卡诺定理

热力学第一定律指明了热力学过程中的能量守恒和转化，以及在转化过程中不同能量形式之间的联系，但是，满足能量守恒的热力学过程就一定能发生吗？除此之外，热机中能量传递和转化过程的方向又有什么限制呢？热机效率的提高是否有一个极限值？若有的话，极限值又和什么因素有关呢？这些问题一直困扰着人们。随着自然科学的进步和对大量事实的研究，人们发现自然界中自发发生的热力学过程都具有方向性，这意味着，自然界除了热力学第一定律外，一定还存在另一条定律，用它可以判断过程进行的方向，即热力学第二定律。

6.5.1　热力学第二定律的两种表述

关于热力学第二定律，有两种典型的表述，分别是开尔文表述和克劳修斯表述。

1. 开尔文表述

热力学第一定律明确指出制造一种效率为 1 的热机是不可能实现的，因为违反了能量转换与守恒定律。但依据热机效率 $\eta=1-\frac{Q_2}{Q_1}$ 可知，当 $Q_2=0$ 时，则热机效率可达到 1。历史上把这种从单一热源吸热，并把吸收的热量全部用来做功的热机称为第二类永动机，如图 6-15 所示。但是无数尝试表明，第二类永动机虽然没有违反热力学第一定律，但也不可能实现。

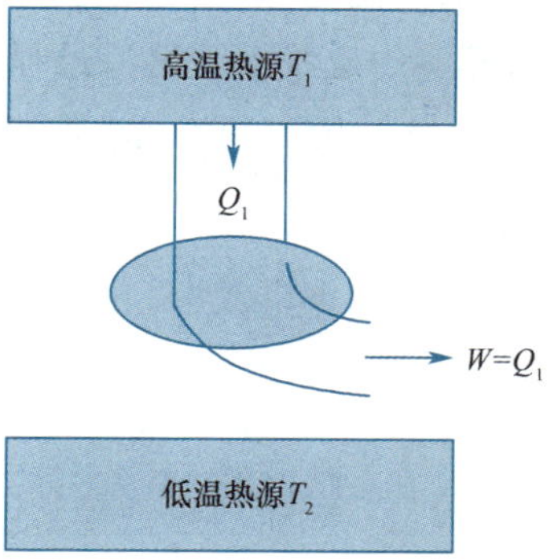

图 6-15　第二类永动机

1851 年，英国物理学家开尔文在总结前人制造第二类永动机的大量实践后指出：不可能从单一热源吸热，使其完全变为有用功而不产生任何其他影响。热力学第二定律的另一种表述为：第二类永动机是不可能制成的。

应该指出，“单一热源”是指温度均匀的热源，如果温度不均匀，工质温度较高的部分吸热而向温度较低部分放热，这实际就相当于两个热源了。另外，“其他影响”是指除了从单一热源吸热并把它全部用来做功的其他变化，如在理想气体等温膨胀过程中，由于 ΔU 不变，但这时气体的体积增大了，压强减小了，对系统产生了影响。

由于功热转换是可以自发进行的，所以开尔文表述反映了热功转换的一种特殊规律，即自发过程中能实现的只有功热转换，而自发的热功转换是不可能的，即开尔文表述表明了功热转换的不可逆性。

2. 克劳修斯表述

对于制冷机而言，如果外界不需对系统做功($W=0$)，则可知制冷系数 $\varepsilon=\dfrac{Q_2}{W}$ 将趋于∞，这意味着它能使能量自发地从低温热源传到高温热源，这种自发过程在自然界是找不到的。1850 年，德国物理学家克劳修斯依据人们制造制冷机的大量实践指出：热量不可能自动地从低温热源传向高温热源，而不产生任何变化。因此，克劳修斯表述指出了热力学过程进行的方向性。

应当指出，热力学第一定律和第二定律都是根据大量事实和经验总结得到的，不可能从更普遍的定律中推导而出。虽然我们不能直接去验证它们的正确性，但从它们得出的结论与客观实际相符，也可说明其正确性。

6.5.2 热力学第二定律两种表述的等价性

开尔文表述表明功热转换的不可逆性，克劳修斯表述指出热在传递过程中的不可逆性，这两种表述表面来看是各自独立的，事实上二者是完全等价的。

首先证明，如果开尔文表述不成立，则克劳修斯表述也不成立。假设开尔文表述不成立，意味着可以从高温热源 T_1 吸收热量 Q_1，并把它全部转为功 $W=Q_1$，而不产生任何其他影响。此种情形下，可以利用功 W 去驱动一台制冷机，使它从低温热源 T_2 吸收热量 Q_2，最终向高温热源 T_1 释放热量 $Q=Q_1+Q_2$，如图 6-16(a)所示。现在把这两个循环看成一个复合制冷机，其产生的净效果为：不需要消耗任何外界的功，热量 Q_2 自动地从低温热源传向高温热源，如图 6-16(b)所示。这显然违背了热力学第二定律的克劳修斯表述，在自然界中也找不到这一过程。

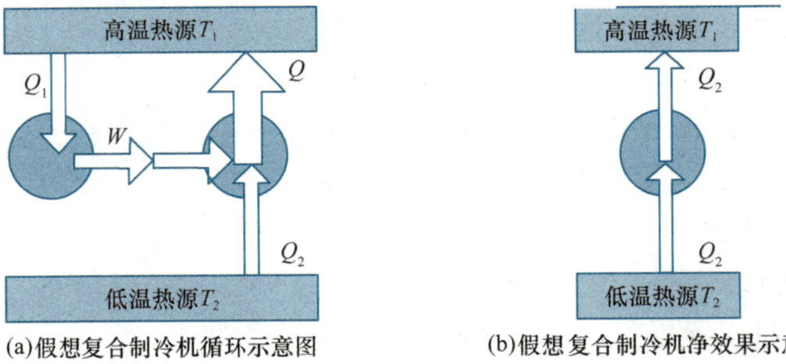

图 6-16　假想复合制冷机

还可证明，如果克劳修斯表述不成立，则开尔文表述也不成立。假设克劳修斯表述不成立，意味着存在一个制冷机，不需要外界对它做功，热量 Q_2 便可自动地从低温热源 T_2 传向高温热源 T_1。此种情形下，可设想存在一热机，它从高温热源吸收热量 Q_1，同时向低温热源放出热量 Q_2，对外做功 $W'=Q_1-Q_2$，如图 6-17(a)所示。当把这两个循环看成一个复合热机时，其产生的净效果为：低温热源 T_2 没有发生任何改变，而只从单一的高温热源 T_1 吸了热量 $Q'=Q_1-Q_2$，全部用于对外做功 $W'=Q'$，如图 6-17(b)所示。这显然违反了热力学第二定律的开尔文表述。

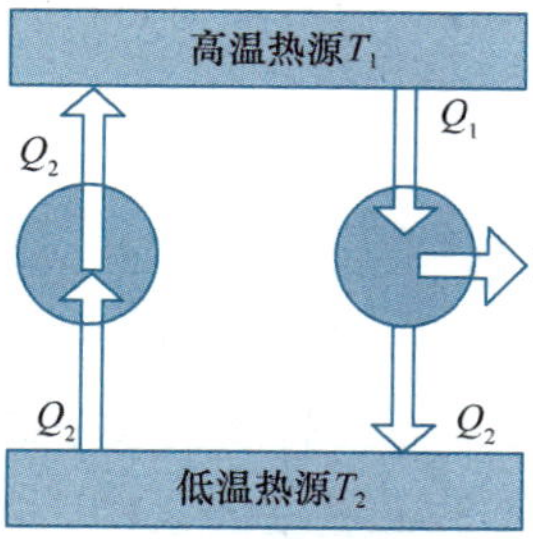

(a)假想复合热机循环示意图

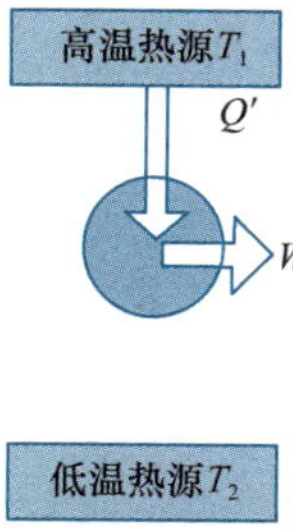

(b)假想复合热机净效果示意图

图 6-17 假想复合热机

6.5.3 可逆循环与不可逆循环

若一系统从某一初始状态 A 出发，经一过程到达末态 B，如果存在某过程能使系统反向变化，从末态 B 回到初态 A，同时外界也完全回到原来的状态，则这一过程称为可逆过程。反之，如果利用任何过程都不能使系统和外界恢复到初始状态，则此过程为不可逆过程。

在实际中，凡是单纯的、无机械能耗散的机械过程都可视作可逆过程。如单摆在不受空气阻力和其他摩擦力作用时，当它离开初始状态经过一个周期又回到原来的位置，且对外界不产生影响。热力学中无耗散、无摩擦的准静态过程也是可逆过程，这里的准静态过程是一种理想状态，再加上无耗散、无摩擦的理想条件，因此可逆过程更是一种理想过程。

在自然界，到处都存在不可逆过程。例如气体自由膨胀过程可自发进行，当其反向进行时则必须靠外界的作用；两种气体自发地混合均匀，却不会自动地分开；由热力学第二定律克劳修斯表述可知，高温热源能自动地把热量传给低温热源，当其反向进行时，即热量由低温热源传到高温热源时，必须要有外界对系统做功。外界做功的结果就是外界发生了变化，因此热量的传递是不可逆的。

因此，自然界的运动有可逆性，也有不可逆性。热力学第二定律证明，自然界中没有绝对的可逆过程。接下来要阐述的卡诺定理则是用来描述这两种过程之间的关系以及热量转变的极限效率。

6.5.4 卡诺定理

在 6.4 节中讲到，卡诺循环中每个分过程都是准静态过程，因此卡诺循环是可逆循环，卡诺热机和卡诺制冷机则属于可逆机。卡诺定理可表述如下。

(1)在相同的高温热源和相同的低温热源之间工作的一切可逆热机，其效率都相等，与工质无关。其效率为

$$\eta=1-\frac{Q_2}{Q_1}=1-\frac{T_2}{T_1}$$

(2)在相同的高温热源和相同低温热源之间工作的一切不可逆热机,其工作效率都不可能大于可逆热机的效率,即

$$\eta'=1-\frac{Q_2}{Q_1}\leqslant 1-\frac{T_2}{T_1} \tag{6-34}$$

上式为卡诺定理的数学表达式。它表明在给定热源之间工作的热机,以可逆热机效率最高,实际热机应尽量接近可逆热机。卡诺定理为人们提高热机效率提供了途径,如选用高燃料值材料,另外要尽可能减少造成热机循环的不可逆性因素的影响,如减小摩擦、漏气、散热等耗散因素造成的影响。

卡诺定理对制冷机也有类似的结论。在 T_1 和 T_2 两个恒温热源之间工作的一切可逆制冷机,其制冷系数都等于以理想气体为工质的卡诺制冷机的制冷系数,即

$$\varepsilon=\frac{Q_2}{Q_1-Q_2}=\frac{T_2}{T_1-T_2}$$

而不可逆制冷机的制冷系数不可能大于它,在计算实际制冷机的制冷系数时,可由上式计算出制冷系数的最大值。

例 6-12 1 mol 理想气体在 400 K 和 300 K 之间完成了一个卡诺循环,在 400 K 的等温线上,起始体积为 0.001 m^3,最后体积为 0.005 m^3,试计算气体在此循环中所做的功,以及从高温热源吸收的热量和传给低温热源的热量。

解 卡诺循环的效率 $\eta=1-\frac{T_2}{T_1}=1-\frac{300}{400}=25\%=0.25$

从高温热源吸收的热量 $Q_1=RT\ln\frac{V_2}{V_1}=8.31\times400\times\ln\frac{0.005}{0.001}=5\ 350\ \text{J}$

循环中所做的功 $W=\eta Q_1=0.25\times5\ 350\ \text{J}=1\ 338\ \text{J}$

传给低温热源的热量 $Q_2=(1-\eta)Q_1=(1-0.25)\times5\ 350\ \text{J}=4\ 013\ \text{J}$

例 6-13 理想气体做卡诺循环,高温热源的热力学温度 T_1 是低温热源的热力学温度 T_2 的 n 倍,求气体在一个循环中将高温热源所得热量的多大部分交给了低温热源。

解 理想气体卡诺循环的效率 $\eta=1-\frac{T_2}{T_1}$,又由题意可知,$T_1=nT_2$,则 $\eta=1-\frac{1}{n}$。由

$$\eta=1-\frac{Q_2}{Q_1}=1-\frac{1}{n}$$

可得

$$\frac{Q_2}{Q_1}=\frac{1}{n}$$

6.6　熵与熵增定律

热力学第二定律指出，自然界一切与热现象有关的实际宏观过程都具有不可逆性，都有方向，即系统处于给定的初始状态时，总是要自发地从初始状态过渡到末状态。反之，当系统处于末状态时，不可能自发地还原到初状态。这表明，热力学系统的初、末状态之间存在重大差异，因此需要寻求一种与状态有关的新态函数对其进行表示。1854 年，克劳修斯首先找到这个物理量，1865 年他把这一新态函数正式定名为“熵”。

6.6.1　熵

考虑一个可逆卡诺循环过程的效率，其在高温热源 T_1 吸收热量 Q_1，在低温热源 T_2 放出热量 Q_2，则有 $\eta=1-\frac{|Q_2|}{Q_1}=1-\frac{T_2}{T_1}$，整理可得$\frac{Q_1}{T_1}=\frac{|Q_2|}{T_2}$，又因 $Q_1>0$，$Q_2<0$，可得

$$\frac{Q_1}{T_1}+\frac{Q_2}{T_2}=0 \tag{6-35}$$

式(6-35)表明，在可逆卡诺循环中，系统经历一个循环回到初始状态时，热量和温度比值(热温比)的总和为 0。可以证明，对于有限个卡诺循环组成的可逆循环，有 $\sum\limits_{i=1}^{n}\frac{Q_i}{T_i}=0$。如图 6-18 所示，该可逆循环由 $abcdefghija$ 组成，把绝热线 bh 和 cg 加上后，该循环相当于 3 个卡诺循环，分别为 $abhija$，$bcghb$，$defgcd$。因此，对于这 3 个循环过程来说，它们的 $\sum\limits_{i=1}^{3}\frac{Q}{T}=0$。对于无限个卡诺循环组成的可逆循环，求和变成沿整个循环过程积分，即$\oint\frac{\mathrm{d}Q}{T}=0$(称为克劳修斯等式)，可见，对任一可逆循环，其热温比之和为 0。下面在克劳修斯等式的基础上引入熵的概念。

在如图 6-19 所示的可逆循环状态图上，1 和 2 是初、末两个平衡态，循环过程从状态 1 经过过程 a 到达状态 2，再经过过程 b 回到状态 1，应用克劳修斯等式，则有

$$\oint\frac{\mathrm{d}Q}{T}=\int_{1a2}\frac{\mathrm{d}Q_a}{T}+\int_{2b1}\frac{\mathrm{d}Q_b}{T}=0 \tag{6-36}$$

又因过程可逆，应有$\int_{1a2}\frac{\mathrm{d}Q_a}{T}=-\int_{2b1}\frac{\mathrm{d}Q_b}{T}$，于是

$$\int_{1a2}\frac{\mathrm{d}Q_a}{T}=\int_{1b2}\frac{\mathrm{d}Q_b}{T} \tag{6-37}$$

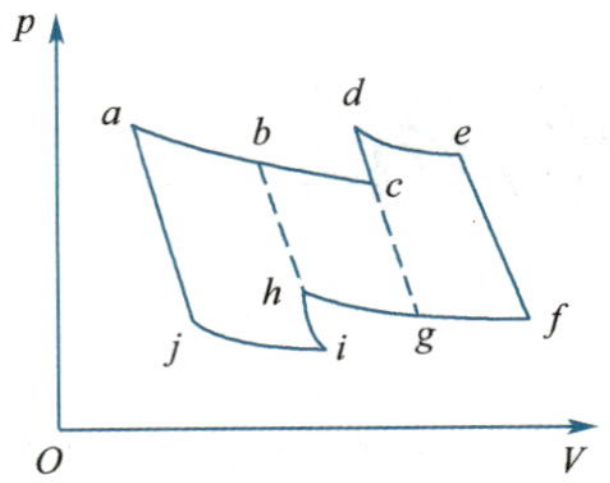

图 6-18 有限个卡诺循环组成的可逆循环

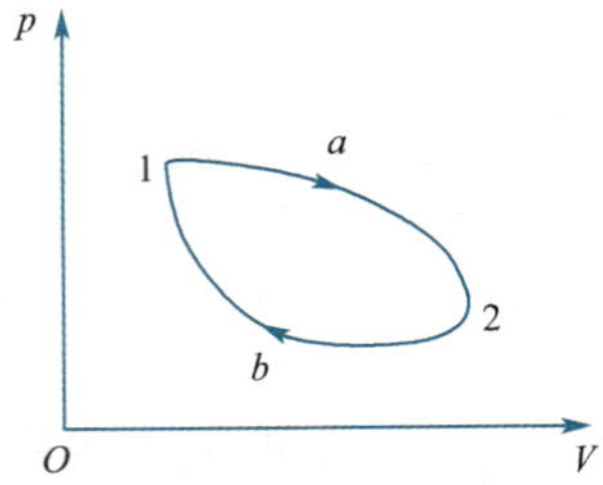

图 6-19 熵的引入

式(6-37)表明，从状态 1 变化到状态 2 的热温比，仅与始末两平衡态有关，与经历的过程无关。该结果预示着存在一个新态函数，将该函数叫作熵，用字母 S 表示。那么系统沿可逆过程从状态 1 变化到状态 2 的熵增量即为

$$\Delta S = S_2 - S_1 = \int_{状态1}^{状态2} \frac{\mathrm{d}Q}{T} \tag{6-38}$$

对于无限小的过程有

$$\mathrm{d}S = \frac{\mathrm{d}Q}{T} \tag{6-39}$$

式(6-39)即为熵的微分形式，熵的单位为 J/K。

6.6.2 熵变的计算

一个系统从初始平衡态经历一过程变化至末平衡态，如果所经历的过程是可逆过程，则在该过程中的熵变可按式(6-38)计算；如果过程是不可逆的，则可利用熵是系统的状态函数的性质，即系统两平衡态之间的熵变只取决于始、末平衡态，与经历的过程无关。在两平衡态之间设计一个或多个可逆过程，利用式(6-38)等效计算不可逆过程中的熵变，即

$$\begin{aligned}\Delta S &= \int_{状态1}^{状态2} \frac{\mathrm{d}Q}{T} = \int_{状态1}^{状态2} \frac{\mathrm{d}U + p\,\mathrm{d}V}{T} = \int_{状态1}^{状态2} \nu C_{V,m} \frac{\mathrm{d}T}{T} + \int_{状态1}^{状态2} \nu R \frac{\mathrm{d}V}{V} \\ &= \nu C_{V,m} \ln \frac{T_2}{T_1} + \nu R \ln \frac{V_2}{V_1}\end{aligned} \tag{6-40}$$

熵具有相加性。如果系统由几部分组成，各部分熵变之和等于系统总的熵变，即 $\Delta S = \sum_i^n \Delta S_i$。

例 6-14 现有 0℃ 的 0.5 kg 的冰，加热融化为 0℃ 的水(已知冰的溶解热为 3.34×10^5 J/kg)。

(1)水的熵变如何？

(2)若热源是 20℃ 的庞然大物，那么热源的熵变为多少？

(3)水和热源的总熵变多大？

解 在冰融化为水的过程中，温度保持不变，即 $T = 273$ K。另外，由于融化过程发生得非常慢，可近似看作是可逆过程。

(1)水的熵变

$$\Delta S_1=\frac{Q}{T}=\frac{0.5\times 3.34\times 10^5}{273}\approx 612\ \mathrm{J/K}$$

(2)热源的熵变

$$\Delta S_2=\frac{Q}{T}=\frac{-0.5\times 3.34\times 10^5}{293}\approx -570\ \mathrm{J/K}$$

(3)总熵变为

$$\Delta S=\Delta S_1+\Delta S_2\approx 42\ \mathrm{J/K}$$

6.6.3　熵增定律

根据式(6-38)可得到一个结论:在孤立系统中发生的任何不可逆过程都将导致系统熵的增加,而发生的一切可逆过程,其熵不变。或者说,一个孤立系统的熵永不减小,即

$$\Delta S\geqslant 0 \tag{6-41}$$

式中等号仅适用于可逆过程,这一结论称为熵增定律。它给出了热力学第二定律的数学表达式,为判断热力学过程进行的方向提供了可靠依据。

应该指出的是,熵增定律仅适用于孤立系统,对于非孤立系统,熵可增可减。

6.7　阅读材料

6.7.1　课程思政

热力学发展史

人们对热的认识经历了漫长的过程,大约 180 万年前人类已开始用火,直观地感受到了火带来的温暖和热,火的利用是古人对热现象认识的开端。古希腊时期,亚里士多德认为万物由土、气、水、火四种物质组成,热是物体中火元素的表现,四元素间的相互作用机理是“冷-热”和“干-湿”的结合,他把四元素学说发展成了一个较为完整的体系,这一学说在相当长的一段时间内影响着人类科学的发展。柏拉图根据摩擦生热,认为热是一种运动的表现,这种运动并非仅仅是物质层面的变化,而是与理念世界中的某种本质或形式相关联。中国古代,对热现象的观察和描述主要来自生产和生活实践,公元前 2000 年已有气温反常的记载,两周初期人们开始掌握降温术和高温术,如《周礼》记载当时冬季凿冰贮藏,春、夏季用以冷藏食物。东汉王充曾从理论上探讨冷热问题,在《论衡・寒温篇》中把“气”作为物体间进行“温”“寒”传递的承担者,指出距离变远,“气”的作用渐小。在温度计还未发明以前,古人在冶炼金属的实践中,创造了通过观察火候和火色来判别温度高低的方法,例如《考工记》记载铸铜与锡时,随温度升高,火焰颜色会发生变化,“火候”成为我国

古代热工艺中一个内容丰富的特有概念。随着时代的进步，古人开始对热的本质进行思考，南北朝成书的《关尹子》认为“外物”的来去是使物体发生寒热温凉变化的原因，北齐刘昼著的《刘子・崇学篇》则从“五行”观念出发，猜想是一种“内物”在起作用。这两种说法都把热设想为一种实体物质，类似于18世纪“燃素”和“热素”的观念。随之而来的就是对热动力的认识和利用，唐代出现了烟火玩物，如“烟火起轮，走绒流星”，宋代制成用火药的火箭、火球、火蒺藜，明代制成“火龙出水”的火箭，这些都是利用燃烧时向后喷射产生的反作用力使火箭前进，属于热动力的应用，是近代火箭的始祖，被世界所公认。

热力学的建立是一个逐步发展的过程，经历了众多科学家的努力和贡献，可分为4个阶段。

第一阶段(17世纪末到19世纪中叶)：在17世纪左右，“测温学”有了较大突破，伽利略制作了人类第一个空气温度计，该温度计利用空气热胀冷缩原理，虽然它受外界气压等环境因素的影响较大，测量误差也较大，但却是人类对物体冷热程度进行定量测定研究的开始。随后，其他科学家们不断进行改进，例如法国人布利奥在1659年把测温物质改为水银，1714年丹尼尔・加布里埃尔・华伦海特制造了更精确的温度计并制定了华氏温标，1742年安德斯・摄尔修斯把冰的熔点与水的沸点分别定为0℃和100℃，后来这一温标经其同事调整，成为现在广泛使用的摄氏温标。

18世纪，英国人布莱克把温度称为“热的强度”，把热量称为“热的分量”，这一区分有助于更好地理解和研究热现象。19世纪初，法国工程师卡诺发表《关于火的动力的思考》，明确热机工作原理是热质在工作介质中的流动，而让热质流动只需设置两个温度不同的物体，他还意识到热机工作与工作介质无关，且理想热机不应有除机械摩擦外的损失，基于此提出卡诺定理，为热力学的发展指明了方向。19世纪中叶，迈尔发表《热的力学的几点说明》，宣布了热和机械能的相当性和可转换性，1845年他系统地阐明能量的转化与守恒思想，明确指出“无不能生有，有不能变无”，且根据相关实验数据计算出了热功。焦耳用桨叶搅拌法和铸铁摩擦法进行大量实验测量，1849年他全面整理实验结果，以精确的数据为热和功的相当性提供了可靠证据，使能量转化与守恒定律确立在牢固的实验基础之上。1850年克劳修斯提出完整的数学形式，全面分析热量，功和气体状态的某一特定函数间的联系，列出全微分方程，后被人们称作功热当量。1851年威廉・汤姆森将克劳修斯方程看成热功相当性的表示式，全面阐明了能、功和热量之间的关系，1852年他进一步用动态能和静态能来表示运动的能量和潜在能量。1853年开尔文将其改为实际能和势能，并表述能量转化与守恒定律为“宇宙中所有能量，实际能和势能，它们的总和恒定不变”，1867年他在《自然哲学论文》中将上述实际能改为动能，形成热力学第一定律一直沿用至今。

第二阶段(19世纪中叶到19世纪70年代末)：在热力学第二定律的建立过程中，卡诺和开尔文的工作具有重要意义。卡诺在对热机效率的研究中，提出了著名的卡诺定理，把热质的转移和机械功联系起来，但由于受到热质说的限制，缺乏转化思想，使得他未能完全解决问题，不过，卡诺定理后来被认为是热力学第二定律的先导。克劳修斯于1850年率先发表了《论热的动力及能》，由此推出的关于热本性的定律，详尽分析了卡诺定理，并进一步论证，考虑到热传导总是自发地将热量从高温物体传给低温物体这一事实，1854 年他在论文中做出更明确的阐述："不可能把热量从低温物体传向高温物体而不引起其他变化"，并沿用至今。与此同时，开尔文也独立地从卡诺的工作中得出了热力学第二定律的另一种表述，即"开尔文表述"：不可能从单一热源吸收热量使之完全变为有用功，而不产生其他影响，即第二类永动机是不可能制成的。

第三阶段（19 世纪 70 年代末到 20 世纪初）：19 世纪末，许多科学家为统计热力学的发展奠定了基础。麦克斯韦对气体分子速度分布进行研究，提出麦克斯韦速度分布律。玻尔兹曼将热力学与分子动力学的理论结合，提出非平衡态统计理论，促使了统计热力学的诞生。后来约西亚·威拉德·吉布斯进一步发展了麦克斯韦和玻尔兹曼的理论，建立了系综统计法，使统计物理学发展成为完整的理论。1906 年，瓦尔特·赫尔曼·能斯特在其著作《热理论》中提出，可逆定温化学反应的熵变趋于以下极限：凝聚系的熵在可逆定温过程中的改变随绝对温度趋于零而趋于零。1912 年，他又推出绝对零度不可能达到原理。1920 年，吉尔伯特·牛顿·路易斯和梅尔·兰德尔对此定律提出了更准确的表述：在绝对零度时所有纯物质的完美晶体的熵值为零，即热力学第三定律，使热力学理论更加完善。

第四阶段（20 世纪 30 年代至今）：该阶段主要是非平衡态理论的进一步发展，并与量子理论进行结合，形成了近现代热物理学丰富而庞大的理论体系。其思想和研究方法渗透到了不同的科学领域。量子理论与非平衡态理论的结合，不仅推动了基础物理的发展，也为发展新兴量子科技提供了重要的理论基础，在量子计算、量子信息处理等领域具有潜在的应用价值。例如，中国科学技术大学潘建伟院士、苑震生教授等与清华大学翟荟教授、兰州大学青年研究员等合作，使用自主开发的超冷原子量子模拟器，研究了格点规范场理论中的非平衡态热化过程与量子临界性之间的关系，揭示了具备规范对称性的多体系统处于量子相变临界区域时易于热化到平衡态的规律。

20 世纪以来，随着量子力学的发展，统计热力学也得到了进一步的完善和拓展，形成了量子统计热力学，包括费米-狄拉克统计和玻色-爱因斯坦统计等。统计热力学基础的形成，使得我们能够更深入地理解物质的性质和行为，对于研究材料科学、化学、物理学等领域的问题具有重要意义。

"热"之本质

热是什么？自古以来就有不同的看法。16 世纪以后，热的本质问题引起了科学家和研究人员的注意。培根从摩擦生热等现象中得出"热是一种膨胀的、被约束的而在其斗争中作用于物体的较小粒子之上的运动"；波义耳看到铁钉被锤击后会生热，想到铁钉内部产生了强烈的运动，认为热是"物体各部分发生强烈而杂乱的运动"；笛卡儿把热看作是物质粒子的一种旋转运动；胡克用显微镜观察了火花，认为热"并不是什么其他的东西，而是一个物体的各个部分的非常活跃和极其猛烈的运动"；牛顿也指出物体的粒子"因运动而发热"；俄国学者罗蒙诺索夫在 18 世纪 40 年代发表两篇关于热的论文，第一篇题为《关于热和冷的原因的思索》(1746)，第二篇题为《试论空气的弹力》(1748)，在这两篇论文中，提出"热的充分根源在于运动"，即热是物质的运动，热量从高温物体传给低温物体，是由于高温物体中的微粒把运动传给低温物体中的微粒造成的，而且给出的运动的量与接受的运动量相等，这肯定了运动守恒在热现象中的正确性。但总的说来，热是运动的观点尚缺乏足够的实验根据，所以还不能形成科学理论。随着古希腊原子论思想的复兴，热是某种特殊的物质实体的观点也得到流传，法国科学家伽桑狄认为，运动着的原子是构成万物的最原始的、不可再分的世界要素，它们非常细致，有球的形状，非常活泼，因而能渗透到一切物体之中，该观念把人们引向“热质说”。热质说简易地解释了当时发现的大部分热学现象，如物体温度的变化是吸收或放出热质引起的，热传导是热质的流动，辐射是热质的传播，物体受热膨胀是因为热质粒子间的相互排斥，摩擦或碰撞的生热现象等。由于热质的物质性，所以它也遵从物质守恒定律。在热质说观点的指导下，热学研究所取得的主要进展有：布莱克发现比热和“潜热”，瓦特从理论上分析了旧蒸汽机的主要缺陷而引导他改进了蒸汽机，傅立叶依据这一物理图像建立了热传导理论，卡诺从热质传递的观点出发提出了消耗从热源取得热量而得到功的理论。热质说的成功，使人们相信它是一个正确的学说，从而压倒了热是运动的看法，在 18 世纪到 19 世纪初居于统治地位。

到了 18 世纪末，热质说受到严重挑战。1798 年英国物理学家本杰明·汤普逊向皇家学会提出一个报告，说他在慕尼黑监督炮筒钻孔工作时，注意到炮筒温度升高，钻削下的金属屑温度更高的现象，他提出大量的热是从哪里来的？他在尽量做到绝热的条件下进行了一系列钻孔实验，比较钻孔前后金属和碎屑的比热，发现钻磨不会改变金属的比热，他在笔记中写道“看来在这些实验中，由摩擦产生热的源泉是不可穷尽的。任何与外界隔绝的物体或物体系，能够无限制地提供出来的东西，绝不可能是具体的物质实体；在我看来，在这些实验中被激发出来的热，除了把它看作是运动以外，似乎很难把它看作其他任何东西”。传热学是在 18 世纪 30 年代英国工业革命促进生产力发展的大背景下成长起来的，导热和热对流两种基本热量传递方式早为人们所认识，但辐射作为一种热量传递方式直到 1803 年后才被确认。

空调的前世今生

公元前 1000 年左右，波斯人发明了一种利用装置于屋顶的风杆，让外面的自然风穿过凉水吹入室内，从而使室内凉快的空气调节系统。在中国古代，也有类似的降温方法，如建造“窟室”“凉殿”等。空调的最初原型可以追溯到 1851 年，当时美国佛罗里达州的医生约翰·戈里设计了一种设备，其初衷是用冷气来帮助疟疾患者退烧，该设备可以吸入空气，将其压缩后通过管道，以冷却室内空气。然而，在病房之外，人们普遍认为并不需要这种冷却室内空气的设备，直到该机器的管道意外冻结并开始形成冰块，约翰·戈里才发现了新的机会，即制冰机，不过这项成果遭到了媒体的讽刺，认为他异想天开。现代空调的发明可以追溯到 20 世纪初。1902 年，美国纽约的工程师威利斯·开利设计了第一套现代电力空调系统。当时，纽约地区空气湿热，布鲁克林区的萨克特·威廉斯印刷出版公司由于湿热空气导致生产受到很大影响，油墨总是不干，纸张因温热伸缩不定，印出来的东西模模糊糊。威利斯·开利接受了这一挑战，他的灵感来源于蒸汽机车喷出的大量水汽，他制造了一个密闭的盒子，先把外面的空气吸到盒子中，再向这些空气喷出冷水，使盒中空气变成湿度为百分百的空气，然后加入适量的干燥空气，从而调配出所需湿度的空气。基于此原理，1902 年 7 月 17 日，威利斯·开利提交了新的设计图，新方案可以直接降低室内空气的温度来控制湿度，即让冷水通过管道穿过房间，从而实现降低室内温度的目的。这台机器有效解决了印刷车间的湿度问题，现代意义上的空调就此诞生，而 7 月 17 日也被广泛接受为空调的“生日”。在随后的发展中，威利斯·开利并没有满足于此，而是不断研究和优化设计理念。1906 年，他确立了“持续性露点降低法则”，并设计了第一台自动调节空调；1911 年，他又找到了“合理湿度公式”，为整个空调行业设立了标准规范。1915 年，威利斯·开利和朋友们一起开办了以自己名字命名的公司“开利工程公司”。威利斯·开利因其对空调行业的巨大贡献，被后人誉为“空调之父”。

总之，未来空调行业将朝着更加节能环保、智能化、健康舒适、个性化和多场景应用的方向发展，以满足消费者不断变化的需求，适应市场的竞争和挑战。各企业需不断进行技术创新和产品优化，才能在市场中立足并取得更好的发展。

人为何以负熵为生？

生命存在的意义是什么呢？在我们的生活中也常常遇到很多类似问题，比如沸腾的开水在倒入杯子后，为什么白色的雾气会迅速消散？为什么手机和电脑使用周期越长，卡顿频次就会越来越高？为什么人在面对睡觉、美食和娱乐时总是难以自律？为什么 5 000 mA 的充电宝无法给 5 000 mA 的手机充满电？这一切都与物理学界的熵增定律有关。

熵增定律是自然界最高法则，揭示了宇宙演化的根本规律。只要理解并掌握了这个定律，便能更深入地认识万物的本质。那么熵增定律的本质是什么呢？这一切还得从时间说起。在浩瀚无垠的宇宙之中，存在着一种法则，科学家称之为对称，你可能以为能量守恒、动量守恒、角动量守恒是宇宙中最基础的规律，其实不然，宇宙中最基础的规律是“对称性”。近现代科学最核心的一个话题便是关于对称性的讨论，无论是举世闻名的麦克斯韦方程组、深刻剖析微观时间的薛定谔方程组还是揭示时空奥秘的相对论等都是对称的。德国数学家埃米·诺特女士，凭借其卓越的数学才能和敏锐的洞察力，基于对分析力学的深入研究，独创性地揭示出对称性与守恒定律之间存在一种严谨且精密的对应关系，她明确指出每一条守恒定律严格对应着一种类别繁多的连续对称性。然而，有一样东西却不具备对称性，那便是时间。无论是从过去到现在，还是从现在到未来，时间都只朝着一个方向流逝，在任何时刻，时间的脚步都不会停滞不前或是向后倒退，“时间的箭头”总是朝向未来，也就是说，时间的运动方向是单向的，这种不对称现象被称为“时间之矢”。时间之矢一直困扰着人们，为什么时间是具有方向的，它背后的底层原理是什么？从广义上讲，时间是一个度量标准，用以标记或查看时间的变化历程。比如地球自转变化导致昼夜交替形成了一天，地球围绕太阳公转的变化带来四季变换形成了一年，常用的阳历、阴历便是依据太阳、月球的变化制定的，人体的衰老变化产生了年龄。现代物理学认为，时间是有方向的，即时间具有顺序性和箭头性，根据热力学定律时间在物质宏观行为中表现出一种不可逆性，由此可见时间的方向指向了无序熵增和质能转化。爱因斯坦也坚信，时间的单一方向性意味着熵增的方向。那么，什么是熵增呢？

现在我们思考一个问题，大家都在家里烧过开水，当你把一壶水烧开后，就停止了对水的继续加热，然后这壶沸腾的水，就会在静止的状态中自然冷却，但是随着时间的推移，原本沸腾的水也就冷却到与环境温度保持一致。为什么被加热后的水，其内部的温度总是呈现出由高到低的变化呢？你可能会认为，因为加热导致水从低温状态过渡至高温状态。那为什么在未加热之前，水就不会从低温到高温呢？时间来到 1854 年，德国物理学家鲁道夫·克劳修斯首次提出了一种全新的概念——熵增定律，也就是我们熟知的热力学第二定律。我们已知，熵是一种用于衡量系统混乱程度的物理量，它所代表的正是一个系统混乱程度的具体数值，系统越是无序，熵就越大，系统越是有序，熵就越小，当熵值达到无穷大的那一刻，系统就会陷入严重的混乱局面，最终不可避免地走向“死亡”。克劳修斯给熵的定义是：一个封闭系统处于均衡状态时，熵等于其总能量除以系统的均衡温度。即在一个完全封闭且与外界完全隔离的系统之内，热量总是由高温流向低温，从有序走向无序。如果这个系统内部并未接收到来自外部世界的任何形式的能量输入，那么熵增的过程是不可逆的，最终熵值会达到无穷大的极限状态，此时整个系统将陷入极度混乱、无序的境地。为什么加热后的水温总是由高至低呢，原因就在于熵增定律。

在现实生活中很多现象都符合熵增定律，对于生命中的个体：放弃总比坚持要容易，懒散总比自律要轻松，一切生命体都会从出生走向死亡。更为重要的是，宇宙总体呈现出从有序到无序的趋势，这使熵增定律被解读为一种令人绝望的自然规律，那么生命存在的意义是什么呢？奥地利物理学家薛定谔在其所著《生命是什么》一书中写道：生命以负熵为生。薛定谔认为，负熵就是一种生命活力的象征，生物体通过各种精密复杂的生理与化学反应，有效缓解自身环境中不断生成的负熵现象，从而保持了生命活动的有序性。在日常生活中，琐碎之事繁多，若不加控制，生命将愈发无序，待需要恢复秩序时，需付出极大代价。因此，我们的首要任务便是保持开放的思维模式，从自然界及社交活动中挖掘并运用力量和资源，其次要发挥个人的能动性，付诸行动，以对抗消极情绪，实现积极的、有意义的人生价值，最后要实现身心和谐一致的自洽平衡状态。人的生命价值在于协助推动各类系统，持续地实现从无序向有序转变，这是因为“秩序性”实乃世间所有生命的根源所在。生命的可贵之处就是迎难而上，逆向做功。

6.7.2 生活、生产及工程应用

热致变色

热致变色是指某些物质的颜色随温度变化而发生改变的现象。热致变色属可逆化学变化，即当温度升至一定范围，物质颜色改变后，降低温度又可恢复原来颜色。热致变色的机理可概括为：①结构变化，包括晶体结构或晶格常数的改变、有机化合物分子结构的变化、配合物的几何构型改变等；②热分解，由于分解产生的新的有色物质而使颜色改变；③反应平衡移动，由两种或两种以上自身没有热致变色性的物质组成的混合体系，受热后由于发生化学反应而显示颜色变化。能引起颜色变化的分子间化学反应有酸碱反应、电荷转移、质子传递和螯合反应等。热致变色材料具有多种类别。按材料的组成成分来分类，可分为无机热致变色材料、有机热致变色材料：①无机热致变色材料，如碘化物、配合物、有机金属化合物等，变色温度大多在 100℃以上；②有机热致变色材料，如螺吡喃、荧

光类衍生物、聚噻吩、液晶类材料等，变色温度较宽（−100～100℃），颜色变化丰富。无机热致变色的主要原因包括温度变化导致晶型转变（如重建型晶型转变和位移型晶型转变）、得失结晶水、电子转移、配位体几何构型变化等。

热致变色材料的最初应用是作为示温材料，将其涂布在一些无法用普通温度计或热电偶测温的特殊场合的物体表面，根据其颜色变化即可指示温度及温度分布。20 世纪 80 年代以来，可逆热致变色材料作为一类能记忆颜色变化的功能材料已广泛应用于日常生活的各个领域，如热敏染料、变色瓷釉、防伪材料等。随着新型热致变色材料的开发，其应用也逐步扩展到分析、传感器等高新科技领域。科研人员也在不断探索热致变色材料的新性能和应用。比如，有研究发现铁电材料 $Sn_2P_2S_6$ 具有优异的热致变色性能，在铁电-顺电相变温度附近（约 67℃）发生颜色的可逆变化，由橙黄色转变为红色，且显示出较高的近红外反射率，能满足建筑或车辆智能窗户的节能需求；东南大学科研团队发现的具有七重物理通道开关的热致变色铁弹体，在介电、电导、二阶非线性、压电、铁弹性、手性和热致变色这七个物理通道上具有开关特性，其中热致变色特征尤为耀眼，为开发新型加密技术带来新思路。在实际应用中，热致变色材料面临一些挑战，如部分材料的热致变色温度较高、含有有毒物质，或存在稳定性、颜色耐久性等方面的问题。未来的研究方向包括进一步提高材料的耐用性、颜色稳定性、安全性和环保性等，以及向更先进更智能的应用领域发展，如多物理场调制、光谱技术整合、节能发电一体化等。

莱顿弗罗斯特效应

1756 年，物理学家莱顿弗罗斯特在一把烧红的铁勺上滴上一滴水珠，水珠竟然悬浮起来并持续 30 秒，看到这一现象的莱顿弗罗斯特顿时觉得十分神奇，便对这项实验进行了更深的研究。在莱顿弗罗斯特看来，之所以水滴能够悬浮起来，是因为铁勺的底部炙热，在水滴滴下去的时候形成了水蒸气，直接将水滴和铁勺给隔开了，因此才会出现悬浮的现象。随后，莱顿弗罗斯特在《论普通水的性质》一文中，首次对这种效应进行了描述，当液体滴落在温度远超其沸点的固体表面时（约 200℃，即莱顿弗罗斯特温度点，LFP），在液体与超高温表面之间瞬间产生一层蒸汽层，使液体悬浮并阻断固液接触，从而使液体与表面之间的热传递速率大大降低，液体悬浮在蒸汽膜上并缓慢蒸发的现象。这种现象便被正式命名为莱顿弗罗斯特效应。该效应产生条件：①高温表面，表面温度需远高于液体的沸点。例如，水的沸点是 100℃，当接触的表面温度达到几百摄氏度甚至更高时，才可能出现莱顿弗罗斯特效应。②合适的液体，通常是常见的液体如水、酒精等。不同的液体由于其物理性质的差异，出现莱顿弗罗斯特效应的条件也会有所不同。

在生活、生产和工程应用中，该效应被广泛应用。在一些高温加工过程中，可利用莱顿弗罗斯特效应来减少液体与高温设备之间的热传递，保护设备免受腐蚀和磨损。如在钢铁生产中，钢水与模具之间的热传递可以通过控制模具表面温度来利用莱顿弗罗斯特效应进行调节。在科学研究中，可以利用这一效应来研究液体的蒸发特性、热传递机制以及表面张力等物理性质，还可以将其应用在芯片冷却、纳米材料合成、表面除污、高效液冷等技术中。

热电联产

热电联产是一种能源利用技术，指在同一套能源转换系统中同时生产电能和有用的热能。其工作原理通常是利用燃料(如煤、天然气、生物质等)燃烧产生的高温热能，先驱动热力发动机(如汽轮机、燃气轮机等)发电，然后将做过功的低品位热能用于供热。热电联产广泛应用于工业生产、区域供热、商业建筑等领域，对于提高能源利用效率、促进能源可持续发展具有重要意义。

熵及熵增定律的应用

信息论是熵的一个重要应用领域。熵在信息论中被用作衡量信息的不确定性，即信息的无序程度，信息的熵越大，信息的不确定性就越高。在数据压缩、通信传输等领域，熵被广泛应用于优化算法的设计和数据处理的方法，比如在信息传输过程中，噪声会降低信息传输的可靠性，而引入纠错码，虽然会增加系统的熵，却提高了信息传送的可靠性。

熵在化学反应中也有重要应用。通常情况下，化学反应会让系统的熵增加。依据熵增定律，当系统的熵增加时反应是可逆的，而当熵减小时反应是不可逆的。通过熵的计算，可以预测化学反应的方向和可行性。

熵在经济学中也有一定应用。经济系统是复杂的开放系统，其中包含多个市场、商品和经济主体，通过熵的计算，可以衡量经济系统的稳定性和资源分配的效率。熵也被用于估算市场的竞争程度，从而预测市场行为和市场波动。

熵增理论在社会学中的应用主要涉及两个方面:社会发展和文化进步。社会变革和进步是人类社会发展的主要方向，熵增定律提供了一个新视角来理解这个问题，熵增理论认为，社会发展可看作一个封闭系统中的熵增过程，在发展中社会的有序性和复杂性逐渐增加，因此这个熵增过程推动了社会的发展和进步。文化进步看作一个熵减过程，在文化进步的过程中人类不断开发和创新文化，降低文化的混乱度和无序性，从而实现文化的进步与发展。

熵增定律对环境保护和可持续发展的研究具有重要意义。环境系统是一个复杂的开放系统，其熵的增加通常伴随着能量消耗和能源耗费，熵增定律提醒我们必须在能源利用和资源管理中考虑系统熵的增加，以减小对环境的负面影响。

熵增定律是宇宙学的基本原理之一，可以用熵来刻画宇宙的历史和未来，熵增定律可以用来推测和预测宇宙的起源、演化、结构和命运等问题，并指导探索和认识宇宙的奥秘和规律。例如，大爆炸理论是一种描述宇宙起源和演化的理论，它认为宇宙是由一个极小、极热、极密的奇点开始膨胀并冷却而形成的。然而，根据熵增定律，任何膨胀和冷却的过程都会使系统的熵增加或保持不变，这意味着宇宙面临着一种不可避免的衰退和灭亡的危机。为应对这种危机，宇宙必须不断产生新的能源和物质来源，并有效利用和保护现有的能量和物质资源，进行自我调节和平衡。

在工程领域，熵增定律可以分析各种热力学系统的效率，例如汽车引擎、制冷设备、电池等。通过优化系统设计和运行参数，可以最大限度地提高系统的效率。

检测习题

一、单项选择题

1. 下列热力学系统与外界既无能量交换，也无物质交换的是(　　)。

A. 孤立系统　　B. 封闭系统　　C. 准静态系统　　D. 开放系统

2. 在什么情况下，理想气体模型和实际情况更符合(　　)。

A. 压强很大、温度很低　　B. 压强很小、温度很低

C. 压强很大、温度很高　　D. 压强不太大、温度不太低

3. 互为热平衡状态的多个系统一定具有共同的宏观性质，即这些系统具有相同的(　　)。

A. 压强　　B. 体积　　C. 物质的量　　D. 温度

4. 下列关于热量与功的说法，正确的是(　　)。

A. 都是过程量　　B. 都是状态量

C. 前者是过程量，后者是状态量　　D. 前者是状态量，后者是过程量

5. 一定量的理想气体，经历某过程后温度升高了，则一定发生的是(　　)。

A. 气体吸收了热量　　B. 气体内能增加了

C. 外界对气体做正功　　D. 以上都不对

6. 一定量的单原子分子理想气体在等压过程中对外做功 200 J，则该过程需吸热(　　)。

A. 200 J　　B. 500 J　　C. 700 J　　D. 0 J

7. 1 mol 理想气体从 p-V 图上的初态 a 分别经历如图 6-20 所示的(1)和(2)过程到达末态 b。已知 $T_a<T_b$，则这两过程中气体吸收的热量 Q_1 和 Q_2 的关系是(　　)。

A. $Q_1>Q_2>0$　　B. $Q_2>Q_1>0$

C. $Q_2<Q_1<0$　　D. $Q_1<Q_2<0$

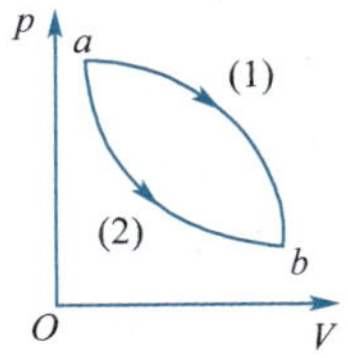

图 6-20　单项选择题 7 图

8. 有人设计了一台可逆卡诺热机，每循环一次可从 400 K 的高温热源吸热 1 800 J，向 300 K 的低温热源放热 800 J，同时对外做功 1 000 J，这样的设计(　　)。

A. 可以的，符合热力学第一定律

B. 可以的，符合热力学第二定律

C. 不可以，这个热机的效率超过理论值

D. 不可以，卡诺循环所做的功不能大于向低温热源放出的热量

9. 根据热力学第二定律可知(　　)。

A. 功可以全部转换为热，但热不会全部转换为功

B. 热可以从高温物体传向低温物体，但不能从低温物体传向高温物体

C. 不可逆过程就是不能向相反方向进行的过程

D. 一切自发过程都是不可逆的

10. 关于可逆过程和不可逆过程的判断：

(1)可逆热力学过程一定是准静态过程。

(2)准静态过程一定是可逆过程。

(3)不可逆过程就是不能向相反方向进行的过程。

(4)凡有摩擦的过程，一定是不可逆过程。

以上四种判断，其中正确的是(　　)。

A. (1)(2)(3)　　B. (1)(2)(4)　　C. (2)(4)　　D. (1)(4)

二、填空题

1. 某气体系统从环境吸收热量 50 J，内能增加了 20 J，则系统从外界得到的功为________J。

2. 如图 6-21 所示，已知图中画不同斜线的两部分的面积分别为 S_1 和 S_2。如果气体的膨胀过程为 $a\to1\to b$，气体对外做功 $W=$________；如果气体进行 $a2b1a$ 的循环过程，则气体对外做功 $W=$________。

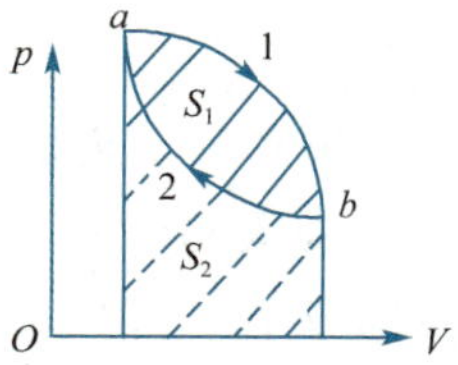

图 6-21　填空题 2 图

3. 一定量理想气体，从同一状态开始使其体积由 V_1 膨胀至 $2V_1$，分别经历下列 3 种过程：①等压过程；②等温过程；③绝热过程。其中：________过程气体对外做功最多，________过程气体内能增加最多，________过程气体吸收的热量最多。

4. 一可逆卡诺热机，低温热源的温度为 27℃，热机效率为 30%，其高温热源温度为________K。今欲将该热机效率提高到 40%，若低温热源保持不变，则高温热源的温度应增加为________K。

5. 现有 1 kg 的 0℃ 的冰融化为水，则该过程中的熵变 $\Delta S=$________J/K(已知冰的溶解热为 3.34×10^5 J/kg)。

三、判断题

1. 温度是分子无规则热运动剧烈程度的标志。(　　)

2. 物体的温度越高，则热量越大。(　　)

3. 热力学第零定律的实质是指明了热平衡关系的传递性。(　　)

4. 准静态过程是实际过程的近似，实际中并不存在。(　　)

5. 一定质量的气体在温度不变时，它的压强与体积的乘积是一个常量。(　　)

6. 可制造一种热机，它能对外不断做功，而不消耗任何原料，也不需提供其他能量。(　　)

7. 第一类永动机不可能实现的原因是违反能量守恒定律。(　　)

8. 热量可以从低温物质向高温物质传递。(　　)

9. 热力学第二定律的开尔文表述和克劳修斯表述是不等价的。(　　)

10. 熵增对我们人类社会一定是有害的。(　　)

四、简答题

1. 根据热力学系统和外界之间能量和物质的交换情况，可以将热力学系统分为哪几类？

2.简述热力学第一定律的内容和数学表达式。

3.夏天将电冰箱的门打开，给电冰箱通电，并且将门窗紧闭（假设墙壁和门窗均不导热），则室内的温度是否会下降？为什么？

4.简述热力学第二定律的克劳修斯表述和开尔文表述。

5.什么是第一类和第二类永动机？它们为什么无法制成？

五、计算题

1.一热机每秒从高温热源 $T_1=600\ \mathrm{K}$ 吸取热量 $3.34\times10^4\ \mathrm{J}$，做功后向低温热源 $T_2=300\ \mathrm{K}$ 放出热量 $2.09\times10^4\ \mathrm{J}$，问：(1)它的效率为多少，它是不是可逆机？(2)每秒能做多少功？

2.一热机在 1 000 K 和 300 K 的两热源之间工作，如果：(1)高温热源提高到 1 100 K；(2)低温热源降低到 200 K，求理论上热机效率增加了多少？为提高热机效率，哪一种方案更好？

参考文献

[1] 徐志东,袁玉辉.微积分在物理学中的应用(美)[M].成都:西南交通大学出版社,1991.

[2] 四川大学数学系高等数学教研室.高等数学.第二册[M].北京:高等教育出版社,1996.

[3] 四川大学数学系高等数学教研室.高等数学.第一册[M].北京:高等教育出版社,1996.

[4] 亚里士多德.物理学[M].张竹明,译.北京:商务印书馆,1997.

[5] 王楚，李椿，周乐柱，等.力学[M].北京:北京大学出版社，1999.

[6] 王楚,吴锦雷,刘志雄,等.基础物理中的数学方法[M].北京:北京大学出版社,1999.

[7] 戴维·林德伯格.西方科学的起源[M].王珺,周文峰,刘晓峰,等,译.北京:中国对外翻译出版公司,2001.

[8] 梁灿彬,秦光戎.电磁学[M].北京:高等教育出版社,2004.

[9] 胡盘新.大学物理解题方法与技巧[M].上海:上海交通大学出版社，2004.

[10] 舒幼生.力学[M].北京:北京大学出版社，2005.

[11] 仲扣庄.物理学史教程[M].南京:南京师范大学出版社,2009.

[12] 马文蔚,周雨青.物理学(第6版)[M].北京:高等教育出版社,2014.

[13] 倪光炯,王炎森.物理与文化[M].北京:高等教育出版社,2015.

[14] 姚建明,程雪苹.科学技术概论[M].北京:北京邮电大学出版社,2015.

[15] 杨国平,李敏.大学物理[M].北京:人民邮电出版社,2015.

[16] 程守洙,江之永.普通物理学(第七版)[M].北京:高等教育出版社,2016.

[17] 石永锋,虞凤英.大学物理(第2版)[M].北京:中国水利水电出版社,2016.

[18] 曹永华,宋大毅.大学物理[M].上海:上海交通大学出版社，2016.

[19] 彭荣荣,王帅,秦梅宝.大学物理基础教程[M].北京:北京邮电大学出版社,2017.

[20] 黄亦斌,龚勇清.新编大学物理教材[M].北京:科学出版社,2017.

[21] 刘延柱.趣味刚体动力学[M].北京:高等教育出版社,2018.

[22] 周雨青.大学物理(核心知识)[M].南京:东南大学出版社,2019.

[23] 李迎,刘德生,刘礼书.大学物理[M].苏州:苏州大学出版社,2019.

[24] Young H D, Freedman R A, Ford A L. University physics with modern physics[M]. San Francisco: Pearson, 2020.

[25] 爱德华·格兰特.中世纪的物理科学思想[M].赫刘祥,译.上海:复旦大学出版社,2000.
[26] 赵近芳,王登龙.大学物理简明教程(第四版)[M].北京:北京邮电大学出版社,2021.
[27] 同济大学数学科学学院.微积分(第四版)[M].北京:高等教育出版社,2022.
[28] 江美福,冯秀舟,张力元.物理学简明教程[M].苏州:苏州大学出版社,2022.
[29] 吴钰涵,杜艳丽,张海燕.大学物理[M].成都:电子科技大学出版社,2023.
[30] 宋峰.热学基础教程[M].北京:科学出版社,2024.
[31] 袁维新.论科学史的教育价值[J].自然辩证法通讯,2006.
[32] 程涛,赵许华,朱彦琦,等.一道刚体例题的商榷[J].大学物理,2013.
[33] 陈驰一.经典质点动力学方程的形式探讨[J].浙江大学学报(理学版),2014.
[34] 陈方正.牛顿学说在欧陆的传播与启蒙运动的兴起[J].科学文化评论,2019.
[35] 高宏.质点随机运动学与动力学[J].广西物理,2021.
[36] 陈逍.对大学物理教材中导体静电平衡解释的补充[J].物理通报,2022.
[37] 胡祥,夏灏.立德树人 润物无声——大学物理课程思政初探讨[J].物理与工程,2022.
[38] 彭荣荣,高佳利.课程思政视域下大学物理融入人文思政的探索与实践[J].物理通报,2022.
[39] 李莉,张论,王桂英,等.大学物理中"静电场的高斯定理"教学探讨[J].赤峰学院学报(自然科学版),2023.
[40] 陈懿珊.热力学第二定律教学知识研究[D].海口:海南师范大学,2023.
[41] 王璠,彭荣荣.以应用型为导向的民办院校大学物理实验教材的建设与实践[J].物理通报,2023.
[42] 吴海娜,于永芹,张玉风.应用型特色大学物理教材建设探索与实践[J].大学教育,2023.
[43] 史菲.中国优秀文化在大学物理教学中的应用[J].北华航天工业学院学报,2023.
[44] 潘伟伟,岳天天,刘高福.大学物理教学中引入物理学史的研究[J].新课程研究,2023.
[45] 范文贵.国际单位制之前长度测量系统的历史探源[J].自然辩证法通讯,2024.
[46] 曹丽丽.大学物理中矢量运算的探究[J].广西物理,2024.
[47] 李洋,任亚杰,田鑫,等.伽利略理想斜面实验中的科学方法[J].湖南中学物理,2024.

附 录

附录 I 历届诺贝尔物理学奖获得者

表 1 历届诺贝尔物理学奖获得者

年份	获奖者	国籍	获奖原因
1901	W. C. 伦琴	德国	发现伦琴射线(X 射线)
1902	H. A. 洛伦兹	荷兰	塞曼效应的发现和研究
	P. 塞曼	荷兰	
1903	H. A. 贝克勒尔	法国	发现天然铀元素的放射性
	P. 居里	法国	放射性物质的研究,发现放射性元素钋与镭并发现钍也有放射性
	M. S. 居里	法国	
1904	L. 瑞利	英国	在气体密度的研究中发现氩
1905	P. 勒钠德	德国	阴极射线的研究
1906	J. J. 汤姆孙	英国	通过气体电传导性研究,测出电子的电荷与质量的比值
1907	A. A. 迈克尔孙	美国	创造精密的光学仪器且用以进行光谱学度量学的研究,并精确测出光速
1908	G. 里普曼	法国	发明应用干涉现象的天然彩色摄影技术
1909	G. 马可尼	意大利	发明无线电极及其对发展无线电通信的贡献
	C. F. 布劳恩	德国	
1910	J. D. 范德瓦尔斯	荷兰	对气体和液体状态方程的研究
1911	W. 维恩	德国	热辐射定律的导出和研究
1912	N. G. 达伦	瑞典	发明点燃航标灯和浮标灯的瓦斯自动调节器
1913	H. K. 昂尼斯	荷兰	在低温下研究物质的性质并制成液态氦
1914	M. V. 劳厄	德国	发现伦琴射线通过晶体时的衍射

（续表）

年份	获奖者	国籍	获奖原因
1915	W. H. 布拉格	英国	用伦琴射线分析晶体结构
	W. L. 布拉格	英国	
1916	未颁奖		
1917	C. G. 巴克拉	英国	发现标识元素的次级伦琴辐射
1918	M. 普朗克	德国	研究辐射的量子理论，发现基本量子，提出能量量子化的假设，解释了电磁辐射的经验定律
1919	J. 斯塔克	德国	发现阴极射线中的多普勒效应和原子光谱线在电场中的分裂
1920	C. E. 吉洛姆	法国	发现镍钢合金的反常性及在精密仪器中的应用
1921	A. 爱因斯坦	德国	对现代物理方面的贡献，特别是阐明光电效应的定律
1922	N. 玻尔	丹麦	研究原子结构和原子辐射，提出他的原子结构模型
1923	R. A. 密立根	美国	研究元电荷和光电效应，通过油滴实验证明电荷有最小单位
1924	K. M. G. 西格班	瑞典	伦琴射线光谱学方面的发现和研究
1925	J. 弗兰克	德国	发现电子撞击原子时出现的规律性
	G. L. 赫兹	德国	
1926	J. B. 佩林	法国	研究物质分裂结构，并发现沉积作用的平衡
1927	A. H. 康普顿	美国	发现康普顿效应
	C. T. R. 威尔孙	英国	发明用云雾室观察带电粒子，使带电粒子轨迹变为可见
1928	O. W. 里查孙	英国	热离子现象的研究，并发现里查孙定律
1929	L. V. 德布罗意	法国	电子波动性的理论研究
1930	C. V. 拉曼	印度	研究光的散射并发现拉曼效应
1932	W. 海森堡	德国	创立量子力学，并促使氢的同素异形的发现
1933	E. 薛定谔	奥地利	量子力学的广泛发展
	P. A. M. 狄拉克	英国	量子力学的广泛发展，并预言正电子的存在
1934	未颁奖		
1935	J. 查德威克	英国	发现中子
1936	V. F. 赫斯	奥地利	发现宇宙射线
	C. D. 安德孙	美国	发现正电子
1937	J. P. 汤姆孙	英国	通过实验发现受电子照射的晶体中的干涉现象
	C. J. 戴维孙	美国	通过实验发现晶体对电子的衍射作用
1938	E. 费米	意大利	发现新放射性元素和慢中子引起的核反应
1939	F. O. 劳伦斯	美国	研制回旋加速器以及利用它所取得的成果，特别是有关人工放射性元素的研究
1940	未颁奖		
1941	未颁奖		
1942	未颁奖		
1943	O. 斯特恩	美国	测定质子磁矩
1944	I. I. 拉比	美国	用共振方法测量原子核的磁性
1945	W. 泡利	奥地利	发现泡利不相容原理

（续表）

年份	获奖者	国籍	获奖原因
1946	P. W. 布里奇曼	美国	研制高压装置并创立了高压物理
1947	E. V. 阿普顿	英国	发现电离层中反射无线电波的阿普顿层
1948	P. M. S. 布莱克特	英国	改进威尔孙云雾室及在核物理和宇宙射线方面的发现
1949	汤川秀树	日本	用数学方法预见介子的存在
1950	C. F. 鲍威尔	英国	研究核过程的摄影法并发现介子
1951	J. D. 科克罗夫特	英国	首先利用人工所加速的粒子开展原子核蜕变的研究
	E. T. S. 瓦尔顿	爱尔兰	
1952	E. M. 珀塞尔	美国	核磁精密测量新方法的发展及有关的发现
	F. 布洛赫	美国	
1953	F. 塞尔尼克	荷兰	论证相衬法，特别是研制相差显微镜
1954	M. 玻恩	德国	对量子力学的基础研究，特别是量子力学中波函数的统计解释
	W. W. G. 玻特	德国	符合法的提出及分析宇宙辐射
1955	P. 库什	美国	精密测定电子磁矩
	W. E. 拉姆	美国	发现氢光谱的精细结构
1956	W. 肖克莱	美国	研究半导体并发明晶体管
	W. H. 布拉顿	美国	
	J. 巴丁	美国	
1956	李政道	美国	否定弱相互作用下宇称守恒定律，使基本粒子研究获得重大发现
	杨振宁	美国	
1958	P. A. 切连柯夫	苏联	发现并解释切连柯夫效应（高速带电粒子在透明物质中传递时放出蓝光的现象）
	I. M. 弗兰克	苏联	
	I. Y. 塔姆	苏联	
1959	E. 萨克雷	美国	发现反质子
	O. 张伯伦	美国	
1960	D. A. 格拉塞尔	美国	发明气泡室
1956	R. 霍夫斯塔特	美国	由高能电子散射研究原子核的结构
	R. L. 穆斯堡	德国	研究 γ 射线的无反冲共振吸收和发现穆斯堡效应
1962	L. D. 朗道	苏联	研究凝聚态物质的理论，特别是液氦的研究
1963	E. P. 维格纳	美国	原子核和基本粒子理论的研究，特别是发现和应用对称性基本原理方面的贡献
	M. G. 迈耶	美国	发现原子核结构壳层模型理论，成功地解释原子核的长周期和其他幻数性质的问题
	J. H. D. 詹森	德国	
1964	C. H. 汤斯	美国	在量子电子学领域中的基础研究促进了根据微波激射器和激光器的原理构成的振荡器和放大器的研发
	N. G. 巴索夫	苏联	用于产生激光光束的振荡器和放大器的研究工作
	A. M. 普洛霍罗夫	苏联	在量子电子学中的研究工作促进了微波激射器和激光器的产生

（续表）

年份	获奖者	国籍	获奖原因
1965	R. P. 费曼	美国	量子电动力学的研究，对基本粒子物理学意义深远
	J. S. 施温格	美国	
	朝永振一郎	日本	
1966	A. 卡斯特莱	法国	发现并发展光学方法对研究原子的能级的贡献
1967	H. A. 贝特	美国	恒星能量的产生方面的理论
1968	L. W. 阿尔瓦雷斯	美国	对基本粒子物理学的决定性的贡献，特别是通过发展氢气泡室和数据分析技术而发现许多共振态
1969	M. 盖尔曼	美国	关于基本粒子的分类和相互作用的发现，提出“夸克”粒子理论
1970	H. O. G. 阿尔文	瑞典	磁流体力学的基础研究和发现并在等离子体物理中得到广泛应用
	L. E. F. 尼尔	法国	反铁磁性和铁氧体磁性的基本研究和发现在固体物理中有重要的应用
1971	D. 加波	英国	全息摄影术的发明及发展
1972	J. 巴丁	美国	提出 BCS 理论的超导性理论
	L. N. 库珀	美国	
	J. R. 斯莱弗	美国	
1973	B. D. 约瑟夫森	美国	关于固体中隧道现象的发现，从理论上预言了超导电流能够通过隧道阻挡层（约瑟夫森效应）
	江崎岭于奈	日本	在实验中发现半导体、超导体中的隧道效应
	I. 迦埃弗	美国	
1974	M. 赖尔	英国	研究射电天文学，尤其是孔径综合技术方面的创造与发展
	A. 赫威期	英国	射电天文学方面的先驱性研究，在发现脉冲星方面起决定性作用
1975	A. N. 玻尔	丹麦	发现原子核中集体运动与粒子运动之间的联系，并在此基础上发展了原子核结构理论
	B. R. 莫特尔孙	丹麦	原子核内部结构的研究工作
	L. J. 雷恩瓦特	美国	
1976	B. 里克特	美国	分别独立地发现了新粒子 J/Ψ，其质量约为质子质量的三倍，寿命比共振态的寿命长上万倍
	丁肇中	美国	
1977	P. W. 安德孙	美国	对晶态与非晶态固体的电子结构做了基本的理论研究，提出“固态”物理理论
	J. H. 范弗莱克	美国	对磁性与不规则系统的电子结构做了基本研究
	N. F. 莫特	英国	
1978	A. A. 彭齐亚斯	美国	3K 宇宙微波背景的发现
	R. W. 威尔孙	美国	
	P. L. 卡皮查	苏联	建成液化氦的新装置，证实氦亚超流低温物理学

（续表）

年份	获奖者	国籍	获奖原因
1979	S. L. 格拉肖	美国	建立弱电统一理论，特别是预言弱电流的存在
	S. 温伯格	美国	
	A. L. 萨拉姆	巴基斯坦	
1980	J. W. 克罗宁	美国	CP 不对称性的发现
	V. L. 菲奇	美国	
1981	N. 布洛姆伯根	美国	激光光谱学与非线性光学的研究，高分辨电子能谱的研究
	A. L. 肖洛	美国	
	K. M. 瑟巴	瑞典	
1982	K. 威尔孙	美国	关于相变的临界现象
1983	S. 钱德拉塞卡尔	美国	恒星结构和演化方面的理论研究
	W. 福勒	美国	宇宙间化学元素形成方面的核反应的理论研究和实验
1984	C. 鲁比亚	意大利	经过他们的努力促进了中间玻色子的发现
	S. 范德梅尔	荷兰	
1985	K. V. 克利青	德国	量子霍尔效应
1986	E. 鲁斯卡	德国	电子物理领域的基础研究工作，设计出世界上第一架电子显微镜
	G. 宾尼	瑞士	设计出扫描式隧道效应显微镜
	H. 罗雷尔	瑞士	
1987	J. G. 柏诺兹	美国	发现新的超导材料
	K. A. 穆勒	美国	
1988	L. M. 莱德曼	美国	从事中微子波束工作及通过发现 μ 介子中微子从而对轻粒子对称结构进行论证
	M. 施瓦茨	美国	
	J. 斯坦伯格	英国	
1989	N. F. 拉姆齐	美国	发明原子铯钟及提出氢微波激射技术，创造捕集原子的方法以达到能极其精确地研究一个电子或离子
	W. 保罗	德国	
	H. G. 德梅尔特	美国	
1990	J. 杰罗姆	美国	发现夸克存在的第一个实验证明
	H. 肯德尔	美国	
	R. 泰勒	加拿大	
1991	P. G. 德燃纳	法国	液晶基础研究
1992	J. 夏帕克	法国	对粒子探测器特别是多丝正比室的发明和发展
1993	J. 泰勒	美国	发现一对脉冲星，质量为两个太阳的质量，而直径仅 10～30 km，故引力场极强，为引力波的存在提供了间接证据
	L. 赫尔斯	美国	
1994	C. 沙尔	美国	发展中子散射技术
	B. 布罗克豪斯	加拿大	
1995	M. L. 珀尔	美国	珀尔及其合作者发现了 τ 轻子，雷恩斯与 C. 考温首次成功地观察到电子反中微子，为建立轻子-夸克层次上的物质结构图像做出了重大贡献
	F. 雷恩斯	美国	

（续表）

年份	获奖者	国籍	获奖原因
1996	戴维·李	美国	发现氦-3中的超流动性
	奥谢罗夫	美国	
	R. C. 里查森	美国	
1997	朱棣文	美国	发明用激光冷却和俘获原子的方法
	C. C. 塔诺季	法国	
	菲利普斯	美国	
1998	劳克林	美国	分数量子霍尔效应的发现
	斯特默	美国	
	崔琦	美国	
1999	G. 霍夫特	荷兰	在理论上解释了亚原子粒子之间电弱相互作用的量子结构
	M. 韦尔特曼	荷兰	
2000	若尔斯·阿尔费罗夫	俄罗斯	发展了应用于蜂窝电话的半导体技术，特别是发明的快速晶体管、激光二极管因其研究具有开拓性，奠定现代信息技术的基础，在发明集成电路、高速电脑芯片中所做的贡献重大
	H. 克雷默	美国	
	基尔比	美国	
2001	克特勒	美国	在“碱性原子稀薄气体的玻色-爱因斯坦凝聚态”以及“凝聚态物质性质早期基础性研究”方面取得成就
	康奈尔	美国	
	维曼	美国	
2002	里卡尔多·贾科尼	美国	在“探测宇宙中微子”方面取得的成就，这一成就促使了中微子天文学的诞生
	雷蒙德·戴维斯	美国	
	小柴昌俊	日本	
2003	阿列克谢·阿布里科索夫	俄、美	在超导体和超流体理论上做出的开创性贡献
	维塔利·金茨堡	俄罗斯	
	安东尼·莱格特	英、美	
2004	戴维·格罗斯	美国	发现了强相互作用理论中的“渐近自由”现象
	戴维·波利策	美国	
	弗兰克·维尔切克	美国	
2005	罗伊·格劳伯	美国	对光学相干的量子理论的贡献
	约翰·霍尔	美国	对基于激光的精密光谱学发展做出的贡献
	特奥多尔·亨施	德国	
2006	约翰·麦泽尔	美国	发现了黑体结构以及宇宙背景辐射的微波各向异性
	乔治·斯穆特	美国	
2007	阿尔贝·费尔	法国	发现了“巨磁电阻”效应
	彼得·格林贝格尔	德国	
2008	南部阳一郎	美国	发现次原子物理的对称性自发破缺机制
	小林诚、利川敏英	日本	发现对称性破缺的来源
2009	高锟	英籍华人	在光学通信领域光在光纤中传输方面所取得的开创性成就
	韦拉德·博伊尔	美国	发明了一种成像半导体电路，即CCD(电荷耦合器件)传感器
	乔治·史密斯	美国	

（续表）

年份	获奖者	国籍	获奖原因
2010	安德烈·盖姆	荷兰	在二维石墨烯材料研究中的开创性实验
	康斯坦丁·诺沃舍洛夫	俄、英	
2011	索尔·普尔玛特	美国	对超星与宇宙膨胀的研究做出巨大贡献
	亚当·里斯	美国	
	布莱恩·施密特	美籍澳大利亚	
2012	沙吉·哈罗彻	法国	突破性的实验方法使得测量和操纵单个量子系统成为可能
	大卫·温兰德	美国	
2013	弗朗索瓦·恩格勒特	比利时	理论性地发现了一种机制，有助于人类理解亚原子粒子质量的起源，欧洲大型强子对撞机 ATLAS 和 CMS 实验所发现的预测中的基本粒子对其进行了确认
	彼得·希格斯	英国	
2014	赤崎勇	日本	发明高亮度蓝色发光二极管，带来节能明亮的白色光源
	天野浩	日本	
	中村修二	美籍日裔	
2015	梶田隆章	日本	对中微子振荡的发现，从而证实了中微子有质量
	阿瑟·麦克唐纳	加拿大	
2016	戴维·索利斯	英、美	在物质的拓扑相变和拓扑材料方面有重大的理论发现
	邓肯·霍尔丹	英国	
	迈克尔·科斯特利茨	英、美	
2017	雷纳·韦斯	美国	在激光干涉引力波天文台项目和发现引力波所做的贡献
	巴里·巴里什	美国	
	基普·索恩	美国	
2018	阿瑟·阿什金	美国	在激光物理领域的突破性发明
	杰哈·莫罗	法国	
	唐娜·斯特里克兰	加拿大	
2019	詹姆斯·皮布尔斯	美国	在理解宇宙演化上做出的卓越贡献
	米歇尔·麦耶	瑞士	
	迪迪埃·奎洛兹	瑞士	
2020	罗杰·彭罗斯	英国	发现黑洞的形成是对广义相对论的有力预测；在银河系中心发现超高质量高密度物质
	莱因哈德·根策尔安德烈	德国	
	亚·盖茨	美国	
2021	真锅淑郎	美国	对地球气候的物理建模、量化变化和可靠地预测全球变暖所做出的开创性贡献
	克劳斯·哈塞尔曼	德国	
	乔治·帕里西	意大利	
2022	阿兰·阿佩斯	法国	用纠缠光子验证了量子不遵循贝尔不等式，开创了量子信息学
	约翰·佛朗西斯·克劳泽	美国	
	安东·塞林格	奥地利	

（续表）

年份	获奖者	国籍	获奖原因
2023	皮埃尔·阿戈斯蒂尼	美国	为研究物质中的电子动力学而产生阿秒光脉冲的实验方法
	费伦茨·克劳斯	德国	
	安妮·卢利尔	瑞典	
2024	约翰·J·霍普菲尔德	美国	使用人工神经网络进行机器学习的基础性发现和发明
	杰弗里·E·辛顿	英国	

附录Ⅱ 常用物理参数

表 1 基本和重要的物理常数

名称	符号	数值	单位符号
真空中的光速	c	299 792 458	$m\cdot s^{-1}$
基本电荷	e	$1.602\ 176\ 634\times10^{-19}$	C
电子的静止质量	m_e	$9.109\ 383\ 713\ 9(28)\times10^{-31}$	kg
中子质量	m_n	$1.674\ 928\ 6(10)\times10^{-27}$	kg
质子质量	m_p	$1.672\ 621\ 925\ 95(52)\times10^{-27}$	kg
原子质量	u	$1.660\ 539\ 068\ 92(52)\times10^{-27}$	kg
普朗克常量	h	$6.626\ 070\ 15\times10^{-34}$	$J\cdot s$
阿伏加德罗常量	N_0	$6.022\ 104\ 76\times10^{23}$	mol^{-1}
摩尔气体常量	R	8.314 462 618	$J\cdot mol^{-1}\cdot K^{-1}$
玻尔兹曼常量	k	$1.380\ 649\times10^{-23}$	$J\cdot K^{-1}$
万有引力常量	G	$6.674\ 30(15)\times10^{-11}$	$N\cdot m^2\cdot kg^{-2}$
法拉第常量	F	96 485.322 12	$C\cdot mol^{-1}$
热功当量	J	4.186	$J\cdot Cal^{-1}$
里德伯常量	R_∞	$1.097\ 373\ 153\ 4(13)\times10^{7}$	m^{-1}
洛喜密脱常量	n	$2.686\ 763\ (23)\times10^{25}$	m^{-3}
库仑常数	$e^2/4\pi\varepsilon$	14.42	$cV\cdot m^{-19}$
电子荷质比	e/m_e	$-1.758\ 819\ 62(53)\times10^{11}$	$C\cdot kg^2$
标准大气压	P_a	$1.013\ 25\times10^{5}$	Pa
冰点绝对温度	T_0	273.15	K
标准状态下声音在空气中的速度	$\eta_{声}$	331.46	$m\cdot s^{-1}$
标准状态下干燥空气的密度	$\rho_{空气}$	1.293	$kg\cdot m^{-2}$
标准状态下水银密度	$\rho_{水银}$	13 595.04	$kg\cdot m^{-2}$
标准状态下理想气体的摩尔体积	V_m	$22.413\ 10(19)\times10^{-3}$	$m^3\cdot mol^{-1}$
真空介电常数(电容率)	ε_0	$8.854\ 187\ 818\ 8(14)\times10^{-12}$	$F\cdot m^{-1}$
真空的磁导率	η_0	$1.256\ 627\ 061\ 27(20)\times10^{-6}$	$H\cdot m^{-1}$
钠光谱中黄线波长	D	589.3×10^{-9}	m
镉光谱中红线的波长	λ_{od}	$643.846\ 99\times10^{-9}$	m

表 2　20℃时常用固体和液体的密度

物质	密度 $\rho/(kg \cdot m^{-3})$	物质	密度 $\rho/(kg \cdot m^{-3})$
铝	2 698.9	水晶玻璃	2 900～3 000
铜	8 960	窗玻璃	2 400～2 700
铁	7 874	冰(0℃)	880～920
银	10 500	甲醇	792
金	19 320	乙醇	789.4
钨	19 300	乙醚	714
铂	21 450	汽车用汽油	710～720
铅	11 350	弗利昂-12(氟氯烷-12)	1 329
锡	7 298	变压器油	840～890
水银	13 546.2	甘油	1 260
钢	7 600～7 900	蜂蜜	1 435
石英	2 500～2 800		

表 3　在海平面上不同纬度处的重力加速度

纬度 $\varphi/(°)$	$g/(m \cdot s^{-2})$	纬度 $\varphi/(°)$	$g/(m \cdot s^{-2})$
0	9.780 49	50	9.810 79
5	9.780 88	55	9.815 15
10	9.782 04	60	9.819 24
15	9.783 94	65	9.822 94
20	9.786 52	70	9.826 14
25	9.789 69	75	9.828 73
30	9.793 38	80	9.830 65
35	9.797 46	85	9.831 82
40	9.801 80	90	9.832 21
45	9.806 29		

表 4　固体的线膨胀系数

物质	温度或温度范围/℃	$a/(10^{-6}℃^{-1})$
铝	0～100	23.8
铜	0～100	17.1
铁	0～100	12.2
金	0～100	14.3
银	0～100	19.6
钢(碳 0.05%)	0～100	12.0
康铜	0～100	15.2
铅	0～100	29.2
锌	0～100	32
铂	0～100	9.1
钨	0～100	4.5
石英玻璃	20～200	0.56
窗玻璃	20～200	9.5

（续表）

物质	温度或温度范围/℃	a/(10^{-6}℃$^{-1}$)
花岗石	20	6～9
瓷器	20～700	3.4～4.1

表 5　　20℃时某些金属的杨氏弹性模量

物质名称	杨氏弹性模量	
	GPa	Pa(N·m^{-2})
铝	70.00～71.00	7.00～7.100×10^{10}
钨	415.0	4.150×10^{11}
铁	190.0～210.0	1.900～2.100×10^{11}
铜	105.00～130.0	1.050～1.300×10^{11}
金	79.00	7.900×10^{10}
银	70.00～82.00	7.000～8.200×10^{10}
锌	800.0	8.000×10^{11}
镍	205.0	2.050×10^{11}
铬	240.0～250.0	2.400～2.500×10^{11}
合金钢	210.0～220.0	2.100～2.200×10^{11}
碳钢	200.0～220.0	2.000～2.100×10^{11}
康铜	163.0	1.630×10^{11}

表 6　　20℃时与空气接触的液体的表面张力系数

液体	σ/(10^{-3}·m^{-1})	液体	σ/(10^{-3}·m^{-1})
航空汽油(在10℃时)	21	弗利昂-12	9.0
石油	30	甘油	63
煤油	24	水银	513
松节油	28.8	甲醇	22.6
水	72.75	甲醇(在0℃时)	24.5
肥皂溶液	40	乙醇	22.0
蓖麻油	36.4	甲醇(在60℃时)	18.4

表 7　　不同温度时水的黏滞系数(黏度)

温度/℃	黏度 η/(10^{-6}·N·m^{-2}·s)	温度/℃	黏度 η/(10^{-6}·N·m^{-2}·s)
0	1 787.8	60	469.7
10	1 305.3	70	406.0
20	1 004.2	80	355.0
30	801.2	90	314.8
40	653.1	100	282.5
50	549.2		

表 8　　固体的比热容

物质	温度/℃	比热容	
		kcal/(kg·K)	kJ/(kg·K)
铝	20	0.214	0.895
黄铜	20	0.091 7	0.380
铜	20	0.092	0.385
铂	20	0.032	0.134
生铁	0～100	0.13	0.54
铁	20	0.115	0.481
铅	20	0.030 6	0.130
镍	20	0.115	0.481
银	20	0.056	0.234
钢	20	0.107	0.447
锌	20	0.093	0.389
玻璃	—	0.14～0.22	0.585～0.920
冰	−40～0	0.43	1.797

表 9　　液体的比热容

液体	温度/℃	比热容	
		kJ/(kg·K)	kcal/(kg·K)
乙醇	0	2.30	0.55
	20	2.47	0.59
甲醇	0	2.43	0.58
	20	2.47	0.59
乙醚	20	2.34	0.56
水	0	4.220	1.009
	20	4.182	0.999
弗利昂-12	20	0.84	0.20
变压器油	0～100	1.88	0.45
汽油	10	1.42	0.34
	50	2.09	0.50
水银	0	0.146 5	0.035
	20	0.139	0.033 2
甘油	18	—	0.58

表 10　　标准化热电偶的特性

名称	分度号	旧分度号	测量范围/(℃)	100℃时的电动势/mV
铂铑 10-铂	S	LB-3	0～1 600	0.645
铂铑 30-铂铑 6	B	LL-2	0～1 800	0.033
铂铑 13-铂	R	FDB-2	0～1 600	0.647
镍铬-镍硅	K	EU-2	−200～1 300	4.095
镍铬-考铜	—	EA-2	0～800	6.985
镍铬-康铜	E	—	−200～900	5.268
铜-康铜	T	CK	−200～350	4.277
铁-康铜	J	—	−40～750	6.317

表 11　　常温下某些物质相对于空气的光的折射率

物质	H^{a} 线(656.3 nm)	D 线(589.3 nm)	H 线(486.1 nm)
水(18℃)	1.334 1	1.333 2	1.337 3
乙醇(18℃)	1.306 9	1.362 5	1.366 5
二硫化碳(18℃)	1.619 9	1.629 1	1.654 1
冕玻璃(轻)	1.512 7	1.515 3	1.521 4
冕玻璃(重)	1.612 6	1.615 2	1.621 3
燧石玻璃(轻)	1.603 8	1.608 5	1.620 0
燧石玻璃(重)	1.743 8	1.751 5	1.772 3
方解石(寻常光)	1.654 5	1.658 5	1.667 9
方解石(非常光)	1.484 6	1.486 4	1.490 8
水晶(寻常光)	1.541 8	1.544 2	1.549 6
水晶(非常光)	1.550 9	1.553 3	1.558 9

表 12　　常用光源的谱线波长

常用光源	谱线波长/nm			
H(氢)	656.28 红	486.13 绿蓝	434.05 蓝	410.17 蓝紫
	397.01 蓝紫			
He(氦)	706.52 红	667.82 红	587.56(D2)黄	501.57 绿
	492.19 绿蓝	471.31 蓝	447.15 蓝	402.62 蓝紫
	388.87 蓝紫			
Ne(氖)	650.65 红	640.23 橙	639.30 橙	626.65 橙
	621.73 橙	614.31 橙	588.19 黄	585.25 黄
Na(钠)	576.96 黄	646.07 绿	491.60 绿蓝	435.83 蓝
	407.68 蓝紫	404.66 蓝紫		
He-Ne 激光	632.8 橙			

表 13　有关地球的一些常用数据

物理量	数据
密度	$5.49\times10^{13}\ kg\cdot m^{-3}$
半径	$6.37\times10^{6}\ m$
质量	$5.98\times10^{24}\ kg$
大气压强（地球表面）	$1.01\times10^{5}\ Pa$
地球与月球间的平均距离	$3.84\times10^{8}\ m$